集散控制系统

主　编　周荣富　陶文英

北京理工大学出版社
BEIJING INSTITUTE OF TECHNOLOGY PRESS

内容简介

本书从实际应用出发，重点介绍集散控制系统及现场总线的概念、特点、结构、原理和发展状况，使读者熟悉其基本功能特性、使用方法和设计方法，基本掌握硬件配置、软件组态，以及操作、维护、安装和调试等方面的知识，具有初步使用集散控制系统的能力。

教材结合具体工程实例，对工程上常用集散控制系统（DCS）的设计思想、设计步骤、设计方法及操作调试维护等进行了详尽的讲述。通过大量由浅入深的 DCS 应用实例，引导读者逐步认识、熟悉和应用 DCS，为 DCS 的开发和深入应用打下坚实的基础。每章开始有导图，后均附有阅读材料和习题，便于读者掌握所学内容和拓宽思路。

本书主要是为从事控制工程工作的人学习 DCS 知识而编写的，适合作为工科院校的自动化、电气工程及自动化等相关专业的本科高年级或研究生的专业选修课使用教材或教学参考书，也可供广大工程技术人员参考使用。

图书在版编目（CIP）数据

集散控制系统／周荣富，陶文英主编．—北京：北京理工大学出版社，2020.1
ISBN 978－7－5682－7196－7

Ⅰ.①集…　Ⅱ.①周…　②陶…　Ⅲ.①集散控制系统－高等学校－教材　Ⅳ.①TP273

中国版本图书馆 CIP 数据核字（2019）第 137292 号

出版发行／北京理工大学出版社有限责任公司
社　　址／北京市海淀区中关村南大街 5 号
邮　　编／100081
电　　话／（010）68914775（总编室）
（010）82562903（教材售后服务热线）
（010）68948351（其他图书服务热线）
网　　址／http：//www. bitpress. com. cn
经　　销／全国各地新华书店
印　　刷／涿州市新华印刷有限公司
开　　本／787 毫米×1092 毫米　1/16
印　　张／19. 25
字　　数／459 千字
版　　次／2020 年 1 月第 1 版　2020 年 1 月第 1 次印刷
定　　价／74. 80 元

责任编辑／陈莉华
文案编辑／陈莉华
责任校对／刘亚男
责任印制／李志强

图书出现印装质量问题，请拨打售后服务热线，本社负责调换

前　言

DCS 是实现工业自动化和企业信息化的系统平台，自 1975 年出现，随着电子、计算机软硬件、网络技术的发展，其技术平台的水平也不断提高，引入我国以来，为大型工业生产装置自动化水平的提高做出了突出贡献，成为当今工业过程控制的主流。由于这门技术发展和更新很快，所以要求使用者具有计算机使用能力和不断学习的能力。

本书充分重视实际控制工程设计能力的培养，着重 DCS 的概念、原理、结构、设计与实际应用的基本性、通用性，使学生通过课堂学习，或自学本书也能基本掌握 DCS 的原理及工程设计的方法。编者根据自动化技术近年来的发展情况，结合从事科研、教学和工程实践工作的体会，依据教学规律，查阅了大量控制工程领域的资料，并吸取了国内外相关著作的优点，在内容上进行了精心编写与多次修改，集百家之长于一书，抓住 DCS 的知识体系，循序渐进，讲清系统的基本概念、原理、特点及方法，强调理论联系实际，每章开始有导图，后均附有阅读材料和习题，便于读者掌握所学内容和拓宽思路，力争使其成为一部比较实用的 DCS 快速入门的教科书。

该教材层次清晰，实用性强。全书共分 10 章，第 1 章介绍了 DCS 的基本内容，第 2 章介绍了 DCS 的体系结构，第 3 章着重讲述了 DCS 的硬件体系，第 4 章介绍了 DCS 的软件及组态，第 5 章介绍了 DCS 的通信系统，第 6 章讲述了常见 DCS 的结构组成和应用，第 7 章介绍了常见的现场总线及其应用，第 8 章介绍了 DCS 的性能、选型及工程设计，第 9 章对 ABB Freelance AC800F 系统实用操作进行说明，第 10 章对 JX－300XP 系统实用操作进行说明。

本书由攀枝花学院周荣富、陶文英主编，于娟、王利华参编。其中第 1 章、第 2 章、第 5 章、第 8 章、第 9 章由陶文英编写，第 10 章由于娟和王利华共同编写，第 3 章、第 4 章、第 6 章、第 7 章和阅读材料由周荣富编写，全书由周荣富统稿。

本书参考了许多同人的教材，在此一并表示感谢！限于作者水平和实践经验，书中可能有不少缺点和错误，恳请读者批评、指正。

编　者

CONTENTS 目录

第 1 章

DCS 概述及与 PLC 的关系

学习目标

- ☞ 了解计算机控制系统的基本概念及其分类
- ☞ 了解 DCS 的概念、现状及发展
- ☞ 掌握 DCS 的基本组成及特点
- ☞ 理解 DCS 和 PLC 之间的关系

1.1 DCS 概述

集散控制系统（Distributed Control System，DCS）是从计算机控制技术发展形成的控制系统，是一种计算机控制系统。

1.1.1 计算机控制

计算机控制技术是一门综合应用控制理论、仪器仪表、计算机和其他信息技术，对工业生产过程实现检测、控制、优化、管理和决策，以达到增加生产量、提高生产率、确保生产安全目的的高新技术。

计算机控制系统是在常规仪表控制系统的基础上发展起来的利用计算机来实现工业生产过程自动控制的系统。将常规自动控制系统中的模拟调节器由计算机来实现，就组成了一个典型的计算机控制系统，如图 1－1 所示。

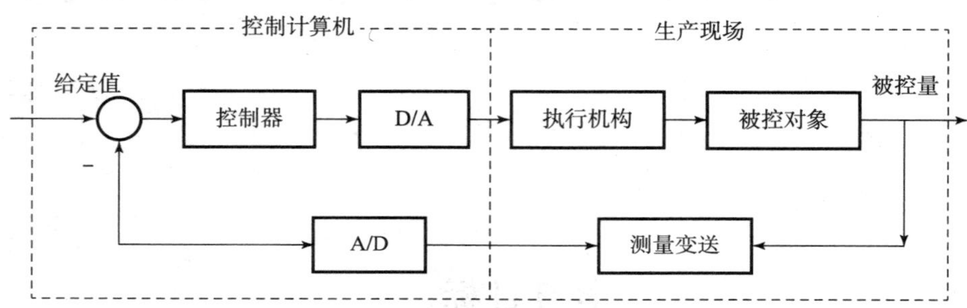

图 1－1　计算机控制系统框图

控制计算机处理信息只能是数字量，而在实际的工业生产过程中，被控量（如温度、压力、流量、电压、电流等）都是模拟量，执行机构接收的大多数是模拟量，所以，系统中需有将模拟信号转换为数字信号的模/数（A/D）转换器和将数字信号转换为模拟信号的数/模（D/A）转换器。

1. 计算机控制系统的组成

根据工业生产的应用目的和场合，计算机控制系统中的控制计算机的类别和型号千差万别，系统的组成也各不相同。但是，计算机控制系统的基本组成大同小异，主要由两大部分组成：硬件和软件。其中硬件包括主机、输入/输出设备、通信设备、现场设备、操作台，软件包括系统软件和应用软件及数据库等，如图 1－2 所示。

1）主机

主机由中央处理器（CPU）、存储器和接口电路组成，是计算机控制系统的核心。根据输入设备采集到的反映生产过程工作状况的信息，按存储器中预先存储的程序，选择相应的控制，自动地进行信息处理和运算，实时地通过输出设备向生产过程发送控制命令，从而达到预定的控制目标。同时主机还接收来自操作员或上位机的操作控制命令。

2）输入/输出设备

系统除了具有一般计算机标准的输入/输出设备，还有专用的过程输入/输出设备，标准的输入设备有键盘、光电输入机等，标准的输出设备有打印机、绘图机和显示器等，过程输

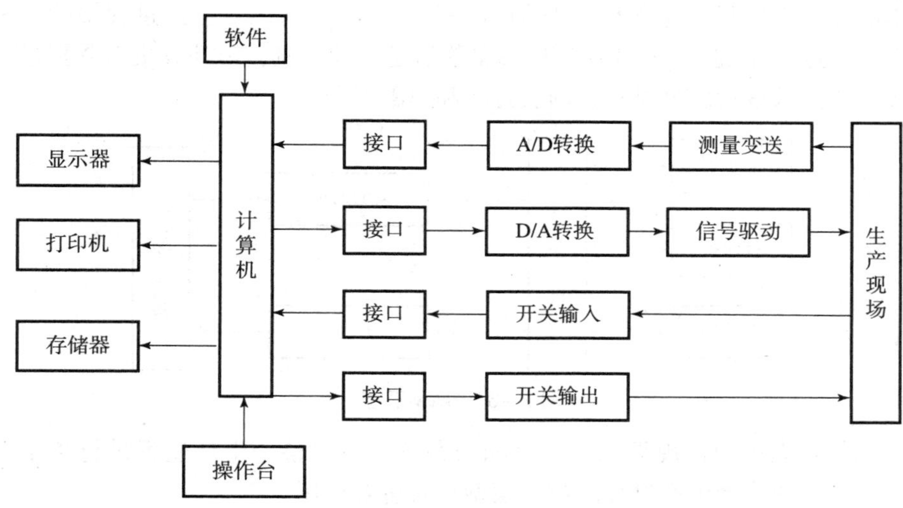

图1-2 计算机控制系统的组成

入设备包括模拟输入（AI）设备和开关量输入（DI）设备，分别用来输入模拟信号（温度、流量、液位、电压、电流等）和开关信号（接近开关、行程开关、按钮等）或数字信号；过程输出设备包括模拟输出（AO）设备和开关量输出（DO）设备，模拟输出设备将数字信号转换成模拟信号作用于执行机构，开关量输出设备则直接输出开关量信号或数字信号。

3）通信设备

现代化工业生产过程的规模一般比较大，其控制和管理也很复杂，往往需要几台或几十台计算机才能分级完成。这样，在不同地理位置、不同功能的计算机或设备之间就需要通过通信设备进行信息交换。

4）现场设备

现场设备包括检测设备和执行机构等。检测设备完成信号的检测、变换、放大和传送；执行机构等完成计算机控制输出的任务。

5）操作台

操作台是操作员与系统之间进行人机对话的信息交换工具，一般由显示器、键盘、指示灯、开关等构成，操作员通过操作台可以了解与控制整个系统的运行状态。

6）系统软件

系统软件是由计算机厂家提供的，支持系统开发、测试、运行和维护的工具软件，主要包括操作系统、各种编程软件和监督管理软件等。

7）应用软件

应用软件是面向生产过程的程序，是系统设计人员根据实际需要利用编程语言开发的可执行程序。

2. 计算机控制系统的分类

计算机控制系统按其应用特点、控制目的和系统构成，可分为数据采集系统、直接数字控制系统、计算机监督控制系统、分布式控制系统、现场总线控制系统和综合自动化系统。

1）数据采集系统

数据采集系统（Data Acquisition System，DAS）是最早应用于生产过程的计算机系统，也是最基本的计算机控制系统类型，其结构框图如图 1－3 所示。生产过程中的大量参数通过仪表发送，经过 A/D 通道或 DI 通道巡回采集后送入计算机，由计算机对数据进行分析和处理，并按操作要求进行屏幕显示、制表打印和越限报警。

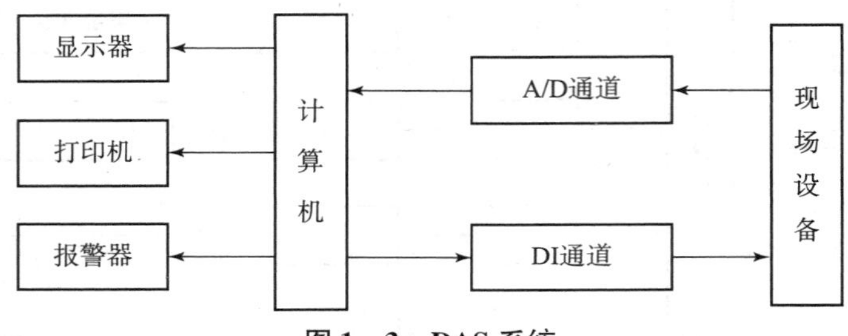

图 1－3　DAS 系统

DAS 可以代替大量的常规显示、记录和报警仪表，对整个生产过程进行集中监视，对于指导生产、建立和改善生产过程的数学模型具有重要作用。

综上所述，DAS 系统的特点有：

（1）用于数据采集、处理，实现生产过程集中监视。

（2）具有越限报警的功能，以确保生产安全。

（3）计算机不直接参与控制，用于开环操作指导。

2）直接数字控制系统

直接数字控制（Direct Digital Control，DDC）系统如图 1－4 所示，计算机取代常规的模拟调节仪表而直接对生产过程进行控制。由于计算机发出的信号为数字量，DDC 系统因此得名。

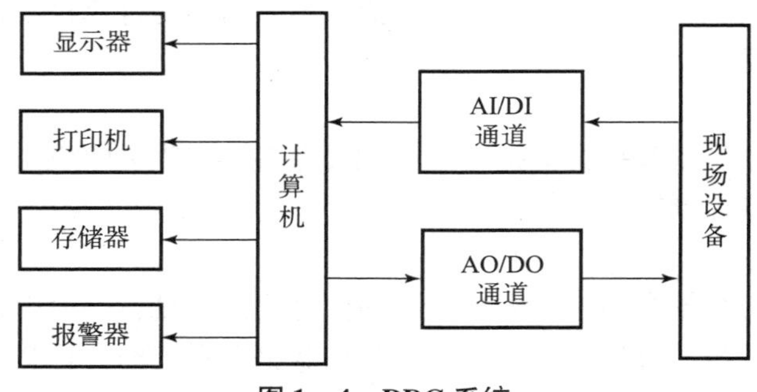

图 1－4　DDC 系统

DDC 系统受控的生产过程的控制部件和接收的控制信号可以通过控制机的过程输入/输出通道中的数/模（D/A）转换器，将计算机输出的数字控制量转换成模拟信号；输入的模拟信号也要经控制机的过程输入/输出通道的模/数（A/D）转换器转换成数字信号进入计算机。

DDC 系统使用小型计算机或微型机的分时系统来实现多个点的控制功能，即利用控制机离散采样，实现离散多点控制。DDC 系统的回路控制方案只通过改变程序就能实现复杂控制，因此，不需要硬件电路，是工业生产过程中最普遍的一种应用方式。

DDC 系统的特点有：

（1）能够进行数据采集、处理和报警，以实现生产过程集中监视。

（2）计算机直接参与控制，实现过程闭环控制。

（3）一台计算机可以替代多台 PID 控制器，实现多回路控制，并易引入复杂控制算法和方式，由软件编程实现即可，无须增加硬件设备。

（4）显示、控制集中，危险也集中，计算机出现故障将导致整个系统瘫痪，对系统的可靠性要求较高。

3）计算机监督控制系统

计算机监督控制（Supervisory Computer Control，SCC）系统是针对某一种生产过程，依据生产过程的各种状态，按生产过程的数学模型计算出生产设备应运行的最佳给定值，并根据最佳给定值自动地或人工对 DDC 执行级的计算机或模拟调节仪表进行调整或设定控制的目标值，由 DDC 或调节仪表对生产过程各个点（运行设备）行使控制。它能够保证受控的生产过程始终处于最佳状态，从而获得最大效益。

数学模型直接影响 SCC 系统的控制效果，因此，需要经常在运行过程中改进数学模型，并相应修改控制算法和应用控制程序。

SCC 系统与其他控制系统组合的系统框图如图 1－5 所示。

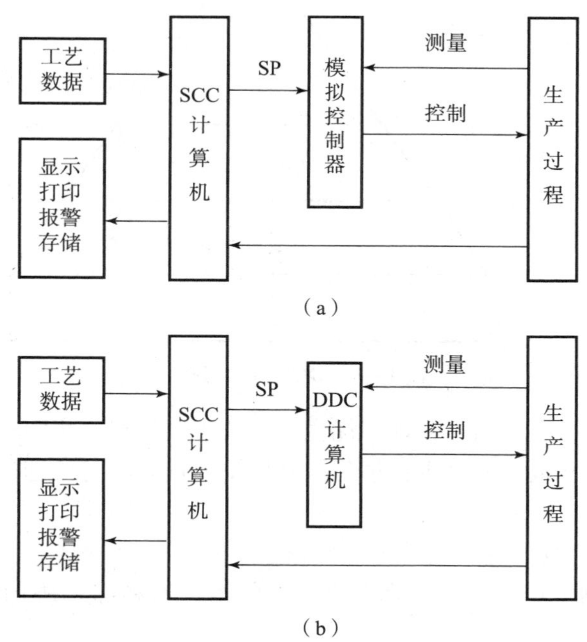

图 1－5　SCC 控制系统

（a）SCC＋模拟控制器系统；（b）SCC＋DDC 控制系统

SCC 系统具有以下特点：

（1）DDC 直接与过程相连，实现过程直接数字控制，要求 DDC 级实时性好、可靠性高、环境适应性强。

（2）SCC 级计算机也称上位机，它根据 DDC 级提供的生产过程状况和已定的数学模型，进行优化分析、计算，输出最优设定值 SP，交与 DDC 级执行。SCC 计算机承担高级控制和管理任务，要求数据处理功能强、存储量大、运行速度快。

（3）SCC 为两级控制，系统的可靠性较 DDC 高。即一旦 SCC 计算机出现故障，DDC 计算机仍能独立完成任务；而 DDC 计算机出现故障，则由 SCC 计算机替代 DDC 计算机完成控制任务。

4）分布式控制或分散控制系统

分布式控制或分散控制系统（Distributed Control System，DCS）将控制系统分成若干个独立的局部控制子系统，用以完成受控生产过程自动控制任务。

随着生产规模的扩大、信息量的增多，控制和管理的关系日趋密切，一台计算机已经无法实现对于大型企业生产的控制管理。微型计算机的出现与迅速发展，为实现分散控制提供了物质和技术基础，以多台微型计算机为基础的分散控制系统得到迅速的发展。DCS 采用分散控制、集中操作、分级管理、分而自治和综合协调的设计原则，自下而上分成若干级。

目前，DCS 已经成为计算机控制发展的重要趋势。典型的 DCS 的体系结构为 3 层结构，即过程控制级、集中监控级和生产管理级，由 3 级网络连接各层相应的设备，如图 1－6 所示。

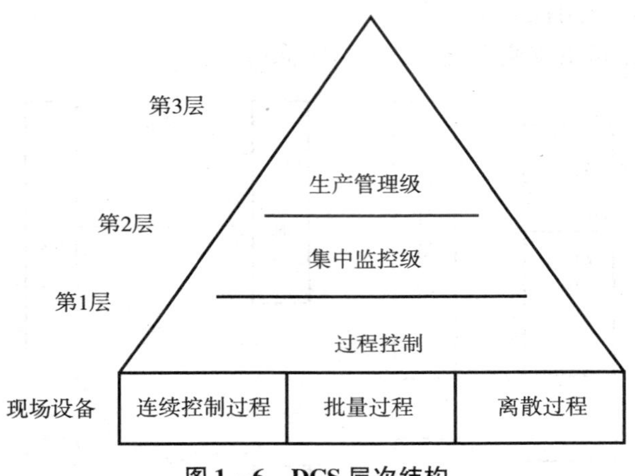

图 1－6　DCS 层次结构

生产管理级用来进行生产信息管理、优化与协调生产过程；集中监控级用于进行状态监控、人机界面系统组态和报警处理等；过程控制用于数据采集与处理、设备监视与诊断、局部控制。

综上所述，DCS 的特点有：

（1）采用分散控制、集中操作、分级管理、分而自治和综合协调的设计原则，提高了系统的可靠性。

（2）采用了 4C 技术，即 Computer、Control、Communication 和 CRT。

（3）由下而上形成多级控制结构，即过程控制级、集中监控级、生产管理级。

（4）采用网络方式实现各级间的信息传递。

5）现场总线控制系统

现场总线控制系统（Fieldbus Control System，FCS）利用现场总线和现场设备组成的控制系统，通过现场通信网络把通信延伸到生产现场及设备，直接在现场总线上组成控制回路，实现基于同一总线标准的不同品牌产品统一组态和功能块分散化的要求，将 DCS 的 I/O 单元和控制站分散到现场设备中，构成虚拟控制站，如图 1－7 所示。

FCS 系统具有以下特点。

（1）采用 1 : N 的设备连接方式、成本低。基于现场总线的现场设备与操作员站之间是

一种全数字化、串行、双向、多站的通信模式，系统的可靠性高。而且用数字信号替代模拟信号传输，在一对双绞线或一条电缆线可挂接多个现场设备，节省硬件数量与投资，节省安装费用，系统的成本低。

(2) 实现了彻底的分散控制。能够将原先DCS中处于控制室的控制功能置入现场设备，直接在现场完成，即就地采集信息、就地处理、就地控制。上位机主要对其进行总体监督、协调、优化控制与管理，实现了彻底的分散控制。

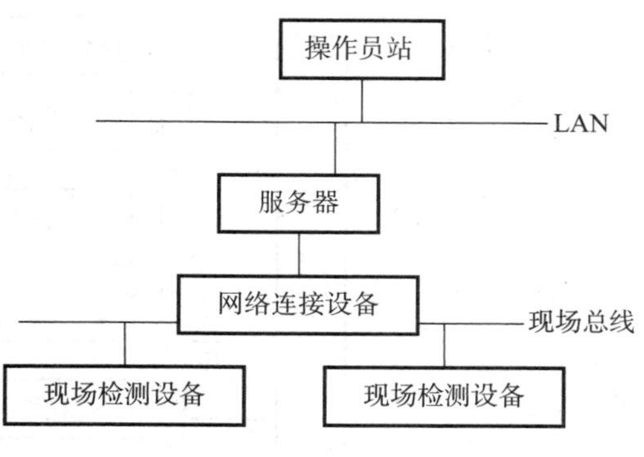

图1-7 现场总线控制系统

(3) 开放性与互操作性。简化了系统的集成。现场总线的最大特点是采用统一的协议标准，使之具有开放性和互操作性，不同厂家的现场设备可方便接入同一网络中，且可相互访问，简化了系统的集成。

(4) 信息综合，组态灵活。通过数字化传输现场数据，FCS能获取现场设备的各种状态、诊断信息，实现实时的系统监控和管理。FCS引入了功能块概念，使得组态十分方便、灵活，不同现场设备中的功能块可以构成完整的控制回路；可在上位机上进行组态，完成之后再下装至现场设备；用户根据标识符来指定某一设备，不需考虑设备地址、存储地址等。

6) 综合自动化系统

综合自动化系统（Computer Integrated Process System，CIPS）集常规控制、先进控制、在线优化、生产调度、企业管理、经营决策等功能于一体，是当前自动化发展的趋势和热点。

CIPS是在计算机通信网络和分布式数据库的支持下，实现信息与功能的集成、综合管理与决策，最终形成一个能适应生产环境不确定性和市场要求多变性的全局最优的高质量、高柔性、高效益的智能生产系统。

根据连续生产过程控制与工程总体优化、信息集成的需求，CIPS工程可由生产过程控制分系统、企业综合管理分系统、集成支持分系统、人与组织分系统4个分系统及相应的下层子系统组成，如图1-8所示。

1.1.2 DCS

DCS是计算机控制系统的一种结构形式，其实质是利用计算机技术对生产过程进行集中监控、操作、管理和分散控制的一种新型的控制系统。它是由计算机技术、测量控制技术、网络通信技术和人机接口技术相互发展和渗透而产生的，是吸收了分散的常规仪表控制系统和集中式计算机控制系统的优点，并在其基础上发展起来的一门系统工程技术，具有很强的生命力和显著的优越性。

1.1.2.1 DCS的现状及发展

1975年，美国霍尼韦尔（Honeywell）公司推出的TDC-2000 DCS是一个具有许多微处

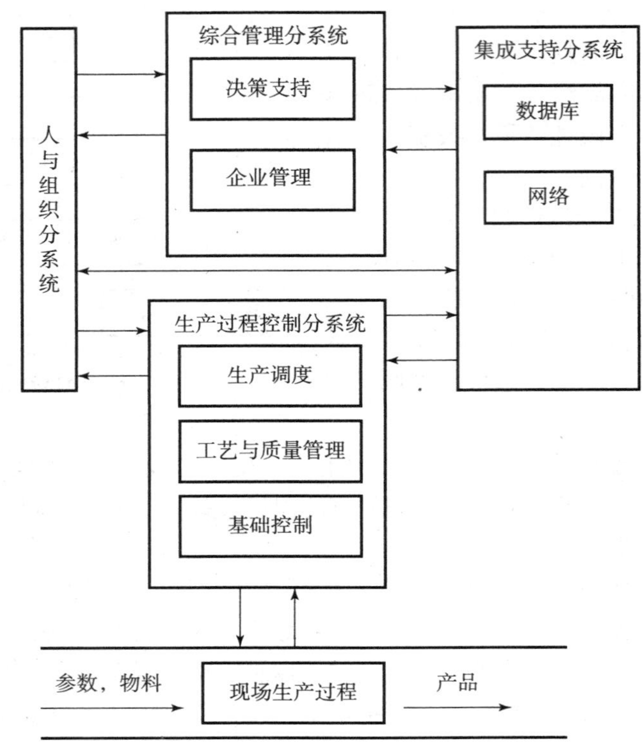

图 1－8　CIPS 系统的构成

理器的分级控制系统，它以分散的控制设备来适应分散的过程控制对象，并将控制对象通过数据高速公路与基于 CRT 的操作员站相互连接，相互协调，实现工业过程的实时控制与监控，使分散控制系统的功能和负载分散，从而分散危险，克服集中型计算机控制系统危险性高的致命弱点。

随后，相继有几十家美国、欧洲和日本的仪表公司也推出了自己的系统。我国在 1992 年由和利时自动化工程公司自主开发设计了 HS－DCS－1000 系统。

DCS 自问世以来，经历了 30 多年的时间，随着 4C 技术及软件技术的迅猛发展，DCS 可靠性、实用性不断提高，系统功能也日益增强，使得 DCS 得到了广泛的应用，到目前已经广泛应用于电力、石油、化工、制药、冶金、建材、造纸等众多行业。

DCS 的发展经历了初创期、成熟期和扩展期 3 个阶段，现已处于第 4 阶段。

1. 第 1 阶段——初创期

1975—1980 年为 DCS 的初创阶段，相应的产品称为第 1 代 DCS，第 1 代 DCS 的代表产品有美国 Honeywell 公司的 TDC－2000、Bailey 公司的 Network－90、Foxboro 公司的 Spectrum 系统，日本横河公司的 Yokogawa，德国 Siemens 的 Teleperm M 系统等。第 1 代 DCS 的基本结构如图 1－9 所示。

第 1 阶段的 DCS 特点如下：

（1）系统设计重点在过程控制站，各个公司的系统均采用了当时最先进的微处理器来构成过程控制站，所以系统的过程控制功能比较成熟、可靠。

（2）系统人机界面功能相对较弱，在实际中用 CRT 操作员站对现场进行监控，提供的

信息量有限。

(3) 系统功能上接近仪表控制系统，各个厂家的系统均由专有产品构成，即现场控制站、人机界面工作站、各类功能站及软件。

(4) 各个厂家的系统在通信上自成体系，没有形成相互数据通信的标准。

(5) 各个厂家生产的 DCS 成本高，系统维护运行成本也较高，使得 DCS 的应用范围受到一定的限制。

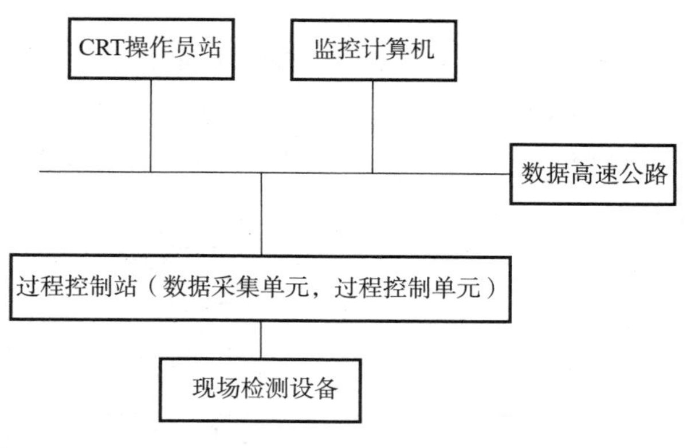

图 1-9 第 1 代 DCS 基本结构

2. 第 2 阶段——成熟期

1980—1985 年是 DCS 成熟期。相应的产品称为第 2 代 DCS，第 2 代 DCS 的代表产品有美国 Honeywell 公司的 TDC-3000、Westing House 公司的 WDPF、Fisher 公司的 PROVOX，日本横河公司的 YEWPACK-MARK Ⅱ等。第 2 代 DCS 的基本结构如图 1-10 所示。

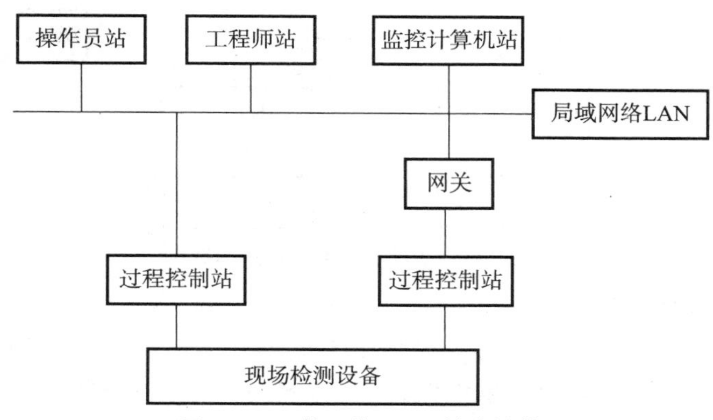

图 1-10 第 2 代 DCS 基本结构

第 2 阶段的 DCS 特点如下：

(1) 系统引入局域网（LAN），数据通信能力提高，使得系统的规模、容量进一步增加，系统扩展也较容易，系统开始摆脱仪表控制系统的影响，而逐步靠近计算机系统。

(2) 随着计算机屏幕技术的发展，操作员站人机界面图形丰富，显示信息量大大增加。

(3) 操作人员从键盘输入命令操作界面到用鼠标操作图形操作界面，使得操作越来越方便。

(4) 功能逐步完善，除回路控制外，增加了顺序控制、逻辑控制等功能，加强了系统管理站的功能，可实现一些优化控制和生产管理功能。

各种高新技术，特别是信息技术和计算机网络技术的飞速发展，众多厂家参与竞争，DCS 价格开始下降，使得 DCS 的应用更加广泛。但是各个厂家的 DCS 产品在通信上标准不一，网络协议方面各自为政，使得不同厂家的 DCS 间基本上不能进行数据交换，DCS 的各个组成部分，如过程控制站、人机界面工作站、各类功能站及软件等都是各个 DCS 厂家的专有技术和专有产品。因此从用户的角度看，DCS 仍是一种购买成本、运行成本及维护成本都很高的系统。

3. 第 3 阶段——扩展期

1985 年到 20 世纪 80 年代初为 DCS 的扩展期，相应的产品称为第 3 代 DCS，代表产品有美国 Honeywell 公司的 TDC－3000、Westing House 公司的 WDPF Ⅱ/Ⅲ、Foxboro 公司的 I/A Series，日本横河公司的 CENTUM－XL/μXL 等。第 3 代 DCS 的基本结构如图 1－11 所示。

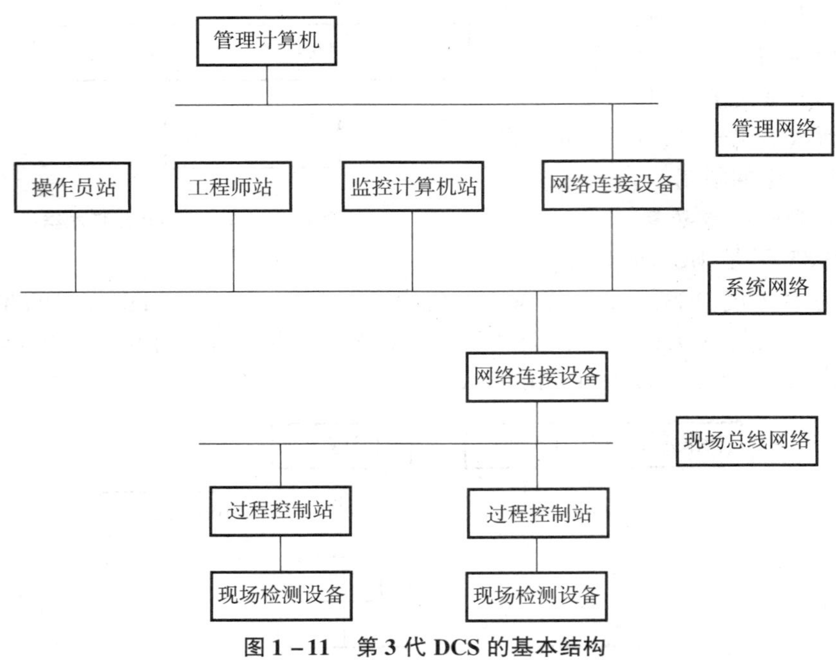

图 1－11　第 3 代 DCS 的基本结构

第 3 阶段的 DCS 特点如下：

（1）在功能上实现了进一步扩展，增加了上层网络，增加了生产的管理功能和企业的综合管理功能，形成了过程控制、集中监控、生产管理 3 层功能结构，这样的体系结构使 DCS 成为典型的计算机网络系统。实施直接控制功能的过程控制站，在功能逐步成熟并标准化之后，成为整个计算机网络系统中的一类功能节点。进入 20 世纪 90 年代以后，人们已经很难比较出各个厂家的 DCS 在过程控制功能方面的差异，而各种 DCS 的差异主要体现在与不同行业应用密切相关的控制方法和高层管理功能方面。

（2）在网络方面，DCS 的开发性改变了过去各个 DCS 厂家自成体系的封闭结构，各厂家已普遍采用了标准的网络产品，如各种实时网络和以太网等。到 20 世纪 90 年代后期，很多厂家将目光转向了只有物理层和数据链路层的以太网及在以太网之上的 TCP/IP 协议。这样在高层即应用层虽然还是各个厂家自己的标准，系统间无直接通信，但至少在网络的低层，系统间是可以互通的，高层的协议可以开发专门的转换软件实现互通。

（3）除了功能上的扩充和网络通信的部分外，多数 DCS 厂家在组态方面实现了标准化，由 IEC 61131－3 所定义的五种组态语言为大多数 DCS 厂家所采纳，在这方面为用户提供了极大的便利。各个厂家对 IEC 61131－3 的支持程度不同，有的只支持一种，有的支持五种，当然支持的程度越高，给用户带来的便利也越多。

（4）在系统产品的构成方面，除过程控制站是各个 DCS 厂家的专有产品外，人机界面工作站、服务器和各种功能站的硬件和基础软件，已没有厂家继续使用自己的专有产品了。

DCS 产品采用市场采购的商品，给系统的维护带来了相当大的好处，也使系统的成本大大降低。所以 DCS 成为一种大众产品，广泛应用于各个行业。

4. 第 4 阶段——第 4 代 DCS

受网络通信技术、计算机硬件技术、嵌入式系统技术、现场总线技术、各种组态软件技术、数据库技术等信息技术发展的影响，以及用户对先进的控制功能与管理功能需求的增加，以 Honeywell、Emerson、Foxboro、横河、ABB 为代表的各 DCS 厂商纷纷提升 DCS 的技术水平，并不断地丰富其内容，目前已经形成了以 Honeywell 公司最新推出的 Experion PKS（过程知识系统）、Emerson 公司的 PlantWeb（Emerson Process Management）、Foxboro 公司的 A2、横河公司的 R3（PRM，工厂资源管理系统）和 ABB 公司的 Industrial IT 系统为标志的第 4 代 DCS。

第 4 代 DCS 的体系结构主要分为 4 层结构，即过程控制级、集中监控级、生产管理级和综合管理级，如图 1－12 所示。一般 DCS 厂商主要提供除综合管理级之外的 3 层功能，而综合管理级则通过提供开放的数据库接口，连接第三方的管理软件平台（ERP、CRM、SCM 等）。所以说，当今 DCS 主要提供工厂（车间）级的所有控制和管理功能，并集成全企业的信息管理功能。

综合管理级
生产管理级
集中监控级
过程控制级
现场设备

图 1－12　第 4 代 DCS 的层次结构

第 4 代 DCS 的技术特点如下：

1）信息化和集成化

第 4 代 DCS 的最主要标志是信息化（Information）和集成化（Integration）。信息和集成基本描述了当今 DCS 正在发生的变化。用户已经可以采集整个工厂车间和过程的信息数据，但是用户希望数据能够以合适的方式体现，并帮助决策过程。

（1）信息化体现在各 DCS 已经不是一个以控制功能为主的控制系统，而是一个充分发挥信息管理功能的综合平台系统。DCS 提供了从现场到设备、从设备到车间、从车间到工厂、从工厂到企业集团的整个信息通道，充分体现了全面性、准确性、实时性和系统性。

大部分 DCS 提供了传统的 DCS 功能、SCADA（监控和数据采集）功能以及 MES（制造执行系统）的大部分功能。与 ERP 不同，MES 汇集了车间中用以管理和优化、从下订单到产成品生产活动全过程的相关硬件或软件组件，控制和利用实时准确的制造信息来指导、传授、响应并报告车间发生的各项活动，同时向企业决策支持过程提供有关生产活动的任务评价信息。MES 的功能包括车间的资源分配、过程管理、质量控制、维护管理、数据采集、性能分析和物料管理等功能模型，与 DCS 相关的各功能模块有资源配置与状态（Resource Allocation and Status）、派遣生产单元（Dispatching Production Units）、文档控制（Document Control）、数据收集/获取（Data Collection/Acquisition）、劳工管理（Labor Management）、质量管理（Quality Management）、维护管理（Maintenance Management）、产品跟踪（Product Tracking）、性能分析（Performance Analysis）。

（2）DCS 的集成性则体现在功能的集成和产品的集成上。过去的 DCS 厂商基本上以自主开发为主，提供的系统也是自己的系统。当今的 DCS 厂商更强调系统的集成性和方案能力，DCS 中除保留传统 DCS 所实现的过程控制功能之外，还集成了 PLC（可编程逻辑控制器）、RTU（采集发送器）、FCS、各种多回路调节器、各种智能采集或控制单元等。此外，各 DCS 厂商不再把开发组态软件或制造各种硬件单元视为核心技术，而纷纷把 DCS 的各个组成部分采用第三方集成方式或 OEM 方式。例如，多数 DCS 厂商自己不再开发组态软件平台，而转入采用兄弟公司（如 Foxboro 用 Wonderware 软件为基础）的通用组态软件平台，或其他公司提供的软件平台（如 Emerson 用 Intellution 的软件平台做基础）。此外，许多 DCS 厂家甚至 I/O 组件也采用 OEM 方式（如 Foxboro 采用 Eurothem 的 I/O 模块，横河的 R3 采用富士电机的 Processio 作为 I/O 单元基础，Honeywell 公司的 PKS 采用 Rockweell 公司的 PLC 单元作为现场控制站）。

2）DCS 成为真正的混合控制系统

过去 DCS 和 PLC 主要通过被控对象的特点（过程控制和逻辑控制）来进行划分，而第 4 代的 DCS 已经将这种划分模糊化了。几乎所有的第 4 代 DCS 都包容了过程控制、逻辑控制和批处理控制，实现混合控制。这也是为了适应用户的真正控制需求。因为多数的工业企业绝不能简单地划分为单一的过程控制和逻辑控制需求，而是由过程控制为主或逻辑控制为主的分过程组成的。我们要实现整个生产过程的优化，提高整个工厂的效率，就必须把整个生产过程纳入统一的分布式集成信息系统。例如，典型的冶金系统、造纸过程、水泥生产过程、制药生产过程和食品加工过程、发电过程，大部分的化工生产过程都是由部分的连续调节控制和部分的逻辑联锁控制构成。

第 4 代 DCS 几乎全部采用原为 PLC 语言设计的 IEC 61131 –3 标准进行组态软件设计，一些 DCS（如 Honeywell 公司的 PKS）还直接采用成熟的 PLC 作为控制站，同时多数的第 4 代 DCS 都可以集成中小型 PLC 作为底层控制单元。

目前，小型和微型 PLC 不仅具备了过去大型 PLC 的所有基本逻辑运算功能，甚至还可以实现高级运算、通信和运动控制。

3）DCS 包含 FCS 功能并进一步分散化

DCS 厂商推动了 FCS 的进步，DCS 将包容 FCS，实现真正的 DCS。第 4 代 DCS 包含了各种形式的现场总线接口，支持多种标准的现场总线仪表和执行机构等。此外，各 DCS 机柜架式安装 I/O 模件、相对集中的控制站结构，被分散的 I/O 模块（导轨安装）、小型化的 I/O 组件（可以现场安装）或中小型的 PLC 取代。

分布式控制的优点如下：

（1）逻辑分割。工程师将不同设备的控制功能按设备分配到不同的合适控制单元，操作工可以根据需要对单个控制单元进行模块化的功能修改、下装和调试。

（2）各个控制单元分布安装在被控设备附近，既可以节省电缆，又可以提高设备的控制速度。一些 DCS 还包括分布式 HMI 就地操作员站，人和机器将有机地融合在一起，共同完成一个智能化工厂的各种操作。例如，Emerson 的 DeltaV、Foxboro 的 A2 中的小模块结构、Ovation 的分散模块结构等。

目前，DCS 更加突出实用性，可以适应多种现场安装模式，如现场总线智能仪表、现场 I/O 智能模块就地安装、柜式集中安装（特别适合改造现场）等。

4）DCS 平台开放性与应用服务专业化

第 4 代 DCS 支持某种程度的开放性。开放性体现在 DCS 可以从 3 个不同层面与第三方产品相互连接：①在企业管理层支持各种管理软件平台连接；②在工厂车间层支持第三方先进控制产品、SCADA 平台、MES 产品和 BATCH 处理软件，同时支持多种网络协议；③在控制层支持 DCS 单元（系统）、PLC、各种智能控制单元及各种标准的现场总线仪表与执行机构。

在考虑开放性的同时，首先要充分考虑系统的安全性和可靠性。在选择设备时，先确定系统的要求，然后根据需求选择必要的设备。尽量不要装备一些不必要的功能，特别是网络功能和外设的选择一定要慎重。

第 4 代 DCS 厂商在提高 DCS 平台集成化的同时，还强调在各自应用行业的专业化服务能力，在注重系统本身技术的同时，更加注重如何满足应用要求，并将满足不同行业的应用要求，作为自己系统的最关键技术，这是新一代 DCS 的又一重要特点。

1.2　DCS 的基本组成及特点

1.2.1　DCS 的基本组成

一个最基本的 DCS 包括一台过程控制站、一台工程师站（也可利用一台操作员站兼作工程师站）和一条系统网络。除了上述基本的组成部分之外，DCS 还包括完成某些专门功能的站、扩充生产管理和信息处理功能的信息网络，以及实现现场仪表、执行机构数字化的现场总线网络。一个典型的 DCS 的组成如图 1－13 所示，图中表明了 DCS 各主要组成部分和各部分之间的连接关系。

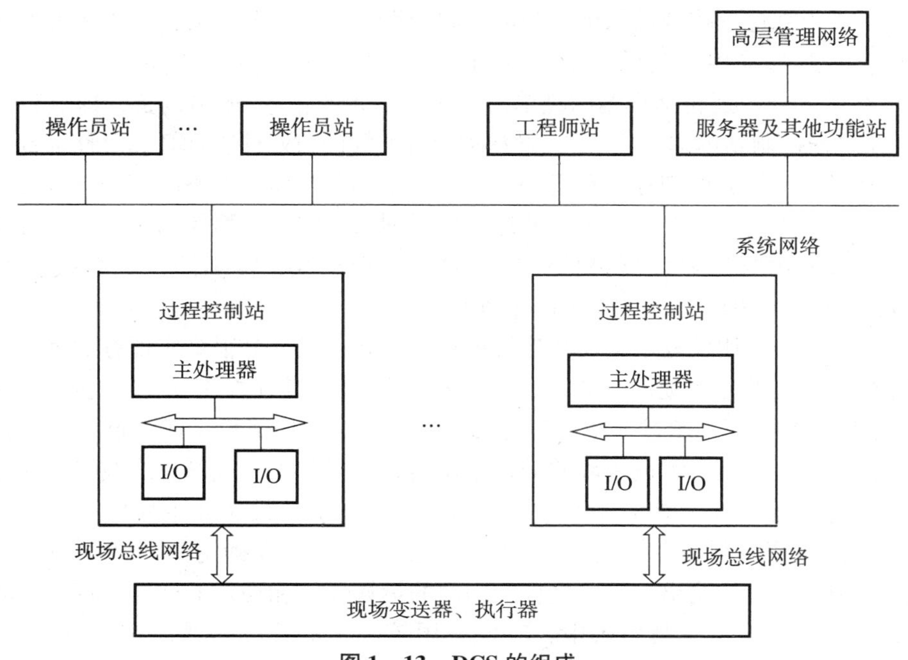

图 1－13　DCS 的组成

1. 操作员站

操作员站主要完成人机界面的功能，一般采用桌面型通用计算机系统，如图形工作站或个人计算机等。其配置与常规的桌面系统相同，但要求有大尺寸的显示器（CRT 或液晶屏）

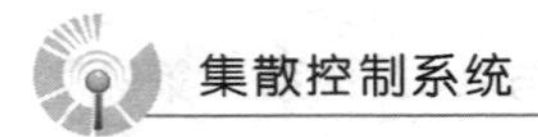

和高性能的图形处理器。有些系统还要求每台操作员站使用多屏幕处理器，以拓宽操作员的观察范围，为了提高画面的显示速度，一般都在操作员站上配置较大的内存。

2. 工程师站

工程师站是DCS中的一个特殊功能站，主要对DCS进行应用组态。应用组态是DCS应用过程中必不可少的一个环节，可以实现各种各样的应用，关键是确定系统的控制功能、控制的输入与输出、控制回路的算法，以及在控制计算中选取的参数，系统人机界面的设置，报警、报表及历史数据记录等功能的定义，组态所要完成的工作。只有完成正确的组态，一个通用的DCS才能成为一个针对具体控制应用的可运行系统。

组态工作是在系统运行前进行的，或者说是离线进行的，一旦组态完成，系统就具备了运行能力。当系统在线运行时，工程师站可起到一个对DCS本身的运行状态进行监视的作用，能及时发现系统出现的异常，并及时进行处理。在DCS在线运行中，也允许进行组态，并对系统的定义进行修改和添加，这种操作被称为在线组态，同样，在线组态也是工程师站的一项重要功能。

一般在一个标准配置的DCS中，都配有一台专用的工程师站，也有些小型系统不配置专门的工程师站，而将其功能合并到某一操作员站中，在这种情况下，系统只在离线状态具有工程师站功能，而在在线状态下就没有了工程师站的功能。当然也可以将这种具有操作员站和工程师站双重功能的站设置成为随时切换的方式，根据需要使用该站完成不同的功能。

3. 过程控制站

过程控制站是DCS的核心，系统主要的控制功能由它来完成。系统的性能、可靠性等重要指标也都要依靠过程控制站保证，因此对它的设计、生产及安装都有很高的要求。过程控制站的硬件一般都采用专门的工业计算机系统，其中除了计算机系统所必需的运算器（即CPU）、存储器外，还包括现场测量单元、执行单元的输入/输出设备，即过程量I/O或现场I/O。在过程控制站内部，主CPU和内存等用于数据的处理、计算和存储的部分被称为逻辑控制部分，而现场I/O则称为现场部分，这两个部分是需要严格隔离的，以防止现场的各种信号，包括干扰信号，对计算机的处理产生不利的影响。过程控制站逻辑部分和现场部分的连接，一般采用与工业计算机相匹配的内部并行总线，常用的并行总线有Multibus、VME、STD、ISA、PC104、PCI和Compact PCI等。

由于并行总线结构比较复杂，用其连接逻辑部分和现场部分很难实现有效隔离，成本较高，而且并行总线很难方便地实现扩充，因此很多厂家将过程控制站内的逻辑部分和现场I/O之间的连接方式转向了串行总线。串行总线的优点是结构简单、成本低，很容易实现隔离，而且容易扩充，可以实现远距离的I/O模块连接。近年来，现场总线技术的快速发展更推进了这个趋势，目前直接使用现场总线产品作为现场I/O模块和主处理模块的连接很普遍。由于DCS的过程控制站有比较严格的实时性要求，需要在确定时间期限内完成测量值的输入、运算和控制量的输出，因此过程控制站的运算速度和现场I/O速度都应该满足很高的设计要求。一般在快速控制系统中，应该采用较高速的现场总线，如CAN、Profibus及Devicenet等，而在控制速度要求不是很高的系统中，可采用较低速的现场总线，这样可以适当降低系统的造价。

4. 服务器及其他功能站

在现代的DCS结构中，除了过程控制站和操作员站以外，还可以有许多执行特定功能

的计算机，如专门记录历史数据的历史站、进行高级控制运算功能的高级计算站、进行生产管理的管理站等。这些站也都通过网络实现与其他各站的连接，形成一个功能完备的复杂的控制系统。

随着 DCS 的功能不断向高层扩展，系统已不再局限于直接控制，而是越来越多地加入了监督控制乃至生产管理等高级功能，因此当今大多数 DCS 都配有服务器。服务器的主要功能是完成监督控制层的工作，如对整个生产装置乃至全厂的运行状态进行监视、对生产过程各个部分出现的异常情况及时发现并及时处理，向更高层的生产调度和生产管理，直至企业经营等管理系统提供实时数据和执行调节控制操作等。简单地讲服务器就是完成监督控制，或称为 SCADA 功能的主节点。

在一个控制系统中，监督控制功能是必不可少的，虽然控制系统的控制功能主要靠系统的直接控制部分完成，但是这部分正常工作的条件是生产工矿平稳、控制系统的各部分工作在正常状态下。而一旦出现异常情况，就必须实行人工干预，使系统回到正常状态。这就是 SCADA 功能的最主要作用。在规模较小，功能较简单的 DCS 中，可以利用操作员站实现系统的 SCADA 功能，而在系统规模较大、功能复杂时，则必须设立专门的服务器节点。

5. 系统网络

DCS 的另一个重要的组成部分是系统网络，它是连接系统各个站的桥梁。由于 DCS 由各种不同功能的站组成，这些站之间必须实现有效的数据传输，以实现系统总体的功能，因此系统网络的实时性、可靠性和数据通信能力关系到整个系统的性能特别是网络的通信规约，关系到网络通信的效率和系统功能的实现，都是由各个 DCS 厂家专门精心设计的。在早期的 DCS 中，系统网络包括其硬件和软件，都是各个厂家专门设计的专有产品，随着网络技术的发展，很多标准的网络产品陆续推出，特别是以太网逐步成为事实上的工业标准，越来越多的 DCS 厂家直接采用了以太网作为系统网络。

在以太网的发展初期，系统网络是为满足事务处理应用需求而设计的，其网络介质访问适合传输信息的请求随机发生，每次传输的数据量较大而传输次数不频繁，因网络访问碰撞而出现的延时对系统影响不大的应用系统。而在工业控制系统中，数据传输的特点是需要周期性地进行传输，每次传输的数据量不大而传输数据比较频繁，而且要求在确定的时间内完成传输，这些应用要求的特点并不适合使用以太网，特别是以太网传输时间的不确定性，更是其在工业控制系统中应用的最大障碍。但是由于以太网应用的广泛性和成熟性，特别是开放性，使得大多数 DCS 厂商都先后转向了以太网。

近年来，以太网的传输速度有了极大的提高，从最初的 10 Mbps 发展到现在的 100 Mbps 甚至 10 Gbps，这为改进以太网的实时性创造了很好的条件。交换技术的采用有效地解决了以太网在多节点同时访问时的碰撞问题，使以太网更加适合工业应用。许多厂商在提高以太网的实时性和运行于工业环境的防护方面做了非常多的改进。因此当前以太网已成为 DCS 等各类工业控制系统中广泛采用的标准网络，但在网络的高层规约方面，目前仍然是各个 DCS 厂商才有的技术。

6. 现场总线网络

早期的 DCS 在现场检测和控制执行方面采用模拟式仪表的变送单元和执行单元，在现场总线出现以后，这两个部分被数字化，使 DCS 成为一种全数字化的系统。采用模拟式变送单元和执行单元时，系统与现场之间通过模拟信号连接，而在实现全数字化后，系统与现场之间的连接通过计算机数字通信网络，即通过现场总线把传感器、变送器、执行器和控制器集成在一起，实现生产过程的信息集成，在生产现场直接构成现场通信网络，实现现场通信网络与控制系统的集成。直接在现场总线上组成控制回路，在生产现场构成分布式网络自动化系统，使系统进一步开放。

7. 高层管理网络

目前 DCS 已从单纯的低层控制功能发展到了更高层次的数据采集、监督控制、生产管理等全厂范围的控制和管理，成为一个计算机管理控制系统，其中包含了全厂自动化的丰富内涵。

很多厂商在原 DCS 的基础上增加了服务器，用来对全系统的数据进行集中的存储和处理。DCS 作为低层数据的直接来源，在系统网络上配置服务器，数据库针对一个企业或工厂常有多套 DCS 的情况。以多服务器、多域为特点的大型综合监控自动化系统已出现，以满足全厂多台生产装置自动化及全面监督管理的系统要求。

在网络层次增加管理网络层可以完成综合监控和管理功能，在这层网络上传送的主要是管理信息和生产调度指挥信息，形成一个将控制和管理功能结合在一起的大型信息系统。

网络特别是高层网络的灵活性，使得系统的结构也表现出非常大的灵活性，一个大型 DCS 可以将各个域的工程师站集中在管理网上，成为各个域公用的工程师站，或某些域不设操作员站而采用管理层的信息终端实现对现场的监视和控制，甚至将系统网络和高层管理网络合成一个物理上的网络，而靠软件实现逻辑的分层和分域。

8. DCS 软件

由于在计算机发展的初期，软件是依附于硬件的，DCS 软件的基本组成是按照硬件的划分形成的，包括过程控制软件、操作员站软件和工程师站软件，以及运行于各个站的网络软件，作为各个站上功能软件之间的桥梁。

1.2.2 DCS 的性能特点

DCS 综合了计算机技术、通信技术、显示技术和控制技术，实现分散控制、集中操作、分级管理、配置灵活和组态方便的基本思想，具有可靠、开放、灵活、易于维护、协调性和控制功能齐全等性能特点。

1. 高可靠性

由于 DCS 将系统控制功能分散在各台计算机上实现，系统结构采用容错设计，因此某一台计算机出现的故障不会导致系统其他功能的丧失。DCS 的通信网络一般采用网络冗余技术，一旦主站瘫痪，自动切换到备用站，保证系统的正常工作。此外，由于系统中各台计算机所承担的任务比较单一，可以针对需要实现的功能采用具有特定结构和软件的专用计算机，从而使系统中每台计算机的可靠性也得到提高。

2. 开放性

DCS 采用开放式、标准化、模块化和系列化设计，系统中各台计算机采用局域网方式通信，实现信息传输，当需要改变或扩充系统功能时，可将新增计算机方便地连入系统通信网络或从网络中卸下，几乎不影响系统其他计算机的工作；当发生故障时，可直接更换相应的模块，系统维护十分方便。

3. 灵活性

通过组态软件根据不同的流程应用对象进行软硬件组态，即确定测量与控制信号及相互间连接关系、从控制算法库选择适用的控制规律以及从图形库调用基本图形组成所需的各种监控和报警画面，从而方便地构成所需的控制系统。

4. 易于维护

功能单一的小型或微型专用计算机，具有维护简单、方便的特点，当某一局部或某个计算机出现故障时，可以在不影响整个系统运行的情况下在线更换，迅速排除故障。

5. 协调性

各工作站之间通过通信网络传送各种数据，整个系统信息共享，协调工作，以完成控制系统的总体功能和优化处理。

6. 控制功能齐全

控制算法丰富，集连续控制、顺序控制和批处理控制于一体，可实现串级、前馈、解耦、自适应和预测控制等先进控制，并可方便地加入所需的特殊控制算法。

1.3 DCS与PLC之间的关系

1.3.1 PLC概述

1968年，美国最大的汽车制作商通用汽车公司（GM公司），为了在竞争的汽车工业中占有优势，提出要用一种新型的控制装置取代继电器接触器控制装置，将计算机的优点与继电器的优点融入新的控制装置中，提出了控制装置编程简单的要求。1969年，美国的数字设备公司（DEC）根据GM公司的要求研制了世界上第一台可编程序逻辑控制器（Programmable Logical Controller，PLC），其后，日本、德国等国家相继引入了该技术，PLC得到迅速发展。

20世纪70年代末至80年代初，随着微处理器技术的发展，PLC处理速度大大提高，不仅可以进行逻辑控制，而且可以进行模拟量的控制。20世纪80年代以来，随着大规模和超大规模集成电路技术的迅猛发展，以16位和32位微处理器为核心的PLC得到迅速的发展，其功能越来越强，具有中断控制、PID调节、数据处理和数据通信等功能，应用范围和应用领域不断扩大。

PLC及其外部设备按照易于与工业控制系统联成一个整体、易于扩充其功能的原则而设计，是专为工业环境下应用而设计的数字运算操作系统，它采用可编程序的存储器，内部存储了执行逻辑运算、顺序控制、定时、计数和算术运算等操作命令，并通过数字信号和模拟信号控制各种类型的机械或生产过程。

1.3.2 DCS和PLC的关系

通常使用的控制类产品包括DCS和PLC两大类，其中DCS的概念可以扩展到FCS。DCS和PLC之间没有一个严格的界线，一般认为大的系统为DCS，小的系统为PLC，这种说法并不妥当。

1.3.2.1 DCS和PLC的区别

下面从DCS与PLC的发展、系统的可扩展性和兼容性、数据库、时间调度、网络结构、和应用对象的规模等方面进行介绍。

1. DCS与PLC的发展

DCS从传统的仪表盘监控系统发展而来，侧重仪表的控制，如YOKOGAWA CS3000 DCS没有PID数量的限制（PID，比例微分积分算法，是调节阀、变频器闭环控制的标准算法，通常PID的数量决定了可以使用的调节阀数量）。PLC则从传统的继电器回路发展而来，强调逻辑运算能力，最初的PLC甚至没有模拟量的处理能力。

2. DCS与PLC的系统可扩展性和兼容性

PLC系统一般针对设备来使用，没有或很少有扩展的需求，很少有兼容性的要求，难以进行如两个或两个以上系统的资源共享。PLC系统一般采用专用的网络结构，如西门子的MPI总线网络。

大部分DCS内部（过程级）的通信协议虽然不同，但操作级的网络平台都选择了以太网络，采用标准或变形的TCP/IP协议，方便进行扩展。在这种网络中，控制器、计算机均作为节点存在，在网络的覆盖区域可以随意增减节点数量和布置节点位置。DCS使用基于Windows系统的OPC、DDE等开放协议，方便系统之间的通信，实现资源共享。

3. DCS与PLC的数据库

DCS通常提供统一的数据库，存放在DCS中的数据可以在组态软件中、监控软件中、趋势图中、报表中引用。PLC系统的数据库通常不是统一的，组态软件、监控软件和归档软件都有自己的数据库。

西门子的PCS7系统使用了统一的数据库，要求控制器型号至少是S7 414－3。

4. DCS与PLC的时间调度

PLC的程序一般不能按事先设定的循环周期运行，而是从头到尾执行1次后再从头开始执行（现在一些新型PLC有所改进，不过对任务周期的数量还是有限制的）。DCS可以设定任务周期，如快速任务等。

在传感器采样时，压力传感器的变化时间很短，可以用200 ms的任务周期采样，而温度传感器的滞后时间很大，需要采用2 s的任务周期采样。此时，DCS可以合理地调度控制器的资源。

5. DCS与PLC的网络结构

一般来讲，DCS惯常使用两层网络结构，第一层为过程级网络，第二层为操作级网络。对于过程级网络，大部分DCS使用自己的总线协议，比如横河的Modbus、西门子和ABB的Profibus、ABB的CAN bus等，这些协议均建立在标准串口传输协议RS－232或RS－485协议的基础上。现场I/O模块，特别是模拟量的采样数据（机器代码、扫描周期）十分庞大，同时现场干扰因素较多，因此应该采用数据吞吐量大、抗干扰能力强的网络标准。基于RS－485串口异步通信方式的总线结构，符合现场通信的要求。I/O的采样数据经CPU转换后变为整型数据或实型数据，在操作级网络（第二层网络）上传输。因此操作级网络可以采用数据吞吐量适中、传输速度快、连接方便的网络标准，同时因操作级网络一般布置在控

制室内，对抗干扰的要求相对较低。因此采用标准以太网是最佳选择。TCP/IP 协议是一种标准以太网协议，一般我们采用 100 Mbps 的通信速度。PLC 系统的工作任务相对简单，因此需要传输的数据量一般不会太大，所以常见的 PLC 系统为一层网络结构。要么过程级网络和操作级网络合并在一起，要么过程级网络简化成模件之间的内部连接。PLC 不会或很少使用以太网。

6. DCS 与 PLC 应用对象的规模

PLC 一般应用在小型自控场所，比如设备的控制或少量的模拟量的控制及联锁，而大型的应用一般都是应用 DCS。当然，这个概念不太准确，但很直观，习惯上我们把大于 600 点的系统称为 DCS，小于这个规模的叫作 PLC。热泵及 QCS、横向产品配套的控制系统一般称为 PLC。

1.3.2.2 DCS 与 PLC 的共同点

PLC 和 DCS 的发展在向彼此靠拢，现在的 PLC 与 DCS 之间的概念已经模糊了，二者有较多相似之处。

1. DCS 与 PLC 的功能

PLC 已经具备了模拟量的控制功能，有的 PLC 系统模拟量处理能力甚至还相当强大，如横河 FA－MA3、西门子的 S7 400、ABB 的 Control Logix 和施耐德的 Quantum 系统。DCS 也具备相当强劲的逻辑处理能力，如在 CS3000 上可以实现一切可能使用的工艺联锁和设备的联动启停。

2. DCS 与 PLC 的系统结构

PLC 与 DCS 的基本结构是一样的。PLC 发展到今天，已经全面移植到计算机系统控制上了，传统的编程器早就被淘汰了。小型应用的 PLC 一般使用触摸屏，大规模应用的 PLC 全面使用计算机系统。和 DCS 一样，控制器与 I/O 站使用现场总线（一般都是基于 RS－485 或 RS－232 异步串口通信协议的总线方式），控制器与计算机之间如果没有扩展的要求，也就是说只使用一台计算机的情况下，也会使用这个总线通信。但如果有不止一台的计算机使用，系统结构就会和 DCS 一样，上位机平台使用以太网结构。这是 PLC 大型化后和 DCS 概念模糊的原因之一。

3. DCS 与 PLC 的发展方向

小型化的 PLC 将向更专业化的使用角度发展，比如功能更加有针对性、对应用的环境更有针对性等。大型的 PLC 与 DCS 的界线逐步淡化，直至完全融和。DCS 将向 FCS 的方向继续发展。FCS 的核心除了控制系统更加分散化以外，特别重要的是仪表。FCS 在国外的应用已经发展到仪表级。控制系统需要处理的只是信号采集和提供人机界面以及逻辑控制，整个模拟量的控制分散到现场仪表，仪表与控制系统之间无须传统电缆连接，使用现场总线连接整个仪表系统（目前国内有横河在中海壳牌石化项目中用到的 FCS，仪表级采用的是智能化仪表如 EJX 等，具备世界最先进的控制水准）。

本章小结

本章首先介绍了 DCS 的基本概念和发展，而后介绍了 DCS 的基本组成及特点，并介绍了 DCS 和 PLC 之间的关系。使读者对 DCS 有了基本的认识，并对 DCS 的组成有了一定的掌握。

习　题

一、选择题

1. ____________是由控制计算机取代常规的模拟调节仪表而直接对生产过程进行控制的系统。

2. DCS 采用____的设计原则。

3. FCS 是由____组成的控制系统。

4. 一个最基本的 DCS 应包括 4 个大的组成部分：________、________、________和________。

5. PLC 具有____等功能。

二、名词解释题

1. DAS。
2. CIPS。
3. PLC。

三、简答题

1. 简述 DDC 系统、SCC 系统和 DCS 的特点。
2. 简述 DCS 的现阶段状况及发展方向。
3. 简述 DCS 和 PLC 的关系。

第 2 章

DCS 的体系结构

学习目标

☞ 了解 DCS 体系结构的形成
☞ 掌握 DCS 的体系结构及分层功能

随着计算机技术、控制技术、通信技术和显示技术的发展及应用，DCS 也不断发展，结构体系不断更新，功能也不断增强。早期 DCS 厂家没有统一标准，DCS 产品在硬件的互换性、软件的兼容性及操作的一致性上很难达到统一，但不同厂家的 DCS 体系结构基本相同。本章着重介绍 DCS 的层次结构、各分层功能、通信和网络结构，以及几种常见的 DCS 结构。

2.1 DCS 体系结构的形成

1975 年，美国霍尼韦尔（Honeywell）公司推出的 TDC－2000 DCS，使过程控制自动化进入了一个崭新的阶段，但此时的 DCS 厂家产品大多是自成体系，没有统一的工业标准，到了 20 世纪 90 年代，才出现了生产过程控制系统与综合管理系统紧密结合的管控一体化的新一代 DCS。DCS 向综合化、开放化发展。所以各厂家的 DCS 体系结构大体相似，但实质的内容却有很大的差别。

2.1.1 中央计算机集中控制系统的形成

在 20 世纪 60 年代前期，大量的工业控制计算机被用来解决一些特定而明确的工业控制问题，如进行数据采集、数据处理、过程监视等，此类计算机通常被称为专用机。由于专用机只用来处理一个特定的事情，所以工厂中需要一系列的这类计算机来解决各种各样的问题，如图 2－1 所示，而且各专用机之间没有直接的联系。若需要相互联系时，也只能依靠数据传输介质（磁带、纸带、卡片）来传输，传送联系信息麻烦、费时。后来，由于中央计算机的引入，各专用机可以连接到中央计算机上，它们之间的联系可以通过中央计算机转换而实现，给系统的集成带来了方便，如图 2－2 所示。专用机之间不用人工干预就可以达到相互联系目的，进而整个系统就有可能协调运转，从而奠定了集中控制模式的基础。

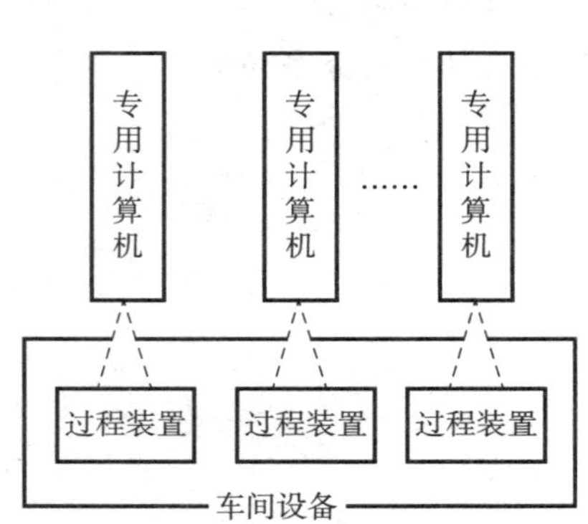

图 2－1　专用计算机控制系统

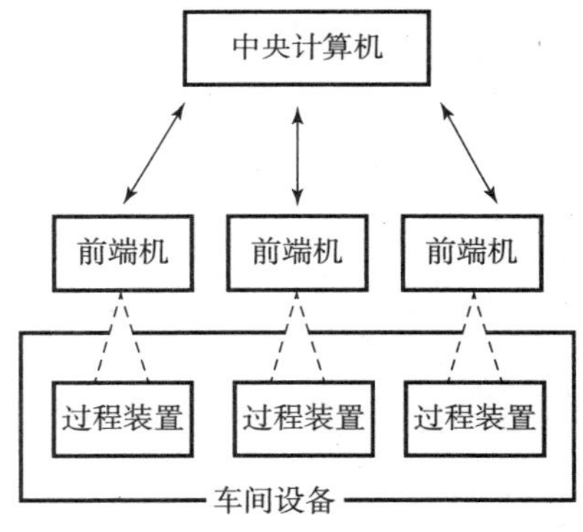

图 2－2　具有中央计算机的计算机系统

20 世纪 60 年代中期，出现了大型而高速的过程控制计算机，使得采用单独的一台大型控制计算机来代替早期的专用小型机以监视和控制多个装置成为可能，这样的系统就形成了中央集中式的计算机控制系统，中央集中式的计算机控制系统在当时很快得到了发展。中央计算机主要完成功能包括：过程监测、数据采集、报警和记录、数据存档、数据处理、过程控制等，另外，有的中央计算机还有完成生产计划和工厂管理的功能。中央集中式的计算机

控制系统持续到20世纪70年代中期，仍占主导地位。

2.1.2 DCS分层体系结构的形成

集中式计算机控制系统的两大应用指标是中央计算机的处理速度和计算机自身的可靠性。计算机的处理速度快，便可以在一定时间范围内管理更多的控制设备，但其处理速度受到当时技术条件的限制，同时，工厂中已有的仪器仪表装置都连接到计算机上，使得计算机和仪器仪表间存在很多的连接装置。若是利用中央计算机来进行技术改造，利用现存的连接装置，整个控制系统的完成就比较省事。若是要重建工厂就不太容易了，因为计算机变得越来越便宜，而连接装置的造价相对变化不大，使得连接装置比计算机的花费还要大。另外，所有的控制功能都集中到单台计算机上来完成，而一旦计算机出了问题，就意味着所有功能都将失效，对于这种状况，必须寻求一种更加可靠的计算机自动化控制系统。

20世纪60年代末到70年代初，由于低成本的集成电路技术的发展，出现了小型、微型计算机，小型计算机和微型计算机的功能更加完善，而且价格便宜，因而可以用这种小型计算机来代替中央计算机的局部工作，以对在其周围的装置进行过程监控，有人将这些小型机称为第一级计算机。而中央计算机只处理中心自动化问题和管理方面的问题，从而产生了2级自动化控制系统的结构，如图2-3所示。也有人把这种结构叫作分散式计算机系统，这种结构在当时得到了广泛的应用，在20世纪70年代末，一开始是当成多计算机自动化系统由制造商推出，而一旦用户采用了分散式计算机，就必然会在满足自己应用的前提下，选择价格更加合理的不同厂家的计算机产品，而且当分散式控制系统逐渐建成后，就会与现存的过程控制计算机集成起来，一起完成它们的主要功能，这些小型计算机主要是完成实时处理、前端处理功能，而中央计算机只充当后继处理设备。这样，中央计算机不用直接与现场设备打交道，从而把部分控制功能和危险都分散到前端计算机上，中央计算机一旦失效，设备的控制功能依旧能得到保证。

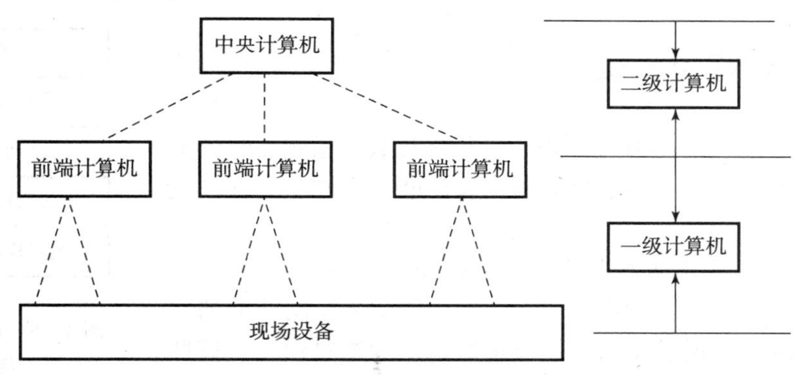

图2-3 DCS的系统结构

图2-3中所示的多计算机机构比较适合小型工业自动化过程，在这些系统中存在的前端计算机较少，控制规模增大后，需要大量前端计算机才能满足应用要求，从而使中央计算机的负载增大，难以在单台中央计算机的条件下及时地完成诸如模块上优化、系统管理等方面的工作，在这种应用条件下，就出现了具有中间层次计算机的控制系统，在整个控制系统中，中间计算机分布在各车间或工段上，处在前端计算机和中央计算机之间并担当起一些以

往要求中央计算机来处理的职能，系统结构就形成了3级计算机控制模式，如图2－4所示。这样的结构模式在工厂自动化方面得到了很广泛的应用，至今仍常常见到。

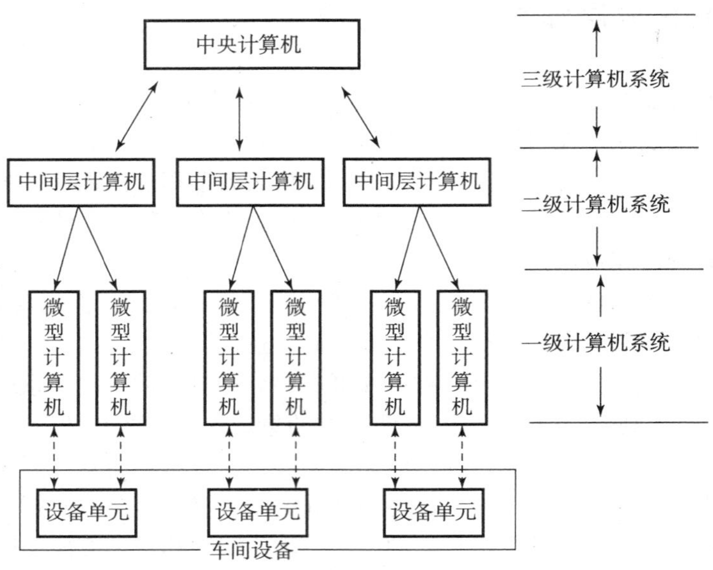

图2－4　3层结构的计算机控制系统

2.2　DCS的分层体系结构

目前，层次化已成为DCS的体系特点，体现了“集中操作管理、分散控制”的思想。典型的DCS体系结构目前一般为过程控制级、集中监控级、生产管理级和综合管理级4层结构，如图2－5所示。新型的DCS是开放型的体系结构，可以方便地与生产管理的上位计算机相互交换信息，形成计算机一体化生产系统，实现工厂的信息管理一体化。

2.2.1　过程控制级

图2－5　DCS系统层次结构图

过程控制级是DCS的基础，用于进行过程数据采集、直接数字的过程控制、设备检测、系统的测试和诊断，实施安全性和冗余化措施。

过程控制级主要由现场控制站、I/O单元和现场各类装置（如变送器、执行器、记录仪表等）组成，是系统控制功能的主要实施部分。DCS的现场控制站接收现场送来的测量信号，按照指定的控制算法，对信号进行输入处理、控制算法运算、输出处理后向执行器发出控制指令。同时接收上层的管理信息，并向上传递过程控制级现场装置的特性参数和现场采集到的实时数据。

（1）过程数据采集对被控设备中的每个过程量和状态信息进行快速采集，使进行数字控制、开环控制、设备监测、状态报告的过程等获得所需要的输入信息。

（2）直接数字的过程控制根据控制组态数据库、控制算法来实施实时的过程量（开关量、模拟量等）的控制。

（3）过程控制级进行设备监测及系统的测试和诊断时，将过程变量和状态信息取出后，分析是否可以接受以及是否可以允许向高层传输。进一步确定是否对被控装置实施调节，并根据状态信息判断计算机系统硬件和控制板的性能，在必要时实施报警、错误或诊断报告等措施。

（4）实施安全性、冗余化方面的措施。过程控制级一旦发现计算机系统硬件或控制板有故障，就立即实施备用件的切换，保证整个系统的安全运行。

2.2.2 集中监控级

集中操作监控级包括操作员站和工程师站，用于完成系统的操作和组态，综合监控各过程控制站的所有信息，集中显示操作，控制回路组态和参数修改，优化过程处理，可用于单元内的整体优化，并对下层产生确切的命令，完成以下功能。

（1）优化过程控制根据过程的数学模型以及所给定的控制对象来进行，优化控制只有在优化执行条件确保的条件下方能达到，但即使在不同策略条件下仍能完成对控制过程的优化。

（2）自适应回路控制在过程参数希望值的基础上，通过数字控制的优化策略，当现场条件发生改变时，经过过程管理级计算机的运算处理就得到新的设定值和调节值，并把调节值传送到直接过程控制层。

（3）优化单元内各装置，使它们密切配合。这主要是根据单元内的产品、原材料、库存以及能源的使用情况，以优化准则来协调相互之间的关系。

（4）通过获取过程控制层的实时数据以进行单元内的活动监视、故障检测存档、历史数据的存档、状态报告和备用。

2.2.3 生产管理级

位于生产管理级（产品管理级）上的管理计算机根据生产的产品情况，协调各单元级的参数设定。

产品规划和控制级完成一系列的功能，要求具有比系统和控制工程更宽的操作和逻辑分析功能，根据用户的订货情况、库存情况、能源情况来规划各单元中的产品结构和规模，并且可使产品重新计划，随时更改产品结构，可以满足工厂自动化系统高层的需要。有了产品重新组织和柔性制造的功能，就可以应付由于用户订货变化所造成的不可预测的事件。由此，一些较复杂的工厂在这一控制层就实施了协调策略。此外，对于综观全厂生产和产品监视，以及产品报告也都在这一层实现，并与上层交互传递数据。在中小企业的自动化系统中，这一层可能就充当最高一级管理层。

2.2.4 综合管理级

位于综合管理级上的管理计算机主要用于企业的生产调度、计划、销售、库存、财务、人事以及企业的经营管理等方面信息的传输。

综合管理级居于自动化系统的最高层，其管理范围包括工程技术方面、经济方面、商业事务方面、人事活动方面以及其他方面的功能，把这些功能都集成到软件系统中，通过综合的产品计划，在各种变化条件下，结合多种多样的材料和能量调配，以达到最优化地解决这些问题。

综合管理级通过与公司的经理部、市场部、计划部和人事部等办公自动化相连接，实现制造系统的最优化，其典型的功能有市场分析、用户信息收集、订货统计分析、销售与产品计划制订、合同事宜处理、接收订货与期限监测、产品制造协商、价格计算、生产能力与订货的平衡、订货的分发、生产与交货期限的监视，以及生产、订货、合同、财务方面的报告等。

2.3 DCS的网络体系结构

1986年，IEC/SC65C提出了现场总线网络、系统网络和管理网络3级网络结构的DCS网络标准体系，如图2－6所示。

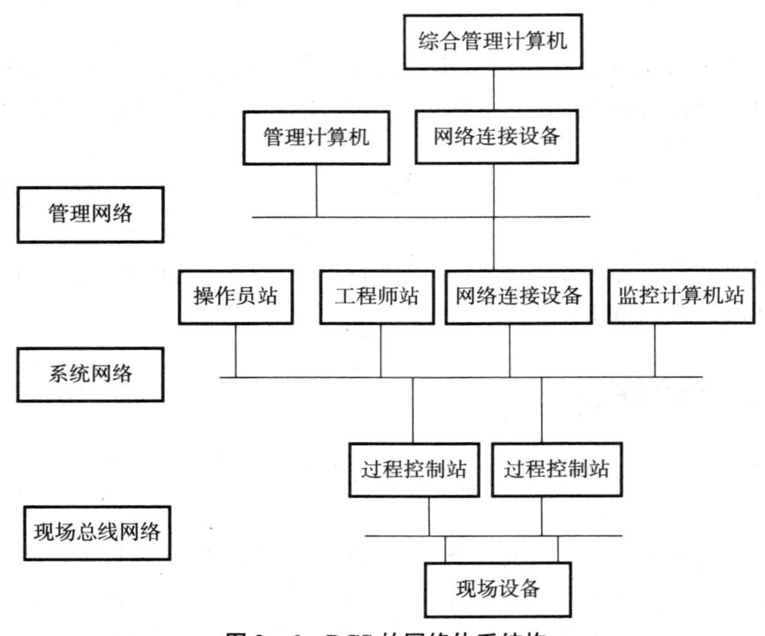

图2－6 DCS的网络体系结构

1. 第1级——现场总线网络

现场总线网络用于现场智能变送器、智能执行器、智能I/O模件等之间的通信。现场总线包括智能压力、温度、流量传感器、PLC、单回路与多回路调节器，以及控制阀门的执行器和电动机等现场设备，用于连接现场安装的智能变送器、控制器和执行器。

2. 第2级——系统网络

系统网络是连接现场控制设备及过程监视设备，用于过程监视/管理等设备之间的通信及现场控制站间的通信，使现场控制设备与过程监视设备之间，以及现场控制设备之间的数据进行交换，以完成生产过程的控制。

3. 第3级——管理网络

管理网络用于管理计算机、操作员站等上位设备之间及其与监控计算机站/管理级的连接，完成全厂信息的综合管理，并将工厂自动化和办公室自动化融为一体。

本章小结

本章介绍了DCS的体系结构、分层体系结构和网络体系结构，以便读者认识DCS的体系结构，掌握DCS结构的应用。

习 题

一、选择题

1. 集中式计算机控制系统的应用是____________和____________。

2. 目前，____已成为DCS的体系特点。

3. 综合管理级居于自动化系统的最高层，它的管理范围很广，包括____________的功能。

4. ____________是DCS的重要组成部分，它是连接系统各个站的桥梁，是DCS的命脉。

二、简答题

1. 简述典型DCS的层次结构以及各层次结构的功能。

2. 简述DCS的发展趋势。

第3章

DCS的硬件体系

学习目标

☞ 了解DCS硬件体系

☞ 了解硬件构成的基本原理

☞ 了解DCS的现场基本仪表及其他硬件

☞ 掌握DCS的基本构成及各自的功能

☞ 掌握DCS的控制站、操作员站和工程师站的硬件构成及功能、输入/输出模件的种类和各自的工作原理、控制器的定义及作用本章主要介绍 DCS 的基本构成及各自的特征和功能，包括现场控制站、操作员站和工程师站的硬件构成及功能，输入/输出模件的种类和各自的工作原理，控制器的定义、作用和硬件构成及 DCS 的常规组态工作。DCS JX－300XP 硬件系统如图 3－1 所示。

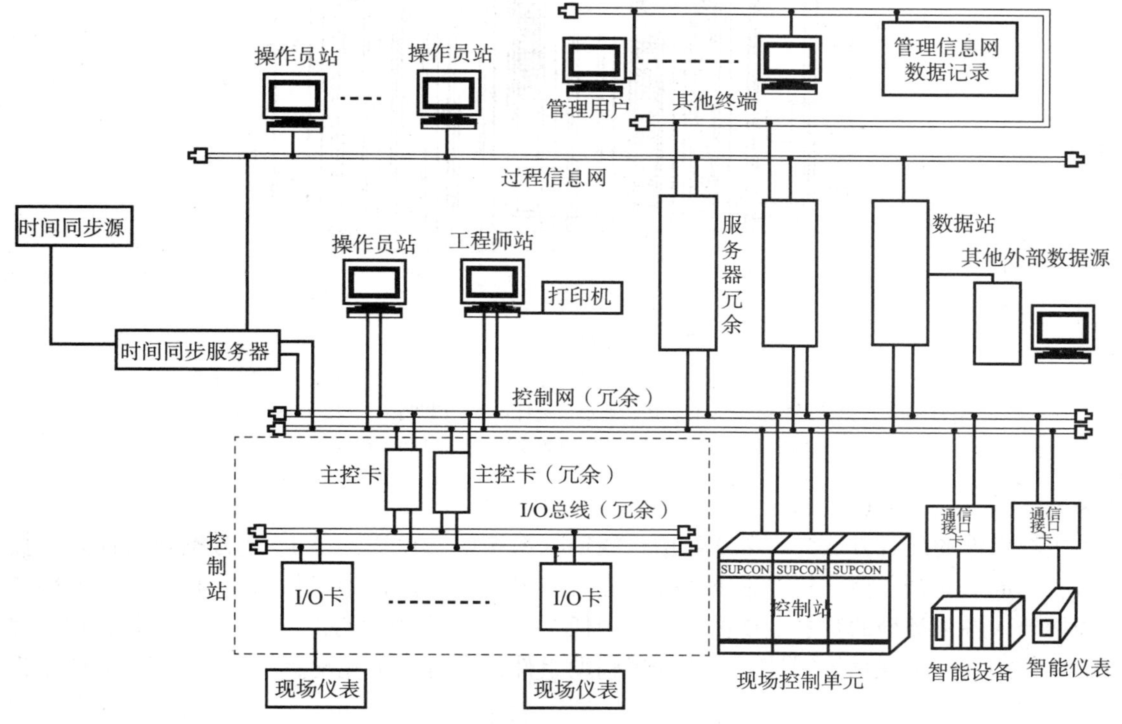

图 3－1　DCS JX－300XP 硬件系统

3.1　现场控制站

现场控制站（FCU）又称 I/O 控制站，它位于系统的最底层，用于实现各种现场物理信号的输入和处理，以及各种实时控制的运算和输出等功能。

3.1.1　现场控制站的结构

现场控制站由功能组件、各种端子接线板、现场电源、机柜及相应机械结构组成。

1. 功能组件

功能组件是现场控制站的核心部分，下面以 DCS 和利时 HS2000 为例介绍功能组件的结构，如图 3－2 所示。

和利时功能组件以插件箱、总线底板为固定结构，在总线底板上插入电源模块、主控模块和各种 I/O 模块。主控模块包括 1 块 CPU 板和 1 块 SENT 系统网络接口板，两者通过 PCI04 总线连接。各 I/O 模板包括 I/O 功能板和相应的信号调理板，两者通过总线底板连接。每个现场控制站必须包括一个主控组件，根据 I/O 量的要求，可以配置 0～2 个辅助组件。插件箱中每个模板处有 2 个插槽，其中左边为主插槽，插入 CPU 板或 I/O 功能板；右

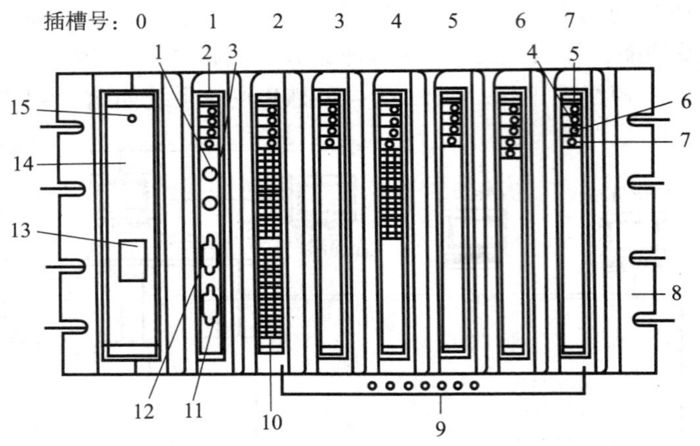

图 3－2 和利时功能组件

1—SENT 接口；2—主控模板；3—SENT 接口；4—故障灯；5—运行灯；6—通信灯；7—手动复位开关；8—I/O 组件机架；9—I/O 模板；10—通道指示灯；11—CRT 接口；12—RS－232 接口；13—电源开关；14—系统电源模块；15—电源指示灯

边为副插槽，插入 I/O 调理板。

主控组件的配置方法为：第 0 号槽只能插入系统电源模块；第 1、2 号槽均可插入主控模板，构成双冗余主控结构。在非冗余主控结构中，2 号插槽中可插入 I/O 模板；第 3～7 号插槽插入各种类型的智能 I/O 模板，其中任意两个相邻插槽可插入同种 I/O 模板，构成冗余 I/O 结构。一个现场控制站可以不配置辅助组件，也可以扩充配置 1～2 个辅助组件作为主控组件的 I/O 扩展。

辅助组件的配置方法为：第 0 号插槽内只能插入系统电源模块；第 1～7 号插槽插入各种类型的智能 I/O 模板，其中任意两个相邻插槽可插入同种 I/O 模板，构成冗余 I/O 结构。

2. 端子接线板

端子接线板具有信号转接的作用，端子接线板有 HS2T30 和 HS2T31 两种。HS2T30 可与多种信号调理板连接，并带一个热电偶冷端补偿电路。HS2T31 是为数字 I/O 调理板配套设计的端子板。

3. 现场电源

现场电源位于机柜的上部，由现场电源模块和电源插件箱构成，插件箱内最多可容纳 4 个电源模块。现场电源提供 24 V 直流电源，为现场 2 线制变送器及 I/O 端子板供电。DCS 的电路通常由直流稳压电源供电，每个机柜内的电路集中供电，提供 5 V、±12 V 的直流电平。有时这些电平由集中供电的 24 V 电源分压、稳压得到。有些系统采用开关电源、磁芯变压器。所有这些电源都来自 120 V 或 220 VAC 的交流电网。

交流电源经过 DCS 配电盘的断路器给系统供电，将现场控制站与交流电源相接时，要确保电路的正确接地。将交流供电系统的绿色安全线与计算机房的金属框架相接，可以防止危害操作人员的静电的累积，并为由设备误动作、闪电冲击等引入的错误电流提供旁路通道。

为保证现场控制单元完全可靠地工作，提供了稳定的供电电源系统，根据问题的严重程度及造价不同，采用不同的解决电源扰动的办法。

（1）若最大的扰动是由附近设备的开关引起的，则采用超级隔离变压器。这种特殊结构的隔离变压器在初级、次级线圈中有额外的屏蔽层，能最大隔离共模干扰。

（2）系统若有严重的电流泄漏问题，引起暂时的电压降低情况，应引入电网调整器，当初级电压在一定范围内变化时，保持次级电压的相对稳定。较经济的电网调整器可用铁磁共振的饱和变压器，这些还包括超级隔离变压器的屏蔽技术，使其与电网安全隔离，抑制开关噪声，调整适应初级电压变化。

（3）系统若有较严重的停断情况时，必须采用不间断电源（UPS）。不间断电源包括电池、电池充电器及直流－交流逆变器。来自电网的交流电首先与不间断电源输入相接，然后不间断电源的输出与现场控制单元相接。平时，电网给电池充电，并给现场控制站等插板供电，当有断电时，电池经逆变器给 FCU 等插板供电。只要停断电时间不超过不间断电源所允许的限额，现场控制单元就会正常工作。

为了进一步提高可靠性，大多数系统都采用了冗余电源技术，即采用主副两组电源，由两条线路交替供电，一条线路出现故障时则切换到另外一条线路。

总之，良好的供电系统是现场控制站正常工作的前提，必须引起 DCS 设计者的重视。

4. 机柜

机柜能够容纳现场电源、功能组件、端子板、风机等硬件，具有防尘、防电磁干扰、防有害气体侵蚀及抗振动冲击等作用，一般放在远离中央控制室的过程区。机柜的使用需要考虑温度、湿度等工作环境条件，因此常配合密封门、冷却扇、过滤器等，有时还配有温控开关，当机柜内温度达到一定限度时产生报警信号。

机柜如图 3－3 所示。

3.1.2　现场控制站的功能与可靠性维护

3.1.2.1　现场控制站的功能

现场控制站是 DCS 的核心部件，现场信息的采集、各种控制策略的实现都在现场控制站上完成。为保证现场控制站的可靠运行，除了在硬件上采取一系列的保障措施以外，在软件上也开发了相应的保障功能，如主控制器及 I/O 通道插件的故障诊断、冗余配置下的板级切换、故障恢复、定时数据保存等。

各种采集、运算和控制策略程序代码固化在控制器插件或 I/O 智能插件上的 EPROM 中，中间数据则保留在带电保护的 RAM 中，从而保证软件的可靠运行及现场数据的保护。

1. 采集和控制功能

组态时生成的各种控制策略、数据库等，经网络实时下装到各现场控制站及现场控制站内的各 I/O 智能插件中，进行信号采集、工程量转换、控制运算、控制信号的输出等。

2. 信号的采集和转换功能

现场控制站的信号采集和转换包括：

（1）各种现场物理信号（如 4～20 mA、0～10 mA、1～5 V、0～10 V）、各种热电偶、热电阻、开关信号、中断信号、频率信号、电动机转速信号等的采集输入。

（2）线性物理量的工程单位转换。

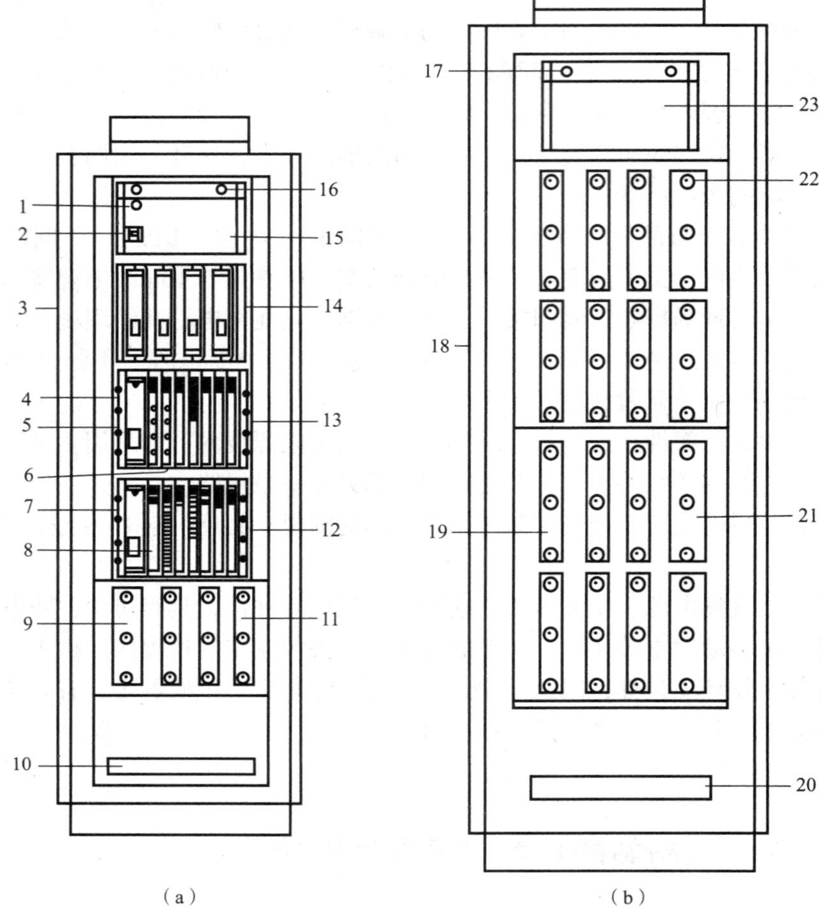

图 3-3 现场控制站机柜

(a) 前视图；(b) 后视图

1—指示灯；2—断路器；3，18—机柜；4，7—系统电源模块；5—主控模块；6—冗余主控模块或 I/O 模块；8—I/O 模块；9，11，19，21—端子板；10，20—汇流条；12—辅助组件；13—主控组件；14—现场电源单元；15—电源控制箱；16，17—风机单元；22—M4 柱子螺钉；23—电源控制箱

(3) 流量信号的温度压力非线性补偿。

(4) 热电偶信号的冷端补偿，热电偶、热电阻信号的线性化换算。

(5) 输入信号的报警极限检测。

(6) 模拟量扫描的基本周期。

(7) 可选的软件滤波功能，包括平均滤波、中值滤波、加权滤波等。

3. 控制策略的实现

在现场控制站中实现的回路控制算法、顺序控制算法、计算功能有：

(1) 单回路 PID 调节、串级 PD 调节、复杂 PID 调节（如前馈、滞后补偿等）、Smith 预估器功能。

(2) 比值控制、解稳控制。

(3) 抗积分饱和、不完全微分、积分分离、微分先行等算法。

（4）智能控制算法，包括智能 PID、模糊 PID、自整定 PID、预估控制等。

（5）四则运算，乘方、开方运算，指数、对数运算。

（6）一阶、二阶过程的模拟，各种辅助运算模块如选择器限幅与限速、布尔运算、算术运算、积算器等。

（7）用于联锁与顺控的梯形图算法，比较器、定时器、计数器功能。

4. 通信功能

现场控制站的通信功能分为系统级通信、站内通信和与其他智能设备的通信 3 部分。

1）系统级通信

系统级通信是指经由系统网络与上位操作员站及工程师站的信息交换，它将各种现场采集信息发给操作员站，同时操作员站针对现场的操作指令由操作员站发向控制站，其软件功能有：

（1）文件和数据的双向传输，即由控制站采用广播方式向网络上发送数据，以保证各操作员站数据的一致性，而由操作员站向网络上的控制站发送信息采用点－点方式。

（2）支持各现场控制站之间的通信，以适应大范围的协调控制和联锁控制的需要。

（3）支持有优先级的数据传送，保证重要的过程数据不被堵塞。

（4）支持数据发送和接收的软件校验，以及校验失败后的重发功能。

（5）网络定期自诊断及故障报警，以及单条网络失效后向冗余网络的切换。

（6）数据最佳发送路径的确定。

2）站内通信

站内通信是控制站内部的通信功能，完成 CPU 主控制器与各过程通道板间的信息交换，其软件功能有：

（1）数据发送和接收；

（2）诊断及总线上各设备的自动识别，包括各模板的种类、各模板所在插槽位置等。

（3）各模板被分配不同的总线抢占优先级，高优先级的模板优先得到数据传输服务。

3）现场控制站与其他智能设备的通信

现场控制站提供与多种 PLC 的软件接口，如 AB、西门子、三菱、欧姆龙等，均可通过串行接口通信。各种智能仪表、调节仪表均可根据其通信协议，开发相应的接口软件与控制站通信。

3.1.2.2 现场控制站的技术性能

现场控制站的技术性能用系统的信号处理技术指标和现场控制站运行环境衡量，具体指标见表 3－1 及表 3－2。

表 3－1 系统的信号处理技术指标

输入信号处理精度	回路控制周期	输入信号的隔离电压
热电阻、热电偶无须变送器，可以直接对输入信号进行处理，最大误差为 0.2%；其他变送器输入信号处理误差为：电流为 ±0.1%，电压为 ±0.2%	0.2 s 0.5 s 1 s 2 s	≥1 500 V
中断开关量输入分辨率	系统的平均无故障时间（MTBF）	系统的平均修复时间（MTTR）
≤1 ms	≥10^6 h	≤5 min

表 3-2　现场控制站运行环境的具体指标

工作环境温度/℃	工作环境湿度/%	储存环境温度/℃	储存环境湿度/%	输入电压/V	电压频率/Hz	接地要求
0~50	10~90（无冷凝）	-20~85	5~90（无冷凝）	(90~135)/(180~270)可选	50±5	安全地和屏蔽地分别一点接地，接地电阻分别小于10 Ω和1 Ω

3.1.2.3　现场控制站的可靠性

现场控制站是直接与生产过程相联系的单元，必须具有很高的可靠性。

1. 系统的可靠性原则

通常通过系统不易发生故障的原则、系统运行不受故障影响的原则、系统运行受故障影响最小的原则、迅速排除故障的原则来描述系统可靠性，由平均无故障时间和平均修复时间两个指标来描述。

1）平均无故障时间

平均无故障时间（Mean Time Between Failures，MTBF）是指可以边修理边使用的系统相邻两次发生故障间的正常工作时间的平均值，通常反映系统不易发生故障的程度。MTBF越大，系统越不易发生故障，可靠性越高。

2）平均修复时间

平均修复时间（Mean Time To Repair，MTTR）是指故障发生后需进行维修所占用时间的平均值，通常反映系统能够迅速排除故障的能力。MTTR 越小，系统排除故障的速度越快。

DCS 的固有可靠性是在设计系统时产生的，设计时将系统的可靠性指标分解到操作员站、工程师站、网络、I/O 站各个单元，再将各可靠性指标从单元分解到板级。从单元级和板级设计中，分析出最重要部件或单元，采用严格的方法进行设计，并采取冗余措施。

2. 系统可靠性的保证措施

在实际应用中通过确保系统元器件和系统单元级的可靠性，对系统进行冗余设计，采取系统故障隔离措施和系统迅速排除故障措施来提高系统的可靠性。

1）系统元器件的可靠性设计

构成 DCS 的最小单位是元器件，任何一个元器件的故障都可能会影响系统完成规定的功能，DCS 的规定工作条件又比较苛刻，因此，为了确保元器件级的高可靠性，在元器件级采取了以下主要措施。

（1）元器件的选用：选用 CMOS 电路与专用集成电路（ASIC），提高可靠性。

（2）元器件的筛选：对元器件除进行一般静态与动态技术指标测试外，还需进行高温老化与高低温冲击试验，以剔除早期失效的元器件。

（3）插接件和各种开关均采用双接点结构，并对其表面进行镍打底镀金处理。

（4）安装工艺：采用多层印制板高密度表面安装技术，以减少外部引线数目和长度，缩小印制电路板面积，增强抗干扰性能。

（5）对各种模件全部进行高温老化和高低温冲击试验，用以发现印刷板与焊接中的缺陷，保证无故障工作时间（MTBF）达到数十万小时。在完成相同功能的元器件之中，尽可能选择 MTBF 时间长的元器件。此外，尽量选用高集成度的大规模集成电路来实现多个元器件的功能，减少元器件的数量，这样不仅可以降低成本，同时可以提高可靠性。

2）系统单元级的可靠性设计

为了保证整个系统的可靠性，必须提高系统各组单元的内在可靠性和系统抵抗外部故障因素的能力。

3）系统的冗余措施

冗余是在系统关键环节配备了并联的备份模件，采用在线并联工作或离线热备份方式工作，当主模件出现故障时，备份模件可立即接替主模件的全部工作，并且故障模件可在系统正常运行情况下在线进行拆换。为了提高系统不受个别部件故障影响，整个系统采用了很多冗余备份措施。

4）系统故障隔离措施

系统在设计中充分地考虑了危险分散及危险隔离原则。这样，一个模板发生了故障，只影响本板的工作而与其他板基本无关。此外，为了提高系统抗干扰的能力，系统所有 I/O 板全部采用了隔离措施，将通道上窜入的干扰源均排除在系统之外。

5）系统迅速排除故障措施

DCS 是可修复性系统，但由于在工业现场长期不停机运行，因此故障是难免的，在设计 DCS 时可以采取下列措施减少平均故障修复时间，以保证系统故障影响最小。

（1）系统具有非常强的自诊断能力。

（2）系统的故障指示。系统的所有模板上均有指示灯、运行灯、故障灯和网络通信灯，打开机柜时，每个模板的运行状态一目了然。

（3）系统可带电更换模板。由于系统的所有模板（CPU、AI、AO、DI、DO 等）均可带电拔插，对系统的运行不会产生任何影响，保证了在某些模板出现故障时，系统能够自动切换到备用板，而维修人员也可在不影响系统运行的情况下实现系统维修。

3.2 过程控制站

3.2.1 过程控制站的功能

3.2.1.1 过程控制站的组成

过程控制站也是 DCS 的核心部件，相当于一台 PC 机，主要有 CPU、RAM、ROM、EEPROM和通信接口等功能部件。过程控制站有两个通信接口，一个接口向下接入过程控制层网络，与现场设备和 I/O 单元进行通信，实现过程数据传送；另一个接口向上接入操作管理层网络，与人机界面相连实现过程数据、组态数据和操作管理数据传送。过程控制站的基本组成如图 3－4 所示。

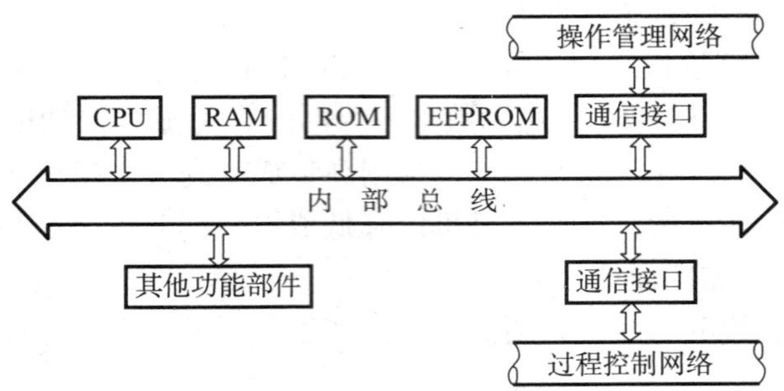

图 3－4 过程控制站的基本组成

1. CPU

CPU 按预定的周期和程序对相应的信息进行运算、处理，并对控制站内部的各种功能部件进行操作、控制和故障诊断。

2. RAM

RAM 用来保存现场 I/O 信号、给定值、重要的中间运算结果和最终运算结果，其他单元通过控制管理网发送来的控制命令和文件，以及组态字和控制参数等。另外，RAM 的一部分也是被组态好的程序运行的工作区。

3. ROM

ROM 用来存放各种控制算法。DCS 制造厂商为了满足用户的各种需要，把过程控制中可能用到的各种算法设计成标准化、模块化的子程序，这些子程序被称为标准算法模块或功能块。功能块通常有控制算法（PID、带死区 PID 和积分分离 PID）、算术运算（加、减、乘、除、平方和开方）、逻辑运算（逻辑与、逻辑或、逻辑非和逻辑与非）、函数运算（一次滤波、正弦、余弦、X－Y 函数发生器和超前－滞后），以及一些比较先进的算法（如史密斯预估、C 语言接口、矩阵加、矩阵乘等）。ROM 的功能块越多，用户编写应用程序（即组态）越方便。

4. EEPROM

EEPROM 用于存放组态方案。不同的用户有不同的组态方案。组态时，用户根据工艺要求从库中选择出需要的功能块，填写参数后，把功能块连接起来形成控制方案，保存到 EEPROM 中。

5. 通信网络

通信网络的结构形式有总线式、环形和星形。环形网络在逻辑上是环形的，星形网络只适用于小系统，它们一般采用广播式。其他一些协议方式已用得较少。通信网络的速率在 10 Mbps 和 100 Mbps 左右。

6. I/O 站

I/O 站由数块不同类型的 I/O 板（或模）组成，每一种 I/O 板有一个或多个 I/O 通道和与之相对应的端子板，可以视为过程控制站的一个功能部件。I/O 板的类型主要有以下几种。

（1）模拟量输入（AI）是 4～20 mA 的标准信号板和用以读取热电偶的毫伏信号板，占用 4～16 个通道。

（2）模拟量输出（AO）通常是 4～20 mA 的标准信号，一般占用 4～8 个通道。

（3）开关量输入（DI）可接收交流电压、直流电压或无源接点等类型的开关量信号，并具有光电隔离，占用 16 ~32 个通道。

（4）开关量输出（DO）可以提供 OC 门输出、双向可控硅输出、继电输出等开关量输出信号，占用 8 ~16 个通道。开关量输入和输出还分不同电压等级的板，如直流 24 V、125 V，交流 220 V 或 115 V 等。

（5）脉冲量输入（PI）用于连接转速计、涡轮流量计、涡街流量计、罗茨流量计等产生脉冲量的测量仪表，占用 4 ~8 个通道。

（6）快速中断输入。

（7）HART 协议输入板。

（8）现场总线 I/O 板。

每一块 I/O 板都接在 I/O 总线上。为了信号的安全和完整，信号在进入 I/O 板以前要进行整修，如上下限的检查、温度补偿、滤波，这些工作可以在端子板上完成，也可以分开完成，完成信号整修的板称为信号调理板。

3.2.1.2 过程控制站的功能

过程控制站具有过程数据采集、过程控制、设备监测、系统测试与诊断、实施安全性和冗余化措施的功能。

（1）过程数据采集是对现场设备的过程参数（模拟量和开关量）及现场设备的状态信息进行快速采集，为系统实现闭环控制、顺序控制、开环控制、设备监测、状态报告等提供必要的输入信息。

（2）过程控制是根据存放在 EEPROM 中的用户组态策略，对现场设备实施各种控制。

（3）设备检测是对所获得的过程参数和过程信息进行分析、处理和判断，并确定是否向高层传输以及是否对现场设备进行控制。

（4）系统测试与诊断是根据状态信息对计算机系统硬件和控制模件的性能（功能）进行判断，通过操作员站的自诊断画面、机柜及模件的故障指示灯和常规的光字牌显示（常用于 DCS 重要故障报警）等方式回报诊断信息。自诊断使运行人员和专业维护人员能及时发现 DCS 各环节的故障，并使故障局限在系统的特定部位，防止故障扩大并提高系统的可靠性。

（5）实施安全性和冗余化方面的技术措施是在发现计算机系统硬件或控制模件有故障时，自动实现备用模件的切换，以保证系统安全运行。

3.2.2 过程控制站的智能调节器与 PLC

1. 智能调节器

智能调节器是一种数字化的过程控制仪表，其外形类似于一般的盘装仪表，内部是由微处理器、RAM、ROM、模拟量和数字量 I/O 通道、电源等组成的微型计算机系统。一般有单回路、二回路、四回路和八回路的调节器，控制方式除一般的 PID 之外，还可组成串级调节、前馈控制等。

智能控制是一个新兴的学科领域，是控制理论发展的高级阶段。它主要用来解决用传统方法难以解决的复杂系统的控制问题。智能控制系统是实现某种控制任务的一种智能系统，由智能控制器和对象组成，具备一定的智能行为。一台计算机化仪表对应于一个控制回路的数字控制器，称为智能调节器。智能调节器控制规律可根据需要由用户自己编程，而且可以擦去改写，所以实际上是一台可编程的数字控制器。KMM 型智能调节器的正面布置如图 3－5 所示。

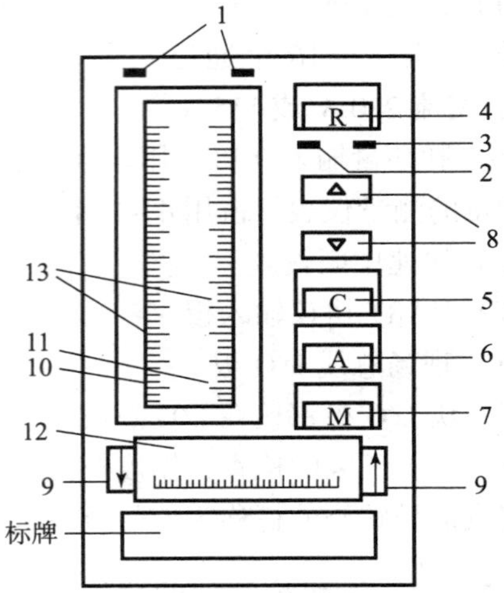

智能调节器不仅接收 4～20 mA 电流信号输入设定值，还具有异步通信接口 RS－422/485、RS－232 等，可与上位机连成主从式通信网络，接收上位机下传的控制参数，并上报各种过程参数。

智能调节器种类多样，不同的智能调节器具有不同的功能。

（1）自寻优智能调节器不要求预先知道被控对象的精确数学模型，能够自动寻找系统的最优工作状态并能适应对象特性的漂移，自动保持最优工作状态。

（2）自适应智能调节器能适应系统的环境条件或被控对象特性的变化，自动校正或调整控制器的参数和性能，以保持系统最优的或满意的工作状态。

图 3－5　KMM 型智能调节器的正面布置图

1—报警指示灯；2—仪表异常指示灯；3—通信指示灯；4—联锁灯和服务按钮；5—串级状态按钮和指示灯；6—自动状态按钮及指示灯；7—手动状态按钮及指示灯；8—SP 设定按钮；9—输出控制按钮；10—PV 指针；11—SP 指针；12—输出指针；13—PV 和 SP 指示

（3）自学习智能调节器在系统运行过程中，根据控制性能指标要求，利用反馈信息，自动修改控制器参数或控制规律，不断积累经验，逐步改善控制系统的工作状态。

（4）自协调智能调节器能自行协调大系统中各子系统的工作，在各子系统稳定和优化的基础上，自动实现大系统的稳定和优化。

（5）自修复智能调节器能自动诊断和排除控制系统故障，维持系统正常工作状态。

（6）自组织智能调节器能根据控制目标要求以及有关对象特性和环境条件的信息，利用所需的控制软件、控制部件和连接工具，自动组成符合要求的控制器。

（7）自锁定智能调节器能在环境条件和对象特性不确定、缺乏完备信息的情况下，自动寻求、保持系统的稳定性。

2. PLC

PLC 的出现基于计算机技术，被用来解决工艺生产中大量的开关控制问题。它是微机技术和继电器常规控制概念相结合的产物，与过去的继电器系统相比，最大的特点在于可编程序，可以通过改变软件来改变控制方式和逻辑规律。同时，功能丰富、可靠性强，可组成集散系统或纳入局部网络。与通常的计算机相比，它的优点是语言简单、编程简便、面向用户、面向现场、使用方便。它主要由中央处理器（CPU）、存储器、输入/输出接口和通信接口等部分组成，其中 CPU 是 PLC 的核心，输入/输出接口是联系现场设备与 CPU 之间的接口电路，存储器主要存放系统的程序、用户程序及工作数据，通信接口用于 PLC 和上位机的连接。PLC 实物图如图 3－6 所示。PLC 内部采用总线结构进行数据与指令的传输。

PLC 也是一种以微处理器为核心的过程控制装置，但与智能调节器最大的不同点是：它主要配置的是开关量输入/输出通道，主要用于生产过程中按时间或逻辑顺序控制的场合，以取代复杂的继电器控制装置。

PLC 所面向的使用人员主要是电气技术人员，因此采用的编程语言主要是一种非常形象化的梯形图语言，它基本是由继电器控制电路符号转化而成的。

PLC 在运行过程中不停地巡回检测各接点的状态，根据其变化和预定的时序与逻辑关系，相应地改变各内部继电器或启动定时器，最终输出开关信号以控制生产过程。

图 3-6 PLC 实物图

PLC 一般均设有采用 RS-422 标准的异步通信接口，可与上位机接成主从式总线网络。因此在集散系统中，它可以通过现场总线连接到现场控制站。

3.3 操作员站和工程师站

3.3.1 操作员站

操作员站是运行操作人员与 DCS 之间的人机界面，通常由一个大屏幕监视器、一个控制计算机、一个操作员键盘或一个鼠标组成。一个 DCS 中通常可以配置几个操作员站，操作员站是相互冗余的，被放置在电站运行控制室的控制台上。在 DCS 中，操作员站的显示器基本上可以取代过去的常规仪表显示和模拟屏显示系统，其键盘和鼠标基本上可以取代过去控制台上的控制按钮（开关）。

通常，一个 DCS 的操作员站上应该显示模拟流程和总貌、过程状态、特殊数据记录、趋势显示、统计结果、历史数据、生产状态等信息，配上打印机可以完成生产过程记录报表、生产统计报表、系统运行状态信息、报警信息的打印。

操作员站上可以进行设定值控制、单步控制执行器、连续控制执行器、子组控制、部分组控制、方式选择和预选模块，单独控制电机、电磁阀、执行器。

3.3.1.1 显示管理功能

显示管理功能是显示管理操作员站的基本功能。操作员站的显示管理功能可以分为标准显示和用户自定义显示。标准显示是 DCS 的厂家工程师和操作人员根据多年的经验，在系统中设定的显示功能，通常有点记录详细显示、报警信息的显示、控制回路或回路组显示趋势显示等。

用户自定义显示是与特定应用有关的显示功能，这些显示通常由用户自己根据需要生成。DCS 一般提供给用户一个方便的功能库，用户可以方便地使用。例如，许多系统提供了方便的数据库生成软件、图形生成软件、报表生成软件以及控制回路生成软件等。

1. 标准显示功能

标准显示功能在不同厂家的 DCS 中区别很大，但大多数的 DCS 一般提供系统总貌显示、分组显示、回路显示、详细显示、报警显示、趋势显示和系统状态显示等功能。

1）系统总貌显示

系统总貌显示是系统中最高一层的显示。总貌是对实时数据库中某一区域或区域中某个单元中所有点的信息的集中显示，可以用脚本程序控制总貌对象所属的区域号、单元号、子单元号和组号，实现一个总貌对象显示全部区域中的所有数据，如图 3－7 所示。它主要用来显示系统的主要结构和整个被控对象的最主要信息。同时，总貌显示一般提供操作指导作用，即操作员可以在总貌显示下切换到任一组他有兴趣的画面。

2）分组显示

分组显示画面中的单个模拟量、闭环回路、顺序控制器、手动/自动控制等信息以组的形式（通常 8 个为 1 组）同时在屏幕上显示出来。分组显示的目的是为操作员提供某个相关部分的详细信息，以便监视和控制调节。

操作员可以基于分组显示进行下列操作：

（1）调节给定。

（2）控制方式切换，如自动、手动、串级等。

（3）手动方式下的输出调节。

（4）启动和停止一个控制开关。

（5）显示一个回路的详细信息。其中，每一部分是一个模拟仪表盘，可以显示出一个常规仪表的信息，如图 3－8 所示。

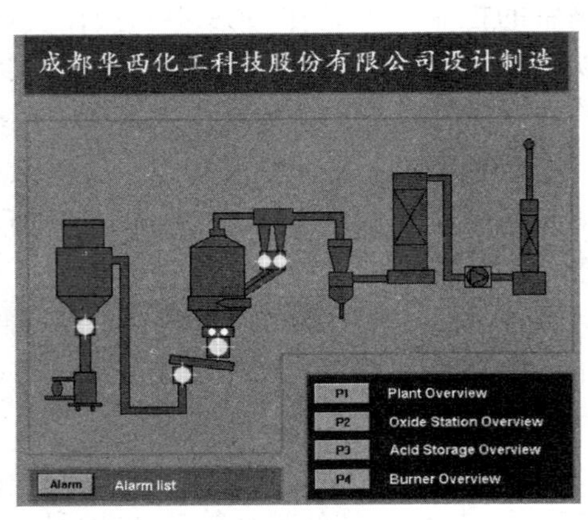

图 3－7　系统总貌显示

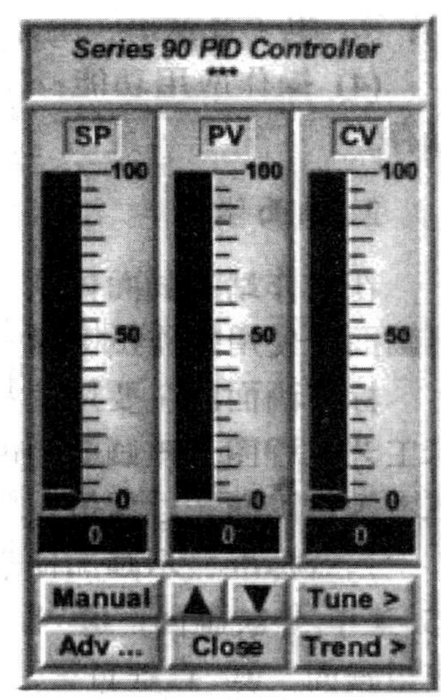

图 3－8　控制分组画面

3）回路显示

很多 DCS 提供单回路显示功能。该功能可以从分组显示进入该画面中一般显示，显示该回路的 3 个相关值（给定值、测量值和控制输出值）的棒图、数值、跟踪曲线，以及该控制回路的控制参数。操作员在此画面下可以改变控制的给定值及控制输出、控制方式和回路的参数。

4）详细显示

DCS 中的每一个点对应 1 条记录，如一个模拟量点包含点名、汉字名称、单位、显示上

限、显示下限、报警优先级、报警上限、报警下限、报警死区、转换系数 1、转换系数 2、转换偏移量、硬件地址等信息。在点的详细显示功能中可以列出所有内容，并允许操作员修改某一项内容。该功能在不同的系统中显示方式不同，有些系统将所有信息一起显示在整个屏幕上，而另外一些系统则是显示在屏幕的一小部分上，这样，操作员可以同时监视另一幅画面，并修改某点的信息。

5）报警显示

工业自动控制系统最重要的要求之一是在任何情况下，系统对紧急的报警都应立即作出反应。报警有许多种原因，如一个模拟量信号超出正常的操作范围就会引起报警。在 DCS 中，我们不但要求系统对一些重要的报警立即作出反应，而且要求对近期的报警作出记录，这样有助于分析报警的原因。

DCS 一般具有强制报警显示、报警列表显示和报警确认功能。

（1）强制报警显示。不论画面上正在显示何种画面，只要此类报警发生，则在屏幕的上端强制显示出红色的报警信息，闪烁，并启动响铃。

（2）报警列表显示。在 DCS－1000 系统中存有一条报警列表记录，该记录中保留着近期 100 个报警项，每项的内容包括报警时间、点名、汉字名称、报警性质、报警值、极限、单位、确认信息。其中报警时间记录该项报警所发生的具体时间，格式为日/时/分/秒。报警性质为上限报警、下限报警等，报警值为报警时刻的物理量值。报警极限为对应的极限值。操作员可以按下“报警列表”键调出报警列表画面，将各报警记录列表分页进行显示，每页显示 16 项。

（3）报警确认。在报警列表时，已确认的和未确认的报警用不同的颜色进行显示，操作员可以在此画面上确认某一报警项。

6）趋势显示

DCS 的一个突出特点是计算机系统可以存储历史数据，并以曲线的形式进行显示。一般的趋势显示有跟踪趋势显示和长期记录趋势显示。

（1）跟踪趋势显示。即操作员站上周期性地从数据库中取出当前的值，并画出曲线，称为实时趋势。一般情况下，实时趋势曲线不太长，通常每点记录 100～300 点，这些点以一个循环存储区的形式存在于内存中，并周期地更新。刷新周期也较短，从几秒钟到几分钟。实时趋势通常用来观察某些点的近期变化情况，特别是在控制调节时更为有用。

（2）长期记录趋势显示，又称为历史趋势。这种长期记录通常用来保存几天或几个月的数据。即使存储间隔比较长（如几分钟保存 1 次），占用的存储空间也是很大的，因此，DCS 通常将这种长期历史记录存放在磁盘或磁带机上。长期历史数据可以用来显示长期趋势，也可以用来进行一些管理运算和报表。

系统中还设有一个标准的长期历史趋势显示画面，在该画面上操作员可以键入要显示的若干点的点名，以及要显示的时间等信息，就可以看到这些曲线。这种显示是在线进行的。

7）系统状态显示

有些 DCS 的操作员站上可以显示系统的组成结构和各站及网络干线的状态信息。

2. 用户自定义显示功能

DCS 通常是面向一类用户系统而设计的，每个现场有不同的显示要求，DCS 厂家不可能完成用户所需要的所有显示要求，因为，一般的 DCS 都提供一些设施使用户可以生成自己特定的与应用有关的显示功能。与应用密切相关的显示要求有生产流程模拟显示和批控制流程图。所有画面均可按 1 024 × 768 分辨率真彩色显示，采用 19 英寸（1 英寸 = 2.54 厘米）屏幕，如图 3 – 9 所示。

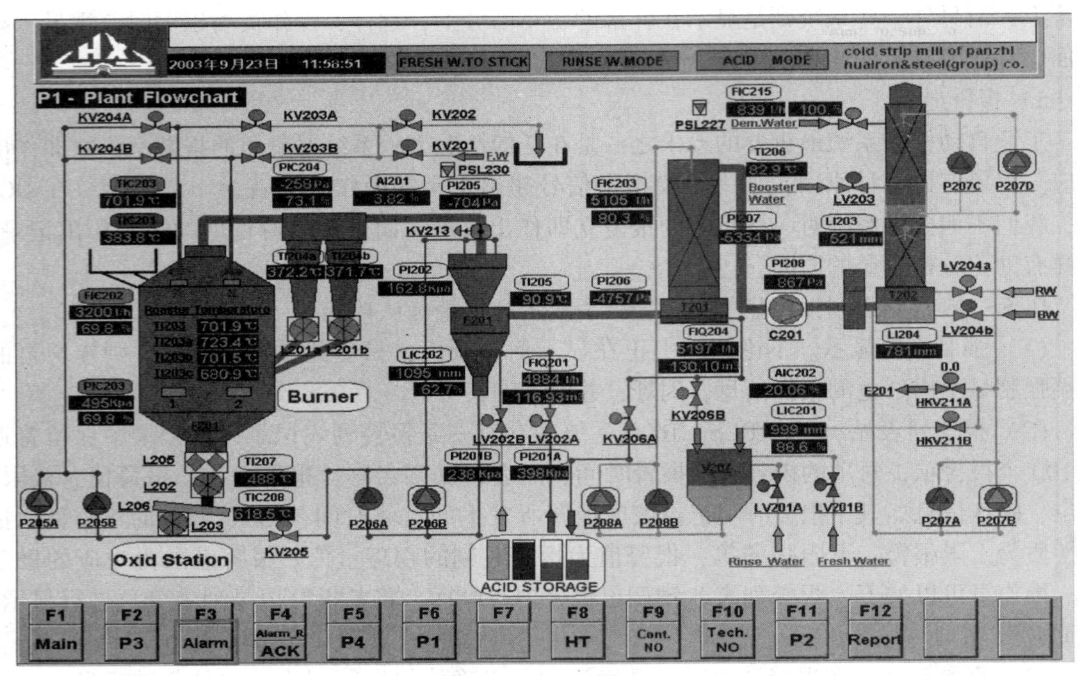

图 3 – 9　流程图画面

1）生产流程显示

生产流程显示是 DCS 应用系统主要的显示功能。大多数的应用对象流程不可能在一幅画面上完全显示出来，因此，在显示过程中有几种常用技术。

2）分级分层显示

分级分层显示将一个大的流程图由粗到细形成有层次的画面结构，操作员可以调出整个流程的粗框画面，并配合提示菜单应用键盘上的相应控制键、光笔或触点（对触摸屏等）选择下一层的画面。

3）分块显示

分块显示将一幅大的画面分成若干幅相连的画面，然后部分地进行显示。分块显示有两种显示控制方式：一种是用轨迹球或鼠标等进行屏幕连续滚动，另一种是用翻页显示。例如，TELEPERM – M 等系统支持翻页控制、西屋公司的 WDPF 和机电部六所的 DCS – 1000 系统不仅支持几个翻页控制（页→，页←，页↑，页↓），还设有 8 个可编程控制键（F1—F8），这样在任何一幅画面下，操作员既可以切换到 4 个翻页画面，又可以翻到 8 个其他用户定义的画面或功能。

4）批处理显示

批处理控制画面应用于设计、监视或执行时间或事件驱动的顺序控制过程。

3.3.1.2　DCS 画面显示的特点

DCS 采用不同的画面显示方法，具有滚动显示、多窗口覆盖、画面优先级保护、立体流程画面显示和简单的动画功能，并支持动态绘画。

1. 画面显示方法

各种图形画面的显示方法有：

（1）通过一个由用户定义的画面目录表访问，用鼠标在目录表中选取图形或键盘输入，便可方便地切换到某一工艺流程图画面。

（2）通过控制总貌画面访问，在总貌画面上列出各控制回路的列表和当前运行状态，通过鼠标或键盘即可方便地控制回路所对应的流程画面。

（3）画面在组态时均可定义出由该画面切换至其他画面所对应的键码及相应的图标，这样通过键盘或鼠标也可方便地进入其他的画面。

（4）某些特定的画面可通过系统中的某些特定事件予以激活，这些事件包括报警发生、开关变位、定时到等。

总之，用户可以根据装置的实际需要，选择其中的1种或几种方法，建立自己的图形访问途径。

2. 滚动显示功能

滚动显示功能支持1 024×768的大屏幕流程显示，在横向滚动条上通过鼠标可左右滚动显示。

3. 图形画面支持多窗口覆盖功能

在一幅画面上最多可重叠显示10个图形窗口。该功能主要用于对流程图中某一部分进行细节显示。用鼠标在流程图中事先定义的窗口图符上单击一次，即可在该位置上拉出一幅反映流程细节的窗口来，该窗口中可以显示流程细节，也可以显示回路调节仪表或其他信息。

4. 画面优先级及保护

画面显示支持一定的优先级或工段保护机制。对一个较大规模的控制系统，可事先定义出工段间保护功能，即对不同工段的画面只能调用、显示，不能会话操作。

5. 支持动态会话功能

会话包括回路设定值和手动输出值的修改、手动开关的置位/复位等功能。该功能只需事先在画面上定义出相应的会话机制，并以图标表示，使用时用鼠标激活会话功能，即可实现会话操作。

6. 立体流程画面的显示

工业过程中常见的管线、反应罐、反应塔等可用立体画面显示出来，大大提高了流程画面的逼真程度。

7. 简单的动画功能

简单的动画功能包括动画图片的消隐、重现、来回切换、图片的简单移动等。

3.3.1.3 软键的功能

显示器显示画面的最下一行，通常显示有8个软键标记，它们随着显示画面的不同而被定义不同的内容。软键可以在系统生成时由用户定义。

1. 操作功能

操作员站用来管理系统的正常运行，具有很强的操作能力。这些操作都与画面显示相结合，可借助功能键来完成功能键定义、回路状态修改、画面调用和展开、过程报告和信息输出等功能，从而大大方便了操作人员。

（1）功能键定义。操作键盘上有若干个功能键供用户定义，一旦定义完成，触摸该键即可完成指定功能。例如，定义画面组号、画面展开号、操作命令等。

（2）回路状态修改。在调出控制回路图后，可利用键盘修改回路的设定值和 PID 参数。

（3）画面调用和展开。利用功能键或其他键调出指定画面组并展开，可以得到指定范围的画面。

（4）过程报告含过程状态报告、历史事件报告和报警信息报告。过程状态是指控制回路的信息和状态，可以通过检索号有选择地报告。历史事件是指过去某一段时间内的过程信息，它们都以一定的格式显示和存储。报警信息可显示系统内的异常情况并由操作员确认。

（5）信息包含过程状态信息、顺序信息、报警信息及与操作有关的信息，这些信息都编有信息号供检索用。输出方式有打印机打印、存入硬磁盘保存等，对图形和曲线有硬拷贝输出功能。

2. 打印功能

现代 DCS 的操作员站上均配有 1 ~ 2 台行式打印机，用来打印各种记录和信息。同时，多数的 DCS 操作员站还配有 1 台彩色打印机，用来打印屏幕上的图形信息。彩色打印机的工作较为单一，行式打印机可以打印操作信息、系统状态信息、生产记录信息和统计报表等。

（1）操作信息打印。许多 DCS 的操作员站配有 1 台打印机，用来随时打印操作员的各种操作。

（2）系统状态信息打印。一般的 DCS 操作员站上可以随时显示系统的状态报警信息。一些 DCS 在显示的同时，还将该条报警信息送至打印机打印以永久保留。

（3）生产记录信息和统计报表的打印。DCS 具有记录报表打印功能，打印报表一般是定时激活的，操作员站允许操作工设置打印时刻。国外 DCS 的报表打印功能很简单，一般是简单的顺序记录。

3. 安全操作管理

为维护系统安全，系统提供可组态的安全级、控制级和区域分配，它们可以独立地对每个操作员或每个操作员站进行组态，提供多种安全级来限制操作人员访问系统的功能。

4. 操作员应用功能

操作员应用功能包括目录画面、概貌画面和控制分组画面的分配，趋势图中过程变量的分配和趋势记录的保存，操作标志的分配和定义，功能键、操作顺序和辅助指导信息定义，以及向外部输出记录点的分配等。

系统维护功能包括系统报警信息、控制单元一览显示、控制单元状态显示、操作员站状态显示、回路组状态显示。系统应用功能包括文件操作命令的应用和磁头清洗应用，其中，文件操作命令包括软盘和硬盘的初始化，软盘和硬盘之间的文件的装载、保存、对照及复制等；磁头清洗应用功能用于软盘的磁头清洗，将软盘的内容复制到硬盘。

此外，DCS 还具有系统状态自诊断及显示、在线组态、系统操作口令字保护、操作记录、在线控制策略调试、系统时钟修改、文件转存等功能。

1）系统状态自诊断及显示

系统提供了系统状态自诊断功能，在系统的各个层次进行故障诊断，包括现场控制站CPU主控制器诊断、各过程通道板故障诊断、通信网络诊断等。

操作员站也有相应的设备诊断，如打印机故障诊断、键盘的故障诊断等。系统中各种设备的当前运行状态都可以在操作员站CRT上显示出来，用户可选择显示方式，如文字显示、色块显示等。

2）在线组态

通过系统提供的操作界面，对各工位的组态信息进行修改，如根据现场仪表的变动情况修改工位点的量程上下限、报警上下限、信号转换方式、工位点所对应的板号和通道号等。这些修改都是在整个系统正常运行的情况下完成的，无须停机。

3）系统操作口令字保护

系统可对不同级别的人员实行口令字保护，如系统工艺工程师使用工程师口令字、操作员使用操作员口令字等，操作员不能访问某些高级功能，如在线组态、回路整定等，只有工程师操作人员才可访问这些功能。

4）操作记录

操作人员的回路调整、设定值修改、在线组态、开关操作等，都可记录在一张操作记录表内，表上按时间顺序列出各操作发生时间、操作类别、操作对象等信息，可随时调出、查询操作记录，最多可记录最近500次动作。

5）在线控制策略调试

在流程图组态时，可以将控制策略，如回路功能块图、梯形图、开关联锁逻辑等以图形方式表现出来，配以动态显示数据，这样就可在控制调试时显示整个控制逻辑各环节的状况。

6）系统时钟修改

控制系统对时间精确度的要求很高，当系统经过长时间的运行后，难免会出现时钟误差及各站点时间不一致的情况。利用系统提供的在线时钟维护功能，可方便地对系统时钟进行修改（需在授权方式下），并通过网络将时钟信息发送至其他各站点，以保持整个系统时钟的同步。

7）文件转存

系统提供了历史趋势数据转存功能，这其实是一组实用的文件操作命令，即在不退出运行状态的情况下，通过调用这些命令，完成硬盘数据向软盘的转存。调用的方式有两种，一种是在系统提供的命令窗口中键入命令，另一种是在组态中定义操作画面，通过形象化的菜单操作实现这一功能。

3.3.2 工程师站

工程师站是对DCS进行离线的配置、组态工作和在线的系统监督、控制、维护的网络节点。系统工程师可以通过工程师站及时调整系统配置及一些系统参数的设定，使DCS随时处于最佳的工作状态。

1. 工程师站基本的硬件配置

工程师站基本的硬件配置为：CPU Pentium 4以上；内存容量256 MB以上；硬盘容量

40 GB；软驱；显示卡 VGA；显示单元为 19 英寸工业监视器，分辨率为 1 024 ×768，真彩色（可选触摸屏）；键盘为标准键盘；打印机，如汉字行式打印机。

2. 工程师站的功能

工程师站具有系统维护、系统管理、系统组态和系统测试等功能。

1）系统维护功能

系统维护是对系统作定期检查和维护。例如，改变打印机等外围设备的连接，更改报警音屏及将生成的组态文件存盘等。硬件维护有磁头定期清理、建立备用存储区及磁头复原锁定等。

2）系统管理功能

系统管理主要用来管理系统文件，将组态文件（如工作单）自动加上信息，生成规定格式的文件，便于保存、检索和传送，同时复制、对照、列表、初始化或重新建立文件。

3）系统组态功能

系统组态功能用来生成和变更操作员站和现场控制站的功能，其内容为填写工作单，由组态工具软件将工作单显示于屏幕上，用会话方式完成功能的生成和变更。

组态可分为操作员站组态、现场控制站组态和用户自定义组态 3 种。操作员站组态包括对操作员站构成规格、整体观察画面的分配、控制分组画面的分配、趋势记录规格、趋势记录笔、功能键规格、调节器规格及信息要求规格的定义；现场控制站组态包括对输入/输出插件的分配、反馈控制内部仪表、顺序控制内部仪表、顺序元件、顺序信息规格、操作指导信息规格及报警信息规格的定义；用户自定义组态包括对流程图画面的显示规格等的定义。

4）系统测试功能

测试功能用来检查组态后系统的工作情况，包括对反馈控制回路的测试和对顺序控制状态的测试。其中，反馈控制测试是以指定的内部仪表为中心，显示它与其他功能环节的连接情况，从屏幕上可以观察到控制回路是否已经构成；顺序控制测试可以显示顺控元件的状态及动作是否合乎指定逻辑，而且可显示每张顺控表的条件是否成立，并模拟顺控的逻辑条件，逐步检查系统动作顺序是否正常。

3.4 DCS 的 I/O 设备

I/O 设备用于连接现场仪表和设备，以满足不同的现场需求。此外，系统通过现场总线接口模件（FIM）实现了与现场总线检测仪表与调节设备完整的系统集成。使用 FIM，用户不仅具有过程系统完善的调节、顺控和逻辑运算功能，还可以获得现场总线智能设备提供的先进功能。现场总线和控制功能可以混合使用并予以匹配。与使用传统输入/输出设备相比较，通过现场总线可以访问到更多的过程信息，极大地增强了设备的诊断能力，并有效地作用于控制策略和提示操作员关于设备的故障信息。

3.4.1 I/O 子系统

混合控制器的输入/输出（I/O）子系统有 4 种系列，即 A 系列机架型（CIOM－A）、A 系列导轨型（RIOM－A）、H 系列导轨型（RIOM－H）和过程管理站 I/O（PMIO），如图 3－10 所示。

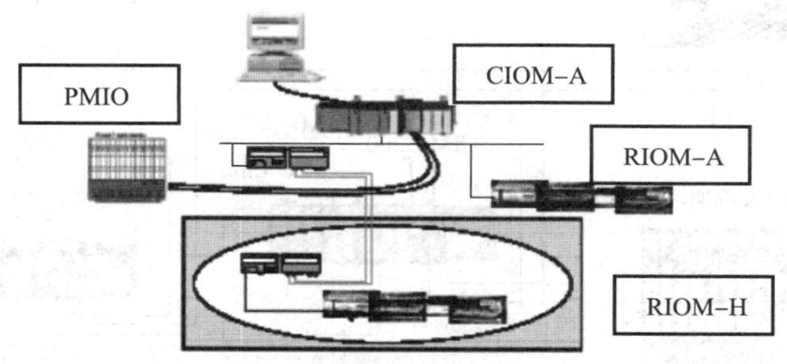

图 3－10　混合控制器 I/O 系列

1. A 系列机架型

A 系列机架型 I/O 模件是安装在机架中的 I/O 系列，有多种密度类型。模件为小卡件设计（5 英寸高度 ×5 英寸深度），具备确定性的输入/输出刷新速率和诊断能力，支持本地（模件前端）或远程接线，具有软件组态/管理功能。

2. A 系列导轨型

A 系列导轨型 I/O 模件如图 3－11 所示，它是一种灵活的、紧凑型、DIN 导轨安装的模件，易于远程安装。由于 8 个模件仅需要一个通信适配器，大的系统采用此 I/O 比较经济。

A 系列导轨型 I/O 包括通信适配器、端子基础单元和 I/O 模件，均以降低安装、接线、维护成本为原则而设计。

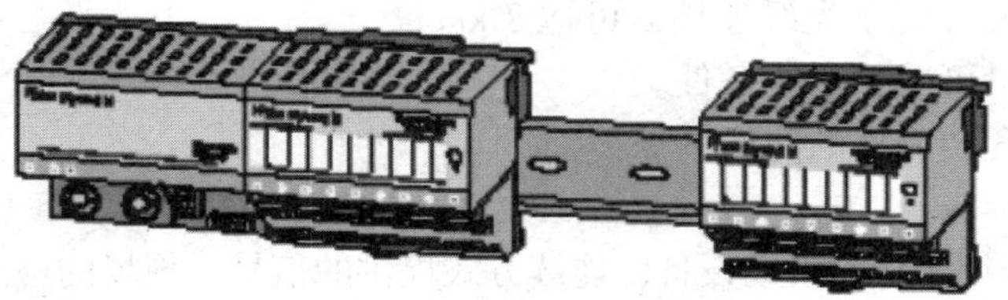

图 3－11　A 系列导轨型 I/O

3. H 系列导轨型

H 系列导轨型电流隔离/本质安全（GI/IS）I/O 模件可以安装并工作于可能产生爆炸气体的区域。过程管理站 I/O（PMIO）为过程系统提供了具备最高可用性和稳健性的 I/O 系列，如图 3－12 所示。采用 TPS 系统过程管理站的 I/O 产品，以其久经验证的应用记录和扩展的 I/O 处理能力，通过 I/O 模件、I/O 连接、冗余的 I/O 连接接口模件等，PMIO 支持了高度的可用性。而这种可用性的最大化是由提供无单故障点实现的。

4. 过程管理站

过程管理站（PMIO）的特点包括重要的诊断能力、故障介入测试、与现场一体化的供电、冗余 I/O、在线维护、冗余的 XPM 电源系统。

3.4.2　I/O 模板

I/O 模板用于模拟量、热电阻、热电偶和数字量的输入，以及模拟量和数字量的输出，具有以下特点：

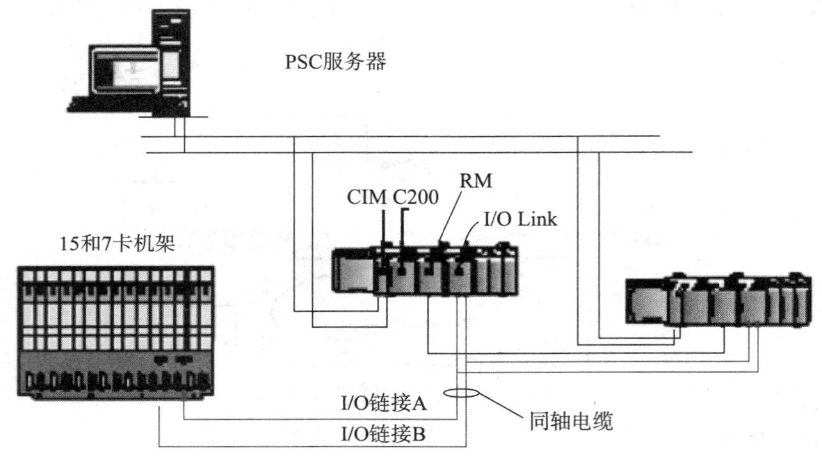

图 3－12　混合控制器的 PMIO

（1）所有 I/O 模板均为智能型。

（2）丰富的在线诊断信息。

（3）卡件面板发光二极管（LED）显示设备状态。

（4）冗余配置，自动切换，无须编程。

（5）卡板文件箱插槽通用。

（6）均可带电插拔。

（7）可远程安装（冗余光纤连接，可达 8 km）。

（8）通用数字量可减少系统备件。

（9）表层密封套装额外的防腐蚀保护。

1. 模拟量输入模板

模拟量输入模板用于接收现场设备以连续方式提供的信号。现场的检测传感器连接到变送器上，从而为模板提供模拟量输入信号。这些传感器和变送器将现场的过程参数（压力、温度）转变为能够输入模拟量接口的电信号（电流或电压）。由于许多种类的传感器都可以将被测参数转变为电信号，因此模拟量输入模板有几种标准的电信号输入值：4～20 mA，DC 0～1 V、DC 0～5 V、DC 0～10 V、DC 1～5 V 等。模拟量输入信号接线如图 3－13 所示。

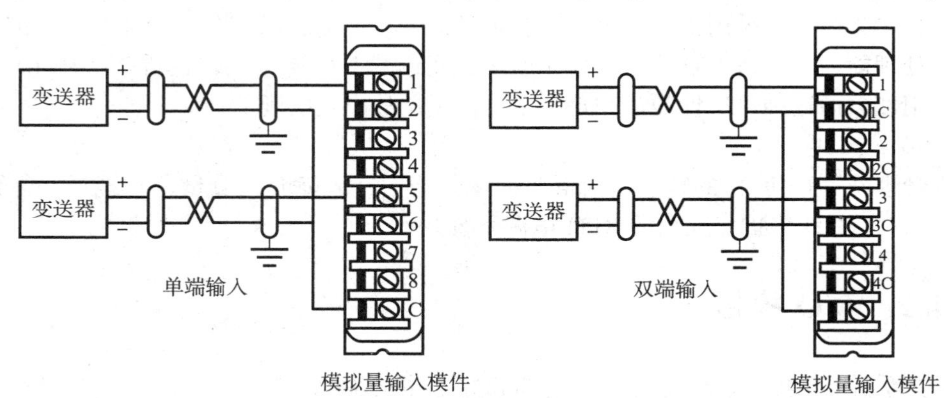

图 3－13　模拟量输入信号接线图

通常，模拟量模板可提供多个输入通道，因此只要与模板匹配的电压和电流值都可同时连接到输入模板上。对于电压型输入信号，模拟量输入模板通常具有很高的输入阻抗；而电流型输入模板则具有低输入阻抗，这对于现场设备的正确操作是必要的。

模拟量输入接口很少需要外部电源供电，它们从机架后背板电路得到所需要的电源进行正常操作。这些接口比数字量型模件要消耗更多的电流，因此系统过程中要考虑负载因素，并计算各模件的电流总和供选择电源之用。

2. 热电阻输入模板

热电阻（RTD）输入模板有直接接受3线或4线的Pt100等类型的热电阻能力，并提供热电阻所需的电源。

3. 热电偶输入模板

热电偶（T/C）输入模板能直接接受分度号为K型、E型、J型、T型、B型、S型和R型热电偶信号。热电偶在整个工作段的线性化是在过程控制站内完成的，而不需要通过数据通信总线。

4. 数字量输入模板

大多数的数字量输入模板是数字型或离散型的，它们与现场输入设备相连接，现场输入设备为输入模板提供独立的输入信号。数字量输入模板接口只接收开关信号，它们从现场设备接收的信号可有不同的种类和幅值（如AC 230 V、DC 24 V），因此数字量输入接口电路可适应各种交流和直流电压。接点接通为1，开回路（电阻无穷大）为0。负端接到隔离地上。

5. 模拟量输出模板

模拟量输出模板用于控制接收连续电压或电流信号的现场设备，与模拟量输入类似，模拟量输出接口通过转换器连接到控制设备，转换器拾取输出的电压信号，并进行放大、衰减或转换，使之成为能被现场设备接受的另一种信号，从而控制输出设备。由于控制设备的类型很多，因此对转换器进行了标准化设计，可适用于几种电压和电流值。

常用于模拟量输出的标准值有4~20 mA、10~50 mA、DC 0~5 V、DC 0~10 V、DC 1~5 V等。模拟量输出信号接线如图3-14所示。每个模拟量输出模件有4~16个输出通道，这些通道可被组态为单端或双端输出，当需要输出单独隔离时，双端输出是最常使用的方式。每一个模拟量输出通道与其相邻的通道是电隔离的，从而防止系统由于模件输出过电压而导致损坏。

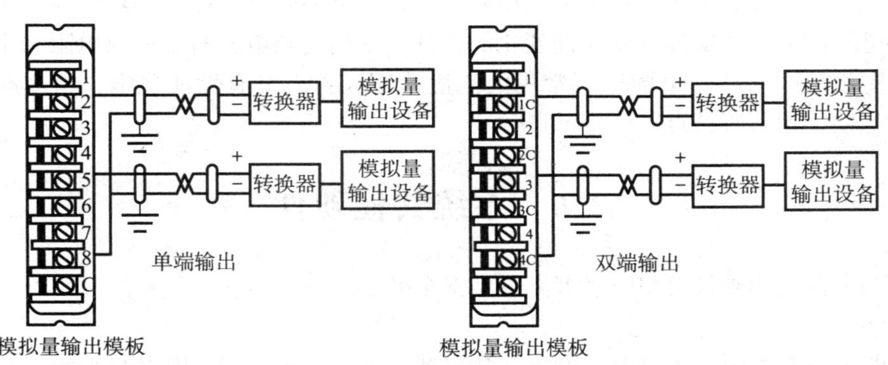

图3-14 模拟量输出信号接线图

6. 数字量输出模板

数字量输出模板均采用输出电隔离，能直接驱动控制用电动机或任何中间继电器。与数字量输入模板一样，数字量输出模板的被控设备是数字型的或离散型的，只有 ON/OFF（或打开/关闭）两种状态。数字量输出模板因为要连接不同的现场设备，所以模件需提供多种类型和幅值的电压来控制现场设备，如 AC 230 V、DC 24 V 等标准输出值。

3.5 现场基本仪表简介

现场基本仪表包括电动控制阀、气动调节阀、压力仪表、热电偶、热电阻等。

1. 电动控制阀

电动控制阀是自动控制系统的电动执行机构，接收 4 ~ 20 mA、4 ~ 12 mA、12 ~ 20 mA、0 ~ 5 V、1 ~ 5 V 等控制信号，改变阀门开度，同时将阀门开度的隔离信号反馈给控制系统，实现对压力、温度、流量、液位等参数的调节。

2. 气动调节阀

气动调节阀是自动控制系统的气动执行机构，气动调节阀由执行机构和调节机构组成。执行机构是执行器的推动装置，它根据输入控制信号的大小，产生相应的输出力和位移，推动调节机构动作。调节机构简称为阀，是执行器的调节部分，在执行机构的作用下，调节机构的阀芯产生位移，即执行器的开度发生变化，从而直接调节被控介质的流量。

3. 压力仪表

压力仪表是自动控制系统常用的压力检测仪表。压力仪表表内敏感元件（波登管、膜盒、波纹管）产生弹性形变，表内机芯的转换机构又将压力形变传导至指针，从而引起指针转动来显示压力。

4. 热电偶

热电偶是自动控制系统常用的温度检测仪表，由两种不同导体或半导体的组合构成闭合回路。闭合回路两个极点中，一端为工作端（测量端或热端），另一端为自由端（参考端或冷端）。当两端存在温差时，在回路中产生热电流，从而在两端存在热电势（即塞贝克效应）。每根单独的导体或半导体称为热电极。

5. 热电阻

热电阻是自动控制系统常用的温度检测仪表，热电阻是基于电阻的热效应来实现温度的测量，即电阻体的阻值随温度变化而变化的特性。常用的热电阻有金属热电阻和半导体热电阻。它是中低温区（非高温场合）常用的温度检测元件，具有性能稳定、精度高、输出信号大、信号便于远传等特点。

3.6 系统其他硬件

DCS 的其他常用硬件有 UPS、继电器、安全栅。

1. UPS

UPS 即不间断电源，主要由充电器、整流器、电池组和逆变器等部分组成。从工作原理上有后备式（OFF – LINE）和在线式（ON – LINE）两种。

其中，后备式UPS在市电时仅对市电进行稳压而逆变器不工作，处于等待状态，当市电异常时，后备式UPS会迅速切换到逆变状态，将电池电能逆变成交流电对负载继续供电，因此，后备式UPS在市电转逆变工作时会有一段转换时间，一般小于10 ms。在线式UPS开机后逆变器始终处于工作状态，因此在市电异常转电波放电时没有中断时间，即0中断。

UPS选型主要根据其带负载能力和可靠性来选择。

2. 继电器

继电器的主要作用是将信号隔离或放大，保护控制者或设备的安全。它是一种以一定的输入信号（如电流、电压或其他热、光非电信号）实现自动切换电路的“开关”。通常，DCS的DO卡每点负载电流不足以直接驱动电机等现场设备，故需通过中间继电器放大驱动电流，才能对现场设备进行直接控制。

继电器按线包特性分为电压继电器或电流继电器，按功能分为普通继电器（瞬时动作）、时间继电器（延时动作）和固态继电器（适合频繁动作）等。常用的继电器有DC 24 V和AC 220 V两种线包的继电器，它最重要的参数是触点容量。

3. 安全栅

有防爆要求的场所与无防爆要求的场所之间进行的信号传递，要考虑采用安全栅进行隔离，用以限制危险场所电路，来实现危险场所设备的防爆作用。根据隔爆原理，安全栅分为齐纳栅和隔离栅，齐纳栅采用冗余齐纳管限能电路结构将输出电能量限制在规定范围内，而隔离栅通常是通过输入/输出及电源三端口的隔离、回路限能来限制回路电能量。

本章小结

本章介绍了DCS硬件的基本构成，并在此基础上详细阐述了现场控制级、过程装置控制级的特征、组成和功能，重点叙述了DCS通信网络的硬件设备。

习 题

一、选择题

1. ____________是整个DCS的核心部件，现场信息的采集、各种控制策略的实现都在____________上完成。

2. DCS的固有____________是在设计系统时就产生的。

3. 智能调节器是一种____________的过程控制仪表。

4. 根据操作员站本体的结构，操作员站可分为____________两种。

二、名词解释题

1. 现场控制站（FCU）。

2. 操作员站。

3. 工程师站。

4. 系统组态功能。

三、简答题

1. 简述 DCS 的基本组件。
2. 请叙述现场控制级的功能及特点。
3. 简述提高现场控制站可靠性应考虑的问题。
4. 简述工程师站基本的硬件配置和功能。
5. 叙述操作员站的功能。

第 4 章

DCS 的软件及组态

学习目标

☞ 了解软件体系的基本概念

☞ 了解 DCS 软件模型，掌握 DCS 五种编程语言的应用

☞ 掌握组态软件功能及应用

☞ 掌握控制层软件功能及应用

☞ 掌握监控软件功能及应用

根据 DCS 硬件的不同，软件分为组态软件、控制层软件、监控软件和运行于各个站的网络软件。其中，组态软件是安装在工程师站中的软件，主要完成系统的控制层软件和监控软件的组态；控制层软件是运行在现场控制站上的软件，主要完成 PID 回路控制、逻辑控制、顺序控制等控制功能，以及完成控制功能所必须针对现场设备连接的 I/O 处理；监控软件是运行于操作员站或工程师站上的软件，主要完成运行操作人员所发出的各个命令的执行、图形与画面的显示、报警信息的显示处理、对现场各类检测数据的集中处理等；网络软件是各个站上功能软件之间的桥梁。

4.1 概　　述

4.1.1 组态软件

组态软件是一组安装在工程师站中的软件工具，是为了将通用的、有普遍适应能力的 DCS，变成一个针对某一个具体应用控制工程的专门 DCS，即对系统进行组态。组态则是对 DCS 的软/硬件构成进行配置，即用户为系统设定各项参数的操作，如硬件配置、数据库的定义、控制算法程序的组态、监控软件的组态、报警报表的组态等。

系统组态的步骤为：

（1）以系统整体构架为基础，进行总体信息的组态。

（2）I/O 组态（I/O 设备、信号参数的设置）。

（3）控制方案组态。

（4）操作员站组态。

（5）其他组态。

在工程师站上，利用组态软件进行组态定义的主要内容包括以下方面。

（1）硬件配置是使用组态软件首先应该做的。根据控制要求配置各类站的数量、每个站的网络参数、各个现场 I/O 站的 I/O 配置（如各种 I/O 模块的数量、是否冗余、与主控单元的连接方式等）及各个站的功能定义等。

（2）定义数据库，包括实时数据和历史数据，实时数据库是指现场物理 I/O 点数据和控制计算时中间变量点的数据。历史数据库是按一定的存储周期存储的实时数据，通常将数据存储在硬盘上或刻录在光盘上，以备查用。

（3）历史数据和实时数据的趋势显示、列表及打印输出等定义。

（4）控制层软件组态，包括确定控制目标、控制方法、控制算法、控制周期以及与控制相关的控制变量、控制参数等。

（5）监控软件的组态，包括各种图形界面（背景画面和实时刷新的动态数据）、操作 DCS 功能定义（操作员可以进行哪些操作、如何进行操作）等。

（6）报警定义，包括报警产生的条件定义、报警方式的定义、报警处理的定义（如对报警信息的保存、报警的确认、报警的清除等操作）及报警列表的种类与尺寸定义等。

（7）系统运行日志的定义，包括各种现场事件的认定、记录方式及各种操作的记录等。

（8）报表定义，包括报表的种类、数量、报表格式、报表的数据来源及在报表中各个数据项的运算处理等。

（9）事件顺序记录和事故追忆等特殊报告的定义。

4.1.2 控制层软件

现场控制站中控制层软件的最主要功能是直接针对现场I/O设备，完成DCS的控制功能。这里面包括了PID回路控制、逻辑控制、顺序控制和混合控制等多种类型的控制。

为了实现这些基本功能，在现场控制站中还应该包含以下主要的软件。

（1）现场I/O驱动，主要是完成I/O模块（模板）的驱动和过程量的输入/输出，采集现场数据，输出控制计算后的数据。

（2）对输入的数据进行预处理，如滤波处理、除去不良数据、工程量的转换、统一计量单位等。总之，是要尽量真实地用数字值还原现场值并为下一步的计算做好准备。

（3）实时采集现场数据并存储在现场控制站内的本地数据库中，这些数据可作为原始数据参与控制计算，也可通过计算或处理成为中间变量，并在以后参与控制计算。所有本地数据库的数据（包括原始数据和中间变量）均可成为人机界面、报警、报表、历史、趋势及综合分析等监控功能的输入数据。

（4）按照组态好的控制程序进行控制计算，根据控制算法和检测数据、相关参数进行计算，得到实施控制的量。

为了实现现场控制站的功能，在现场控制站中建立有与本站的物理I/O和控制相关的本地数据库，这个数据库中只保存与本站相关的物理I/O点及与其相关的、经过计算得到的中间变量。本地数据库可以满足本现场控制站的控制计算和物理I/O对数据的需求，有时除了本地数据外还需要其他现场控制站上的数据，此时可以从网络上将其他节点的数据传送过来，这种操作被称为数据的引用。

4.1.3 监控软件

监控软件的主要功能是用作人机界面，包括图形画面的显示、对操作员操作命令的解释与执行、对现场数据和状态的监视及异常报警、历史数据的存档和报表处理等。

为了上述功能的实现，操作员站软件需要有如下组成部分：

（1）图形处理软件：通常显示工艺流程和动态工艺参数，由组态软件组态生成并且按周期进行数据更新。

（2）操作命令处理软件：包括对键盘操作、鼠标操作、画面热点操作的各种命令方式的解释与处理。

（3）历史数据和实时数据的趋势曲线显示软件。

（4）报警信息的显示、事件信息的显示、记录与处理软件。

（5）历史数据的记录与存储、转储及存档软件。

（6）报表软件。

（7）系统运行日志的形成、显示、打印和存储记录软件。

（8）工程师站在线运行时，对DCS系统本身运行状态的诊断和监视，发现异常时进行报警，同时通过工程师站上的 CRT 屏幕给出详细的异常信息，如出现异常的位置、时间、性质等。

为了支持上述操作员站软件的功能实现，在操作员站上需要建立一个全局的实时数据库，集中各个现场控制站所包含的实时数据及由这些原始数据经运算处理所得到的中间变量。该数据库被存储在每个操作员站的内存中，于是每个操作员站的实时数据库完全相同，因此每个操作员站可以完成完全相同的功能，形成一种可互相替代的冗余结构。当然各个操作员站也可根据运行的需要，通过软件人为地定义其完成不同的功能，而成为一种分工的形态。

4.2　组态软件的组态内容

DCS 组态软件作为一个应用软件平台，人们可以不再关心如何编写软件程序来实现所要求的控制及显示等功能，而需要认真、仔细地设计控制回路和与实际控制及显示打印等有关的信息，用类似模块化的组态方法完成各种工程项目的组态。这种软件组态方法不仅大大地减轻了应用系统的开发工作量，而且大大提高了软件的水平，并保证了系统的可靠性。有了功能丰富的组态软件的支持，系统相关设计文件生成之后，项目组软件组态人员就可以根据相关设计文件进行系统的软件组态工作。

各厂家的 DCS 均提供了功能齐全的组态软件，虽然这些组态软件在形式和使用方法上存在很大差别，而且各自支持的组态范围也有些不同，但基本内容一样，而且组态原理也是一样的。例如，西门子公司的 SIMATIC STEP7 和 SIMATIC WinCC 软件，和利时公司的 Conmaker 和 Facview 软件。不管组态的操作形式是怎样的，一套控制系统组态软件应包括以下几方面内容：

（1）系统配置组态（完成 DCS 各站设备信息的组态）。

（2）数据库组态，包括测点的量程上下限、单位及报警组态等信息。

（3）控制算法组态。

（4）流程显示及操作画面组态。

（5）报表组态。

（6）编译和下装等。

4.2.1　数据库生成系统

实时数据库的组态一般分为两部分：控制采集测点的配置组态和中间计算点的组态。控制采集测点的配置组态非常重要，而且工作量比较大。它是通过 DCS 提供的组态工具来完成的，现在通常的做法是使用 Excel 电子表格完成实时数据库的组态，即在 Excel 中处理控制采集测点信息后，利用 DCS 系统提供的导入工具将数据库直接导入系统中。大部分中间计算点是在算法组态时所形成的中间变量，有的是为了图形显示和报表打印所形成的统计数据，通常，这些点要定义的项少于控制采集测点，但数量却很大，特别是对于那些控制功能比较复杂或管理要求较复杂的系统中尤为突出。在实时数据库组态时，应注意以下几个问题。

（1）在进行控制采集测点组态之前，先检查一下各点的地址分配是否合理。这里主要检查“测点清单”中的测点分配是否超出机柜的配置范围。在进行实时数据组态时，不仅需要掌握系统的组态软件，同时还应该掌握系统的硬件配置、每个机柜的容量限制及每块模块/板支持的具体点数。此外，应对照各回路用到的实际物理输入和物理输出是否都在一个机柜里边，虽然各家的 DCS 产品都支持控制站间相互传递信息，但在具体控制组态和物理点分配时，应尽可能将同一个回路所用的点分配在一个控制站内，这样做不仅可以提高控制运算的速度，而且主要是可以减少网络负担和系统资源的占用，以及提高系统的可靠性和稳定性。

（2）仔细阅读组态使用说明书，理解“测点清单”中每一项内容的实际含义，特别是物理信号的转换关系中每个系数的具体含义。

（3）充分利用组态软件提供的编辑功能，如复制、修改等。一个系统中很多测点信息的内容大部分相同，可以把它们分成若干组，每组出一个量，复制生成其他量后，修改个别项即可，从而提高工作效率，减少出错。

（4）关于中间计算点（中间量点、中间变量）的组态应注意，中间计算点往往是在进行控制算法组态和图形显示及报表组态时产生的，因此数量不断增加。在进行组态之前，一定要掌握每个站所支持的中间计算点的最大数目，而且要尽可能地优化中间计算点，适当地分配中间计算点，将中间计算点的数量控制在系统允许的范围内。

4.2.2 生产过程流程

由于工业控制计算机提供了丰富的画面显示功能，因此流程画面的生成便成了 DCS 组态中的一个很重要的工作。

在一般的 DCS 应用组态中，流程画面的组态占据了相当大的组态时间。因为在 DCS 中，流程画面是了解系统的窗口，画面显示水平的高低会导致人们很大程度上的喜欢和不喜欢。虽然系统提供了功能很强的工具，但如果不用心也不精益求精，就做不出实用且漂亮的画面来。

所以，在进行画面组态之前，一定要先仔细学习和掌握画面组态工具，然后认真地分析生产流程如何分解成一幅幅较为独立的画面，最好是参考一下厂家以前在别的系统上（特别是类似系统上）所作的流程画面组态，会有很多的借鉴意义。

值得注意的是，虽然在此强调了用户在进行画面组态时，要尽量将图形做得美观，但是工业流程画面的主要作用是用来显示各个动态信息，特别是主要的工艺参数、棒图或趋势曲线显示。所以，既要保证流程图的美观，又要保证动态点显示一定正确。此外，用户在作流程画面组态时，一定要充分尊重工厂操作人员的操作习惯，特别是画面颜色的选择和搭配。组态前，应该由相关各方共同制定流程图组态原则，如管道颜色、动态点显示颜色、字体及状态显示颜色等。

4.2.3 数据和报表

计算机控制系统与常规的调节仪表控制相比，优势之一就是计算机控制系统具有集中的历史数据存储和管理功能。

DCS 的历史数据存储一般用于趋势显示、事故分析及报表运算等。历史数据通常占用很大的系统资源，特别是存储频率较快（如每 1 s 保存一个数据）的点比较多时，会给系统增加较大的负担。不同的 DCS 对历史库的存储处理所用的方法不同。新一代的 DCS 大都用工业计算机作为操作员站，都配置了较大的内存（256 MB 以上）和较大的硬盘（40 GB 以上），所以现在大都将历史数据直接存在兼作历史服务器的操作员主机上，对于历史数据存储要求非常多的情况下，建议采用服务器作为专用历史服务器，内存和硬盘配置应该较高。

每套 DCS 在指标中都给出了系统所支持的各种历史点的数量，因此在进行历史库组态之前，一定要对这些容量指标心中有数，然后仔细地分配一下各种历史点各占多少。一般长周期的点（如 1 min 以上存一数据的点）占系统内存资源很少，只占硬盘的资源，因此数量可以做得很大。但高频点（如 1 s 存一个数据的点）则占内存资源较多，一般系统中有一定的限制，包括每点可以存储最多数据个数、系统支持的最大点数等。对于资源比较紧张的情况，一定要先保证重要趋势（如重要参数趋势、控制回路的重要物理量等）的点先存入历史库。

DCS 的应用从根本上解除了现场操作人员每天抄表的工作，它不仅准确、按时，而且可以做到内容很丰富，它不仅可以自动地打印出操作员平时抄报的生产工艺参数记录报表，而且绝大多数的 DCS 还提供了很强的计算管理功能，常规 DCS 系统的报表组态都可以通过 Excel 表格导入，可以非常灵活方便。这样，用户可以根据自己的生产管理需要，生成各种各样的统计报表。

报表组态一般功能比较简单，但值得注意的是，一般报表生成过程中会用到大量的历史库数据，会产生很多中间变量点，因此用户在设计报表时一定要分析一下系统的资源是否够用。

4.2.4 控制回路组态

控制算法的组态工作量对于不同的系统差别很大。有的系统侧重于控制，则控制组态的工作量就很大，而有的小系统侧重于检测和监视，控制的量就不大。但控制算法组态往往是 DCS 组态中最为复杂、难度也最大的部分。各公司 DCS 提供的组态软件中，这部分差别也最大，所以很难统一介绍这部分工作。但在控制组态时应尽量注意以下几方面。

（1）根据系统控制方案确切理解每个算法功能模块的用途及模块中的每个参数的含义，特别是对于那些复杂模块。如 PID 运算模块，其中的参数有 20 个左右，每个参数的含义、量纲范围和类型（整数、二进制数、浮点数）一定要搞清楚，否则会给将来调试带来很多麻烦。

（2）根据对控制功能的要求和 DCS 控制站的容量及运算能力，要仔细核算每个站上组态算法的系统内存开销和主机运算时间的开销。不同要求的算法最好在控制周期上分别考虑，只要满足要求就可以了。例如，大部分温度控制回路的运算周期在 1 s 甚至几秒就可以了，而有些控制（如流量等）则要求有较快的控制周期。总之，要保证系统的控制站有足够的容量和运算时间来处理组态出的算法方案页，否则，等组态完成之后再试，如不行会产生很大的麻烦。

（3）进行控制组态时，也要顺便考虑到将来调试和整定方便。有些系统支持的在线整定功能较强，如可以在线显示和整定大部分的控制算法的参数，而有些系统差些。但完全可以通过增加一些可显示的中间变量来满足大多数需要在线调整的需求。

（4）在控制组态时，还应注意的一点是，实际工业过程控制中安全因素是第一的。因此在系统中每一算法的输出（特别是直接输出到执行机构之前），一定要有限幅监测和报警显示。

4.3 控制层软件

DCS 的控制层软件特指运行于现场控制站的控制器中的软件，针对控制对象，完成控制功能。用户通过组态软件按工艺要求编制的控制算法，下装到控制器中，和系统自带的控制层软件一起，完成对系统设备的控制。

4.3.1 控制层软件的功能

DCS 控制层软件的基本功能可以概括为 I/O 数据的采集、数据预处理、数据组织管理、控制运算及 I/O 数据的输出，其中，数据组织管理和控制运算由用户组态，有了这些功能，DCS 的现场控制站就可以独立工作，完成本控制站的控制功能，如图 4－1 所示。除此之外，一般 DCS 控制层软件还要完成一些辅助功能，如控制器及重要 I/O 模块的冗余功能、网络通信功能及自诊断功能等。

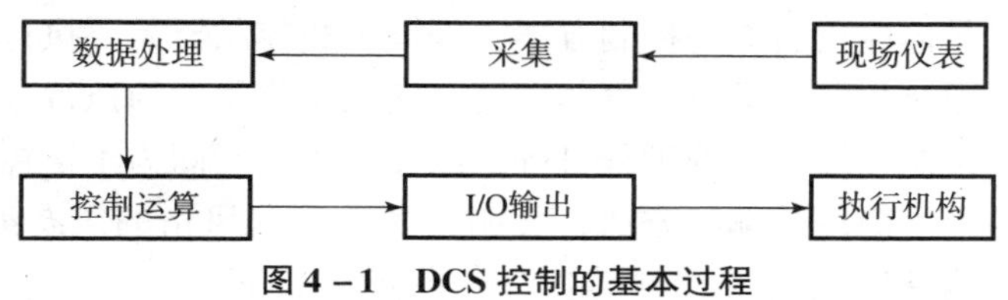

图 4－1　DCS 控制的基本过程

I/O 数据的采集与输出由 DCS 的 I/O 模块（板）来实现，对多个 I/O 接口，控制器接收工程师站下装的硬件配置信息，完成各 I/O 通道的信号采集与输出。I/O 通道信号采集进来后还要有一个数据预处理过程，这通常也是在 I/O 模块（板）上实现的，I/O 模块上的微处理器（CPU）将这些信号进行质量判断并调理、转换为有效信号后送到控制器作为控制运算程序使用的数据。

DCS 的控制功能由现场控制站中的控制器实现，是控制器的核心功能。在控制器中一般保存有各种基本控制算法，如 PID、微分、积分、超前滞后、加、减、乘、除、三角函数、逻辑运算、伺服放大、模糊控制及先进控制等控制算法程序，这些控制算法有的在 IEC 61131－3 标准中已有定义。通常，控制系统设计人员是通过控制算法组态工具，将存储在控制器中的各种基本控制算法，按照生产工艺要求的控制方案顺序连接起来，并填进相应的参数后下装给控制器，这种连接起来的控制方案称为用户控制程序，在 IEC 61131－3 标准中统称为程序组织单元（Program Organization Units，POUs）。控制运行时，运行软件从I/O数据区获得与外部信号对应的工程数据，如流量、压力、温度及位置等模拟量输入信号，断路器的断/开、设备的启/停等开关量输入信号等，并根据组态好的用户控制算法程序，执行控制运算，并将运算的结果输出到 I/O 数据区，由 I/O 驱动程序转换输出给物理通道，从而达到自动控制的目的。输出信号一般也包含如阀位信号、电流、电压等模拟量输出信号和启动设备的开/关、启/停的开关量输出信号等。控制层软件每个程序组织单元应处理：

（1）从 I/O 数据区获得输入数据。

（2）执行控制运算。

（3）将运算结果输出到 I/O 数据区。

（4）由 I/O 驱动程序执行外部输出，即将输出变量的值转换成外部信号（如 4 ~ 20 mA 模拟信号）输出到外部控制仪表，执行控制操作。

上述过程是一个理想的控制过程，事实上，如果只考虑变量的正常情况，该功能还缺乏完整性，该控制系统还不够安全。一个较为完整的控制方案执行过程，还应考虑到各种无效变量的情况。例如，模拟输入变量超量程的情况、开关输入变量抖动的情况、输入变量的接口设备或通信设备故障的情况，等等。这些将导致输入变量成为无效变量或不确定数据。因此，针对不同的控制对象应能设定不同的控制运算和输出策略，如可定义：变量无效则结果无效，保持前一次输出值或控制倒向安全位置，或使用无效前的最后一次有效值参加计算，等等。所以现场控制站 I/O 数据区的数据都应该是预处理以后的数据。

4.3.2 编程语言与模型

DCS 控制器对现场信号进行采集并对采集的信号进行了预处理后，即可将这些数据参与到控制运算中，控制运算的运算程序根据具体的应用各不相同。在 DCS 中先要在工程师站软件上通过组态完成具体应用需要的控制方案，编译生成控制器需要执行的运算程序，下装给控制器运行软件，通过控制器运行软件的调度，实现运算程序的执行。本质上，控制方案的组态过程就是一个控制运算程序的编程过程。以往，DCS 厂商为了给控制工程师提供一种比普通软件编程语言更为简便的编程方法，发明了各种不同风格的组态编程工具，而当前，这些各式各样的组态编程方法，经国际电工委员会（International Electrotechnical Commission，IEC）标准化，统一到了 IEC 61131 - 3 控制编程语言标准中。风格相同的编程方法为用户、系统厂商及软件开发商都带来了极大的好处。

4.3.2.1 IEC 61131 标准简介

IEC 61131 标准最初主要用于 PLC 的编程系统，目前也适用于过程控制领域和分散型控制系统等。

IEC 61131 标准共包含概述与定义（General Information）、硬件要求与测试（Equipment Requirements and Tests）、编程语言（Programming Languages）、用户指南（User Guidelines）、通信规范（Messaging Service Specification）、模糊控制（Fuzzy Control）6 个部分。

1. 概述与定义

该部分内容包含通用信息定义、标准 PLC 的基本特征及区别于其他系统的典型功能特征。

2. 硬件要求与测试

这部分定义了 PLC 硬件指标的要求，包括电气指标（如 EMC）、机械指标（如振动）以及硬件的存储、运输的条件，还包括硬件指标的测试方法和兼容性测试的程序。

3. IEC 61131 - 3 编程语言

IEC 61131 - 3 组合了世界范围已广泛使用的各种风格的控制编程方法，并吸收了计算机

领域最新的软件思想和编程技术，其定义的编程语言可完成的功能，已超出了传统 PLC 的应用领域，扩大到所有工业控制和自动化应用领域，包括 DCS 系统。

4. 用户指南

该部分试图作为一个指南，为选购自动化系统的客户，提供从系统设计、设备选型直到设备维护等方面的帮助。

5. 通信规范

该部分是关于不同厂商之间的 PLC 以及 PLC 与其他设备之间的通信规约。由于现场 DCS 总线技术和标准的发展（IEC 61508 标准）以及以太网技术在工业领域中的应用，该部分标准基本已失去实际意义。

6. 模糊控制

2000 年发布的 IEC 61131 –7 将模糊控制功能带进了 PLC。

IEC 61131 –3 是 IEC 61131 国际标准的第 3 部分，是第一个为工业自动化控制系统的软件设计提供标准化编程语言的国际标准，得到了世界范围众多厂商的支持，但又独立于任何一家公司。它是 IEC 工作组在合理地吸收、借鉴世界范围的各可编程序控制器（PLC）厂家的技术、编程语言等的基础之上，形成的一套新的国际编程语言标准。

4.3.2.2 IEC 61131 –3 软件模型

IEC 61131 –3 软件模型如图 4 –2 所示。该软件模型是一种分层结构，每一层隐藏了其下层的许多特征。IEC 61131 –3 具有的这种分层结构，构成了 IEC 61131 –3 软件优越于传统的 PLC 软件的理论基础，是 IEC 61131 –3 软件先进性的体现。下面先描述软件模型各个部分的概念，同时分析、总结 IEC 61131 –3 编程系统所具有的优点。为方便理解，现以 PLC 为例来说明 IEC 61131 –3 软件模型。

1. 配置、资源、程序和任务

在模型的最上层是软件“配置”（Configuration），在物理上，一个配置可理解成一个 PLC 系统或 DCS 的现场控制站。它等同于一个 PLC 软件。如在一个复杂的由多台 PLC 组成的自动化生产线中，每台 PLC 中的软件就是一个独立的“配置”。一个“配置”可与其他的 IEC“配置”通过定义的接口进行通信。

在每一个配置中，有一个或多个“资源”（Resources），在物理上，可以将资源看成 PLC 或 DCS 控制器中的一个 CPU，“资源”不仅为运行程序提供了一个支持系统，而且它反映了 PLC 的物理结构，在程序和 PLC 物理 I/O 通道之间提供了一个接口。一个 IEC 程序只有在装入“资源”后才能执行。“资源”通常放在 PLC 内，但也可以放在其他系统内。

一个 IEC“程序”（Program）可以用不同的 IEC 编程语言来编写。典型的 IEC 程序由许多互联的功能块组成，各功能块之间可互相交换数据。一个程序可以读写 I/O 变量，并且能够与其他的程序通信。一个程序中的不同部分的执行通过“任务”（Tasks）来控制。

“任务”被配置以后，可以控制一系列程序和/（或）功能块周期性地执行程序，或由一个特定的事件触发开始执行程序。IEC 程序或功能块通常保持完全的待用状态，只有当由一个特定的被配置的任务来周期性地执行或由一个特定的变量状态改变来触发执行的情况，IEC 程序或功能块才会执行。

一个配置可以有一个或多个资源；每个资源可以执行一个或多个程序任务；程序任务可

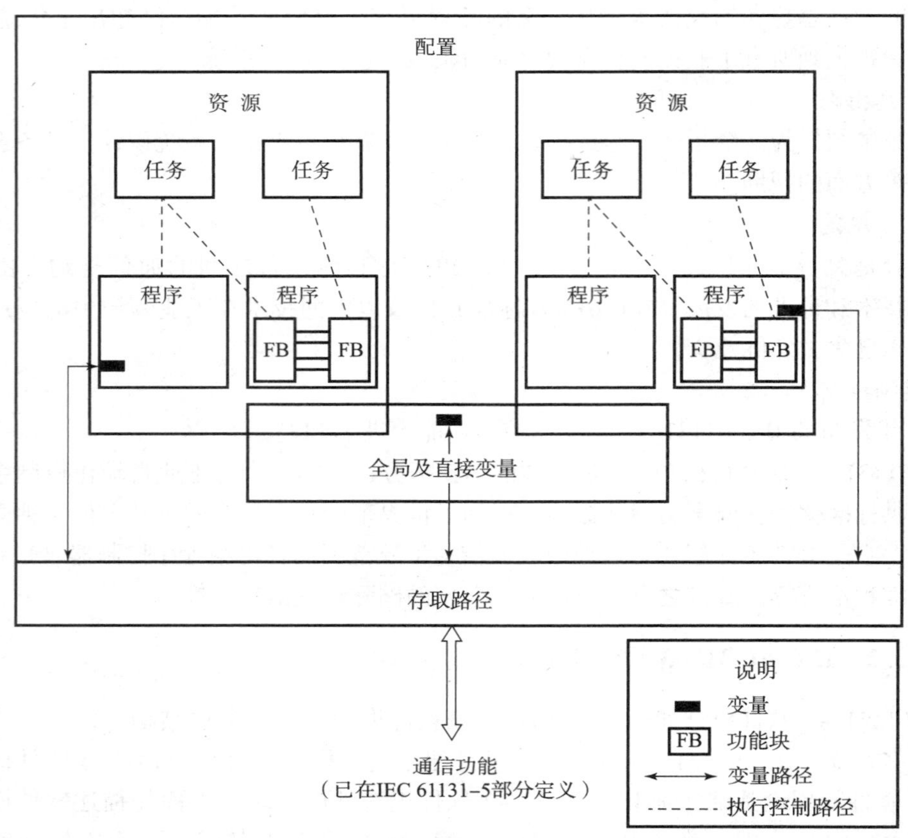

图 4－2　IEC 软件模型

以是函数、功能块、程序或它们的组合。函数、功能块和程序可以由 IEC 61131－3 的任意一种或多种编程语言编制。

2. 程序组织单元

IEC 61131－3 引入了程序组织单元（Program Organization Units，POU）的概念，POU 有 3 类：函数（Functions）、功能块（Function－blocks）和程序（Program）。

函数是 IEC 61131－3 标准中的一个重要概念，函数是一些在程序执行过程中的软件元件，可以有多个输入，但只有一个输出。这些软件元件对一系列特定的输入值会产生相应的输出结果，如算术功能 cos( )、sin( ) 等。IEC 61131－3 标准中有大量的用于处理不同数据类型的函数。函数可以用 IEC 61131－3 五种编程语言中的任何一种创建，也可以被任何语言调用。

功能块概念是 IEC 61131－3 标准编程系统的一个重要的特征。任何功能块可以用其他更小的更易管理的功能块来编程，这样就可以由许多功能块创建一个有层次的结构合理的程序。IEC 61131－3 还允许程序设计人员利用现有的功能块和其他的软件元件生成新的功能块。

程序就是一个简单的 POU，可以用 5 种语言中的任意 1 种编写，它可以是函数或功能块。程序是唯一的可以插入任务中的 POU 类型。

3. 变量和存取路径

在配置、系统资源、程序、函数或功能块内，可以声明和使用局部变量、全局变量、直接变量。局部变量是仅仅能在配置、资源、程序、功能或功能块内声明和存取的变量；全局变量在一个程序（或配置）内声明，它能被程序（配置）内的所有软件元件存取；直接变量是 PLC 程序的内存区直接用地址变量来表示的变量。

存取路径提供了在不同的配置之间交换数据和信息的设备。每一配置内的变量可被其他远程配置存取。配置之间存取数据和信息可采用基于以太网的网络、现场总线或通过底板总线交换数据。

4.2.2.3 IEC 软件模型的优点

IEC 软件模型具有以下优点：

（1）在一台 PLC 中同时装载、启动和执行多个独立的程序。IEC 61131－3 标准允许一个“配置”内有多个“资源”，每个“资源”能够支持多个程序，这使得在一台 PLC 中可以同时装载、启动和执行多个独立的程序，而传统的 PLC 程序只能同时运行一个程序。

（2）实现对程序执行的完全控制能力。IEC 61131－3 标准的这种“任务”机制，保证了 PLC 系统对程序执行的完全控制能力。传统 PLC 程序只能顺序扫描、执行程序，对某一段程序不能按用户的实际要求定时执行，而 IEC 61131－3 程序允许程序的不同部分在不同的时间、以不同的比率并行执行，这大大地扩大了 PLC 的应用范围。

（3）IEC 软件模型能够适应很广范围的不同的 PLC 结构。IEC 软件模型是一个国际标准的软件模型，它不是针对具体的 PLC 系统，而是具有很强的适用性。

（4）IEC 软件模型既能适合小型的 PLC 系统，也可适合较大的分散系统。

（5）IEC 软件支持程序组织单元的重用特性。软件的重用性是 IEC 软件的重要优点。

（6）IEC 软件支持分层设计。一个复杂的 IEC 软件通常可以通过一层层的分解，最终分解为可管理的程序单元。

4.2.2.4 编程语言

IEC 61131－3 国际标准的编程语言包括图形化编程语言和文本化编程语言，其中，图形化编程语言包括梯形图（Ladder Diagram，LD）、功能块图（Function Block Diagram，FBD）、顺序功能流程图（Sequential Function Chart，SFC），文本化编程语言包括指令表（Instruction List，IL）和结构化文本（Structured Text，ST）。IEC 61131－3 的编程语言是 IEC 工作组对世界范围的 PLC 厂家的编程语言合理地吸收、借鉴的基础上形成的一套针对工业控制系统的国际编程语言标准，它不但适用于 PLC 系统，而且还适用于如 DCS 等更广泛的工业控制领域。简单易学是它的特点，很容易为广大电气工程人员掌握，这里简单介绍一下这五种编程语言。

1. 结构化文本语言

结构化文本（ST）是一种高级的文本语言，表面上与 PASCAL 语言很相似，但它是一个专门为工业控制应用开发的编程语言，具有很强的编程能力。用于对变量赋值、回调功能和功能块、创建表达式、编写条件语句和迭代程序等。结构化文本（ST）语言易读易理解，特别是用有实际意义的标识符、批注来注释时，更是这样。

1）操作符

结构化文本定义了一系列操作符用于实现算术和逻辑运算，如逻辑运算符 AND、XOR、

OR，算术运算符<、>、≤、≥、=、≠、+、-、*、/等，此外，还定义了这些操作符的优先级。如：

```
Start:=Oilpress AND Stream AND Pump
V:=K*(-W*T)。
```

2）赋值语句

结构化文本程序既支持简单的赋值语句，也支持很复杂的数组或结构赋值。简单的语句如"X：=Y"，复杂的语句如：

```
Profile[3]:=10.3+SQRT((Rate+2.0))
Alarm.TimeOn:  =RCT1.CDT。
```

3）在程序中调用功能块

在结构化文本程序中可以直接调用功能块。功能块在被调用以前，输入参数被分配为默认值；在调用后，输入参数值保留为最后一次调用的值。功能块调用的格式为：

```
Function Block Instance(
Input Parameter1:=Value Expression1,
Input Parameter2:=Value Expression2...);
```

其中 Value Expression1，...，Value ExpressionN 是符合功能块数据类型输入变量，Input Parameter1，...，Input ParameterN 是功能块的输入参数。Function Block Instance 是要调用的功能块。

4）结构化文本程序中的条件语句

条件语句的功能是，某一条件满足时运行相应的选择语句。结构化文本（ST）的条件语句有 IF…THEN…ELSE 条件语句、CASE 条件语句。

（1）IF…THEN…ELSE 条件语句依据不同的条件分别执行相应 THEN 及 ELSE 语句。该条件语句可以嵌套入另一条件语句中，以实现更复杂的条件语句。条件语句的格式为：

```
IF<boolean expression  =true>THEN
 <statements1>
ELSE
 <statements2>
END_IF;
```

"boolean expression"可以是"true"或"false"，根据"true"或"false"的情况，程序执行相应的 statements1 或 statements2 语句。

（2）CASE 条件语句的执行方向取决于 CASE 语句的条件，并有一返回值。实例见最后的应用举例。该条件语句的格式为：

```
CASE<var1>OF
 <integer selector value1>:<statements1...>
 <integer selector value2>:<statements2...>
...
ELSE
```

```
<statements... >
END_CASE
```

var1 是 "integer expression"，可以是一个数值，根据数值的不同执行相应的 statements1 或 statements2 等语句。

5）结构化文本程序中的迭代语句

迭代语句适用于需要一条或多条语句重复执行许多次的情况，迭代语句的执行取决于某一变量或条件的状态。应用迭代语句应避免迭代死循环的情况。

```
FOR…DO
```

该迭代格式语句允许程序依据某一整型变量迭代。该迭代格式语句格式为：

```
FOR <initialize iteraion variable >
TO <final value expression >
BY <increment expression >DO
END_FOR
```

"initialize iteraion variable" 是迭代开始的计数值，"final value expression" 是迭代结束的计数值。迭代从 "initialize iteraion variable" 开始，每迭代一次，计数值增加 "increment expression"，计数值增加到 "final value expression" 后，迭代结束。

结构化文本（ST）程序中还有其他的迭代语句，如 WHILE…DO，REPEAT…UNTIL 等，迭代原理与 FOR…DO 格式基本相同。此外，结构化文本（ST）的迭代语句中还有 EXIT、RETURN 两种格式，分别用于程序的返回和退出。

【例 4-1】 用功能块控制箱体中的流体，箱体可以通过阀门被注满和倒空，如图 4-3 所示，箱体的质量由一个称重单元监视，功能块通过比较 2 个输入值 FullWeight 和 EmptyWeight 以确定箱体是满的还是空的。

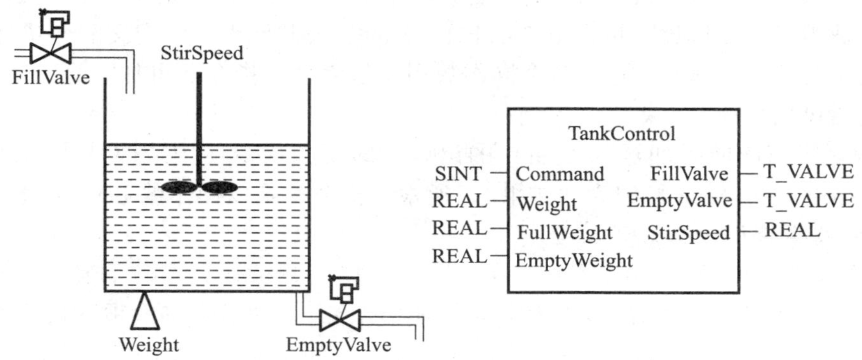

图 4-3 水箱控制及功能块示意图

该功能块提供了一个 "Command" 输入，输入有 4 种状态：给箱体加水，保持不变，起动和清空箱体。实现该功能块算法的结构化文本（ST）程序为：

```
TYPE_T_STATE:(FULL,NOT_FULL,EMPTIED);(*箱体状态*)
END_TYPE;
```

```
TYPE_T_VALVE:(OPEN,SHUT);(*阀门状态*)
END_TYPE;
FUNCTION_BLOCK TankControl;(*功能块*)
VAR_IN(*输入状态变量*)
Command:SINT;
Weight:REAL;
FullWeight:REAL;
EmptyWeight:REAL;
END_VAR
VAR_OUT(*输出状态变量*)
FillValve:T_VALVE:=SHUT;
EmptyValve:T_VALVE:=SHUT;
StirSpeed:REAL:=0.0;
END_VAR
VAR(*过程变量*)
Stat:=T_STATE:=EMPTIED;
END_VAR
```

2. 指令表

IEC 61131－3 的指令表（IL）语言是一种低级语言，与汇编语言很相似，是在借鉴、吸收世界范围的 PLC 厂商指令表语言基础上形成的一种标准语言，可以用来描述功能、功能块和程序的行为，还可以在顺序功能流程图中描述动作和转变的行为。现在仍广泛应用于 PLC 的编程。

1）指令表语言结构

指令表语言是由一系列指令组成的语言。每条指令在新一行开始，指令由操作符和紧随其后的操作数组成，操作数是指在 IEC 61131－3 的“公共元素”中定义的变量和常量。有些操作符可带若干个操作数，这时各个操作数用逗号隔开。指令前可加标号，后面跟冒号，在操作数之后可加注释。

IL 语言是所谓面向累加器（Accu）的语言，即每条指令使用或改变当前 Accu 内容。IEC 61131－3 将这一 Accu 标记为“结果”。通常，指令总是以操作数 LD（“装入 Accu 命令”）开始。指令表程序参见例 4－2。

2）指令表操作符

IEC 61131－3 指令表包括 4 类操作符：一般操作符、比较操作符、跳转操作符和调用操作符。

（1）一般操作符是指在程序中经常会用到的操作符，包括装入指令、逻辑指令和算术指令。其中，装入指令有“LD N”等，逻辑指令有“AND N”（与指令）、“OR N”（或指令）、“XOR N”（异或指令）等，算术指令有 ADD（加指令）、SUB（减指令）、MUL（乘指令）、DIV（除指令）、MOD（取模指令）等。

（2）比较操作符有 GT（大于）、GE（大于等于）、EQ（等于）、NE（不等于）、LE（小于等于）、LT（小于）等。

（3）跳转及调用操作符有 JMP C，N（跳转操作符）、CALL C，N（调用操作符）等。

【例 4-2】 用指令表程序计算平面上两点的移动距离，两点 X、Y 的坐标如图 4-4 所示。

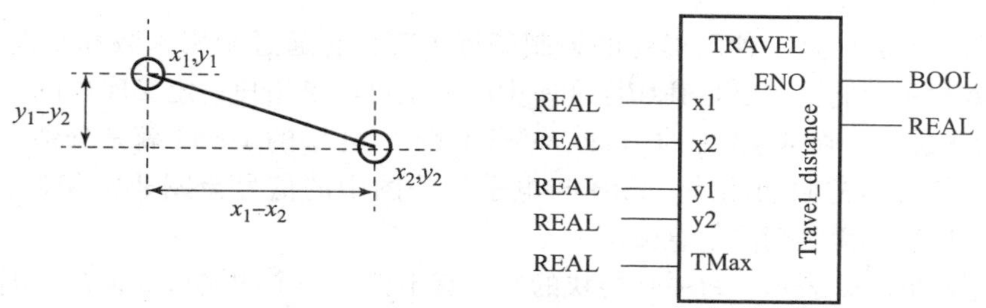

图 4-4 用指令表编功能块实例

用结构化文本描述的两点间距离的计算公式为：

Travel_distance：= SQRT[（x1 - x2）*（x1 - x2）+（y1 - y2）*（y1 - y2）]

如果定义 TMax 是 X、Y 两点间的最大距离，当计算值小于 TMax 时，说明计算正确；当计算值大于 TMax 时，说明 X、Y 两点间的距离超出了最大距离，在这种情况下，该功能是没有输出的。

用指令表编写的该功能的函数 TRAVEL( ) 为：

```
FUNCTION TRAVEL:REAL
VAR_INPUT
X1,X2,Y1,Y2:REAL(*点 X,Y 坐标*)
TMax:REAL(*最大移动距离*)
END_VAR
VAR
Temp:REAL(*中间值*)
END_VAR
LD Y1
SUB Y2(*计算 Y2 - Y1*)
ST Temp(*将 Y2 - Y1 值存入 Temp*)
MUL Temp(*计算(Y2 - Y1)的平方*)
ADD X1
SUB X2(*计算(X1 - X2)*)
ST Temp(*将(X1 - X2)值存入 Temp*)
MUL Temp(*计算(X1 - X2)的平方*)
ADD TEMP(*将两平方值相加*)
CAL SQRT(*调平方根函数*)
ST TRAVEL(*设定计算结果*)
GT TMax(*比 TMax 大吗? *)
JMP C ERR(*是,转到 ERR 执行*)
S ENO(*设定 ENO*)
```

```
ERR:
RET( * 错误返回,ENO 不输出 * )
```

3. 功能块图

功能块图（FBD）是一种图形化的控制编程语言，它通过调用函数和功能块来实现编程，调用的函数和功能块可以是 IEC 标准库中的，也可以是用户自定义库中的，它们由任意 5 种编程语言来编制。图 4-3 中的 TankControl 和图 4-4 中的 Travel 就是分别用结构化文本语言和指令表编制的控制功能块。FBD 与电子线路图中的信号流图非常相似，在程序中，它可看作两个过程元素之间的信息流。

功能块用矩形块来表示，每一功能块的左侧有不少于一个的输入端，在右侧有不少于一个的输出端。功能块的类型名称通常写在块内，但功能块实例的名称通常写在块的上部，功能块的输入/输出名称写在块内的输入/输出点的相应地方。在功能块网路中，信号通常是从一个功能或功能块的输出传递到另一个功能或功能块的输入。信号经由功能块左端流入，并求值更新，在功能块右端流出。

在使用布尔信号时，功能或功能块的取反输入或输出可以在输入端或输出端用一个小圆圈来表示，这种表示与在输入端或输出端加一个取反功能是一致的。

FBD 网路中的功能执行控制隐含地从各功能所处的位置中表现出来。每一功能的执行隐含地是由一个输入使能 EN 控制，该输入 EN 是一个布尔型变量，允许功能有选择地求值。当输入 EN 为 TRUE 时，该功能就执行，否则，该功能不执行。功能的输出 ENO 也是一个布尔型变量，当 ENO 从 FALSE 变成 TRUE 就表明功能已经完成了求值。

【例 4-3】 用 IEC 61131 基本功能块编程描述用功能块控制空气风门的情况。风门开关控制为信号 ReqOpen 和 ReqClose，该信号被保存在 RS 双稳态功能块“Position”中，来自 RS 功能块输出及转换输出用于产生 DemandOpen 信号和 DemandClose 信号，驱动风门转动到合适的位置，如图 4-5 所示。

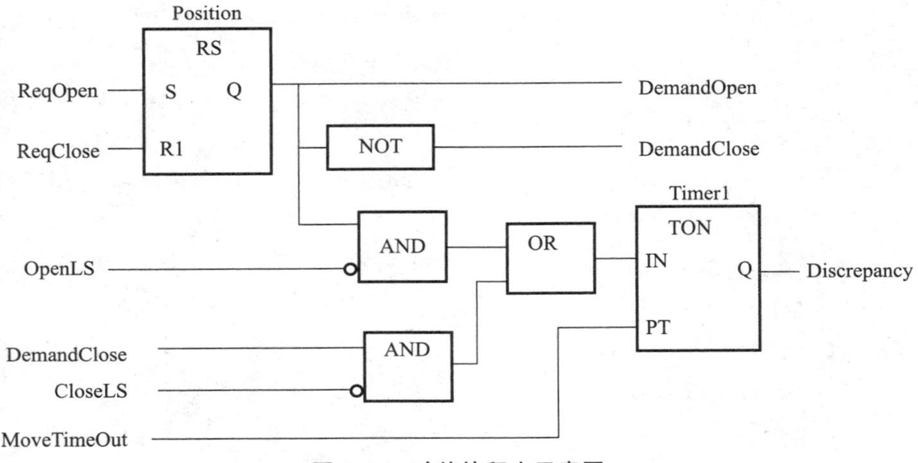

图 4-5　功能块程序示意图

风门上的限位开关 OpenLS 和 CloseLS 返回的是风门的实际位置信号。限位开关信号与要求的风门位置进行与比较，如果任何一个校对失败，比如风门已打开到要求的位置，而限位开关 OpenLS 处于 false，延时计时器将启动。如果风门未移动到要求的位置并且在限定的

有限时间 MoveTimeOut 内不能确定限位开关的情况，定时器 Timer1 将产生 Discrepancy 信号。

4. 梯形图

梯形图（LD）来源于美国，是 IEC 61131－3 三种图形化编程语言的一种，是使用最多的 PLC 编程语言，最初用于表示继电器逻辑，简单易懂，很容易被电气人员掌握。随着 PLC 硬件技术的发展，LD 编程功能越来越强大，在 DCS 中得到广泛使用。

电动机正反转控制电路 LD 程序如图 4－6 所示，I 代表开关量输入点，Q 代表开关量输出点。

IEC 61131－3 中的 LD 语言通过对各 PLC 厂家的梯形图语言合理地吸收、借鉴，语言中的图形符号与各 PLC 厂家的基本一致。IEC 61131－3 的主要图形符号包括触点、线圈，以及函数和功能块。

（1）触点包括常开触点、常闭触点、正转换读出触点和负转换读出触点。

图 4－6 梯形图示例

（2）线圈包括一般线圈、取反线圈、置位（锁存）线圈、复位去锁线圈、保持线圈、置位保持线圈、复位保持线圈、正转换读出线圈和负转换读出线圈。

（3）函数和模块包括标准的函数和功能块以及用户自己定义的功能块。

有关 LD 的学习请参看有关电气控制及 PLC 的书籍。

【例 4－4】 用 LD 编写如图 4－7 所示的火灾报警程序，其中，FD1、FD2 和 FD3 为火灾探测器。

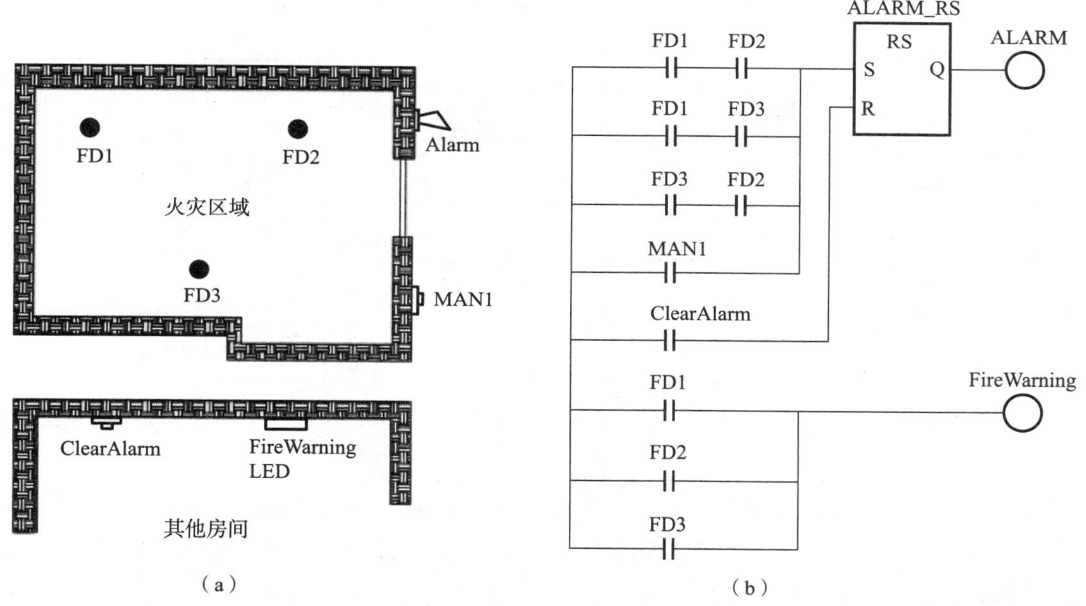

图 4－7 火灾报警系统程序

（a）火灾报警示意图；（b）火灾报警梯形图程序

MAN1 为手动实验按钮，可以用来触发火灾报警。

当 3 个探测器中的任何 2 个或 3 个全部探测到有火灾情况发生时，Alarm_RS 功能块驱动报警线圈报警，ClearAlarm 按钮清除报警。

当有一个探测器处于 ON 时，相应的火灾警告指示灯（FireWarning LED）点亮。如果该指示灯在报警清除后继续保持点亮，则表明探测器有错，或者在探测器的附近有火灾。

5. 顺序功能流程图

顺序功能流程图（SFC）是 IEC 61131－3 三种图形化语言中的一种，是一种强大的描述控制程序顺序行为特征的图形化语言，可对复杂的过程或操作由顶到底地进行辅助开发。SFC 允许一个复杂的问题逐层地分解为步和较小的能够被详细分析的顺序。

1）顺序功能流程图的基本概念

顺序功能流程图可以由步、有向连线和过渡的集合描述。单序列顺序功能流程图如图 4－8（a）所示，它反映了 SFC 的主要特征。

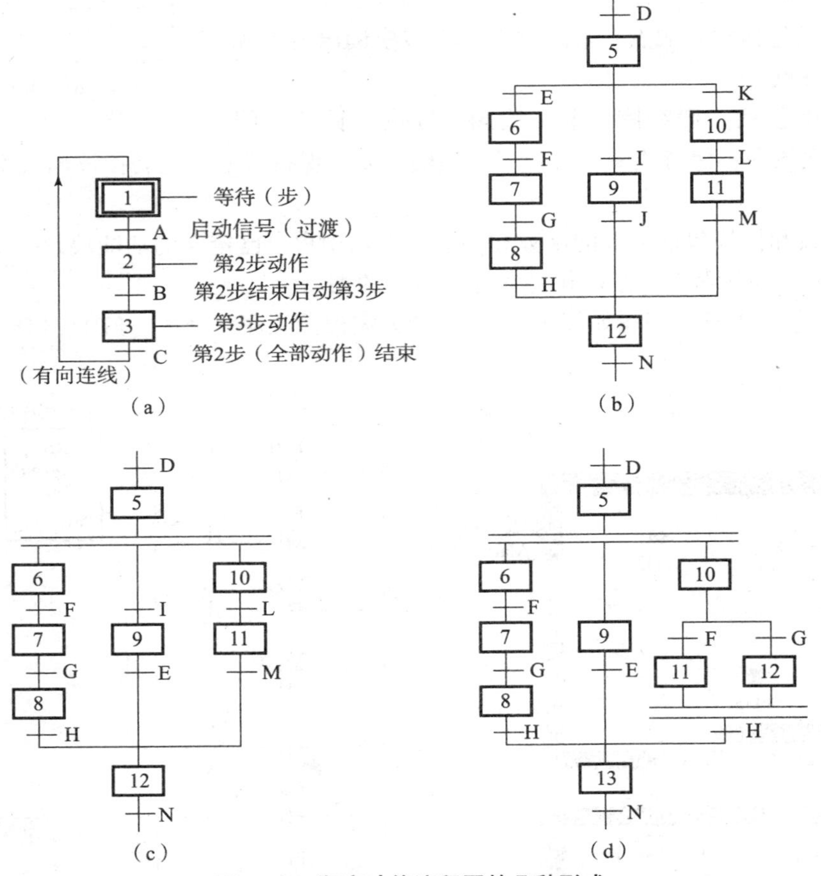

图 4－8　顺序功能流程图的几种形式

（a）单序列控制；（b）选择序列控制；（c）并发序列控制；（d）混合结构序列控制

（1）步。步用矩形框表示，描述了被控系统的每一特殊状态。SFC 中的每一步的名字应当是唯一的并且应当在 SFC 中仅仅出现一次。一个步可以是激活的，也可以是休止的，只有当步处于激活状态时，与之相应的动作才会被执行，至于一个步是否处于激活状态，则取决于上一步及过渡。每一步是用一个或多个动作（Action）来描述的。动作包含了在步被执行时应当发生的一些行为的描述，动作用一个附加在步上的矩形框来表示。

每一动作可以用 IEC 的任一语言如 ST、FBD、LD 或 IL 来编写。每一动作有一个限定(Qulifier)，用来确定动作什么时候执行。标准还定义了一系列限定器（Qulifier)，精确地定义了一个特定与步相关的动作什么时候执行。每一动作还有一个指示器变量，该变量仅仅是用于注释的。

（2）有向连线。有向连线表示功能图的状态转化路线，每一步是通过有向连线连接的。

（3）过渡。过渡表示从一个步到另一个步的转化，这种转化并非任意的，只有当满足一定的转换条件时，转化才能发生。转换条件可以用 ST、LD 或 FBD 来描述。转换定义可以用 ST、IL、LD 或 FBD 来描述。过渡用一条横线表示，可以对过渡进行编号。

2）顺序功能流程图的主要形式

按照结构的不同，顺序功能流程图有单序列控制流程图、选择序列控制流程图、并发序列控制流程图和混合结构序列控制流程图等，如图 4－8 所示。

3）顺序功能流程图的程序执行

顺序功能流程图程序的执行应遵循相应的规则，每一个程序组织单元（POU）与一个任务（Task）相对应，任务负责周期性地执行程序组织单元（POU）内的 IEC 程序，顺序功能流程图（SFC）内的动作也是以同样周期被执行。

【例 4－5】 如图 4－9 所示，为两种液体混合装置，H、I、L 为液位传感器，液体到时输出信号，F1、F2、F3 为电磁阀，R 为加热器。控制要求为：

①起始状态时，容器空，H＝I＝L＝0，电磁阀关闭，F1＝F2＝F3＝0；

②按下启动按钮后，加液体 A 到 I 位置；

③液体 A 到 I 高度后，关闭 F1，打开 F2 加液体 B 到 H；

④关闭 F2，打开加热器 R 加热 50 s；

⑤打开 F3 放出混合加热后的液体，到 L 时关闭 F3；

⑥回到起始状态等待下一个流程。

分析上述过程，整个装置按给定规律操作，为单一顺序结构形式，画出系统的顺序功能流程图，如图 4－10 所示。

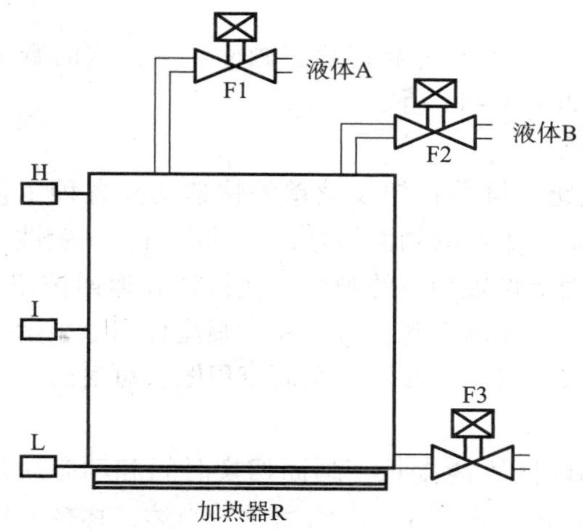

图 4－9 混合加热装置示意图

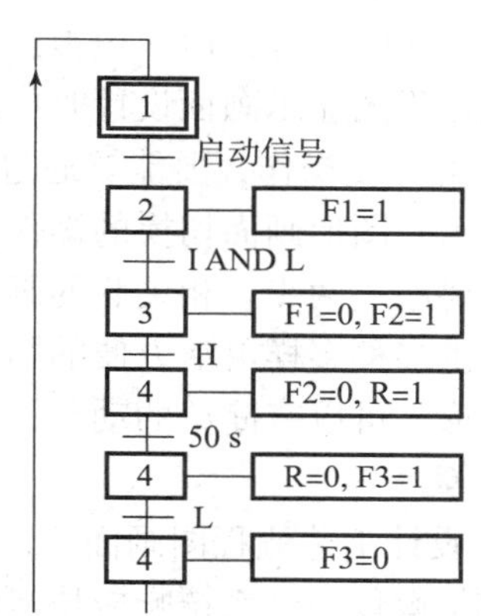

图 4－10 混合加热顺序功能流程图

4.4 监控软件

DCS 的监督控制层软件是指运行于系统人机界面工作站、工程师站、服务器等节点中的软件，它提供人机界面监视、远程控制操作、数据采集、信息存储和管理及其他应用功能。此外，DCS 的监督控制层集中了全部工艺过程的实时数据和历史数据。这些数据除了用于 DCS 的操作员监视外，还应该满足外部应用需要，如全厂的调度管理、材料成本核算等，使之产生出更大的效益。这就要求 DCS 提供数据的外部访问接口。

监控软件的功能设计

DCS 监控软件一般包括人机操作界面、报警监视、日志管理、事故追忆及事件顺序记录等功能，在分布式服务器结构中，各种功能可分散在不同的服务器中，也可集中在同一台服务器中（见后面介绍的客户机/服务器结构），组织灵活方便、功能分散，可提高系统的可靠性。和控制层软件一样，监控软件也由组态工具组态而成。

4.4.1 DCS 的人机界面

人机界面是 DCS 系统的信息窗口。不同的 DCS 厂家、不同的 DCS 系统所提供的人机界面功能不尽相同，即使是同样的功能，其表现特征也有很大的差异。DCS 系统设计得是否方便合理，可以通过人机界面提供的画面和操作体现出来。下面简要介绍一下人机界面软件主要功能的画面和操作。

1. 丰富多彩的图形画面

DCS 的图形画面包括工艺流程图显示画面、趋势显示画面、报警监视画面、表格信息显示画面、日志显示画面、变量列表画面及控制操作画面等内容。

1）工艺流程图显示画面

工艺流程图是 DCS 中主要的监视窗口，用于显示工艺流程静态画面、工艺实时数据和工艺操作按钮等内容，DCS 模拟造纸配浆流程如图 4－11 所示。

工艺流程图显示画面设计时应注意以下几点。

（1）为方便操作，要能够通过键盘自定义键、屏幕按钮及菜单等快速切换各种工艺流程图的显示。图形画面切换的操作步骤越少越好，重要的画面最好是一键出图，一般性画面最多也不要超过两步。相关联的画面可以在画面上设置相应的画面切换按钮和返回按钮，为操作员提供多种多样灵活方便的图形切换方式。为显示直观，可以在一幅流程图上显示平面或立体图形，可以有简单的动画，可重叠开窗口，可滚动显示大幅面流程图，可对画面进行无级缩放等。

（2）设计工艺流程图画面要注意切换画面时间不能太长，画面切换时间和动态对象的更新周期是衡量一个系统响应快慢的重要指标，最好做到 1 s 之内完成。当然，切换时间与画面上动态对象的数量和对象的类型有关，如果时间太长就应该分页显示。

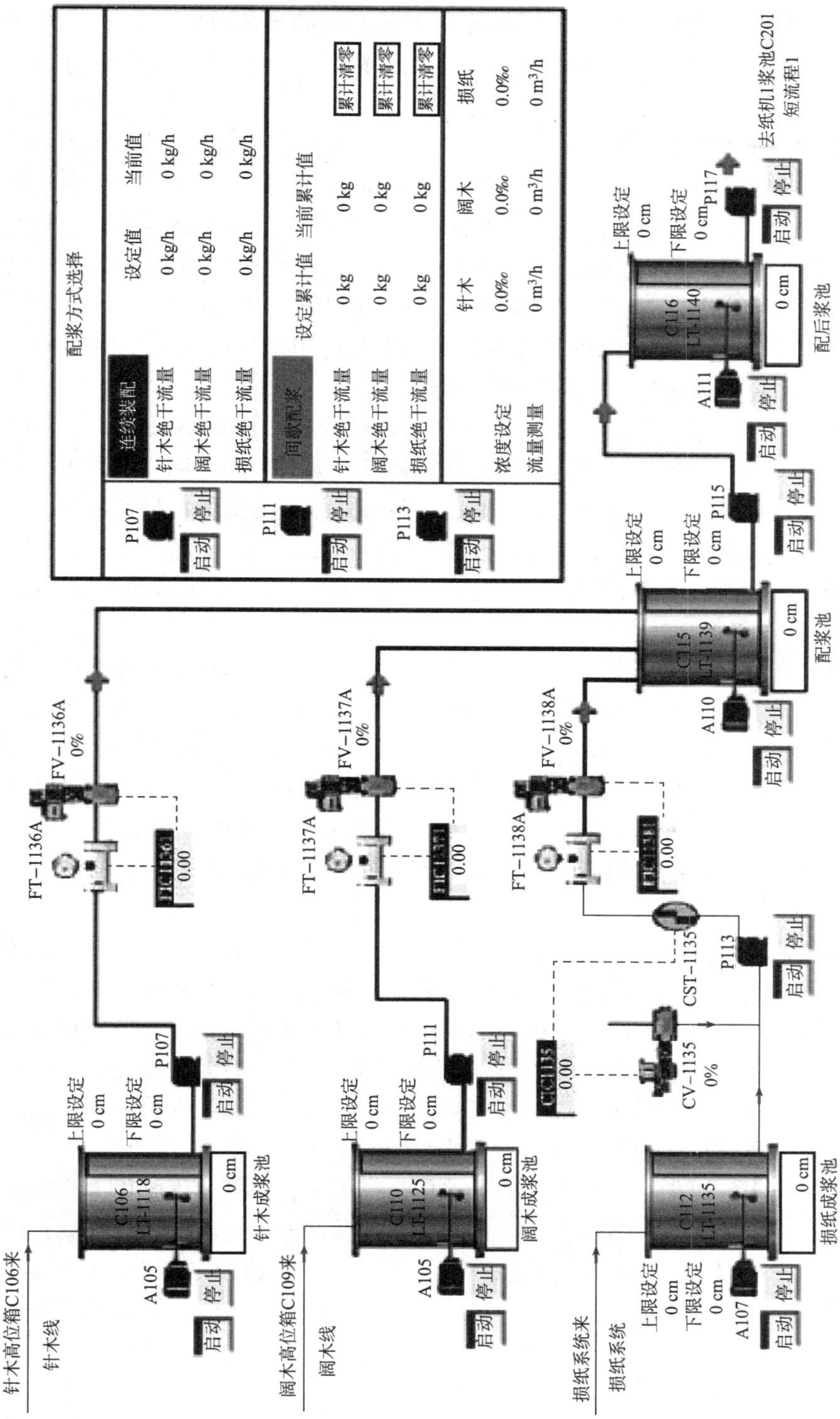

图 4－11　DCS 模拟造纸配浆流程

（3）模拟流程图中的动态变量由现场控制站传来，所以数据是按周期更新的，一般包括各种工艺对象（如温度、压力、液位等）工艺参数的当前数值，工艺对象（如电动机启停的状态）的颜色区分、各种跟踪曲线、棒图、饼图、液位填充及设备的坐标位置等。显示更新周期并不能完全反映系统的实时响应性。实际上，一个现场工艺参数从变化到人机界面显示要经过控制器采集、网络通信到人机界面显示，操作员才能从显示画面看到。如果每个过程都是周期性执行，假如每个过程的周期为 1 s，那么，一个参数从变化到显示出来最长可能要 3 s。有的 DCS 为了提高数据更新的实施相应性，尽可能压缩各个阶段的周期，同时，数据通信采用变化传送的模式，如采集 500 ms，画面更新周期 500 ms，数据通信采用变化传送方式，即能基本达到 1 s 的实时响应性。因此，用户要了解 DCS 的实时响应性，必须知道 DCS 的采集、数据通信机制的内容，而不是简单地以画面更新周期为数据的实时响应性。在设计时应该使画面更新周期越快越好。

（4）设计时可以在图形画面上设置一些辅助性操作，以提高系统的使用性能。如可以在工艺图中单击某一对象，显示该对象的详细信息，如对象的名称、量程上下限、物理位置及报警定义等，或对变量进行趋势曲线跟踪、趋势曲线或变量的报警信息等，或对该对象的参数直接进行在线修改。当然，参数修改需要进行权限审查。

（5）模拟流程图可以在图形打印机上打印，还可以存为标准图形文件（如 JPG、BMP 等）。

2）趋势显示画面

当需要监视变量的最新变化趋势或历史变化趋势时，可以调用趋势画面。趋势画面的显示风格也可以是人机界面组态。曲线跟踪画面显示宏观的趋势曲线，数值跟踪画面是以数值方式提供更为精确的信息。一般在曲线显示画面中，应提供时间范围选择，曲线缩放、平移，曲线选点显示等操作。

变量的趋势显示一般是成组显示，一般将工艺上相关联的点组在同一组，便于综合监视。趋势显示组一般由用户离线组态。操作员站也可以在线修改。

3）报警监视画面

工艺报警监视画面是 DCS 系统监视非正常工况的最主要的画面。一般包括报警信息的显示和报警确认操作。一般报警信息按发生的先后顺序显示，显示的内容有发生的时间、点名、点描述及报警状态等。不同的报警级用不同的颜色显示。报警级别的种类可根据应用需要设置，如可设置红、黄、白、绿四种颜色对应四级报警。有的系统提供报警组态工具，可以由用户定义报警画面的显示风格。报警确认包括报警信息确认和报警恢复信息确认，一般对报警恢复信息确认后，报警信息才能从监视画面中删除。

在事故工况下，可能会发生大量的报警信息，因此，报警监视画面上应提供查询过滤功能，如按点、按工艺系统、按报警级、按报警状态及按发生时间等进行过滤查询。此外，因画面篇幅有限，报警信息行显示的信息有限，可通过一些辅助操作来显示更进一步的信息，如点详细信息、报警摘要信息及跟踪变化趋势等。此外，有些系统还可配合警铃、声光或语音等警示功能。

4）表格信息显示画面

为了方便用户集中监视各种状态下的变量情况，系统一般提供多种变量状态表，集中对不同的状态信息进行监视。例如，一个核电站计算机系统中包含了报警表（只记录当前处于报警状态的变量）、模拟量超量程表、开关量抖动表、开关量失去电源状态表、手动禁止

强制表、变化率超差表、模拟量限值修改表和多重测量超差状态表等。

5）日志显示画面

日志显示画面是DCS跟踪随机事件的画面，包括变量的报警、开关量状态变化、计算机设备故障、软件边界条件及人机界面操作等。为了从日志缓冲区快速查找当前所关注的事件信息，在日志画面中一般也应提供相应的过滤查询方法，如按点名查询、按工艺系统查询及按事件性质查询，等等。另外，针对事件相关的测点，在日志画面上也应提供直接查看详细信息的界面。

6）变量列表画面

变量列表是为了满足对变量进行编组集中监视的要求。一般可以有工艺系统组列表、用户自定义变量组列表等形式。工艺系统组一般在数据库组态后产生，自定义组可以由组态产生，也可以由操作员在线定义。

7）控制操作画面

控制操作画面是一种特殊的操作画面，除了含有模拟流程图显示元素外，在画面上还包含一些控制操作对象，如PID算法、顺控、软手操等对象。不同的操作对象类型，提供不同的操作键或命令，如PID算法，就可提供手动/自动按钮、PID参数输入、给定值及输出值等输入方法。

2. 人机界面设计的原则

人机界面设计关系到用户界面的外观与行为，在界面开发过程中，必须贴近用户，或者与用户一道来讨论设计。其目的是提高工作效率、降低劳动强度及减少工作失误，提高生产率水平。人机界面的设计一般应符合以下原则。

1）一致性原则

由于DCS通常由多人协作完成，因此在界面设计上需要保持高度一致性，使其风格、术语都相同，用户不必进行过多的学习即可掌握其共性，还可以把局部的知识和经验推广使用到其他场合。

2）提供完整的信息

对于工艺数据信息，在人机界面上都应能完整地反映出来。同时，对用户的操作，在界面上也应该表现出来，如果系统没有反馈，用户就无法判断他的操作是否为计算机所接受、是否正确以及操作的效果是什么。

3）合理利用空间，保持界面的简洁

界面总体布局设计应合理。例如，应该把功能相近的按钮放在一起，并在样式上与其他功能的按钮相区别，这样用户使用起来将会更加方便。在界面的空间使用上，应当形成一种简洁明了的布局。界面设计最重要的就是遵循美学上的原则——简洁与明了。

4）操作流程简单快捷

调用系统各项功能的操作流程应尽可能简单，使用户的工作量减小，工作效率提高。画面尽量做到一键出图，参数设置可以采用鼠标单击对象和键盘输入数据的方式，也可采用鼠标单击对象弹出计算器窗口的方式。总之，尽可能简化操作。

5）工作界面舒适

工作界面的舒适性是指能够让用户在心情愉快的情况下，长时间工作而不感觉疲倦。例如，红色热烈、刺眼，易产生焦虑心情，一般只在重要级别的报警时使用，以引起操作员的高度重视；蓝色平静、科技、舒适；明色干净、明亮，但对眼睛有较多刺激，长时间工作易引起疲劳；暗色安静、大气，对眼睛刺激较少。

当然，人机界面的设计并不是简单的外壳包装，一个软件的成功是与其完善的功能分不开的。DCS 的内在功能将是人机界面设计的关键因素之一，在设计人机界面的过程中应注重的不仅仅是美观的外在表现，而是产品的实用价值。

4.4.2 报警监视功能

报警监视是 DCS 监控软件重要的人机接口之一。DCS 系统管理的工艺对象很多，这些工艺对象一旦发生与正常工况不相吻合的情况，就要利用 DCS 系统的报警监视功能通知运行人员，并向运行人员提供足够的分析信息，协助运行人员及时排除故障，保证工艺过程的稳定高效运行。

1. 报警监视的内容

报警监视的内容包括工艺报警和 DCS 设备故障两种类型。工艺报警是指运行工艺参数或状态的报警，而 DCS 设备故障是指 DCS 本身的硬件、软件和通信链路发生的故障。由于 DCS 设备故障期间可能导致相关的工艺参数采集、通信或操作受到影响，因此，必须进行监视。

工艺报警一般包括模拟量参数报警、开关量状态报警和内部计算报警 3 类。

1）模拟量参数报警

模拟量参数报警监视一般包括以下内容：

（1）模拟量超过警戒线报警，一般 DCS 中可设置多级警戒线以引起运行人员的注意，如上限、上上限或下限、下下限等。

（2）模拟量的变化率越限，用于关注那些用变化速率的急剧变化来分析对象可能的异常情况，如管道破裂泄漏可能导致的压力变化或流量的变化。

（3）模拟量偏离标准值，有的模拟量在正常工况下，应该稳定在某一标准值范围内，如果该模拟量值超出标准值范围，则说明偏离了正常工况。

（4）模拟量超量程，可能是计算机接口部件的故障、硬接线短路或现场仪表故障等。

2）开关量状态报警

开关量报警监视一般包括以下内容：

（1）开关量工艺报警状态，如在运行期间的设备跳闸、故障停车及电源故障等，DCS 输出报警信号。

（2）开关量摆动。正常情况下，一个开关量的状态不会在短时间内频繁地变化，开关量摆动有可能因设备的接触不良或其他不稳定因素导致，开关量摆动报警可及时提醒维护人员关注现场设备状态的可靠性。

3）内部计算报警

内部计算报警是通过计算机系统内部计算表达式运算后产生的报警，一般用于处理更为复杂的报警策略。较为先进的 DCS 提供依据计算表达式的结果产生报警信息的功能。例如，锅炉给水泵出口流量低报警的情况，当流量低时还要考虑是否为泵停运或跳闸不能送水而出现的低水流。如果是，则低水流就没有必要报警了，这时可以采用表达式运算来考虑上述报警情况。如“BL001 < 10 AND BP001 = 1”。其中 BL001 为给水泵流量模拟量点、BP001 为给

水泵运行状态开关量点。当表达式的值为真时产生报警。

2. 报警信息

不同的 DCS 厂家提供的报警处理框架会有些不同、报警监视的人机界面也会有些差异，即使是同一个 DCS 系统平台，也会因报警组态的不同而有不同的处理和显示格式。常规的工艺报警信息包括报警限值、报警级别、报警设定值和偏差、变化率报警、报警死区、条件报警、可变上下限值报警、报警动作、报警操作指导画面。

1）报警限值

一般可根据工艺报警要求设置报警上限、上上限或下限、下下限等 1 ~4 个限值，当模拟量的值大于设定的上限（上上限）或小于下限（下下限）时产生报警。也有的应用要求设置更多层次的上下限级别。使用报警组态工具可以根据实际需要来设计报警限值。

2）报警级别

一般按变量报警处理的轻重缓急情况将报警变量进行分级管理，这里给出报警的级别。组态时不同的报警级在报警显示表中以不同的颜色区别，如以红、黄、白、绿表示 4 种级别的报警重要性。

3）报警设定值和偏差

当需要进行定值偏差报警时给定的设定值和偏差。当模拟量的值与设定值的偏差大于该偏差值时产生偏差报警。

4）变化率报警

当需要监视变量的变化速率时设定此项。当模拟量的单位变化率超过设定的变化率时产生变化率报警。

5）报警死区

报警死区定义为模拟量报警恢复的不灵敏范围，避免模拟量的值在报警限值附近摆动时，频繁地出现报警和报警恢复状态的切换，报警恢复只有在恢复到报警死区外时才认定为报警确实已恢复。如报警死区为 ε，对上限报警恢复，必须恢复到上限（上上限）$-\varepsilon$ 以下；对下限报警恢复，必须恢复到下限（下下限）$+\varepsilon$ 以上。报警死区示意图如图 4－12 所示。

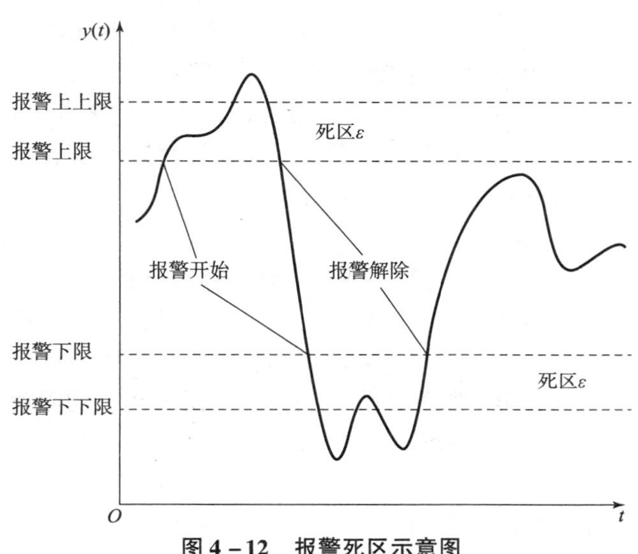

图 4－12　报警死区示意图

6）条件报警

条件报警可选择为无条件报警或有条件报警两种报警属性。无条件报警即只要报警状态出现，即立刻报警。有条件报警为报警状态出现时，还要检查其他约束条件是否同时具备。如果不具备，则不报警。如锅炉给水泵出口流量低通常会报警，因为正常运行时如果水流太低泵会被损坏。然而，如果当泵停运或跳闸而不能送水出现低水流，这是正常的电厂运行条件。这时应该屏蔽这种报警。以避免这种“伪报警”干扰运行人员的思维活动。此时，应设置泵是否运行作为泵出口流量报警的条件点。

7）可变上下限值报警

这种报警上下限的限值，不在组态时给定，而是在线运行时根据运行工况计算出来的。

8）报警动作

报警动作是在报警发生、确认或关闭时定义计算机系统自动执行的与该报警相关的动作，如推出报警规程画面、设置某些变量的参数或状态，或者直接控制输出变量等。

9）报警操作指导画面

报警操作指导画面是为了在报警时向运行人员提供报警操作指导的信息画面，如报警操作规程、报警相关组的信息等。报警操作指导画面由人机界面组态工具或专用工具实现。

3. 报警监视

计算机系统监测到工艺参数或状态报警时，要及时通知运行人员进行处理。一般的通知方法有报警条显示和报警监视画面显示。

1）报警条显示

在操作员屏幕上开辟报警条显示窗口，不论当时画面显示什么，只要有报警出现，都会将报警的信息醒目地显示在窗口中。对于重要的报警还可配置报警音响装置，启动报警鸣笛，或者通过语音报警系统广播报警信息。

2）报警监视画面显示

报警监视画面是综合管理和跟踪报警状态的显示画面。有的 DCS 应用系统固定一个屏幕显示报警监视画面。在报警监视画面上，可以有以下功能。

（1）按报警先后顺序显示报警信息，信息中按不同的颜色显示报警的优先级。

（2）按报警变量的实时状态更新报警信息，如以不同的颜色或信息闪烁、反显等来表示报警出现、报警确认和报警恢复状态，其中报警出现表示变量发生报警后未确认前的状态，报警确认表示报警由运行人员确认后的状态，报警恢复表示变量恢复正常的状态。报警恢复由操作员确认后将信息从报警监视画面中删除。

4. 报警监视画面信息显示

报警监视画面上，要尽可能为操作员提供足够的报警分析信息，一般应包括：报警时间；报警点标识、名称；报警状态描述，如超上限、上上限、下限、下下限等模拟量，汽轮机跳闸等数字量；当前报警状态，如用不同的字体、颜色、闪烁及反显等进行报警激活、报警确认及报警恢复等；用颜色显示报警优先级；模拟量报警相关的限值（如上限、上上限、下限或下下限）、量程单位；报警状态改变的时间。

5. 报警摘要

报警摘要是计算机系统管理报警历史信息的功能，可用于事故分析、设备管理及历史数据分析等。一般常规的报警摘要可包含报警名称和状态描述、报警激活的时间、报警确认的时间和人员、报警恢复的时间、报警恢复确认的时间和人员、报警持续的时间、报警确认等信息。

报警确认是为了证明工艺报警发生后，运行人员确实已经知道了。什么时机进行报警确认，不同的用户有不同的方案。如有的用户定义为报警确认了，即表示运行人员已经“知道”了。而有的用户定义为报警确认了，即表示运行人员已经“处理”了。具体如何定义，各个 DCS 用户可根据自己的情况，人为确定后，通过规章制度来保证。

4.4.3 日志（事件）管理服务器的功能

事件记录是 DCS 中的流水账，它按时间顺序记录系统发生的所有事件，包括所有开关量状态变化、变量报警、人机界面操作（如参数设定、控制操作等）、设备故障记录及软件异常处理等各种情况。事件记录的完整性是系统事故后分析的基础。因此，在考查 DCS 软件的性能时，事件记录的能力和容量也是重要的内容之一。

事件是按事件驱动方式管理的，当系统产生一个事件时，即由事件处理任务登录进系统事件，同时将该事件送至事件打印机打印。如果有操作员站正处在事件的跟踪显示状态时，则要进行信息的追加显示。

1. 事件记录的分类

事件一般分为日志和专项日志两种类型。日志是按事件发生的顺序连续记录的全部事件信息。专项日志是按用户分类来记录的事件信息，可按日志类型分类，如 SOE 日志、设备故障日志、简化日志及操作记录日志等；也可按工艺子系统属性分类，如锅炉系统日志、汽轮机系统日志、电气系统日志等，或其他的分类方法。

2. 日志的保存

一般日志信息保存形式分为内存文件、磁盘文件及存档文件 3 级。

1）内存文件

内存文件是放在内存缓冲区，用于操作员在线快速查询近期所发生的事件信息。存放方式一般为先进先出循环存放方式，缓冲区的大小决定在线可存放日志的数量，以及操作员可在线查询的信息量。一般衡量在线管理日志的能力为日志缓冲区中可存放日志的条数。

2）磁盘文件

磁盘文件一般为大容量的历史数据库文件。因为磁盘文件一般是用于离线分析用，对查询速度要求不是很高，有的系统采用关系数据库存放，有的采用文件记录格式存放。不管采用何种方式，DCS 厂家都会提供离线查询工具给用户分析离线的日志信息。

3）存档文件

存档文件是一种永久性保留的文件，一般将磁盘文件进行压缩后转储到磁带或刻录在光盘上进行保存。对于存档文件的分析，一般要先将光盘或磁带上的压缩文件恢复到硬盘后，按照磁盘文件方式进行查询分析。

3. 日志的查询方式

日志记录的内容很多，容量很大。因此，计算机系统应提供较为灵活方便、完整的查询工具，如按专项类型查询、按关键字查询、按时间段查询、按工艺系统查询、按变量名查询及按报警级查询等，以及这些查询方式的组合形式查询。

4.4.4 事故追忆功能

事故是计算机系统中检测到某个非正常工况的情况，如发电机组的汽轮机非正常跳闸，跳闸是事故的结果，但导致跳闸的原因可能有多种情况，这就需要分析跳闸前其他相关变量的状态变化情况，以及跳闸后对另外一些设备和参数产生的影响。事故追忆，是用于在事故发生后，收集事故发生前后一段时间内相关的模拟变量组的数据，以帮助分析事故产生的真正原因以及事故扩散的范围和趋势等。事故追忆中一般模拟量按预先定义的采集周期收集，开关量按状态变化的时间顺序插入事故追忆记录中。

一般 DCS 会提供定义事故追忆策略和追忆数据组织的组态工具，如有的 DCS 可以由用户定义事故源触发条件的运算表达式，当表达式的结果为真时触发事故追忆。

事故追忆的内容也是由用户组态定义的。数据追忆内容的定义一般包括一组追忆点、追忆时间（如事故前 30 min、事故后 30 min）和模拟量采样周期（如 1 s）等内容。

4.4.5 事件顺序记录功能

事件顺序记录（Sequence of Events，SoE）用于分辨一次事故中与事故相关的事件所发生的顺序，监测断开装置、控制反应等各类事件的先后顺序，为监测、分析和研究各类事故的产生原因和影响提供有力根据。如电厂总闸跳闸，可能有很多分支电闸也跳闸，如何分清它们的先后，从而找出事故原因呢？这就要记录各电闸跳闸的具体时间。事件顺序记录的主要性能是所记录事件的时间分辨率，即记录两个事件之间的时间精度，如若两个事件发生的先后次序相差 1 ms，系统也能完全识别出来，其顺序不会颠倒，则该系统的 SoE 分辨率为 1 ms。

事件顺序分辨率的精度依赖于系统的响应能力和时钟的同步精度。一般的 DCS 系统将 SoE 点设计为中断输入方式，并且在采集板上打上时间戳，来满足快速响应并记录时间的要求。但是，因为 DCS 的分层分布式网络体系结构，每个网络上的节点都有自己的时钟，因此，保证全系统 SoE 分辨率精度的关键因素，是系统的时钟同步精度。在分析 SoE 分辨率时，要按设计层次进行分析，如有的 DCS 系统分别列出 SoE 分辨率，站内 1 ms，站间2 ms。就是说，如果将所有 SoE 点接到同一个站，则分辨率可以达到 1 ms，如果分别接入不同的站，最坏的情况是 2 ms。这样来设计 SoE 指标是比较科学的。目前很多厂家 SoE 分辨率可以达到 1 ms。

4.4.6 二次高级计算功能

高级计算功能是用于对数据进行综合分析、统计和性能优化的高级计算，计算的结果一般以数据库记录格式保存在数据库中，提供给外部应用程序（如显示、报表等）使用。如何利用计算机系统采集的数据，进一步提炼出有利于高层管理人员使用的信息，这是高级计算设计人员的任务，也是不同 DCS 应用设计的差别所在。

二次高级计算设计人员，必须对生产工艺非常了解，一个没有经验的 DCS 应用设计者设计的系统可能除了外部采集的信号外，不能提供任何进一步的信息。而一个经验丰富的应用设计人员，除了外部采集信息外，还能够设计出很多有价值的高级计算信息。传统的DCS应用一般由专业设计院来设计，有些有经验的用户也会设计自己的高级应用。近年来，不少DCS厂家为了更好地推广自己的产品，开始注重引进各个行业的专家，另外，随着工程经验的不断积累，也有些厂家具备了相当的设计专业化高级计算的能力。

二次计算的设计分为通用计算和专业化计算两种情况。通用计算一般利用系统提供的常规计算公式即可完成。一般DCS都会提供常规的基本运算符元素，如＋、－、＊、／等算术运算符，与、或、非、异或等布尔运算符，＞、＜、≥、≤、＝、≠等关系运算符，以及通用的数学函数运算符等。

设计人员在算法组态工具支持下利用这些算法元素设计计算公式。此外，系统还会定制一些常用公式，如求多个变量实时值的最大值、最小值、平均值、累计值及加权平均值等，求单个变量的历史最大值、最小值、平均值、累计值及变化率等，开关变量的3取1、3取2、4取2及状态延迟等逻辑运算等，这就是专业化计算。

数据和信息是DCS监督控制的基础。数据和信息不仅来源于DCS现场控制层，还可来源于第三方设备和软件。一个好的DCS监控应用软件应能提供广泛的应用接口或标准接口，方便地实现将DCS控制器、第三方PLC、智能仪表和其他工控设备的数据接入系统中。一般监控软件将数据源看作外部设备，驱动程序与外部设备交换数据，包括采集数据和发送数据/指令。流行的组态软件一般都提供一组现成的基于工业标准协议的驱动程序，如MODBUS、PROFIBUSDP等，并提供一套用户编写的新的协议驱动程序的方法和接口，每个驱动程序以DLL的形式连接到I/O服务器进程中。

I/O服务器还有另外一种实现形式，即每一个驱动程序都是一个组件对象模型（Component Object Moudel，COM），实际上是把I/O服务器的职能分散到各个驱动程序中。这种方式的典型应用是设备厂商或第三方提供OPC服务器，DCS监控软件作为OPC客户通过OPC协议获取数据和信息。

OPC即OLE for Process Control，是用于过程控制的（Object Linking and Embedding，OLE）技术。它是世界上多个自动化公司、软硬件供应商与微软公司合作开发的一套工业标准，是专为在现场设备、自控应用、企业管理应用软件之间实现系统无缝集成而设计的接口规范。这个标准使得COM技术适用于过程控制和制造自动化等应用领域。OPC以OLE、组件对象模型COM及分布式组件对象模型DCOM（Distributed COM）技术为基础，定义了一套适于过程控制应用，支持过程数据访问、报警、事件与历史数据访问等功能的接口，便于不同供应商的软硬件实现“即插即用（Plug and Play）”的连接与系统集成。当各现场设备、应用软件都具有标准OPC接口时，便可集成不同数据源的数据，使运行在不同平台上、用不同语言编写的各种应用软件顺利集成。还可跨越网络将不同网络节点上的组件模块连接成应用系统，成为整合计算机控制应用系统和软件的有效工具。

目前，世界上已经有150多个设备厂商提供了OPC Server，用于连接他们的PLC、现场总线设备及HMI/SCADA系统。由此可见，一个控制系统软件产品如果不能支持OPC协议，将不具备挂接第三方设备的能力。反之，用于控制系统的硬件产品，如果不支持OPC协议，也就很难被DCS集成商选用。

与DCS控制层软件相比，监督控制层软件虽然也有实时数据的采集、处理、存储等功能，但由于控制层软件是直接针对现场控制的，而监督控制层软件则是面向操作员和面向人机界面的。因此在实时数据的采集、处理、存储、数据库组织和使用等方面有很大的区别。例如，报警，由于现场控制站执行的是直接控制功能，到报警限度时执行相应控制动作，并不需要人工干预，因此不设置报警的处理。而在操作员站上，报警就是必需的，而且要非常详细，便于人工检查，因此两者对现场数据的处理和存储要求就有很大的区别。应该说，DCS 监督控制层软件所需的数据来自直接控制层，但对数据的要求不同，因此要对直接控制层提供的数据进行进一步的加工与处理。

4.4.7 DCS 的远程操作控制功能

远程操作控制功能是在距离操作对象较远的主控室或集控站，通过操作员站的控制命令，对工艺对象或控制回路执行手动操作。DCS 系统提供的控制操作功能是通过在流程图中开辟调节仪表界面来实现的。如 DCS 中的 PID 调节器、模拟量手操器、开关手操器、顺控设备及调节门等。

1. PID 调节器

在回路调节画面中可以打开 PID 调节对象窗口，如图 4－13 所示，PID 操作对象中显示有设定值、过程值和输出值的棒图及数值显示，运行方式显示、报警状态显示等。

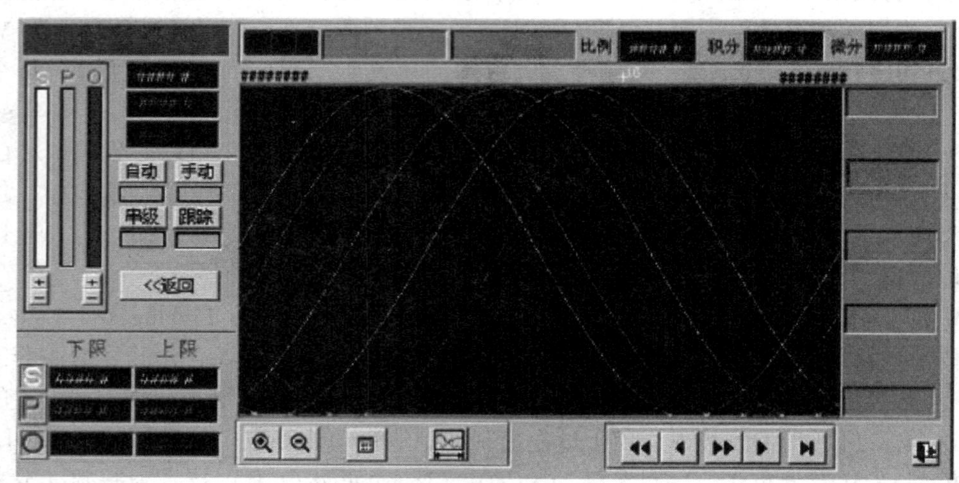

图 4－13　PID 调节窗口示意图

“S”（白色）表示 PID 给定值，也就是目标值；“P”（绿色）表示 PID 测量值，也就是实际值；“O”（红色）表示 PID 输出值，也就是阀的开度。在 PID 手动时可人工根据测量值直接设定阀的开度，此时目标值不起作用。在 PID 自动时控制系统根据目标值和测量值自动调节阀的开度。调试初期，一定打到手动控制状态，等手动调节 PID 输出与输入偏差较小或 PID 基本稳定后，方可将 PID 回路打到自动控制状态，否则可能会引起系统振荡，不稳定。“###”表示实时数据。

2. 模拟量手操器

模拟量手操器可以通过鼠标或键盘输入数字来调节模拟量的大小。模拟量手操器操作画面如图 4－14 所示。

3. 开关手操器

开关手操器可以通过鼠标点击开关状态。开关手操器操作画面如图 4－15 所示。

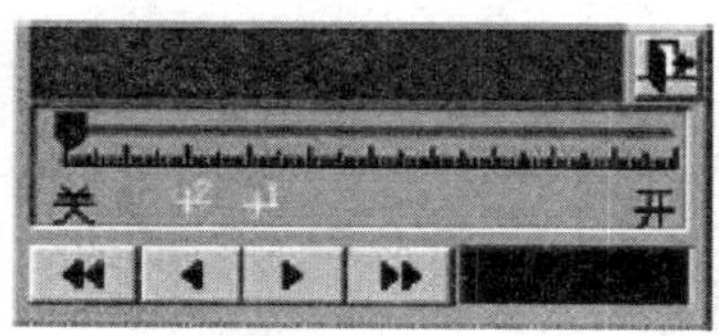

图 4－14　模拟量手操器操作画面

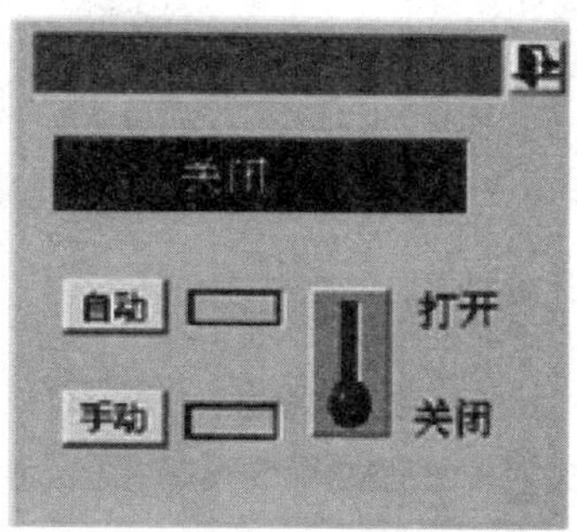

图 4－15　开关手操器操作画面

本章小结

本章首先介绍了 DCS 的系统软件，然后介绍了 DCS 组态软件控制层软件和监控软件，最后重点介绍了 DCS 的通信网络系统。使读者对 DCS 的软件系统有了基本的认识，并对 DCS 的通信网络系统有了一定的了解。

习　题

一、选择题

1. DCS 的控制层软件特指________________软件。
2. DCS 的控制功能由________________实现。
3. DCS 的监督控制层集中了全部工艺过程的________________。
4. 人机界面是 DCS 系统的________________。

二、名词解释题

1. 监督控制层软件。
2. 功能块图（FBD）。
3. 梯形图（LD）。

三、简答题

1. 简述控制系统组态软件的组成。
2. 简述实时数据库组态时应注意的问题。
3. 简述人机界面设计的原则。

第 5 章

DCS 的通信网络

学习目标

☞ 了解计算机数据通信的基础知识及计算机通信网络技术

☞ 掌握 DCS 的通信网络体系结构、DCS 通信网络系统的组成及 DCS 网络特点

☞ 熟悉 DCS 网络的拓扑结构及通信介质

☞ 熟悉 DCS 网络通信协议及通信控制方法

☞ 熟悉 DCS 常用的网络设备及接口设备

☞ 了解工业以太网的应用前景

DCS 的通信网络是 DCS 的重要组成部分，它是连接系统各个站的桥梁，是 DCS 的命脉。由于 DCS 是由各种不同功能的站组成的，这些站之间必须实现有效的数据传输，以实现系统总体的功能，DCS 的通信网络实质上是计算机网络，但又不同于办公自动化系统中的计算机网络，它特别强调网络的可靠性、实时性和数据通信的能力，尤其是网络的通信规约，关系到网络通信的效率和系统功能的实现。在早期的 DCS 网络中，包括其硬件和软件，都是各个厂家专门设计的专有产品，随着网络技术的发展，很多标准的网络产品陆续推出，特别是以太网逐步成为事实上的工业标准，越来越多的 DCS 厂家直接采用了以太网作为系统网络。

5.1 概述

5.1.1 DCS 的通信网络体系结构

为了适应 DCS 的分层体系结构，1986 年，IEC/SC65C 提出 DCS 网络的标准体系结构为 3 级网络，如图 5－1 所示。

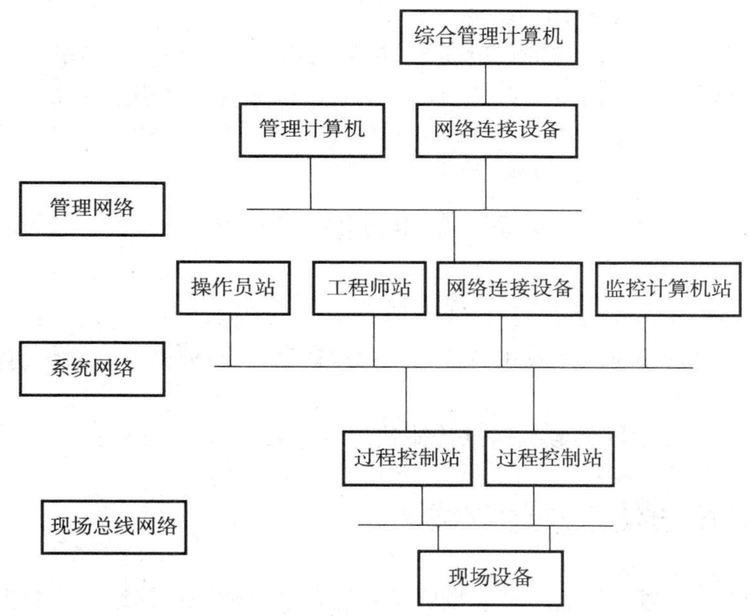

图 5－1 DCS 通信网络的体系结构

第 1 级为现场总线网络，用于现场智能变送器、智能执行器、智能 I/O 模件等之间的通信。现场总线是连接现场安装的智能变送器、控制器和执行器的总线。其中包括智能压力、温度、流量传感器，PLC，单回路、多回路调节器，还有控制阀门的执行器和电动机等现场设备。

第 2 级为系统网络，用于过程监视/管理等设备之间的通信以及现场控制站间的通信。系统网络是连接现场控制设备及过程监视设备，使现场控制设备与过程监视设备之间以及现场控制设备之间的数据进行交换，以完成生产过程的控制。

第3级为管理网络，用于管理计算机、操作员站等上位设备之间的以及与监控计算机站/管理级的连接，完成全厂信息的综合管理，并将工厂自动化和办公室自动化融为一体。

5.1.2 DCS的通信网络特点

DCS的通信网络的作用是互连各种通信设备，完成对生产设备的控制。因此，不同于一般办公自动化计算机的局域网络，具有如下特点。

（1）具有快速的实时响应能力。DCS的通信网络是工业计算机局部网络，它应能及时地传输现场过程信息和操作管理信息，因此网络必须具有很好的实时性，一般办公自动化计算机的局域网络响应时间为2～6 s，而DCS网络要求的响应时间为0.01～0.5 s。

（2）具有极高的可靠性，须连续、准确运行。通信系统的任何中断和故障都可能造成停产，甚至引起设备和人身事故。数据传送误码率为10^{-11}～10^{-8}，系统利用率在99.999%以上。

（3）适应于恶劣环境下工作。能抗电源干扰、雷击干扰、电磁干扰和接地电位差干扰。为了克服各种干扰，现场通信系统采用了种种措施，比如对通信信号采用调制技术，以减少低频干扰；采用光电隔离技术，以避免雷击或接地电位差干扰对通信设备的损坏。

（4）分层结构。DCS中参加网络通信的最小单位称为节点。发送信号的源节点对信息进行编码，然后送到传输介质（通信电缆），最后被目的节点接收。网络特性的三要素：要保证在众多节点之间数据正确传送；必须将通信系统构成一定网络；遵循一定网络结构的通信方式。

5.2 数据通信基础

通信是用特定的方法，通过某种介质将信息从一处传输到另一处的过程。数据通信则是计算机或其他数字装置与通信介质相结合，实现对数据信息的传输、转换、存储和处理的通信技术。

在DCS中，各单元之间的数据信息传输就是通过数据通信系统完成的。

5.2.1 数据通信系统的组成

数据通信系统由信号、发送装置、接收装置、信道及通信协议组成。数据通信系统的组成如图5－2所示。

其中，信号（报文）是需要传送的数据，由文本、数字、图片或声音等及其组合组成；发送装置具有作为二进制数据源的能力，是能够产生和处理数据的设备；接收装置是能够接收模拟或数字形式数据的任何功能的设备；信道是发送装置和接收装置之间的信息传输通道，包括传输介质和有关的中间设备；通信协议是控制数据通信的一组规则、约定与标准；通信协议定义了通信的内容、格式，通信如何进行、何时进行等。

数据通信过程是指发送装置把要发送的信息送上信道，再经过信道将信息传输到接收装置。信息在传输过程中会受到来自通信系统内外干扰的影响。

5.2.2 数据通信及传输

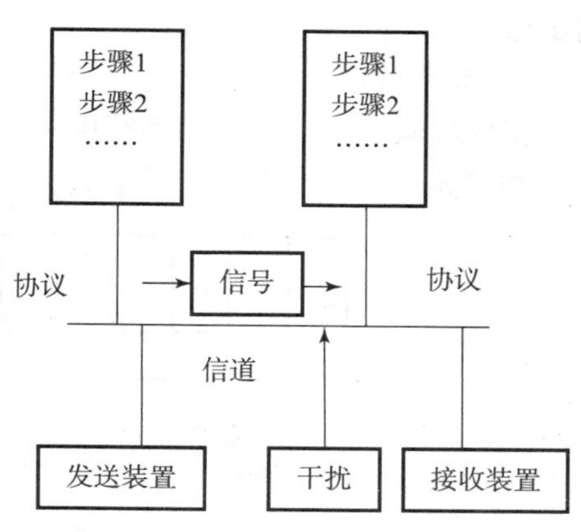

图 5－2 数据通信系统的组成

1. 数据通信形式

数据通信形式分为模拟通信和数字通信，模拟通信是以连续模拟信号传输信息的通信方式，数字通信是将数字信号进行传输的通信形式。

2. 传输速率

信息传输速率又称比特率，即每秒传送的二进制位数，其符号为 bps。常用的传输速率为 300～38 400 bps，从 300 开始成倍数增加。不同串行通信网络的传输速率差别极大，有的只有数百 bps，高速串行通信网络的传输速率可达 1 Gbps。

大多数 DCS 的数据传输速率一般为 0.5～100 Mbps。

3. 数据通信方式

数据通信的传输是有方向性的，从通信双方的信息交互方式和数据电路的传输能力来看，有单工通信、半双工通信和全双工通信 3 种基本方式。单工通信的信息只能沿一个方向传输，而不能沿相反方向传输，如电视广播、无线广播等。半双工通信用同一组线接收和发送数据，通信的双方在同一时刻只能发送数据或接收数据，如图 5－3 所示。对于全双工通信方式，通信数据的发送和接收分别用两组不同的数据线传送，通信的双方都能在同一时刻接收和发送信息，如图 5－4 所示。

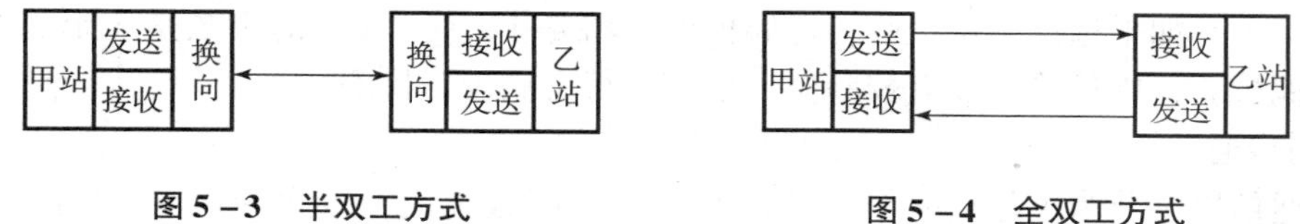

图 5－3 半双工方式

图 5－4 全双工方式

4. 数据传输方式

数据传输方式分为并行通信与串行通信。并行数据通信是以字节或字为单位的数据传输方式，除了 8 根或 16 根数据线、1 根公共线外，还需要通信双方联络用的控制线。串行数据通信是以二进制的位（bit）为单位的数据传输方式，每次只传送 1 位，最少只需要 2 根线（双绞线）即可连接多台设备，组成控制网络。

并行通信的传输速度快，但是传输线的根数多，抗干扰能力较差，一般用于近距离数据传送，如 PLC 的模块之间的数据传送。串行通信需要的信号线少，适用于距离较远的场合，计算机和 PLC 都有通用的串行通信接口，如 RS－232C 或 RS－485 接口。

在 DCS 中，数据通信网络一般采用串行通信方式。

5. 异步通信和同步通信

在串行通信中，接收方和发送方应使用相同的传输速率。接收方和发送方的标称传输速率虽然相同，但它们之间总是有一些微小的差别。如果不采取措施，在连续传送大量的信息时，将会因积累误差造成发送和接收的数据错位，使接收方收到错误的信息。为了解决这一问题，需要使发送过程和接收过程同步。按同步方式的不同，串行通信可以分为异步通信和同步通信。

1）异步通信

在异步通信中，发送的字符由一个起始位、7～8 个数据位、一个奇偶校验位（可以没有）和停止位（1 位或 2 位）组成，如图 5－5 所示。

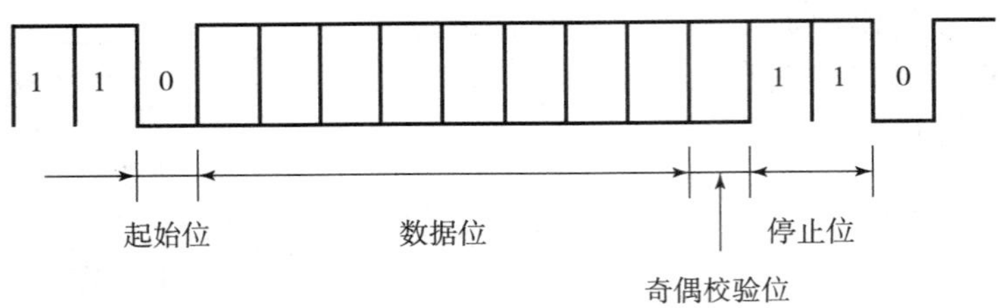

图 5－5　异步通信的信息格式

通信双方需要对采取的信息格式和数据的传输速率作相同的约定。接收方检测到停止位和起始位之间的下降沿后，将它作为接收的起始点，在每一位的中点接收信息。由于一个字符中包含的位数不多，即使发送方和接收方的收发频率略有不同，也不会因为两台设备之间时钟周期的积累误差而导致信息的发送和接收错位。异步通信的缺点是传送附加的非有效信息较多，传输效率较低，但是随着通信速率的提高，可以满足控制系统通信的要求，PLC 一般采用异步通信方式。

奇偶校验用来检测收到的数据是否出错。如果指定的是奇校验，则发送方发送的每一个字符的数据位和奇偶校验位中的“1”的个数之和为奇数，然后接收方对接收到的每一个字符的奇偶性进行校验，可以检验出传送过程中的错误。例如，某字符中包含 8 个数据位 10100011，其中“1”的个数是 4 个。如果选择了偶校验，奇偶校验位将是 0，使“1”的个数仍然是 4 个。如果选择了奇校验，奇偶校验位将是 1，使“1”的个数是 5 个。如果选择不进行奇偶校验，则传输时没有校验位，也不进行奇偶校验检测。

2）同步通信

同步通信以字节为单位，一个字节由 8 位二进制数组成，每次传送 1～2 个同步字符、若干个数据字节和校验字符。同步字符起联络作用，用它来通知接收方开始接收数据。在同步通信中，发送方和接收方应保持完全的同步，这意味着发送方和接收方应使用同一个时钟脉冲。可以通过调制解调的方式在数据流中提取出同步信号，使接收方得到与发送方同步的接收时钟信号。

由于同步通信方式不需要在每个数据字符中增加起始位、停止位和奇偶校验位，只需要在要发送的数据之前加一两个同步字符，所以传输效率高，但是对硬件的要求较高。

5.2.3　信息编码

信息在通过通信介质进行传输前必须先转换为电磁信号。将信息转换为电磁信号需要对信息进行编码，即数字－模拟编码：用模拟信号表示数字信息的编码。在模拟传输中，发送设备产生一个高频信号作为基波，来承载信息信号。

1. 数据通信的编码方式

基带传输中可用各种不同的方法来表示二进制数 0 和 1，即数字编码。

1）平衡与非平衡传输

信息传输有平衡传输和非平衡传输。平衡传输时，无论0还是1均有规定的传输格式。非平衡传输时，只有1被传输，而0则以在指定的时刻没有脉冲信号来表示。

2）归零与不归零传输

根据对零电平的关系，信息传输可以分为归零传输和不归零传输。归零传输是指在每一位二进制信息传输之后均让信号返回零电平；不归零传输是指在每一位二进制信息传输之后让信号保持原电平不变。

3）单极性与双极性传输

根据信号的极性，信息传输分为单极性传输和双极性传输。单极性是指脉冲信号的极性是单方向的，双极性是指脉冲信号有正和负两个方向。

（1）单极性码：信号电平是单极性的，如逻辑1为高电平，逻辑0为0电平的信号表达方式。

（2）双极性码：信号电平为正、负两种极性。如逻辑1为正电平，逻辑0为负电平的信号表达方式。

2. 常用的数据表示方法

1）平衡、归零、双极性

用正极性脉冲表示1，用负极性脉冲表示0，在相邻脉冲之间保留一定的空闲间隔。在空闲间隔期间，信号归零，如图5－6（a）所示。这种方法主要用于低速传输，其优点是可靠性较高。

2）平衡、归零、单极性

这种方法又称为曼彻斯特（Manchester）编码方法。在每一位中间都有一个跳变，这个跳变既作为时钟，又表示数据。从高到低的跳变表示1，从低到高的跳变表示0，如图5－6（b）所示。由于这种方法把时钟信号和数据信号同时发送出去，简化了同步处理过程，所以，有许多数据通信网络采用这种表示方法。

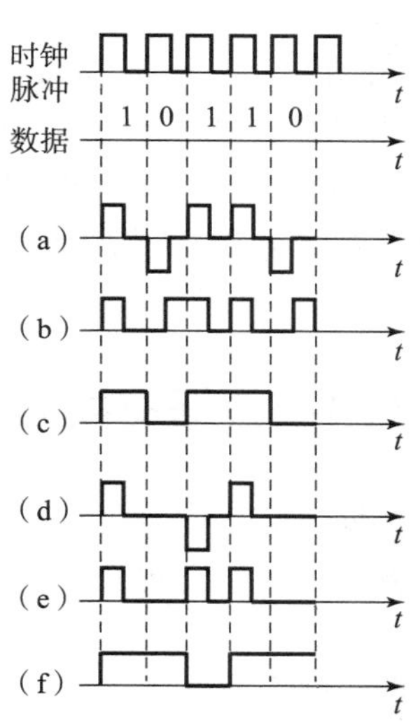

图5－6 数据表示方法

（a）平衡、归零、双极性；（b）平衡、归零、单极性；（c）平衡、不归零、单极性；（d）非平衡、归零、双极性；（e）非平衡、归零、单极性；（f）非平衡、不归零、单极性

3）平衡、不归零、单极性

如图5－6（c）所示，它以高电平表示1，低电平表示0。这种方法主要用于速度较低的异步传输系统。

4）非平衡、归零、双极性

如图5－6（d）所示，用正负交替的脉冲信号表示1，用无脉冲表示零。由于脉冲总是交替变化的，所以它有助于发现传输错误，通常用于高速传输。

5）非平衡、归零、单极性

这种表示方法与上一种表示方法的区别在于它只有正方向的脉冲而无负方向的脉冲，所以只要将前者的负极性脉冲改为正极性脉冲，就得到后一种表达方法，如图5－6（e）所示。

6）非平衡、不归零、单极性

这种方法的编码规则是，每遇到一个 1 电平就翻转一次，所以又称为“跳 1 法”或 NRZ－1 编码法，如图 5－6（f）所示。这种方法主要用于磁带机等磁性记录设备中，也可以用于数据通信系统中。

3. 调制方式

载带传输是指用基带信号去调制载波信号，然后传输调制信号的方法。载波信号是正弦波信号，有 3 个描述参数，即振幅、频率和相位，所以相应地也有 3 种调制方式，即调幅方式、调频方式和调相方式。

1）调幅方式

调幅方式（Amplitude Modulation，AM）又称为幅移键控法（Amplitude－Shift Keying，ASK）。它是用调制信号的振幅变化来表示一个二进制数，如用高振幅表示 1，用低振幅表示 0，如图 5－7（a）所示。

2）调频方式

调频方式（Frequency Modulation，FM）又称为频移键控法（Frequency－Shift Keying，FSK）。它是用调制信号的频率变化来表示一个二进制数，如用高频率表示 1，用低频率表示 0，如图 5－7（b）所示。

3）调相方式

调相方式（Phase Modulation，PM）又称为相移键控法（Phase－Shift Keying，PSK）。它是用调制信号的相位变化来表示二进制数，如用 0°相位表示二进制的 0，用 180°相位表示二进制的 1，如图 5－7（c）所示。

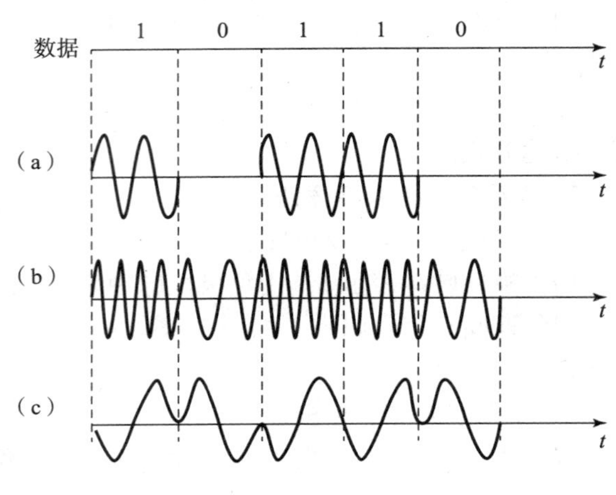

图 5－7　调制方式

（a）调幅；（b）调频；（c）调相

5.2.4　数据交换方式

在数据通信系统中通常采用 3 种数据交换方式：线路交换方式、报文交换方式和报文分组交换方式。其中报文分组交换方式又包含虚电路交换方式和数据报交换方式。

1. 线路交换方式

所谓线路交换方式是指在需要通信的两个节点之间事先建立起一条实际的物理连接，然后再在这条实际的物理连接上交换数据，数据交换完成之后再拆除物理连接。因此，线路交换方式将通信过程分为 3 个阶段，即线路建立、数据通信和线路拆除阶段。

2. 报文交换方式

报文交换和报文分组交换方式不需要事先建立实际的物理连接，而是经由中间节点的存储转发功能来实现数据交换。因此，有时又将其称为存储转发方式。报文交换方式交换的基本数据单位是一个完整的报文。报文是由要发送的数据加上目的地址、源地址和控制信息所组成的，如图 5－8 所示。

报文在传输之前并无确定的传输路径，每当报文传到一个中间节点时，该节点就要根据目的地址来选择下一个传输路径，或者说下一个节点。报文交换方式交换的基本数据单位是一个完整的报文。

源地址	数据	控制信息	目的地址

图 5－8 报文的组成

3. 报文分组交换方式

报文分组交换方式交换的基本数据单位是一个报文分组。报文分组是一个完整的报文按顺序分割开来的比较短的数据组。由于报文分组比报文短得多，传输时比较灵活，当传输出现错误需要重发时，只需重新发送出错的报文分组，而不必像报文交换方式那样重发整个报文。它的具体实现有虚电路和数据报两种方法。

1）虚电路方法

虚电路方法是指在发送报文分组之前，需要先建立一条逻辑信道。这条逻辑信道并不像线路交换方式那样是一条真正的物理信道。因此，将这条逻辑信道称为虚电路。虚电路的建立过程是：首先由发送站发出一个“呼叫请求分组”，按照某种路径选择原则，从一个节点传递到另一个节点，最后到达接收站。如果接收站已经做好接收准备，并接收这一逻辑信道，那么该站就做好路径标记，并发回一个“呼叫接收分组”，沿原路径返回发送站。这样就建立起一条逻辑信道，即虚电路。当报文分组在虚电路上传送时，按其内部附有路径标记，使报文分组能够按照指定的虚电路传送，在中间节点上不必再进行路径选择。尽管如此，报文分组也不是立即转发，仍需排队等待转发。

2）数据报方法

在数据报方法中把一个完整的报文分割成若干个报文分组，并为每个报文分组编好序号，以便确定它们的先后次序。报文分组又称为数据报。发送站在发送时，把序号插入报文分组内。数据报方法与虚电路方法不同，它在发送之前并不需要建立逻辑连接，而是直接发送。数据报在每个中间节点都要处理路径选择问题，这一点与报文交换方式是类似的。然而，数据报经过中间节点存储、排队、路由和转发，可能会使同一报文的各个数据报沿着不同的路径，经过不同的时间到达接收站。这样，接收站所收到的数据报顺序就可能是杂乱无章的。因此，接收站必须按照数据报中的序号重新排序，以便恢复原来的顺序。

5.3 计算机通信网络技术

计算机网络将分布在不同地点且具有独立功能的多个计算机系统通过通信设备和介质连接起来，在功能完善的网络软件和协议的管理下实现网络中的资源共享。DCS 的通信网络也是计算机网络。

5.3.1 计算机网络

计算机网络是将分布在不同地理位置上的多个具有独立工作能力的计算机系统连接起来，并配置了网络软件的一种网络。用户能够共享网络中的所有硬件、软件和数据等资源。

局部区域网络（Local Area Network，LAN）是一种分布在有限区域内的计算机网络。DCS 网络属于局部区域网络。

5.3.2 DCS 网络拓扑结构

拓扑结构是指网络的节点和站点实现互联的方式，局域网常见的拓扑结构有总线结构、环形结构和星形结构。

1. 总线结构

在总线结构中，有一个被称为总线的公共信道，所有站点都通过相应的硬件接口直接连到这一公共信道上，如图 5 - 9 所示。总线上的任何一个站都可以向总线上发出数据，发出的数据信号沿着信道转播，总线上的站点都可以接收到数据信号，一般在发出的数据包中有目的地址，目的节点识别到数据包中的目的地址与自己的地址相同时，复制下数据包的内容。由于总线上的所有站点共享一条传输信道，多个节点同时传输数据时，会造成信号的混乱，这就要求有一定控制策略来保证各个站点能有序交替地占有总线。

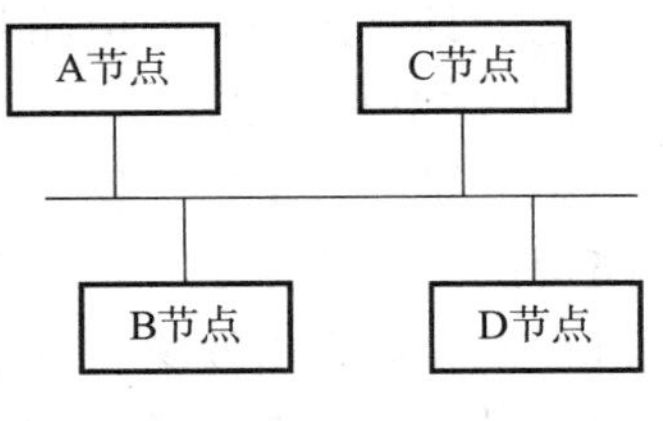

图 5 - 9　总线结构

1）总线拓扑结构的优点

结构简单，各个节点的通信负担均衡，总线一般是无源的，可靠性较高，易于扩充，增加或减少用户比较方便，总线上的所有站点相当于串接在一条线路上，相比之下，网络需要的电缆数量较少。

2）总线拓扑结构的缺点

由于信号在传输中会衰减，因此传输的距离有限，只能覆盖一定的地理范围，一旦某一节点出现故障，隔离起来则较困难；由于需要进行信道访问控制和地址识别，因此会有一些额外的软硬件开销。

2. 环形结构

在环形拓扑网络结构中，每一个节点都有输入端口和输出端口，节点间通过线路首尾连接，组成一个闭合回路，如图 5 - 10 所示。每个站点能够接收从一条链路传来的数据，并以同样的速率串行地把数据沿环送到另一端链路上，数据一般以一个方向传输。节点发出的数据也带有目的地址，数据沿环中的节点依次传递，目的节点在识别到带有自己地址的数据包时，在转发的同时也将其中的数据复制下来，这一数据最终回到数据发送节点。由于网络中各个节点共享这一环路信道，也需要控制策略进行信道访问控制。

环形拓扑结构的优点是：结构简单，各个节点的通信负担均衡，所需的电缆长度和总线拓扑结构相似，传输延迟确定，适合于有特定时间要求的场合；增加和减少一个节点时，仅需要简单的连接工作。其缺点是：网络中一个节点的故障会造成整个网络的故障。

3. 星形结构

星形拓扑结构是由中央节点和通过点到点通信线路接到中央节点的各节点组成，如图 5 - 11所示。中央节点负责整个网络的通信控制，是网络的控制中枢，中央节点可以与网络中任何节点进行通信。非中央节点的两个节点不能直接通信，但可以在中央节点的控制下，通过中央节点实现数据交换。

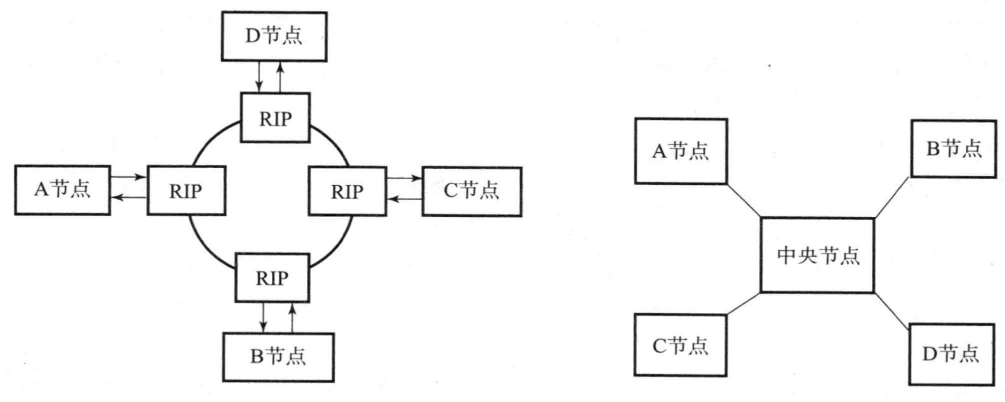

图5－10　环形拓扑结构　　图5－11　星形拓扑结构

1）星形拓扑结构的优点

控制简单，便于管理。中央节点可以对网络进行统一的控制和管理，只要在硬件端口数量允许和满足响应时间的条件下，增加和删除一个节点都不困难，便于维护，中央节点可以逐一对各个节点进行故障检测和定位，在诊断出故障节点后，隔离也很容易，单个外围节点的故障只影响一个设备，不会影响全网。

2）星形拓扑结构的缺点

对中央节点的要求较高，负担很重，而且风险集中，一旦中央节点发生故障，整个网络都会受到影响，甚至瘫痪，所以网络对中央节点的可靠性和冗余设计的要求较高，相比之下，其他节点的负担较轻，不能均衡、合理地发挥网络的最大作用。

5.3.3 DCS网络通信的传输介质

在控制系统中，通信介质有无线介质和有线介质两大类。远程I/O点要进入DCS或把远程信号送到调度室时，如果安装导线有困难，可以采用无线传输。无线传输如果有太多的障碍物，则会影响传输效果。另外，无线传输时需要发射天线，天线安装的位置要比较高，同时需要接收装置，提高了成本。有线传输介质有双绞线、同轴电缆和光缆3种，如图5－12所示。

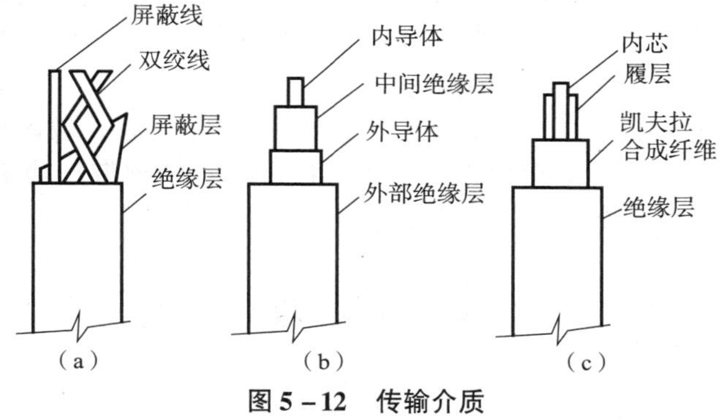

图5－12　传输介质

（a）双绞线；（b）同轴电缆；（c）光缆

1. 双绞线

双绞线是由两条相互绝缘的铜线在一英尺（1英尺＝30.48厘米）的距离内相互缠绕在一

起或互相扭绞起来的次数达到2～12次而成的电线。扭绞有助于消除在电线内高速数据通信所产生的电磁干扰（EMI），这种电磁干扰会对相邻的线对产生影响。双绞线是最普通的低成本的通信介质，适用于低速传输场合。

双绞线又分为非屏蔽双绞线（UTP）和屏蔽双绞线（STP）2种，如图5－12（a）所示。UTP电缆有线缆外皮作为保护层，既可以传输模拟信号，也可以传输数字信号；STP有铜带编织护套，其价格高于UTP，但性能高于UTP。

双绞线传输模拟信号时，最长距离为5 km，传输距离增加时需要加放大器；传输数字信号时，最长距离为2 km，传输距离增加时需要加转发器。最大带宽为1 MHz，传输速率小于2 Mbps。

双绞线具有成本低、连接简单的优点，使用时不需要任何特殊设备，用普通的端子就可以将通信设备和网络连接起来。由于双绞线的性能价格比较优良，故成为计算机网络室内布线的主流线缆。

2. 同轴电缆

同轴电缆在DCS中应用比较普遍，它由内导体、中间绝缘层、外导体和外部绝缘层组成。信号通过内导体和外导体传输，外导体一般是接地的，起屏蔽作用，如图5－12（b）所示。

同轴电缆有两种类型，一种是50 Ω的基带同轴电缆，用于数字信号的传输；另一种是75 Ω的宽带同轴电缆，既可以传输模拟信号，也可以传输数字信号。同轴电缆以单根铜导线为内芯，外裹一层绝缘材料，外覆密集网状导体，最外面是一层保护性塑料。金属屏蔽层能将磁场反射回中心导体，同时也使中心导体免受外界干扰，故同轴电缆具有较好的噪声抑制特性。

基带同轴电缆的传输距离可达到500 m，带宽为10 Mbps，但是随着双绞线为传输介质的快速以太网和千兆以太网的出现，同轴电缆在计算机网络中的应用日益减少。

3. 光缆

光缆是一种由光导纤维组成的利用内部全反射原理来传导光束的通信介质，数据以光脉冲发送，光纤本身并不导电。在光缆中传送的光是由发光二极管或激光产生的，其结构如图5－12（c）所示。

光缆分为单模光缆和多模光缆两类，单模光缆利用光的衍射原理制成，传输的距离远，可在几十千米内传输，甚至更远，多用于通信主干网；多模光缆利用光折射、反射原理制成，传输的距离比较近，多用于局域网布线系统。单模光缆只以单一模式光传播，而多模光缆允许使用多个模式传播，使用多模光缆时，光在光缆壁上反射使信号衰减加快。支持单模光缆的设备一般都用激光。

光缆具有良好的抗干扰能力。光缆的主要缺点是分支、连接比较困难和复杂，需要专门的连接工具。与双绞线和同轴电缆比较，光缆可提供极宽的频带且功率损耗小，传输距离长，抗干扰性强，是构建安全性网络的理想选择。

5.4 通信协议

5.4.1 通信协议的概念

通信协议是数据传输过程管理的规则，包括语法、语义和时序3个要素。其中，语法是

对数据格式、信号电平等的规定；语义是比特流每部分的含义，一个特定比特模式如何理解，基于这种理解采取何种动作等；时序则规定了速度匹配和排序，包括数据何时发送，以什么速率发送，使发送与接收方能够无差错地完成数据通信等。

网络通信具有数据传输和通信控制两大功能。在通信过程中，信息从开始发送到结束发送可分为若干个阶段，相应的通信控制功能也分成一组组操作。一组组通信控制功能应当遵守通信双方共同约定的规则，并受这些规则的约束。

5.4.2 DCS 网络通信协议模型

网络结构问题不仅涉及信息的传输路径，而且涉及链路的控制。对于一个特定的通信系统，为了实现安全可靠的通信，必须确定信息从源点到终点所要经过的路径，以及实现通信所要进行的操作。在计算机通信网络中，对数据传输过程进行管理的规则被称为协议。对于一个计算机通信网络来说，接到网络上的设备是各种各样的，这就需要建立一系列有关信息传递的控制、管理和转换的手段和方法，并要遵守彼此公认的一些规则，这就是网络协议的概念。这些协议在功能上应该是有层次的。为了便于实现网络的标准化，国际标准化组织 ISO 提出了开放系统互联（Open System Interconnection，OSI）参考模型，简称 ISO/OSI 模型。它是通信系统之间相互交换信息所共同使用的一组标准化规则，凡按照该模型建立的网络就可以互联。开放系统互联是指彼此开放的系统通过共同使用适当的标准实现信息的交换。

ISO/OSI 模型将各种协议分为 7 层，自下而上依次为物理层、链路层、网络层、传输层、会话层、表示层和应用层，如图 5－13 所示。

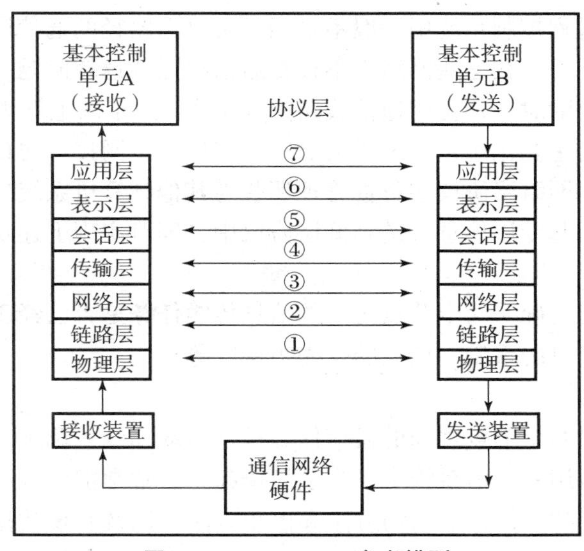

图 5－13 ISO/OSI 参考模型

1. *物理层*

物理层协议规定了通信介质、驱动电路和接收电路之间接口的电气特性和机械特性，如信号的表示方法、通信介质、传输速率、接插件的规格及使用规则等。

物理层协议涉及通信系统的驱动电路、接收电路与通信介质之间的接口问题，主要包括：

（1）连接插件的类型、插针的数量和功能。

（2）数字信号在通信介质上的编码方式，如电平的高低和0、1的表达方法。

（3）确定与链路控制有关的硬件功能，如定义信号交换控制线或者忙测试线等。

从以上说明中可以看到，物理层协议的功能是与所选择的通信介质（双绞线缆、光缆）及信道结构（串行、并行）密切相关的。物理层的下面是物理媒体，如双绞线、同轴电缆等。物理层为用户提供建立、保持和断开物理连接的功能。RS－232C、RS－422A、RS－485等就是物理层标准的例子。

2. 链路层

通信链路是由许多节点共享的，链路层协议的作用有：

（1）确定在某一时刻控制链路的节点，即链路使用权的分配。

（2）确定比特级的信息传输结构，即规定信息每一位和每一个字节的格式。

（3）确定检错和纠错方式，以及每一帧信息的起始和停止标记的格式。

帧是链路层传输信息的基本单位，由若干字节组成，除了信息本身之外，还包括表示帧开始与结束的标志段、地址段、控制段及校验段等。

链路层协议主要对链路的使用进行控制，并组成具有确定格式的信息帧。

3. 网络层

在一个通信网络中，两个节点之间可能存在多条通信路径。网络层协议主要处理信息的传输路径问题，并在由多个子网组成的通信系统中处理一个子网与另一个子网之间的地址变换和路径选择。

如果通信系统只由一个网络组成，节点之间只有唯一的一条路径，则不需要网络层协议。已有的一些标准协议（如CCITT.25）可以支持网络层的通信，然而由于成本很高，结构复杂，所以在工业过程控制系统中一般不采用具有可选路径的通信网络。比较常用的是具有冗余的总线或环形网络，在这些网络中不存在通信路径的选择问题，因此网络层协议的作用只是在主通信线路故障时，让备用通信线路继续工作。由于以上原因，大多数工业过程控制系统中网络层协议的主要作用是管理子网之间的接口。子网接口协议一般专门用于某一特定的通信系统。另外，网络层协议还负责管理那些与其他计算机系统连接时所需要的网间连接器。网络层协议把一些专用信息传送到低层协议中，即可实现上述功能。

4. 传输层

传输层协议的功能是确认两个节点之间的信息传输任务是否已经正确完成，包括信息的确认、误码的检测、信息的重发、信息的优先级调度等。

5. 会话层

会话层协议用来对两个节点之间的通信任务进行启动和停止调度。

在工业过程控制所用的通信系统中，为了简单起见，常常把传输层和会话层协议合在一起。这两层协议确定了数据传输的启动方法和停止方法，以及实现数据传输所需要的其他信息。在DCS中，每个节点都有自己的微处理器，可以独立地完成整个系统的一部分任务。为了使整个系统协调工作，每个节点都要输入一定的信息，这些信息有些来自节点本身，有些则来自系统中的其他节点。一般可以把通信系统的作用看成是一种数据库更新作用，它不断地把其他节点的信息传输到需要这些信息的节点中去，相当于在整个系统中建立了一个为多个节点所共享的分布式数据库。更新数据库的功能是在传输层和会话层协议中实现的。

6. 表示层

表示层协议用于信息格式的转换，将通信系统所用的信息格式转换成它上一层（也就是应用层）所需的信息格式。

7. 应用层

严格地说，应用层不是通信协议结构中的内容，而是应用软件或固件中的一部分内容，用于调用低层协议为其服务。在高级语言程序中，应用层协议可能是向另一节点请求获得信息的语句，在功能块程序中从控制单元中读取过程变量的输入功能块。

高层协议是指表示层和应用层协议，它们用来实现低层协议与用户之间接口所需要的一些内部操作。高层协议的重要作用之一就是区别信息的类型，并确定信息在通信系统中的优先级。例如，它可以把通信系统传送的信息分为以下几级：

（1）同步信号。

（2）跳闸和保护信号。

（3）过程变量报警信息。

（4）运行员改变给定值或切换运行方式的指令。

（5）过程变量。

（6）组态和参数调整指令。

（7）记录信息和长期历史数据存储信息。

根据优先级顺序，高层协议可以对信息进行分类，并且把最高优先级的信息首先传输给较低层的协议。要实现这一点技术比较复杂，而且成本也较高。因此，为了使各种信息都能顺利地通过通信系统，并且不产生过多的时间延迟，通信系统中的实际通信量必须远远小于通信系统的极限通信能力，一般不超过其50%。

5.4.3 通信网络控制方法

DCS的各站要交换信息必须通过通信子网，通信子网是各站的共享资源。对通信子网使用权的合理分配调度决定了对各站所提出的请求作出响应的快慢，决定了通信子网的实时性。存取控制方法是通信子网使用分配调度算法的核心，与通信子网的实时性有密切关系。普通局域网络的存取控制方法强调信道利用率，而工业控制网络则强调通信的实时性，因此只好牺牲部分信道的利用率以保证实时性。

要保证整个通信子网的实时性，必须满足下列3个时间约束条件：

（1）限定每个站每次取得通信权的时间上限值。若超过此值，无论本次通信任务是否完成，均应立即释放通信权。这一时间约束条件可防止某站长期霸占通信子网而导致其他各站实时性恶化。

（2）保证在某一固定的时间周期内，通信子网的每个站都有机会取得通信权，以防止个别站长时间得不到通信权而导致其实时性太差甚至丧失实时性。只要有一个站出现此情况，则整个通信子网的实时性就没有达到要求。这一固定时间周期的长短标志一个通信子网实时性的高低。

（3）当紧急任务的实时性要求临时变得很高时，应给以优先服务。对于实时性要求较高的站，应使其取得通信权的机会比其他站多一些。一般采用静态（固定）的方式赋予某些站较高的优先权，采用动态（临时）的方式赋予某些通信任务比较高的优先权，以使紧急任务及重要站的实时性得到满足。

常见的访问方法有载波侦听多路访问（Carrier Sense Multiple Access，CSMA）、载波监听多点接入/碰撞检测（Carrier Sense Multiple Access with Collision Detection，CSMA/CD）技术、令牌环（Token Ring）访问法、令牌总线（Token Bus）访问法、时间片法、轮询法、请求选择法等。如果用上述 3 条时间约束条件来衡量存取控制方式，则某些访问方式一条约束条件也不满足，如 CSMA、CSMA/CD 等；某些访问方式满足部分时间约束条件，如时间片法、轮询法、请求选择法等；某些访问方式满足全部时间约束条件，以获得良好的实时性，如令牌总线访问法、令牌环访问法等。

DCS 中采用最多的存取控制是 CSMA、CSMA/CD、令牌环和令牌总线方式，或是几种存取控制方法的组合。

1. CSMA

在 CSMA 方法中，为了避免冲突，采取“先侦听后发送”的方法。每个节点在发送数据之前，首先要检测信道上是否有载波信号，以判断公用总线的忙或闲。检测到信道为空闲时，才向总线发送数据。如果有两个节点在几乎相同的时间判断总线空闲，并同时发送数据，那么就会产生冲突，造成发送失败。在局域网中，由于覆盖范围小，数据信号传输延迟很短，因而使用 CSMA 是很好的。

2. CSMA/CD

CSMA/CD 含有载波侦听（CSMA）和冲突检测（CD）两方面的内容，设计了侦听（监听）总线和冲突检测（碰撞检测），主要用于总线和树形网络拓扑结构，基带传输系统。信息传输是以“包”为单位的，简称信包，后来发展为 IEEE 802.3 基带 CSMA/CD 局域网标准。

1）载波监听

任一站要发送信息，首先要监测总线，用来判断介质上有否其他站的发送信号。如果介质忙，则等待一定间隔后重试；如果介质闲，则可以立即发送。查看信号的有无称为载波侦听，而多点访问是指多个工作站共同使用一条线路。由于通道存在传播时延，采用载波监听的方法仍避免不了两站在传播时延期间发送的帧会产生冲突。

2）冲突检测（碰撞检测）

一种情况是当信道处于空闲的某个瞬间，如果总线上两个或两个以上的工作站同时想发送信息，则该瞬间可能检测到信道是空闲的，认为可以发送信息而同时发送信息，从而产生冲突（碰撞）；另一种情况是某站点侦听到信道是空闲的，但这种空闲可能是较远站点已经发送了信包，但由于在传输介质上信号传送的延时，信包还未传送到此站点的缘故，如果此站点又发送信息，则也将产生冲突，因此消除冲突是一个重要问题。

由于冲突只有在发送信息包以后的一段短时间内才可能发生，超过这段时间后，总线上各站点都会监听到有载波信号在占用信道，这一小段时间称为碰撞窗口或碰撞时间间隔。如果线路上最远两个站点间信包传送延迟时间为 d，碰撞窗口时间一般取为 $2d$。CSMA/CD 的发送流程可简单地概括为：先听后发，边发边听，冲突停止，随机延迟后重发。冲突检测的流程如图 5-14 所示。

采用 CSMA/CD 介质访问控制方法的总线局域网中，每个节点在利用总线发送数据时，首先要侦听总线的忙、闲状态。如果总线上已经有数据信号传输，则为总线忙；如果总线上

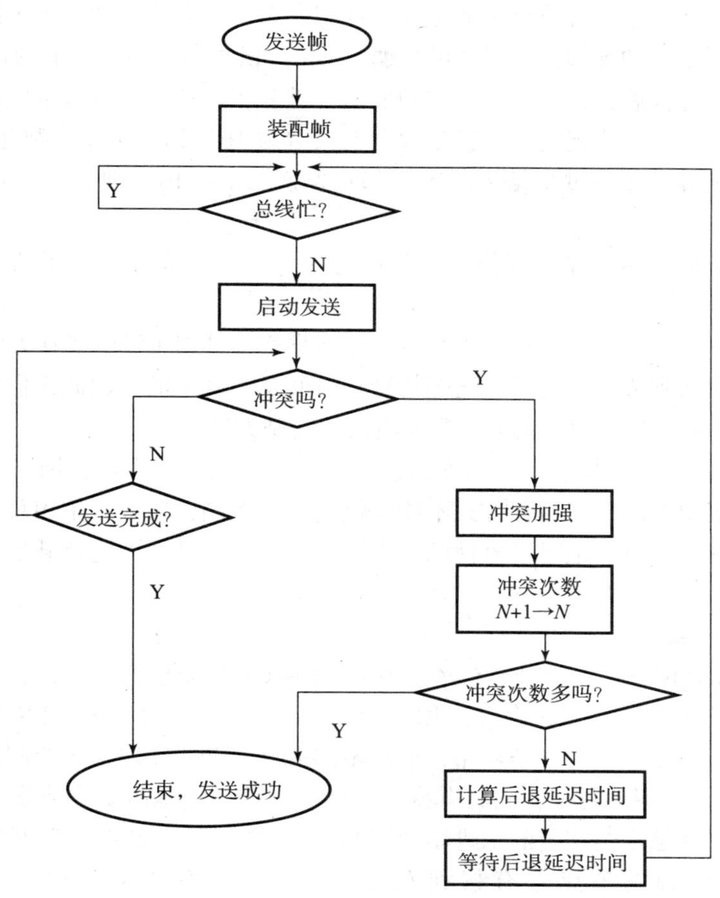

图 5－14　CSMA/CD 的发送流程

没有数据信号传输，则为总线空闲。由于以太网的数据信号是按差分曼彻斯特方法编码，因此如总线上存在电平跳变，则判断为总线忙；否则判断为总线空闲。如果一个节点准备好发送的数据帧，并且此时总线空闲，则可以启动发送。还有一种可能，在几乎相同的时刻，有两个或两个以上节点发送了数据帧，此时会产生冲突。所以节点在发送数据的同时应该进行冲突检测。冲突检测主要采用比较法。

比较法是发送节点在发送数据同时，将其发送信号波形与从总线上接收到的信号波形进行比较。如果总线上同时出现两个或两个以上的发送信号，它们叠加后的信号波形将不等于任何节点发送的信号波形。当发送节点发现自己发送的信号波形与从总线上接收到的信号波形不一致时，表示总线上有多个节点同时发送数据，冲突已经产生。所谓编码违例判决法只检测从总线上接收的信号波形。如果总线只有一个节点发送数据，则从总线上接收到的信号波形一定符合差分曼彻斯特编码规律。因此，判断总线上接收信号电平跳变规律同样也可以检测是否出现了冲突。

如果在发送数据帧过程中没有检测出冲突，在数据帧发送结束后，则进入结束状态。

如果在发送数据帧过程中检测出冲突，在 CSMA/CD 介质存取方法中，首先进入发送冲突加强信号（Jamming Signal）阶段。CSMA/CD 采用冲突加强措施的目的是确保有足够的冲突持续时间，以使网络中所有节点都能检测出冲突存在，废弃冲突帧，减少因冲突浪费的时间，提高信道利用率。冲突加强中发送的阻塞（Jam）信号一般为4字节的任意数据。

完成冲突加强过程后，节点停止当前帧发送，进入重发状态。进入重发状态的第一步是计算重发次数。以太网协议规定一个帧最大重发次数为16。如果重发次数超过16次，则认为线路故障，系统进入冲突过多结束状态。如重发次数 $N\leqslant16$，则允许节点随机延迟后再重发。

在计算后退延迟时间，并且等待后退延迟时间到之后，节点将重新判断总线忙、闲状态，重复发送流程。

从以上讲解中可以看出，任何一个节点发送数据都要通过CSMA/CD方法去争取总线使用权，从它准备发送到成功发送的发送等待延迟时间是不确定的。因此人们将以太网所使用的CSMA/CD方法定义为一种随机争用型介质访问控制方法。

CSMA/CD方式的主要特点是：原理比较简单，技术上较易实现，网络中各工作站处于同等地位，不要集中控制，但这种方式不能提供优先级控制，各节点争用总线，不能满足远程控制所需要的确定延时和绝对可靠性的要求。此方式效率高，但当负载增大时，发送信息的等待时间较长。

3. 令牌环访问法

令牌环（Token Ring）是令牌通行环（Token Passing Ring）的简写，它采用环形布局和基带网，数据传送速率为4 Mbps，并采用单个令牌（或双令牌）的令牌传递方法。令牌环访问控制法的主要特点是只有一条环路，信息单向沿环流动，无路径选择问题。

令牌（Token）也叫通行证，它具有特殊的格式和标记，是由1位或多位二进制数组成的编码。例如，令牌是一个字节的二进制数“11111111”，该令牌沿环形网依次向每个节点传递，只有获得令牌的节点才有权利发送信包。令牌有“忙”和“空”两个状态。“11111111”为空令牌状态。当一个工作站准备发送报文信息时，首先要等待令牌的到来，当检测到一个经过它的令牌为空令牌时，即可以“帧”为单位发送信息，并将令牌置为“忙”（“00000000”）标志附在信息尾部向下一站发送。下一站用按位转发的方式转发经过本站但又不属于由本站接收的信息。由于环中已没有空闲令牌，因此其他希望发送的工作站必须等待。

1）接收过程

每一站随时检测经过本站的信包，当查到信包指定的地址与本站地址相符时，则在复制信息的同时继续转发该信息包。环上的帧信息绕网一周，由源发送点予以收回。按这种方式工作，发送权一直在源站点控制之下，只有发送信包的源站点放弃发送权，把令牌置“空”后，其他站点得到令牌才有机会发送自己的信息。

2）令牌环访问法的特点

令牌方式在轻负载时，由于发送信息之前必须等待令牌，加上规定由源站收回信息，大约有50%的环路在传送无用信息，所以效率较低。然而在重负载环路中，令牌以“循环”方式工作，故效率较高，各站机会均等。令牌环的主要优点在于它提供的访问方式的可调整性，它可提供优先权服务，具有很强的实时性。

令牌环访问的缺点是需有令牌维护要求，避免令牌丢失或令牌重复，故这种方式的控制电路较复杂。

4. 令牌总线访问法

1）令牌总线的工作原理

令牌总线（Token Bus）主要用于总线网络结构中，综合了令牌传递方式和总线网络的优点，在物理总线结构中实现令牌传递控制方法。总线网络把总线传输介质上的各工作站形成一个逻辑上的环，即将各工作站置于一个顺序的序列内（如可按照接口地址的大小排列）。该方法可以是在每个站点中设一个网络节点标识寄存器 NID，初始地址为本站点地址。网络工作前，要对系统初始化，以形成逻辑环路，其过程主要是：网中最大站号 n 开始向其后继站发送“令牌”信包，目的站号为 $n+1$，若在规定时间内收到肯定的信号 ACK，则 $n+1$站连入环路，否则再 $n+1$ 继续向下询问（该网中最大站号为 $n=255$，$n+1$ 后变为 0，然后按 1、2、3…递增），凡是给予肯定回答的站都可连入环路并将给予肯定回答的后继站号放入本站的 NID 中，从而形成一个封闭逻辑环路，经过一遍轮询过程，网络各站标识寄存器 NID 中存放的都是其相邻的下游站地址。

逻辑环形成后，令牌逻辑中的控制方法类似于令牌环。在令牌总线中，信息是按双向传送的，每个站点都可以“听到”其他站点发出的信息，所以令牌传递时都要加上目的地址，明确指出下一个将要控制的站点。这种方式与 CSMA/CD 方式的不同在于除了当时得到令牌的工作站之外，所有的工作站只收不发，只有收到令牌后才能开始发送，所以其拓扑结构虽是总线式但可以避免冲突。

2）令牌总线访问法的特点

令牌总线访问方式的最大优点是具有极好的吞吐能力，且吞吐量随数据传输速率的增大而增加，并随介质的饱和而稳定下来但并不下降；各工作站不需要检测冲突，故信号电压容许较大的动态范围，连网距离较远；有一定实时性，在工业控制中得到了广泛应用，如 MAP 网用的就是宽带令牌总线。其主要缺点在于其复杂性和时间开销较大，工作站可能必须等待多次无效的令牌传送后才能获得令牌。

5.4.4 通信网络差错控制技术

1. 差错控制

在信息传输过程中，各种各样的干扰可能造成传输错误。这些错误轻则会使数据发生变化，重则会导致生产过程事故。必须采取一定的措施来检测错误并纠正错误，检错和纠错统称为差错控制。

2. 传输错误及可靠性指标

在通信网络上传输的信息是二进制信息，它只有 0 和 1 两种状态。如果把 0 误传为 1，或者把 1 误传为 0 就是传输错误。该错误包括以下两类：

①突发错误：由突发噪声引起的，其特征是误码连续成片出现。

②随机错误：由随机噪声引起的，它的特征是误码与其前后的代码是否出错无关。

DCS 的传输速率一般在 0.5 ~ 100 Mbps。传输速率越大，每一位二进制代码（又称码元）所占用的时间就越短，波形就越窄，抗干扰能力就越差，可靠性就越低。误码率是指通信系统所传输的总码元数中发生差错的码元数所占的比重（取统计平均值），即

$$P_e = P_w / P_t \tag{5-1}$$

式中：P_e 为误码率；P_w 为出错的码元数；P_t 为传输的总码元数。

误码率越低，通信系统的可靠性就越高。在 DCS 中，常用每年出现多少次误码来代替误码率。对大多数 DCS 来说，这一指标为每年 0.01 次到 4 次。

3. 反馈重发纠错方式

在发送端，首先要对所发送的数据进行某种运算，产生能检测错误的帧校验序列，然后把校验序列与数据一起发往对方。在接收端，根据事先约定的编码运算规则及校验序列，检查数据在传输过程中是否有出错，并通过反馈信道把判决结果发回发送端。发送端收到的反馈信号若标明传送有错，则发送端重发数据，直到接收端返回信号标明接收正确为止。自动重传请求（ARQ）方式中，必须有一个反馈信道，并且只用于点对点的通信方式。检错编码的方法很多，常用的有奇偶校验码和循环冗余校验码。

1）奇偶检验

奇偶检验是在传递字节后附加 1 位校验位。该校验位根据字节内容取 1 或 0。奇校验时传送字节与校验位中“1”的数目之和为奇数。偶校验时传送字节与校验位中“1”的数目之和为偶数。接收端按同样的校验方式对收到的信息进行校验。如发送时规定为奇校验时，若收到的字符及校验位中“1”的数目之和为奇数，则认为传输正确，否则，认为传输错误。

2）循环冗余码校验

在传输的信息中按照规定附加一定数量的冗余位。有了冗余位，真正有用的代码数就少于所能组合成的全部代码数。当代码在传输过程中出现错误，并且使接收到的代码与有用的代码不一致时，说明发生了错误。为了提高检错和纠错能力，可以在信息后面按一定规则附加若干个冗余位，使信息的合法状态之间有很大差别，一种合法信息错误成另一种合法信息的可能性就会大大减小。

循环冗余码由硬件电路配合软件进行编码和译码，编码是发送端在信息码的后面按一定的规则附加冗余码组成传输码组的过程，译码是在接收端按相同规则检测和纠错的过程。

在 DCS 中应用较多的是循环冗余码（Cyclic Redundancy Code，CRC）校验方法。

5.4.5 网络设备

网络互联从通信参考模型的角度可分为：在物理层使用中继器（Repeater），通过复制位信号延伸网段长度；在数据链路层使用网桥（Bridge），在局域网之间存储或转发数据帧；在网络层使用路由器（Router），在不同网络间存储转发分组信号；在传输层及传输层以上，使用网关（Gateway）进行协议转换，提供更高层次的接口。因此，中继器、网桥、路由器和网关是不同层次的网络互联设备。

1. 中继器

中继器又称转发器。由于网络节点间存在一定的传输距离，网络中携带信息的信号在通过一个固定长度的距离后，会因衰减或噪声干扰而影响数据的完整性，影响接收节点正确的接收和辨认，因而经常需要运用中继器。中继器接收一个线路中的报文信号，将其进行整形放大、重新复制，并将新生成的复制信号转发至下一网段或转发到其他介质段。这个新生成的信号将具有良好的波形。

中继器一般用于方波信号的传输，有电信号中继器和光信号中继器，它们对所通过的数据不做处理，主要作用在于延长电缆和光缆的传输距离。

每种网络都规定了一个网段所容许的最大长度。安装在线路上的中继器要在信号变得太弱或损坏之前将接收到的信号还原，重新生成原来的信号，并将更新过的信号放回到线路上，使信号在更靠近目的地的地方开始二次传输，以延长信号的传输距离。安装中继器可使节点间的传输距离加长。中继器两端的数据速率、协议（数据链路层）和地址空间相同。

中继器仅在网络的物理层起作用，而不以任何方式改变网络的功能。在图 5－15 中通过中继器连接在一起的两个网段实际上是一个网段。如果节点 A 发送一个帧给节点 B，则所有节点（包括 C 和 D）都将有条件接收到此帧。中继器并不能阻止发往节点 B 的帧到达节点 C 和 D。但有了中继器，节点 C 和 D 接收的帧将更加可靠。

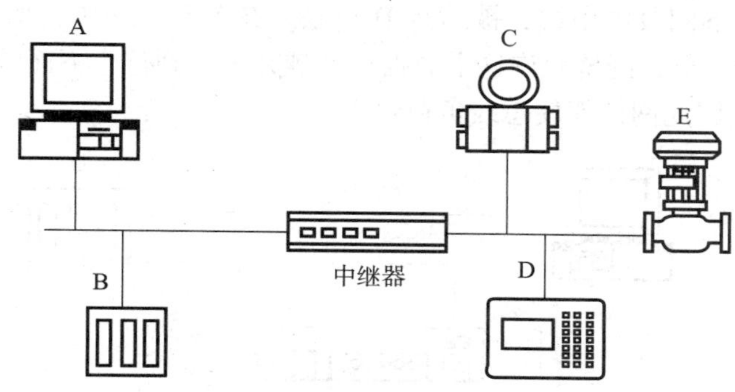

图 5－15　采用中继器延长网络

中继器不同于放大器，放大器从输入端读入旧信号，然后输出一个形状相同、放大的新信号。放大器的特点是实时实形地放大信号，它包括输入信号的所有失真，而且把失真也放大了。也就是说，放大器不能分辨需要的信号和噪声，它将输入的所有信号都进行放大。而中继器则不同，它并不是放大信号，而是重新生成它。当接收到一个微弱或损坏的信号时，它将按照信号的原始长度按位复制信号。因而中继器是一个再生器，而不是一个放大器。

中继器放置在传输线路上的位置是很重要的。中继器必须放置在任一位信号的含义受到噪声影响之前。一般来说，小的噪声可以改变信号电压的准确值，但是不会影响对某一位是 0 还是 1 的辨认。如果让衰减了的信号传输得更远，则积累的噪声将会影响到对某位的 0、1 辨认，从而有可能完全改变信号的含义，这时原来的信号将出现无法纠正的差错。因而在传输线路上，中继器应放置在信号失去可读性之前。即在仍然可以辨认出信号原有含义的地方放置中继器，利用它重新生成原来的信号，恢复信号的本来面目。

中继器使得网络可以跨越一个较大的距离。在中继器的两端，其数据速率、协议（数据链路层）和地址空间都相同。

2. 网桥

网桥是存储转发设备，用来连接同一类型的局域网。网桥将数据帧送到数据链路层进行差错校验，再送到物理层，通过物理传输介质送到另一个子网或网段。它具备寻址与路径选择的功能，在接收到帧之后，要决定正确的路径将帧送到相应的目的站点。

网桥能够互联两个采用不同数据链路层协议、不同传输速率、不同传输介质的网络。它要求两个互联网络在数据链路层以上采用相同或兼容的协议。

网桥作用在数据链路层。它们用于网段之间的连接，也可以在两个相同类型的网段之间进行帧中继。网桥可以访问所有连接节点的物理地址，有选择性地过滤通过它的报文。当在一个网段中生成的报文要传到另外一个网段中时，网桥开始苏醒，转发信号；而当一个报文在本身的网段中传输时，网桥处于睡眠状态。

当一个帧到达网桥时，网桥不仅重新生成信号，而且还要检查目的地址，将新生成的原信号复制件仅仅发送到这个地址所属的网段。每当网桥收到一个帧时，它读出帧中所包含的地址，同时将这个地址同包含所有节点的地址表相比较。当发现一个匹配的地址时，网桥将查找出这个节点属于哪个网段，然后将这个数据包传送到那个网段。

例如，图5－16中显示了两个通过网桥连接在一起的网段。节点A和节点D处于同一个网段中，当节点A送到节点D的数据包到达网桥时，这个数据包被阻止进入下面其他的网段中，而只在本中继网段内中继，被站点D接收。在图5－16中，如果由节点A产生的数据包要送到节点G，那么网桥允许这个数据包跨越并中继到整个下面的网段。数据包将在那里被站点G接收。因此网桥能使总线负荷得以减小。

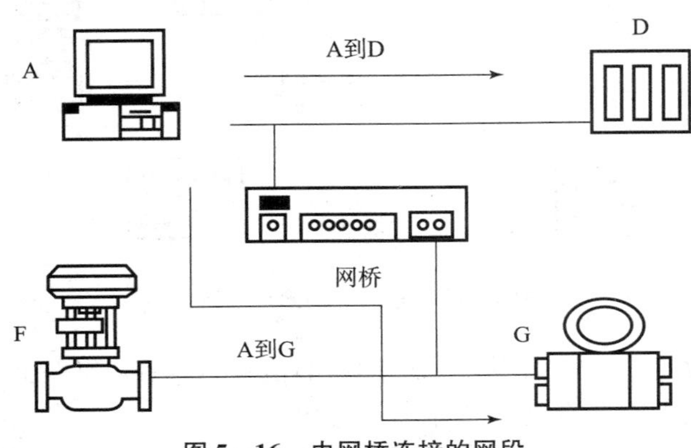

图5－16　由网桥连接的网段

网桥在两个或两个以上的网段之间存储或转发数据帧时，它所连接的不同网段之间在介质、电气接口和数据速率上可以存在差异。网桥两端的协议和地址空间要保持一致。

网桥比中继器多了一点智能。中继器不处理报文，它没有理解报文中任何内容的智能，它们只是简单地复制报文。而网桥有一些小小的智能，它可以知道两个相邻网段的地址。

网桥与中继器的区别在于：网桥具有使不同网段之间的通信相互隔离的逻辑，或者说网桥是一种聪明的中继器，它只对包含预期接收者网段的信号包进行中继。这样，网桥起到了过滤信号包的作用，利用它可以控制网络拥塞，同时隔离出现了问题的链路。但网桥在任何情况下都不修改包的结构或包的内容，因此只可以将网桥应用在使用相同协议的网段之间。

为了在网段之间进行传输选择，网桥需要一个包含与它连接的所有节点地址的查找表，这个表指出各个节点属于哪个段。这个表是如何生成的以及有多少个段连接到一个网桥上决定了网桥的类型和费用。下面是3种类型的网桥。

1）简单网桥

简单网桥是最原始和最便宜的网桥类型。一个简单网桥连接两个网段，同时包含一个列出了所有位于两个网段的节点地址表。简单网桥的这个节点地址表必须完全通过手工输入。在一个简单网桥可以使用之前，操作员必须输入每个节点的地址。每当一个新的站点加入时，这个表必须被更新。如果一个站点被删除了，那么出现的无效地址必须被删除。因此，包含在简单网桥中的逻辑是在通过或不通过之间变化的。对制造商来说这种配置简单并且便宜，但安装和维护则耗费时间，比较麻烦，比起它所节约的费用来说可能是得不偿失。

2）学习网桥

学习网桥在它实现网桥功能的同时，自己建立站点地址表。当一个学习网桥首次安装时，它的表是空的。每当它遇到一个数据包时，它会同时查看源地址和目标地址。网桥通过查看目标地址决定将数据包送往何处。如果这个目标地址是它不认识的，它就将这个数据包中继到所有的网段中。

网桥使用源地址来建立地址表。当网桥读出源地址时，它记下这个数据包是从哪个网段来的，从而将这个地址和它所属的网段连接在一起。通过由每个节点发送的第一个数据包，网桥可以得知该站点所属的网段。例如，如果在图 5 – 16 中的网桥是一个学习网桥，当站点 A 发送数据包到站点 G 时，网桥得知从 A 来的包是属于上面的网段。在此之后，每当网桥遇到地址为 A 的数据包时，它就知道应该将它中继到上面的网段中。最终，网桥将获得一个完整的节点地址和各自所属网段的表，并将这个表存储在它的内存中。

在地址表建立后网桥仍然会继续上述过程，使网桥不断自我更新。假定图中节点 A 和节点 G 相互交换了位置，这样就会导致储存的所有节点地址的信息发生错误。但由于网桥仍然在检查所收到数据包的源地址，它会注意到现在站点 A 发出的数据包来自下面的网段，而站点 G 发出的数据包来自上面的网段，因此网桥可以根据这个信息更新它的表。

当然，具有这种自动更新功能的学习网桥会比简单网桥昂贵。但对大多数应用者来说，这种为增强功能、提供方便的花费是值得的。

3）多点网桥

一个多点网桥可以是简单网桥，也可以是学习网桥，用于连接两个以上相同类型的网段。

3. 路由器

路由器工作在网络层，比中继器和网桥更加复杂。在路由器所包含的地址之间，可能存在若干路径，路由器可以为某次特定的传输选择一条最好的路径。

报文传送的目的地网络和目的地址一般存在于报文的某个位置。当报文进入时，路由器读取报文中的目的地址，然后把这个报文转发到对应的网段中。它会取消没有目的地的报文传输。对存在多个子网络或网段的网络系统，路由器是很重要的部分。

路由器可以在多个互联设备之间中继数据包。它们对来自某个网络的数据包确定路线，发送到互联网络中任何可能的目的网络中。图 5 – 17 显示了一个由 5 个网络组成的互联网络。当网络节点发送一个数据包到邻近网络时，数据包将会先传送到连接处的路由器中；然后通过这个路由器把它转发到目的网络中。如果在发送和接收网络之间没有一个路由器直接将它们连接，则发送端的路由器将把这个数据包通过和它相连的网络，送往通向最终目的地路径上的下一个路由器，该路由器将会把数据包传递到路径中的下一个路由器，直到到达最终目的地。

路由器如同网络中的一个节点一样工作，但是大多数节点仅仅是一个网络的成员，而路由器同时连接到两个或更多的网络中，并同时拥有它们所有的地址。路由器从所连接的节点上接收数据包并传送到第 2 个连接的网络中。当一个接收数据包的目标节点位于这个路由器所不连接的网络中时，路由器有能力决定哪一个连接网络是这个数据包最好的下一个中继点。一旦路由器识别出一个数据包所走的最佳路径，它将通过合适的网络把数据包传递给下

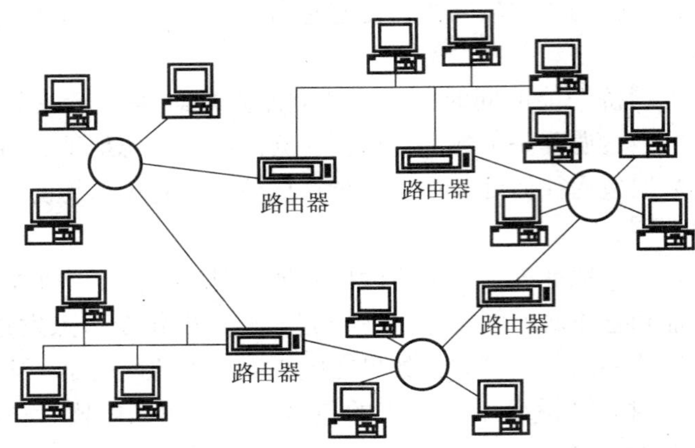

图 5-17　互联网中的路由器

一个路由器。下一个路由器再检查目标地址，找出它所认为的最佳路径，然后将该数据包送往目的地址，或送往所选路径上的下一个路由器。

路由器是在具有独立地址空间、数据速率和介质的网段间存储转发信号的设备。路由器连接的所有网段，其协议是保持一致的。

4. 网关

网关又被称为网间协议变换器，用以实现不同通信协议的网络之间，包括使用不同网络操作系统的网络之间的互联。由于它在技术上与它所连接的两个网络的具体协议有关，因而用于不同网络间转换连接的网关是不相同的。

一个普通的网关可用于连接两个不同的总线或网络。由网关进行协议转换，提供更高层次的接口。网关允许在具有不同协议和报文组的两个网络之间传输数据。在报文从一个网段到另一个网段的传送中，网关提供了一种把报文重新封装形成新的报文组的方式。

网关需要完成报文的接收、翻译与发送。它使用两个微处理器和两套各自独立的芯片组。每个微处理器都知道自己本地的总线语言，在两个微处理器之间设置一个基本的翻译器。I/O 数据通过微处理器，在网段之间来回传递数据。在工业数据通信中网关最显著的应用就是把一个现场设备的信号送往另一类不同协议或更高一层的网络。例如，把 ASI 网段的数据通过网关送往 Profibus - DP 网段。

5.4.6　DCS 通信网络的接口

DCS 的各现场仪器要将存储的信息安全、可靠地送到数据通信通道上，必须配有输入/输出通信接口。这种通信接口实现并行数据与串行数据之间的转换，通过标准接口（RS - 232 或 RS - 422）与通信链路相接。

通常采用的通信网络接口大多为可编程并行 I/O 接口电路 8255A、可编程串行 I/O 接口电路 8251A 和通信控制电路 8875。国内许多厂家生产的局部操作员站都是这样做的，如大连仪表厂的 SCJ - 2101、重庆川仪十八厂生产的增强型操作员站在 ZJC 系统中的局部通信接口 JTJ。

ZJC 系统中的局部通信接口 JTJ 是连接数字调节器（单回路、四回路）和上位计算机的智能接口，其构成如图 5 - 18 所示。

JTJ是以8086 CPU为核心的微机化的通信控制器，对下面调节器采用了8875按照HDLC（高级数据链路通信控制）规程进行的，对上位设备有两个通信口，一个通信口通过8255A并行口与ZJC增强型操作员站通信，一个通信口通过8251A串行口按照RS－232C规程与个人计算机PC通信，如图5－19所示。

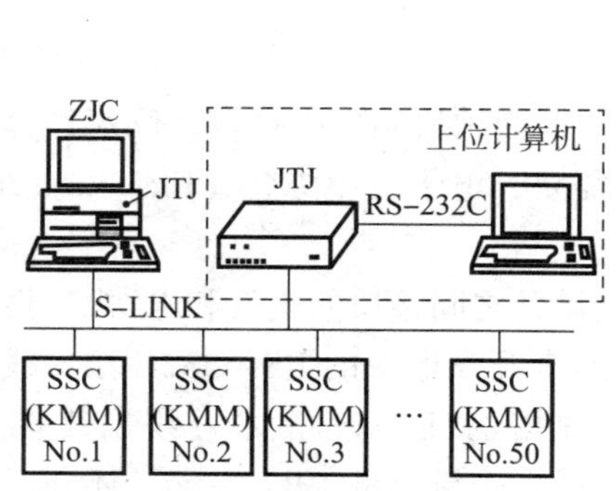

图5－18 智能接口结构框图

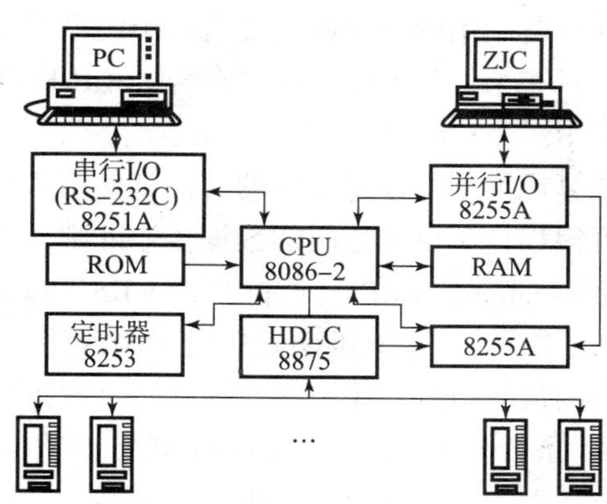

图5－19 微机化的通信控制器

当计算机、现场控制单元一类设备与外围设备，如调制解调器、打印机或其他类似的设备进行数据通信时，必须通过互联的标准接口，目前有几种标准接口可供选用。在这些标准中，规定了信号的特征、功能协议以及机械连接方式。目前通用的信号连接接口为RS－232C、RS－449、电流环（Current Loop）等，IEEE 488也用得较为广泛。关于数字、字母以及控制字符也规定了标准，ASCII是二进制字母、数字、字符编码最常用的规程。

1. 并行接口及并－串行转换

两个设备之间传送信息的最简单方法是采用并行传送信号的方式，即在两台设备之间为传送信息，把表征信息的数据位和地址位及控制位都各设置一条信号连线，各位同时传送，这种传送信号的方式叫作并行数据传输。并行传输方式主要用于短距离（一般电缆长为2 m之内）的数据高速传输。这种方法虽然比较简单，但是接口导线的数量和距离的限制使这种接口在许多实际的设备间通信中往往是不实用的。而主机与外部设备、控制单元之间的数据传输，大多采用串行接口进行。通常在设备内部都是采用并行数据传输，因此，一般在设备与设备之间需要传输信息数据时，首先将发送的并行数据转换为串行数据，而在接收设备一端，还需将串行数据还原成并行数据。这些并－串行转换目前已有专用芯片，如UART（通用异步接收发送器）、USART（通用异步/同步接收发送器）、SIO（串行输入/输出电路）、SCC（串行通信控制器）。这些芯片都具有同步检测逻辑和移位寄存器，前者用于判断传送的开始及字符或数据的起始，后者用于将接收的并行数据一位一位地移入串行通道，或者从串行通道将数据按位移送到并行寄存器。

2. ASCII码

在数字计算机或控制单元之间能进行通信，应归功于编码技术的应用。把字母、数字、字符表示为0、1代码，是通信技术中的一大飞跃。ASCII码即美国标准信息交换码，是为满足现代通信的需要而开发出来的，通过多位0和1有序的排列，表示打印机能够打印出来的所有符号和少量专用码的编码。ASCII码符号组的全部符号数为128个。注意：7位ASCII编码在需用奇偶校验位传输时，被某些用户称作8位ASCII码。这应与某些外围设备运行的

8 位 ASCII 加以区别，不应混淆。许多外围设备，尤其是智能终端和打印机设备，采用了替换符号组、图形字符或特殊印刷字符，对于这些特别符号使用了 8 位 ASCII 码，除了可获得正常的 128 个符号外，还可额外获得 128 个符号。由十进制 128～255 的 ASCII 操作的外围设备具有非标准赋值。某一外围设备可能需要将一个特定编码定义为某一个希腊字母符号，而另外设备则用同一编码定义为一个图形符号，所以应特别注意，使用特殊的 ASCII 码的设备时，只有第 1 组 128 个符号符合 ASCII 标准定义。

3. RS－232C 标准

计算机类型的设备之间的通信都使用 ASCII 码，因此必须研制标准接口，确定计算机硬件或可编程控制单元之间的数据传输准则，根据这一需要，电子工业协会（Electronic Industries Association）即 EIA 研制了 EIA RS－232C 标准。

EIA RS－232C 标准明确规定了两台计算机类型的设备之间接口的电气和电/机特性。这种标准的最简单形式是将接口线路数量减少到 3 条，而全开发形式的 RS－232C 接口线路可多达 22 条并行信号线。该协议规定能产生或接收数据的任一设备称为数据终端设备（DTE），例如，计算机、可编程控制器、打印机/键盘或者带键盘的 CRT 终端。还同时规定能将数据信号编码解码、调制解调，并可长距离传输数据信息信号的任一设备称为数据通信设备（DCE），如调制解调器。对于可编程控制单元和打印机之类设备之间的连接可以不用调制解调器，故不采取全开发的 RS－232C 协议。与其功能相对应，DTE 可以是可编程控制单元或其他智能设备，而 DCE 可以是打印机或类似的“不灵活”的设备，在绝大多数应用中实际上只需 9 条信号线。RS－232C 标准一般采用 25 针 D 型接插器作为计算机设备间的机械连接部件。

RS－232C 协议没有详细说明传输数据用的字符码，只是说明了接口对信号特征的要求。当许多系统使用 7 位或 8 位 ASCII 码时，其他几种码依然应用，如 6 位 IBM 码，也叫通信码（Corre Spondence Code）。也有使用 5 位的待确认码，以及 8 位扩充的二－十进制转换码和其他特殊码的，这就提出了一个特别需要注意的问题，除了要遵守 RS－232C 协议外，用户还必须知道字符协议，才能操作通信链路。另外，RS－232C 协议没有详细规定通信方式。实际应用中常有 3 种通信方式：单工通信方式，仅能向一个方向传送，如在某一终端与控制器之间通信，只能由控制器向终端传送，反之不然。半双工通信方式，允许控制器向终端传送及终端向控制器传送，即进行所谓的双向通信，不过在任一通信时刻只能向一个方向通信。在这种情况下，为控制传输换向，半双工通信两端的两个设备必须进行协调，即必须附加控制信号的接口。全双工通信方式，则允许两个设备控制器与终端在两个方向上同时通信，这时两个传输方向的控制是完全独立的，即控制器和终端设备都具有独立的发送器和接收器。实际上在两个设备上的控制逻辑电路是完全独立的两个单向通道。

ASCII 码的传输是以串行方式经 RS－232C 接口实现的，ASCII 码每串逻辑 1 和 0 字符系列是以电压数字信号在 RS－232C 信号线上传输的。通常，计算机的逻辑信号是以 TTL 电平（0～5 V）表示的，而 RS－232C 标准使用负逻辑代表 0 和 1 状态，+5～+25 V 电压电平代表逻辑 0 状态，－5～－25 V 电压电平表示逻辑 1 状态。

按照 RS－232C 标准传输的串行数据格式，传输开始时发送一个起始位，表明正在发送字符。接着传输数据位，数据位是根据使用的字符格式来确定传输所需码的位数。RS－232C 传输首先发送出低有效位 LSB。由于噪声可能影响传输，发生误码现象，可以用奇偶

校验位来确认传输是否正确。接在数据位后面的一位是奇偶校验位，作为校验传输中的差错。到底为奇或偶并不重要，使用时可能是偶数，也可能是奇数，可按用户要求确定。奇偶性是内发送设备传输信息中“1”状态数据位的个数经计算得出来的，然后将奇偶校验位置于“1”或“0”。使数据位“1”状态加上奇偶校验位“1”状态的总数始终是偶数或奇数（为偶数时为偶校验，为奇数为奇校验），然后接收设备可以计算收到的数据和奇偶校验位“1”的数量，通过对其校验，以确保收到正确的字符。

一帧信息的最后是停止位，这些位表明字符传输结束。停止位可以规定为 1、1.5 或 2 位，因为停止位的时间实际上表示接收器的休息时间，所以 0.5 位也可以。

最后应考虑的问题是位传输速率。传输速率以位数/秒来表示，通常也叫作波特率。对集散系统及可编程控制器最常用的速率为 300、1 200 和 9 600 波特。

总之，为了使用 RS－232C 标准，用户必须确认设备的电压电平、传输的波特率、字符码、奇偶性、停止位数以及两台设备之间的信号交换线路数量是完全正确的，通信链路才能正确运行，如果在 RS－232C 通信中出现问题，不管问题是在计算机上还是在调制解调器上，硬件接口均能提供错误指示信息。这些信号能够指出帧、奇偶性、超限或者握手信号之类的差错。帧差错一般表明两台设备间被传送和接收的总位数不相匹配。如果奇偶校验有故障，可检查一下是否两台设备都出问题。奇偶校验差错表明传输线路有电磁噪声干扰或者两台设备中有一台的奇偶性设置不正确。一般通信电缆的最大距离应不超过 16.7 m，如已超过则应尽量缩短，或者使用商用的 RS－232C 总线驱动器和接收器以增加距离。在任何应用情况下，RS－232C 电缆线都应该是屏蔽双绞线。如果奇偶校验设置得正确，则还应检查数据和停止位顺序是否正确。当传输速率不匹配时或者两台通信设备中的一台不能尽快处理传送来的数据时，则造成超限差错。如果差错是由过高的传输速率造成的，改进的办法就是选择较低的波特串传输，这样可使设备接收传输较慢的数据。当一台设备由于不正确的“握手”信号而不能与其相匹配的设备进行通信时，设备发出发送请求后（置于“1”状态）如果接收设备能够接收该请求，它将通过清除发送线路，发送消除发送请求信号。如果发出请求后而在一定的时间内没有收到请求，则将是“握手”信号的差错。当然，还可能产生其他特殊出错信息。

4. RS－422A 标准

RS－422A 采用平衡驱动差分接收电路，如图 5－20 和图 5－21 所示，从根本上取消了信号地线。平衡驱动器相当于两个单端驱动器，其输入信号相同，两个输出信号互为反相信号，图中的小圆圈表示反相。外部输入的干扰信号是以共模方式出现的，两根传输线上的共模干扰信号相同，因接收器是差分输入，故共模信号可以互相抵消。只要接收器有足够的抗共模干扰能力，就能从干扰信号中识别出驱动器的有用信号，从而克服外部干扰的影响。

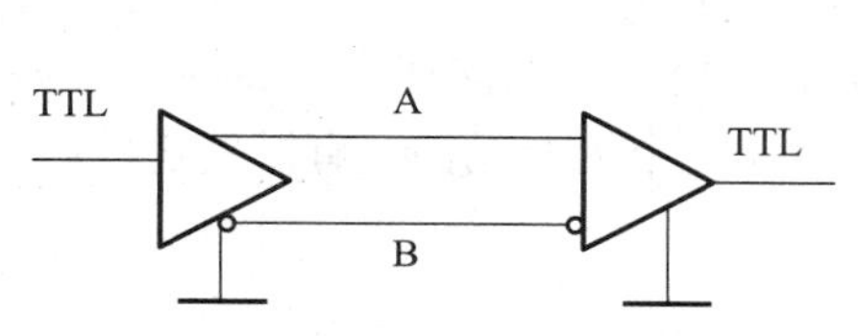

图 5－20　平衡驱动差分接收电路

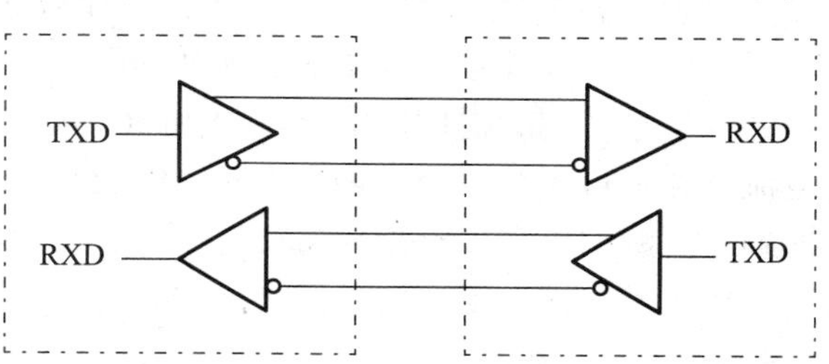

图 5－21　RS－422A 通信接线图

RS－422A 在最大传输速率（10 Mbps）时，允许的最大通信距离为 12 m。传输速率为 100 kbps 时，最大通信距离为 1 200 m，一台驱动器可以连接 10 台接收器。

在 RS－422A 模式中，数据通过 4 根导线传送（四线操作），如图 5－21 所示。RS－422A 是全双工，两对平衡差分信号线分别用于发送和接收。

5. RS－485 标准

RS－485 是 RS－422A 的变形，RS－485 为半双工，只有一对平衡差分信号线，不能同时发送和接收。使用 RS－485 通信接口和双绞线可以组成串行通信网络（见图 5－22），构成分布式系统，系统中最多可以有 32 个站，新的接口器件已允许连接 128 个站。

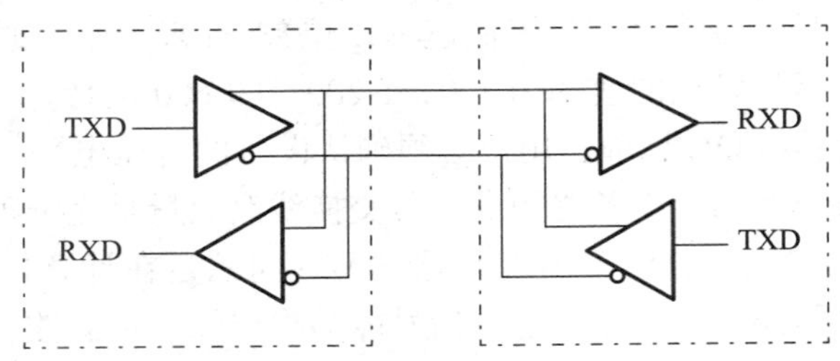

图 5－22　RS－485 通信接线图

6. RS－449 标准

RS－449 标准是 RS－232C 标准的一种改进型，其目的是作为数据终端设备（DTE）和数据通信设备（DCE）之间的接口，逐渐代管 RS－232C 标准。RS－449 标准是由电子工业协会即 EIA 开发出来的，以扩大 DTE 和 DCE 硬件间的距离，增加 DTE 和 DCE 设备之间的通信速率，以适应集成电路设计和最新硬件的优点。EIA RS－449 规定了 DTE 和 DCE 硬件间的物理连接，而标准 RS－422 和 RS－423 规定了接口的电信号特征。

新标准建立了几种新的信号助记符，信号多于 25 种。RS－232C 标准使用的 25 针接口插件将被 37 针接口插件所取代，也有的选择配以 9 针接口插件。

为使 RS－232C 标准有序地过渡到 RS－422/RS－449 标准，新的接口标准可与旧的 RS－232C 标准兼容，而且也不需要昂贵的适配器和更新硬件。

7. 电流环标准

电流环标准与 RS－232C 标准相似，只是没有“握手”信号，而且该电流环标准是以电流为基础的，不是以电压电平为基础。

电流环标准范围为 20～60 mA。电流环标准为四线制标准，有四线连接与二线连接的。电流环标准的使用与四线制 RS－232C 标准有相同的传输概念。它以串行方式传输数据，按时间顺序来开关电流，以代替逻辑“0”“1”状态电平。传送格式依然有启动位，5～8 个数据位，一个奇偶校验位，以及 1、1.5 或 2 个停止位。

由于电流环标准是以电流信号为基础的，可以敷设的传输电缆比较长。许多可编程控制器或计算机系统同时提供电流环标准和 RS－232C 标准，使用相同的 25 针 D 型接口插件。在电流环路上可串接一个或多个设备，电流从电流源正端流出，经电流环中的每一个设备，返回到电流源的负端。电流环需要有一个有源元件，且对应一个无源元件。有源发送器必须与无源接收器连接，无源发送器必须与有源接收器连接。

8. IEEE 488 标准

为了使改进的 RS－232C 标准，能与当前的计算机硬件更加兼容，电气和电子工程协会

(IEEE) 开发出一种通用接口标准，称为 IEEE 488，多在智能仪器仪表中采用。该标准在一个接口上尽量多地定义多个变量而不必说明接口的实际用处。允许系统中任意两个单元直接通信，而无须经过一个控制单元。它的传输特点采用位并行、字节串行、三线接口、异步传输的格式。

IEEE 488 精确地定义了连接器引出头（Pinouts）插针的实际功能，以及必须使用的信号电平（电源和电压）。

某些设备可指定为接收器，这些设备只能接收总线传输来的数据，不能将数据置于总线上。打印机即使可作为接收设备的一个例子，它可以接收到总线上的所有通信信号，但只有在总线控制器发出指令时才能将总线数据打印出来。总线上的另一种设备是发送器，这些设备在控制器发出指令时则把数据置于 IEEE 总线上。应该指出的是总线设备可以是一个发送器、一个接收器以及一个控制器，或者是任意两种设备的组合。例如，一台计算机可以起到控制器的功能，也可以作为接收器或讲听器使用。

IEEE 488 总线实际上由 16 条信号线构成，分成 3 个功能组。8 条数据线构成一组数据总线，允许 7 或 8 位 ASCII 码传输，这组总线设计为双工通信的，允许数据从连接到总线上的设备间来回流通。第二组由 3 条信号所组成，称作数据传送控制总线，这组总线处理 IEEE 488 接口数据传输中运行所必需的“握手”信号。其余的 5 条信号线构成一般接口总线组，用于连接各设备之间往返控制信号和工作状态。

IEEE 488 接口的最大优点是只要该设备符合标准要求，插入接口立即可以工作。本标准没有说明的唯一项目是被传送的数据格式问题。如果所有使用数据的设备都设计成能识别 ASCII 码，那么数据就可以用 ASCII 码传输。实际上如果总线控制器处于良好的在用状态，接到总线上的设备互相理解在线的字符格式，那么 IEEE 488 总线也就可使用该字符格式了。

5.5 以太网和 IEEE 802.3 及工业以太网

5.5.1 以太网

以太网是由美国 Xerox 公司（施乐公司）于 1975 年研制成功的，1980 年由 DEC 公司（数字设备公司）、Inetel 公司、Xerox 公司（施乐公司）三家公司联合宣布了 10 Mbps 以太网技术规范的第一版本 DIXV1（DIX 是这三个公司名称的缩写）。1982 年又修改为第二版规范 DIX EthernetV2，形成了世界上第一个局域网产品的规范。集散控制系统中采用 CSMA/CD 方式，处理数据的总线网大多数采用以太网。以太网的协议规定了物理层、数据链路层标准。

1. *物理层*

以太网的物理层采用 50 Ω 基带同轴电缆作为通信媒体，数据传输速率是 10 Mbps，网络节点最多 1 024 个，节点之间的距离通过中继器可达 2.5 km。每个节点由收发器、收发器电缆、以太网接口及主机接口等组成。若干节点挂接在一根同轴电缆上组成分支式的一个段，段与段之间用中继器连接。每根同轴电缆的长度应小于 500 m，收发器电缆长度小于

50 m，可挂接 100 个节点。

2. 数据链路层

以太网的数据链路层分为数据封装和链路管理两个子层。数据链路中的帧以 8 位为一个位组，采用从左向右的顺序传送，目的地址共 6 个位组，当第一位是“0”时表示物理地址，当第一位是“1”时表示送往以太网所连接的所有节点。除第一位以外的 47 位是实际地址。源地址是发送节点的地址。以太网采用 32 位循环冗余码作为校验。数据链路层的控制采用 CSMA/CD 方式。

5.5.2 IEEE 802.3 协议

IEEE 802 委员会是专门制定局域网标准的机构，IEEE 802 委员会的工作组于 1983 年制定了第一个 IEEE 的以太网标准，其编号为 802.3，数据通信速率为 10 Mbps。IEEE 802.3 协议是带有冲突检测的载波侦听多路存取控制协议（CSMA/CD）技术，常用于总线或树形拓扑网络中。802.3 局域网对以太网标准中的帧格式做了一些改变，但允许基于这两种标准的硬件在同一个局域网互操作。以太网的两个标准 DIX EthernetV2 与 IEEE 的 802.3 标准只有很小的差别，因此很多人也将 802.3 局域网简称以太网。

5.5.3 工业以太网简介

自从以太网在办公室普及并频繁地在企业网络的高端控制器中使用后，在控制层甚至是设备层使用以太网已经是很自然的事了。它有成本低、连接性好和高速网络的简单传输等优点。工业以太网技术与普通商用以太网同样符合 IEEE 802.3 标准，也就是说工业以太网在电气特性和链路通信协议上与普通以太网没有区别。

1. 以太网在工业控制中应用时存在的问题

（1）首先是由于以太网采用载波侦听/冲撞检测（CSMA/CD）介质访问控制方式，如果在网上同时有两个节点发信息，发生冲突，两个节点都必须退回去，经过随机延时再向网络发送信息，所以不能满足工业网络通信的实时性和确定性的要求。

（2）以太网的传输效率比较低。不同网络对报文长度有限制，在报文中，除了数据以外，还有一些作为同步、地址、校验等附加字段，有效数据字段与附加字段之比称为网络有效传输效率。

（3）以太网所用的接插件、集线器、交换机和电缆是为办公自动化而设计的，不符合工业现场恶劣环境的要求。在工业环境中，Ethernet 抗干扰性能较差。工业用的器件价格比较高。

（4）以太网若用于危险场合，它不具备本安特性，也不具备通过信号线向现场仪表供电的性能。

2. 以太网在工业控制中应用时所存在问题的解决办法

以上三个问题除本安特性问题外，都得到了改善。对于第一个问题的解决，由于现在以太网速度很高，两个节点发生冲突的机会很少；另外，采用工业以太网交换技术（EthernetSwitch），如果发生冲突，可以用软件解决。关于接插件、集线器、交换机现在已经有导轨式的，适合即插即用。

3. 实例

美国 SIXNET 公司对于以太网的时间不确定性和实时性问题的解决办法如下：

（1）采用专用的控制网络。首先认为控制系统的 I/O 网络是专为输入/输出用的，它是轻载的，假设一个系统有 5 个站，每个站有 200 个模拟量和 400 个开关量，总共有 1 000 个模拟量和 2 000 个开关量，数据送给主站登记一次需要 50 ms 。一个模拟值占 2 个字节，8 个开关量打成一个包占一个字节。如果一个信息的效率是 50%（按保守估计，假定网络字符没有分类，如地址、错误检测的字节），送出 4 500 个字符，速率 10 Mbps，在数据刷新时，总的传输时间将是 4. 5 ms，如果刷新时间为 50 ms，那么占以太网带宽不到 10%。即使产生错误，每个消息送出 2 次，那么 50 ms 的刷新周期只用到网络能力的 1/5。该例子表明，控制网络轻型负载能实现实时数据的性能。

（2）提高网络速度，工业以太网交换技术可避免冲突和网络不能超载。提高以太网读取实时数据的性能，SIXNET 公司的方案是读 I/O 数据的驱动软件能并行处理，在同一个时间内，用多个站来处理 I/O 信号，驱动软件建立一个表，用记账的办法跟踪响应。灵活表决的算法，使系统有更高的性能。SIXNET 公司称这样的 I/O 驱动为 SIXNET 控制室，I/O 映像源数据库有效安排 I/O 消息到多个站，任何一个映像源，都不能超载。如有错误发生，自动跟踪并按时重试。所有网上的线都通过 SWITCH 连接，它是星形连接，在一条线上，只有一个节点，在 SWITCH 内有缓冲器，安装确定性软件，所以信号是确定的。以太网的软件编制采用“隧道”技术，把原来通过 RS－485、RS－232 来传的信息包嵌入以太网，通过以太网来传，以太网便成为快速的串行口。SIXNET 公司还采用以太网交换技术，形成以太网冗余“环形”拓扑，提高可靠性。

（3）TCP/IP 和 UDP/IP 协议并用，提高实时性。工业以太网目前比较适合于车间一级的控制网络使用，但不适合于替代现场总线作为 I/O 设备网络使用。工业以太网实质只是定义了网络的物理层和数据链路层，即工业以太网目前不存在所谓的应用标准，一般不同公司采用不同的通信协议。

4. 目前工业以太网的应用

（1）Modbus/TCP：Modbus 是 MODICON 公司在 20 世纪 70 年代提出的一种用于 PLC 之间的通信协议。由于 Modbus 是一种面向寄存器的主从式通信协议，协议简单实用，而且文本公开，因此在工业控制领域作为通用的通信协议使用。最早的 Modbus 协议是基于 RS－232/RS－485/RS－422 等低速异步串行通信接口，随着以太网的发展，将 Modbus 数据报文封装在 TCP 数据帧中，通过以太网实现数据通信。

（2）Ethernet/IP：Ethernet/IP 是美国 Rockwell 公司提出的以太网协议，其原理与 Modbus/TCP 相似，只是将 ControlNET 和 DeviceNET 使用的 CIP（Control Information Protocol）报文封装在 TCP 数据帧中，通过以太网实现数据通信。满足 CIP 的三种协议 Ethernet/IP、ControlNET 和 DeviceNET 共享相同的数据库、行规和对象，相同的报文可以在三种网络中任意传递，实现即插即用和数据对象共享。

（3）FF HSE：HSE 是 IEC 61158 现场总线标准中的一种，HSE 的 1 ~4 层分别是以太网和 TCP/IP，用户层与 FF H1 相同，现场总线信息规范 FMS 在 H1 中定义了服务接口，在 HSE 中采用相同的接口。

（4）PROFInet：PROFInet 是在 Profibus 的基础上向纵向发展，形成的一种综合系统解决方案。PROFInet 主要基于 Microsoft 的 DCOM 中间件，实现对象的实时通信，自动化对象以 DCOM 对象的形式在以太网交换数据。

要实现一个统一的、具有可操作性的工业以太网，还有相当长的路要走。从以上的讨论不难看出，大的自动化系统公司都把工业以太网使用在控制级及其以上的各级，为保护投资者利益，现场级仍采用现有现场总线，Modbus TCP/IP 使用 Modbus 总线，Ethernet/IP 使用 DeviceNet和 ControlNet 现场总线，FF 使用 FF H1 现场总线，PROFInet 则完全保留已有的 Profibus 现场总线。这样一来，要使这些系统相互兼容看来需要走相当长的路。

互联网技术的成功之处在于使用了 TCP/IP 网络协议，该协议的特点是：开放的协议标准，并且独立于特定的计算机硬件与操作系统；独立于特定的网络硬件；统一的网络地址分配方案；以及标准化的高层协议，可以提供多种可靠的用户服务。

TCP/IP 参考模型与 ISO OSI 参考模型的对应关系如图 5－23 所示，由于工业网络需要解决工业控制具体问题，因而需要增加用户层，所以说工业 TCP/IP 参考模型是四层结构。在 TCP/IP 参考模型中，主机—网络层是最低层，它负责通过网络发送和接收 IP 数据包，TCP/IP 参考模型允许主机连入网络时使用多种现成的与流行的协议，充分体现了 TCP/IP 协议的兼容性与适应性。利用这种技术，各种协议的现场总线都可以接入 TCP/IP 网络，IP 互联层相当于 OSI 模型网络层的无连接网络服务，用来确定信息传输路线，为每个数据包提供独立的寻址能力；TCP 传输层负责无差错的传送数据包，一旦出错能够实现重发和指示出错。

在 TCP/IP 参考模型中，应用层是高层协议，它包括超级文本传输协议 HTTP、文件传输协议 FTP、简单网络管理协议 SNMP 等建立于 IT 技术的协议。对于工业以太网，在传输非实时数据时，上述协议仍然适用。但是，工业以太网要用于工业控制，还必须在应用层解决实时通信，用于系统组态的对象和工程模型的应用协议。目前，要建立一个统一的应用层和用户层标准协议还只是一个长远的目标。

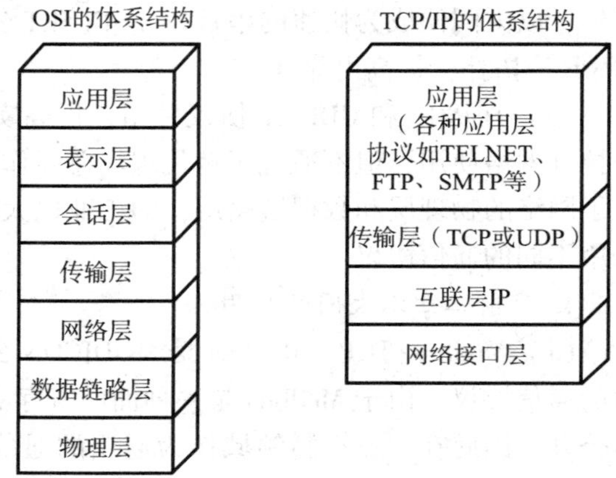

图 5－23　OSI 与 TCP/IP 体系结构对比

近来，随着网络通信技术的进一步发展，用户的需求也日益迫切，国际上许多标准化组织正在积极地工作以建立一个工业以太网的应用协议。工业自动化开放网络联盟（Industrial Automation Open Networking Alliance，IAONA）协同开放式设备网络供货商协会（Open DeviceNet Vendor Association，ODVA）和分散自动化集团（Interface for Distributed Automation，IDA）共同开展工作，并对推进基于 Ethernet TCP/IP 工业以太网的通信技术达成共识。由 IAONA 负责定义工业以太网公共的功能和互操作性，具体内容包括对于 IP 地址即插即用互操作的通用策略、装置描述和恢复机制、网络诊断的方案；指导使用 Web 技术；一致性测试；以及定义一种应用接口，以消除各种协议间的差异。我们相信，经过各方面的共同努力，不久的将来就会实现。

本章小结

本章主要介绍了DCS通信网络的组成、DCS通信网络的体系结构及DCS通信网络的特点，计算机数据通信基础知识及DCS的通信网络技术，DCS数据通信协议及通信网络控制方法，DCS通信网络常用网络设备及接口设备，而后介绍了工业以太网及其应用。使读者对DCS的通信网络有了清晰的认识，并对DCS的通信网络有一定的掌握。

习　题

一、选择题

1. DCS常用的通信介质有________、________和________三种。
2. 检错编码的方法很多，DCS检错编码常用的方法有________和________两种。
3. 将网络互相连接起来要使用一些中间设备，在物理层使用的中间设备是________，在数据链路层使用的中间设备是________，在网络层使用的中间设备是________。

二、名词解释题

1. 并行通信。
2. 串行通信。
3. 单工与双工通信。
4. 拓扑结构。

三、简答题

1. DCS的通信网络体系结构有几层？
2. DCS通信的拓扑结构有哪几种？DCS中常用哪几种拓扑结构？
3. DCS网络与一般的计算机网络相比有哪些特点？
4. 计算机网络中标准的通信协议有哪几种？DCS中广泛采用的又是哪几种通信协议？
5. 简述计算机通信网络的组成。

第6章

常用DCS简介

学习目标

☞ 熟悉和利时的Hollias－macs系统的结构、组成及特点

☞ 熟悉Foxboro公司的I/A Series系统的结构、组成及特点

☞ 熟悉浙大中控公司的JX－300XP系统网络结构

☞ 熟悉西门子SIMATIC PCS 7系统的结构、组成及特点

☞ 了解ABB OCS系统的结构及特点

☞ 熟悉罗克韦尔的ControlLogix系统结构及系统特点

☞ 了解小型SunyPCC800系统的结构、组成及特点

常见的 DCS 有和利时的 Hollias - macs 系统、Foxboro 公司的 I/A Series 系统、浙大中控公司的 JX - 300XP 系统、西门子 SIMATIC PCS 7 系统、ABB OCS 系统、罗克韦尔的 Control-Logix 系统和小型 SunyPCC800 系统。

6.1 和利时的 Hollias - macs 系统

和利时自动化工程公司于 1992 年自主开发设计成功 HS - DCS 1000 系统。在此基础上 1995 年年底推出了升级版本 HS - DCS 2000。该系统用于我国石油化工、电力、玻璃、水泥、制药和冶金等工业控制系统，得到我国广大用户的认可和支持。该系统不但用于普通工业装置的数据采集和实时监测，而且更多地用于复杂的实时控制。在此基础上，采用成熟的先进控制算法，推出了第 4 代 DCS Hollias - macs 系统。其体系结构如图 6 - 1 所示。

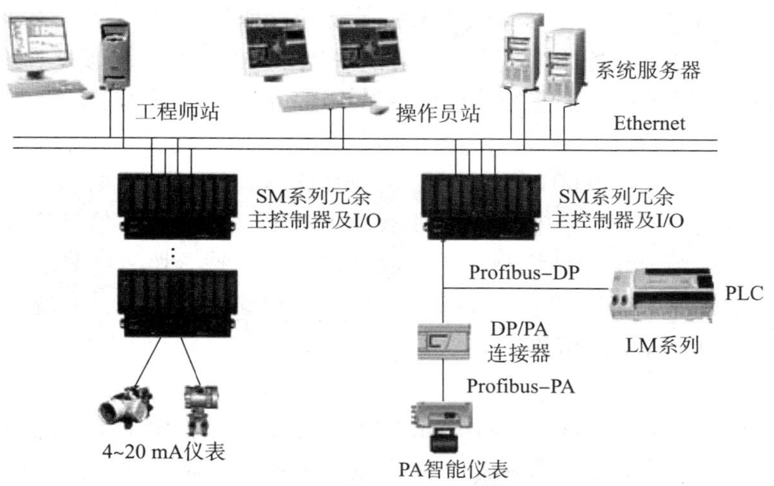

图 6 - 1 Hollias - macs 系统的体系结构

该系统基于 Profibus 现场总线技术设计，其分布式数据库结构属于 C/S（Client/Server）的体系结构。该系统具有集成 OPC 技术，采用成熟的先进控制算法，对控制系统实现计算机监控，并且集成了 DMS 系统、RealMIS 系统、EPR 系统、SCM 和 CRM 系统等。可在智能现场仪表设备、控制系统、企业资源管理系统之间进行无痕信息流传输，实现工厂智能化、管控一体化，为工厂自动控制和企业管理提供全面的解决方案。

6.1.1 Hollias - macs 系统的组成

Hollias - macs 系统是用以太网和使用现场总线技术的控制网络连接各工程师站、操作员站、现场控制站、通信控制站、打印服务站、数据服务器而组成的综合自动化系统。它可完成大型、中型分布式控制系统，大型数据采集监控系统（SCADA）等功能。

Hollias - macs 系统硬件由工程师站、操作员站、现场控制站（包括主控单元设备和 I/O 单元设备）、通信控制站、打印服务站、数据服务站、系统网络、控制网络等组成。

Hollias - macs 系统软件包括：ConMaker 控制器软件、ConRTS 现场控制器运行软件、PlantView 人机界面软件、Internet 浏览软件、OPC 工具包等。

1. 现场控制站

现场控制站由主控单元、智能 I/O 单元、电源单元、现场总线和专用机柜等部分组成，采用分布式结构设计，扩展性强，其中主控单元是一台特殊的专用控制器，运行工程师站所下装的控制程序可进行工程单位变换、控制运算，并通过监控网络与工程师站和操作员站进行通信，完成数据交换；智能 I/O 单元完成现场内的数据采集和控制输出的任务；电源单元为主控单元、智能 I/O 单元提供稳定的工作电源；现场总线为主控单元与智能 I/O 单元之间进行数据交换提供通信链路。

主控单元采用冗余配置，通过现场总线（Profibus - DP）与各个智能 I/O 单元进行连接。在主控单元和智能 I/O 单元上，分别固化了相应的板级程序。主控单元的板级程序固化在半导体存储器中，而将实时数据存储在带电保护的 SRAM 中，完全可以满足控制系统可靠性、安全性、实时性要求。而智能 I/O 单元的板级程序同样固化在半导体存储器中。

现场控制站是 Hollias - macs 系统实现数据采集和过程控制的前端，主要完成数据采集、工程单位变换、开闭环策略控制算法、过程量的采集和控制输出、将数据和诊断结果传送到系统监控网等任务，并有完整的表征 I/O 模件及 MCU 运行状态的提示灯。

2. 操作员站

操作员站采用 Windows 2000 Professional 的操作系统，运行相应的组态管理程序，对整个系统进行集中控制和管理。工程师站主要有以下功能：各种监视信息的提示、查询和打印，主要有工艺流程图显示、趋势显示、参数列表显示、报警监视、日志查询、系统监视等。通过键盘、鼠标或触摸屏等人际设备，进行命令和参数的修改，实现对系统的人工干预，如在线参数修改、控制调节等。

3. 工程师站

工程师站采用 Windows 2000 Professional 的操作系统，运行相应的组态管理程序，对整个系统进行集中控制和管理。工程师站主要有以下功能：控制策略组态（包括系统硬件设备、数据库、控制算法）、人机界面组态（包括图形、报表）和相关系统参数设置等；现场控制站的下载和在线调试，操作员站人机界面在线修改。在工程师站上运行操作员站实时监控程序后，可以把工程师站作为操作员站使用。

4. 通信控制站

通信控制站作为 SmartPro 系统与其他系统的通信接口，可以连接企业的 ERP 系统（如和利时的 HS2000ERP）和实时信息系统 RealMIS，或者接入 Internet/Extranet/Intranet。工厂的各个部门可以掌握更多的生产信息，为最终用户提供更多的产品和更好的服务。它不仅提供了对生产过程、人员、设备和资源的管理，还可以帮助用户寻找出现问题的原因和产生的瓶颈。

现场控制总线（Profibus - DP）为主控单元与智能 I/O 单元之间进行数据交换提供通信链路。主控单元采用冗余配置，通过现场总线与各智能 I/O 单元进行连接。在主控单元和智能 I/O 单元上，分别固化了相应的板级程序。主控单元的板级程序固化在半导体存储器中，而将实时数据存储在带电保护的 SRAM 中，完全可以满足控制系统可靠性、安全性、实时性要求。而智能 I/O 单元的板级程序同样固化在半导体存储器中。

Hollias - macs 系统由上下两个网络层次组成：监控网络（SNET）和控制网络（CNET）。上层监控网络主要用于工程师站、操作员站和现场控制站的通信连接；下层控制

网络存在于各个现场控制站内部，主要用于主控单元和智能 I/O 单元的通信连接。

上层监控网络为冗余高速以太网链路，使用五类屏蔽双绞线及光纤将各个同心节点链接到中心交换机上。该网络中主要的通信节点有工程师站、操作员站、现场控制站，采用 TCP/IP 通信协议，不仅可以提供 100 Mbps 的数据连接，还可以连接到 Internet、Intranet 上，进行数据共享。监控网络实现工程师站、操作员站、现场控制站之间的数据通信。通过监控网络，工程师站可以把控制算法程序下载到现场控制站主控单元上，同时工程师站和操作员站也可以从主控单元上采集实时数据，用于人机界面上的数据显示。

控制网络位于现场控制站内部，主控单元和智能 I/O 单元都连接在现场总线上，采用单屏蔽的双绞铜线（串行总线）进行连接，具有很强的抗干扰能力。该网络中主要的通信节点有 DP 主站（主控单元中的 FB121 模件）和 DP 从站（智能 I/O 单元—FM 系列的 I/O 模件）。利用总线技术实现主控单元和过程 I/O 单元间的通信，以完成实时 I/O 数据和从站设备诊断信息的传送，而且添加 DP 重复器模件，就可以实现远距离通信，或者更多地连接智能 I/O 单元。各个节点用固定分配的 IP 地址进行标识。为实现监控网络的冗余，网中每个节点的主机都配有两块以太网卡，分别链接到 128 网段和 129 网段的交换机上。监控网络的前两个地址已经做了规定，分别为 128.0 和 129.0，现场控制站主控单元 IP 地址的后两位则可以自定义。一般将一个现场控制站里相互冗余的两个主控单元分别定义成 A 机和 B 机。它们的 IP 地址的设置是通过一个拨码开关来实现的。对于工程师站和操作员站的计算机，把它看作同一类计算机，进行统一编号。

6.1.2 Hollias - macs 系统的特点

1. 在统一的系统平台上提供管控一体化解决方案

Hollias - macs 可与企业管理信息系统实现无缝连接，为用户提供整套的 RealMIS 系统，安装在企业管理网上，通过 OPC 从 Hollias - macs 上接收实时数据，提供生产数据的实时显示、报表打印、趋势统计功能。软件的配置实行模块化方式，可根据实际需要配置各种软件，方便用户使用。

2. 标准的 Client/Server 结构

为了保持操作数据（特别是历史数据）的一致性和保证系统数据的安全性，以及满足大容量的要求，Hollias - macs 系统的操作层采用 Client/Server 结构。双冗余的系统服务器将用来存储系统所有的实时数据、历史数据、操作记录、事件记录、日志记录等。而各种功能的单元如操作员站、工程师站、先进控制计算站、分析站、现场控制站等则构成不同的功能客户机，真正实现功能分散、危险分散、集中管理的目的，这种结构，节省了网络资源，使数据传输更为敏捷，每一个服务端都可以通过服务器获得实时数据。

3. 应用先进的现场总线技术

现场总线是连接智能现场设备和自动化系统的数字式、双向传输、多分支结构的通信网络，它的关键标识是能支持双向、多节点、总线式的全数字通信，随着计算机技术、通信技术、集成电路技术、智能传感技术的发展，在工业控制领域，现场总线技术是一场革命，代表了一种具有突破意义的控制思想，改变传统 DCS 结构为 FCS 结构，真正做到“危险分散，控制分散，集中监控”原则，具有完全自主知识产权的现场总线技术，主站和从站物理层、链路层完全自主开发。其优点是，可以直接连接其他各大厂家的 PLC，如 Siemens、VIPA、GE 等；可以通过耦合器和连接器方便地接入 Profibus - PA 智能变送器或执行器；集中安装或分布安装，任由用户选择，节省电缆；macs 软件与 I/O 设备独立，添加硬件设备方便；I/O 设备可变成标准的可以集成的 PLC 部件。

4. 支持 OPC 数据处理

基于 Microsoft COM/DCOM 技术的 OPC 已经成为过程控制的接口标准。OPC 是为了使不同供应厂商的设备和应用程序之间的软件接口标准化，使其数据交换更加简单化而提出的；可以向用户提供不依靠于特定开放语言和开发环境的可以任意组合使用的过程控制软件组建产品。Hollias 系列产品支持 OPC 数据接口，有了 OPC，与其他厂商的控制系统，与工厂 MIS 网、ERP 系统、PLC 之间的数据交换问题迎刃而解，不再需要编制各种特殊的接口程序，减少工程师的维护量，节约投资成本。

5. 开放的网络系统

在企业级网络层采用冗余的 100 Mbps 以太网（TCP/IP 协议），可与上级系统通过专网或无线相连；在系统管理层采用冗余的 100 Mbps 以太网，向下通过服务器与控制级网相连，并具备 OPC 标准接口，通过网关与管理信息系统 MIS 相连；向上可与企业网相连。在控制层，采用冗余的 10/100 Mbps 以太网向下通过交换器/集线器与现场控制站主控单元相连，可与其他 DCS/计算机系统通信；在现场总线层，采用 12 Mbps 的 Profibus - DP 现场总线与 I/O 模件、FOPLC、893 相连。此外，系统还提供标准的 RS - 232、Modbus 通信协议，以便与其他智能单元如 PLC、智能仪表等连接；MACS SmartPro 还支持 FF、CAN、HART 等国际标准。

系统的控制层采用 Windows NT/2000 操作系统，并提供 ODBC 和 OPC 接口，保证系统软件的开放性和高性能人机界面的要求；系统的控制站采用成熟的实时多任务操作系统，以确保控制系统的实时性、安全性和可靠性。RASC 主控单元的软件固化在半导体盘中，而实时数据存储在带电保护的 SRAM 中，满足控制系统可靠、安全、实时性要求。

Internet 技术的迅猛发展为全球范围的信息交流提供了基础和企业数据交换的标准平台，Hollias - macs 具有 Web Server 的功能，控制系统可提供 Internet 访问和远程浏览工厂生产过程的功能，如远程生产报警、远程故障诊断，以及 Web Server 功能，可以随时随地占有信息，掌握生产情况。

通过 GSD 文件，可以方便地将不同厂商的卡件挂接于 Hollias - macs 主控制器所在的现场总线网络中，实现不同厂商卡件共同使用。该文件中定义了某一卡件的通信参数和特征，供组态使用和识别该设备，该 GSD 文件由设备制造厂商提供。GSD 文件使各厂家的卡件实现即插即用。

6. 系统的高可靠性

系统硬件可靠性除在电路设计、器件的选择、单元级冗余设计、网络冗余等方面继承了 HS 2000 系统的所有可靠性措施外，Hollias - macs 系统主控单元具有低功耗、无须风扇、小型机架安装、采用微内核高可靠实时操作系统、支持 IEC 61131 - 3 五种标准组态语言、支持 Profibus - DP 现场总线、可热插拔、支持双路 100 Mbps 以太网等特点。在 I/O 处理单元上采用小规模结构（模拟量 8 点，开关量 16 点），在 A/D 处理上采用每路一个 A/D 转换器，使危险进一步分散；增加了一种控制回路模块，包含 4 路 AI、2 路 AO、6 路 DI、2 路 DO，可实现两路 PID 控制、串级控制、补偿控制、快速动作回路等；每路信号在接口处都增加了多重过压保护和过流保护措施，使得各板在大信号干扰下不损坏；每个模块都可以带电插拔，更换方便；模块和底座之间采用欧式针形连接器，保证连接可靠；小模块结构和工业化设计，适应0～45 ℃的工业环境；具有专业的DCS设计的高可靠电源；Hollias－macs采取了大量的措施确保软件可靠性，包括操作员站等采用Windows 2000 Professional操作系统，控制站则采用QNX以确保控制站的可靠性和实时性；系统提供丰富的自诊断显示信息；网络通信协议和接口驱动程序采用国际标准协议，如TCP/IP、Profibus等。

7. 系统的故障监视和转移能力

系统能查看到DCS设备故障和冗余模件的主从切换及网络的故障状态，其中任何一个故障事件的发生和恢复，都有报警日志记录。系统在各层次上实现了冗余，包括中央服务器、管理网络、系统网络、现场控制站主控单元、I/O单元等，与此相适应，在主控单元、各I/O模块上都配置了相应的设备诊断功能，以保护故障诊断、无扰切换、故障恢复等动作的正常进行。一旦主机出现故障，系统能自动切换到从机。

6.2 Foxboro公司的I/A Series系统

I/A Series系统（Intelligent/Automation Series，简称I/AS）是原来Spectrum系统的换代产品，是美国Foxboro公司推出的新一代开放式智能DCS控制系统，是世界上第一种使用开放网络的工业控制系统，也是目前使用64位工作站和全冗余的高标准DCS控制系统。I/A Series已经在全世界电力、石化、冶金、建材、轻工、纺织、食品等各个领域都有广泛应用。现在是Invensys公司的下属公司，与Wonderware公司同属于一个集团公司。它走向开放，也支持前面介绍的OPC标准，但又有ArchestrA架构。现在新推出的系统是A^2系统。

Invensys公司提出一个构想，凡是满足ArchestrA架构的计算机都可以与它互联。一些回路控制器、ControlLogix等都可以成为它的控制器，既可以连接以太网，也可以连在Arcnet上。

6.2.1 I/A Series系统的结构

I/A Series系统也由人机界面、控制器和通信网络组成，其结构如图6－2所示。

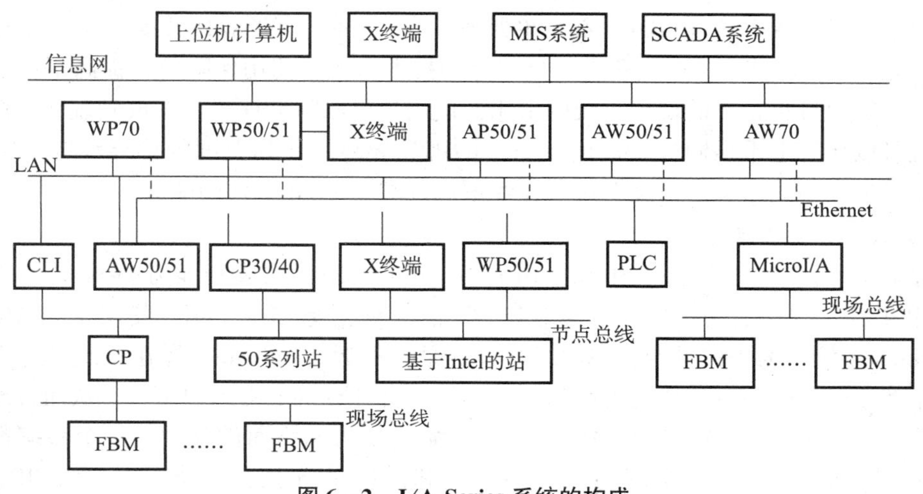

图6－2 I/A Series系统的构成

I/A Series 系统的通信网络可以分为信息网、载波带局域网、节点总线和现场总线 4 层。从图 6－2 可以看出，I/A Series 系统的网络层次是比较多的。I/A Series 系统有一个控制处理器 CP，提供与外部设备互联。

完成控制功能是通过控制处理器（CP）和现场总线模件（FBM）结合的方式实现的，ROM 中存有功能块的算法。另一类是直接采用现场总线模件，用 PLC 和集成控制软件包完成控制功能。

人机界面有应用处理机（AP）和应用工作站处理机（AW）、工作站处理机（WP）和通信处理器（CP）4 种。

WP 就是常说的操作员站。操作员通过鼠标、球标、键盘和工业定位装置来调用画面，并对生产过程进行监视，完成各种操作，自控工程师可在 WP 上完成对系统的组态（包括画面、控制、趋势和系统等组态），对过程参数的修改或更新控制方案、顺序步等。维护工程师可调用维修画面了解系统的状态、故障等相关信息及有关的提示信息。

AP 用于管理系统和网络、数据库的管理、文件请求、历史数据的存储和支持图显示。AW 是 AP 和 WP 的结合。

6.2.2 I/A Series 系统的组成

I/A Series 系统的组成包括过程控制站、过程操作员站、工程师工作站/应用计算处理站、信息管理站和通信系统。

1. 过程控制站

I/A Series 的过程控制站称为控制处理器（Control Processer），简称 CP。CP 本身是一个多处理机系统，包括：网络通信处理机、I/O 总线通信处理机、控制处理机。控制处理机使用通电自检、运行期间和监视时钟检查、离线诊断三种类型的诊断测试程序来检测或隔离故障。控制处理机通过现场总线来连接各种现场总线组件（FBM）即 I/O 卡件。现场总线连接 CP 和 FBM。提供高速容错的通信，通信速率为 268.75 kbps，通信协议为 IEEE 1118，采用屏蔽双绞线，最长距离为 1 800 m。

模拟量现场总线组件（FBM）都是单通道隔离，一对一的 A/D 转换。每个通道采用电气隔离和光电隔离技术，I/O 电路采用过流保护技术，无须使用保险丝，提高了系统的运行可靠性。可靠而且长距离的现场总线的采用，使用户可以将 I/O 机柜摆放到现场，两根屏蔽双绞线就可以代替上千路同样距离的、昂贵的现场导线，比如温度补偿导线等。I/A Series 还具有在对过程毫无影响的情况下进行在线增加或减少 FBM 卡件的能力。

2. 工程师站与操作员站

工程师站与操作员站选用 SUN 公司的 64 位工作站。它支持工业标准通信协议，如 TCP/IP 和 DECNET 等，可以非常方便地和工厂信息网连接。I/A Series 使用了 SPARC 技术。X－Windows 系统作为操作平台，在网络上，凡是任何运行 Windows 操作系统的计算机，其应用程序都可以从这一台计算机去访问或者到另一台计算机上去远程运行，从而合理地利用网络上的各种资源。X－Windows 系统，从一开始就是为网络而设计的，每个系统都一贯支持工业标准 Ethernet。为了实现与大、小型机和网络的连接，还支持如 TCP/IP、OSI 和 DECNET等多种协议。在 50 系列上，也可以与 Internet 直接相连。在一台 AW50 上，可以装入从 40 台控制处理机来的信息，也可以装入 96 000 个位号，流程图和报表的数量仅仅受硬盘容量的限制（现在为 20 GB，每幅流程图的大小平均为 0. 06 MB 左右，而每个报表的大小平均为0. 05 MB左右）。

3. 通信系统

通信系统为 1 : 1 冗余的高速节点总线，为 I/A Series 系统中的各个站（应用处理站，控制处理器，操作员站处理机等）之间，提供高速、冗余点到点的通信，具有优异的性能和安全性。

4. 过程 I/O 接口和过程 I/O 卡件

所有的接口硬件包括接线端子、连接电缆、输入/输出卡件等相关设备都安装在主机房的机柜中，机柜的标准符合 NEMA12 标准。

过程 I/O 卡件全部为光电隔离和变压器隔离型，采用过流保护电路，无保险丝，保证系统的可靠运行。可执行 PLC 和编程控制、事故追忆等控制，扫描周期为 1 ms。

I/A Series 的最大特点是开放，在系统与 MIS 通信这一层上，不论是 51 系列还是 70 系列，都可以非常方便地和工厂信息网进行通信。

I/A Series 采用了标准的通信协议，可以方便地与管理网以高速率传送实时和历史数据，以及实时的过程操作画面。实时的过程数据，为工厂的决策层提供了最好的决策依据，可以使管理者明确看出过程的不合理处，以便进行能耗、质量等方面的优化改进，使整个工厂的管理现代化上升一个层次。各种信息和数据还可以通过以太网和 TCP/IP、DECNET、NFS、X. 25、NOVELL/IP 等通信协议与各种不同种类、不同型号的台式机、便携机、服务器、工作站以及大型计算机双向传送各种数据。

I/A Series 操作环境为工厂操作人员提供直接和直观的访问方式，访问对象包括过程信息、质量控制信息和其他系统性能反馈。

过程操作人员可以通过操作员站调出过程显示画面，观察过程回路参数状态、实时趋势，历史趋势和报警情况，实现过程回路操作和参数调整。

过程工程师可以通过操作员站调出过程组态画面进行控制方案组态、过程流程图组态、趋势画面组态和各种报表组态。

软件工程师通过操作员站系统提供的许多方便、实用及功能强的应用软件包来开发软件，提供与其他网络的接口功能，也可用 C 语言开发用户应用程序。

系统维护工程师可以通过操作员站监视系统的工作状态，并可对系统进行诊断。每台操作员站处理机配有独立的硬盘和键盘，放置本身操作系统的软件和流程画面，可独立对系统进行实时操作和显示。

5. 过程控制

I/A Series 系统处理机组件通过节点总线（Nodebus）相互连接，形成过程管理和控制节点。每一个组件也可通过一根或多根的通信链路与外围设备或其他类型的组件相连。节点总线为 I/A Series 系统中的各个站（控制处理器、操作员站处理机等）之间提供高速、冗余的点到点通信，具有优异的性能和安全性。

与主要设计成处理连续量、反馈类型控制回路的 DCS 不同，I/A Series 设计成用来满足全部测量和控制需求。系统提供的综合控制组态软件包用于处理一个公共的、基于对象的智能测量值和连续控制、顺序控制和梯形逻辑控制，使用久经考验的各种控制功能块算法。包括为了帮助用户使最难对付的回路处于控制之下，I/A Series 系统使用了专利的基于专家系统的 EXACT PID 参数自整定和多变量 EXACT－MV PID 参数自整定等先进控制算法。有专用于脉冲/数字信号控制开关阀、电动阀和其他执行器的控制模块，还有为了对付在过程中碰到的大迟滞回路，系统中还提供了 SMITH 预估算法。过程工程师可按各类控制方案对这些功能块进行组态（上述几个优化软件免费提供于综合控制组态软件包中）。

6. 机柜和操作台

I/A Series 系统的处理机和现场总线组件都装在系统专用的机柜中，这些机柜是有涂层的钢制机柜，具有密封性和通风口，同时具有各种各样的标准尺寸、安装配置和接线端子，还有可将处理机和 I/O 卡放在室外的现场机柜。这种真正的远程 I/O 能力将系统智能更为接近地移向过程设备，显著地减少了用户现场接线的成本。工业组合落地式操作台可安装各种处理机组件和现场总线组件，通常显示器和键盘等操作设备放置在组合式操作台上部，操作台内部装有主机。

6.2.3 I/A Series 系统的特点

1. 系统具有良好的开放性、可靠性和安全性

整个网络的开放结构使得任何一台处理机或工作站出现故障，都不会影响到其他工作站的操作功能。这是由网络的拓扑结构决定的。节点总线与现场总线均采用冗余结构，提供完善的传输出错检测技术，节点总线接口采用一个 32 位出错检测码与来自各处理机的信息一同送出，在错误检测方面提供重发，增强系统安全和可靠性。I/A Series 系统网络对系统的访问是基于可组态的口令保护环境，这些环境将所有用户限制在他们工作所需的显示画面，应用程序和组态程序的范围内，而不提供可能引起误操作的环境。

FBM（现场输入/输出模块）可以由软件设置为在通信故障下的保持状态，即使上级控制处理机都已出现故障，或是双冗余的通信电缆都被切断，甚至所有的上级控制和操作管理站都断电，由于 FBM 采用了冗余电源供应，可继续保持输出，直至系统重新恢复后，再由上级控制处理机接管控制。

FBM 卡件装有控制软件，可执行顺序控制、梯形逻辑控制、事故追忆的处理、数/模转换、输入/输出信号处理、智能现场信号（智能变送器、智能流量计等）的数据通信及处理。可以提高现场控制速度、降低控制处理机负担。每一模拟量输入/输出点都提供有源和无源输入端子，在现场可自由选择接入方式。

另外，如果发生整个系统的 UPS 电源和系统后备电源都被切断的情况，I/A Series 的电源系统中依然提供了电池后备电源，可以对所有 FBM 中的内存继续供电，只要系统电源一恢复，FBM 将按断电之前的参数设置输出值，以保证过程控制的连续。

I/A Series 系统采用先进的 CMOS 电子组件技术，非金属材料传导冷却。所有组件均采用表面安装技术，尺寸小，电子组件全密封，有效地将电子器件与污染环境相隔离，从而大大减少用户的电能消耗、空调和空间的需求，保证硬件的高度可靠。全密封的特点在潮湿多雨的环境下更显优势，卡件完全是免维护的。

所有的卡件都可以带电插拔。无须采取特殊的防静电措施。

与其他系统不一样，I/A Series 电源采用矩阵式电源系统，对于重要的处理机采用不停

电供电方式，而不是与其他系统一样采用集中后备供电方式。

从总体来看，I/A Series 结构上处处都贯彻了安全可靠的思路：工作站与节点总线之间是冗余配置，节点总线是冗余的，控制处理机是容错的，控制处理机与 I/O 卡件之间的现场总线也是冗余的，而且 I/O 卡件上的每个模拟量通道都是互相隔离的，开关量通道都是成对隔离的。这些方面的措施保证了用户在可靠性方面的要求。

2. 系统有很好的灵活性、可扩展性

I/A Series 的模块化硬件和软件设计允许用户配置一个完全适合工厂控制和信息需求的系统。各种处理机组件、现场总线组件、外设和机柜均可方便地进行组合。

I/A Series 系统的工程组态工作可在一般个人计算机上进行，可以节约工程组态时间并方便操作员和工程师熟悉系统，更可以将过程优化调试工作进行预调试，然后再投到实际过程中去，大大提高效率和安全性。在一般个人计算机上完成的软件可以转换到大系统上运行。

3. 系统易维护

I/A Series 系统各种处理机和 I/O 卡件都有自诊断程序，由红色报警指示灯提示，无须人工判断，可迅速更换。每个系统组件上有字符状标志，可便捷地为系统软件迅速识别。

4. 系统寿命长

由于 I/A Series 系统的模块化结构、基于对象的通信系统、单一的基于 Windows NT 的软件和基于工业标准的网络，成为固有的长寿命结构，其结构允许更新的技术与现存的透明地协同运行，允许用户方便地将现存的应用软件升级至这些新技术，永远保持优势。

本系统可以在通电运行中装卸所有输入/输出模块和各种处理器。本系统也可以在通电运行中增加输入/输出卡件，在线增加或修改控制回路而不影响其他正常运行的控制。

硬件：I/A Series 四代兼容，从最初的 8086 处理机到现在的奔腾 II 处理机，实现了长寿命结构的设计思想。

软件：从开始的与 UNIX 系统兼容的实时多任务 VENIX 操作系统到现在基于 Microsoft Windows NT 的操作系统，有各种丰富的控制、计算、统计、管理、优化软件。

通信：输入/输出卡采用现场总线，符合 IEEE 的标准。可使智能现场仪表和传统的现场仪表远程传送，输入/输出卡件可安放现场。

显示：采用先进的实时目标管理技术，这是其他系统所无法比拟的，采用了 Microsoft Windows NT 平台和标准 Windows 显示技术，可方便地访问整个 I/A Series 系列和所连接的信息网络上的信息。

发展：硬件与软件的发展可相互独立发展。

网络：通过提供以太网接口和 TCP/IP、DECNET、NFS 等多种协议与信息网络连接。工厂管理网可与 I/A Series 系统进行数据、文件、画面互相调用。

汉化：I/A Series 的显示画面和报表都可汉化。

控制器：已经具有包含 PID 自整定和多变量自整定等各种先进控制。

可靠性：采用表面安装技术，尺寸小，系统结构简单；电子组件采用全密闭结构，增强了硬件抗环境腐蚀和防静电破坏的能力，由于用户的炭黑粉尘具有导电性，所以本系统卡件的全密封结构特别适用于用户的防尘要求；采用了控制容错技术；通信冗余技术和矩阵供电方式，保证了系统运行的可靠性。

功耗：系统功耗极低，只是常规系统的1/3，可大大降低能源的投资。

备件：备件种类大大减少，无须特殊储存。

维护：各种处理机和I/O卡都有自诊断程序，发现故障将进行报警打印、CRT报警显示、组件红灯显示，方便维护人员及早发现，快速更换，无须人工判断。

系统扩充：系统可大、可小、易扩充，并可与两百多种系统和设备相连。对于以后系统的修改或扩充，投入少、使用方便。

例如，系统可以把原有的或以后扩充的ABB、MODICON、AB、西门子等PLC系统直接连接到I/A Series控制系统上，数据可以互相实时通信。I/A Series控制系统可以直接操作ABB、MODICON、AB、西门子等PLC系统，ABB、MODICON、AB、西门子等PLC系统的数据可以在I/A Series控制系统的流程图、趋势图、控制面板、报警面板上显示，可以报表、报警打印。ABB、MODICON、AB、西门子等PLC系统的数据还可以通过I/A Series系统与工厂管理网双向传送。工厂管理人员、技术人员通过工厂管理网的流程图、趋势图、控制面板、报警面板随时了解工厂生产状况，指导工厂生产。

编程软件：I/A Series系统可以使用C、VB等各种语言进行编程开发。

6.3 浙大中控公司的JX－300XP系统

国产DCS开发时间是在20世纪90年代中期，当时进口DCS的封闭弊病已经显露出来，国际上已经将以太网引入工业控制。国产DCS是在更高的起点上开始开发的，尤其在通信网络上采用开放结构。例如，浙大中控的JX－300XP系统、JX500系统，和利时的Hollias－macs、新华的XDPS－400等系统在控制器和人机界面的链接都采用以太网。数据传送遵循TCP/IP和UDP/IP协议。

JX－300XP系统结构

JX－300XP系统网络结构如图6－3所示，为适应各种过程控制规模和现场要求，其通信系统对于不同结构层次分别采用了信息管理网、SCnet Ⅱ网络和SBUS总线。

信息管理网（Ethernet）采用以太网用于工厂级的信息传送和管理，是实现全厂综合管理的信息通道。该网络通过在多功能站MFS上安装双重网络接口（信息管理和过程控制网络）转接的方法，获取DCS中过程参数和系统运行信息，同时向下传送上层管理计算机的调度指令和生产指导信息。

过程控制网络SCnet Ⅱ是双高速冗余工业以太网（见图6－4），它是在10Base Ethernet基础上开发的网络系统。它直接连接了系统的控制站、操作员站、工程师站、通信接口单元等，是传送过程控制实时信息的通道，具有很高的实时性和可靠性。通过挂接网桥，SCnet Ⅱ可以与上层的信息管理网或其他厂家设备连接。

SBUS总线是控制站内部I/O控制总线，主控卡、数据转发卡、I/O卡通过SBUS进行信息交换。

SBUS总线分为两层：

第一层为双重化总线SBUS－S2。SBUS－S2总线是系统的现场总线，物理上位于控制站

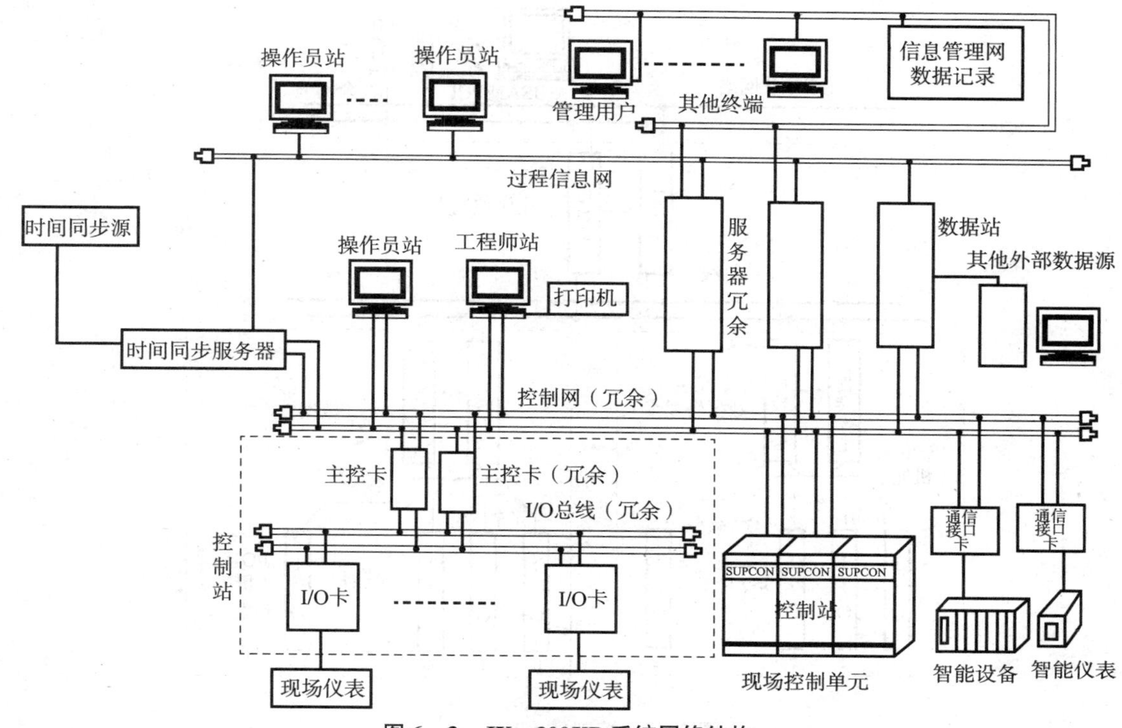

图 6－3　JX－300XP 系统网络结构

所管辖的 I/O 机笼之间，连接了主控卡和数据转发卡，用于主控卡与数据转发卡间的信息交换。

第二层为 SBUS－S1 网络（见图 6－5）。物理上位于各 I/O 机笼内，连接了数据转发卡和各块 I/O 卡件，用于数据转发卡与各块 I/O 卡件间的信息交换。

SBUS－S1 和 SBUS－S2 合起来称为 SBUS 总线，主控制卡通过它们来管理分散于各个机笼内的 I/O卡件。SBUS－S2 级和 SBUS－S1 级之间为数据存储转发关系，按 SBUS 总线的 S2 级和 S1 级进行分层寻址。

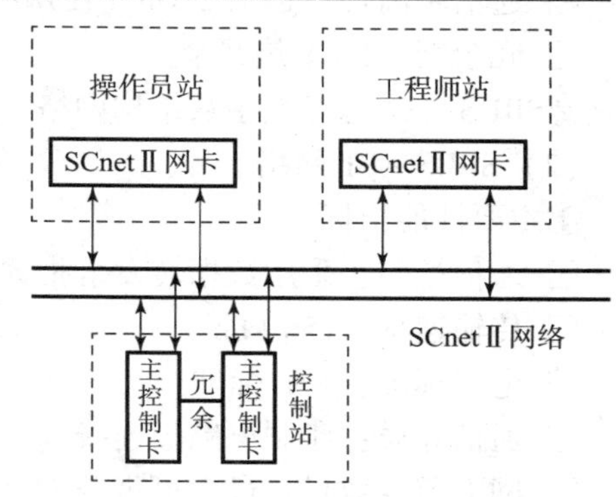

图 6－4　SCnet Ⅱ 网络双重化冗余结构

（1）SBUS－S2 总线。

①主要性能指标。

□ 用途：是主控制卡与数据转发卡之间进行信息交换的通道。

□ 电气标准：EIA 的 RS－485 标准。

□ 通信介质：特性阻抗为 120 Ω 的八芯屏蔽双绞线。

□ 拓扑规范：总线结构，节点可组态。

□ 传输方式：二进制码。

□ 通信协议：采用主控制卡指挥式令牌的存储转发通信协议。

□ 通信速率：1 Mbps（max）。

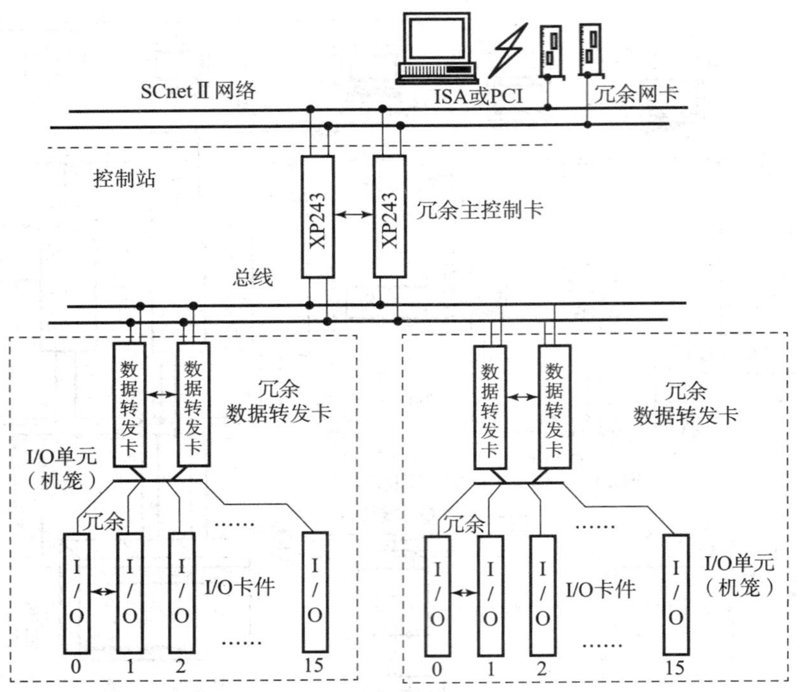

图 6－5　控制站 SBUS 结构

□ 节点数目：最多可带载 16 块（8 对）数据转发卡。

□ 通信距离：最远 1.2 km（使用中继情况下）。

□ 冗余度：1∶1 热冗余。

②SBUS－S2 总线是主从结构网络，作为从机的数据转发卡需分配地址。

（2）SBUS－S1 网络。

①主要性能指标。

□ 通信控制：采用数据转发卡指挥式的存储转发通信协议。

□ 传输速率：156 kbps。

□ 电气标准：TTL 标准。

□ 通信介质：印制电路板连线。

□ 网上节点数目：最多可带载 16 块智能 I/O 卡件。

□ SBUS－S1 属于系统内局部总线，采用非冗余的循环寻址（I/O 卡件）方式。

②SBUS－S1 网络是主从结构网络，作为从机的 I/O 卡需分配地址，地址设置要求如下：节点的地址都是从“0”起始设置，且应是唯一的。互为冗余配置的卡件地址设置应为 ADD、ADD＋1（ADD 为偶数）。所有的 I/O 卡件在 SBUS－S1 网络上的地址应与机笼的槽位相对应。若 I/O 卡件是冗余配置，则冗余工作方式的两块卡须插在互为冗余的槽位中。

6.4　西门子的 SIMATIC PCS 7 系统

德国西门子公司的 SIMATIC PCS 7 为全集成自动化的过程控制系统，通过全集成自动化

®（TIA），实现了基于单一平台提供用于所有过程自动化的统一自动化技术的目标，从输入物流，到生产或主要流程以及辅助流程，直到输出物流。这种统一的自动化技术还可用于优化一个企业的所有业务流程，从企业资源计划（ERP）级，到管理执行系统（MES）级和过程控制级，直到现场级。通过将自动化平台连接到 IT 环境，可以将过程数据在整个公司范围内应用于设备运行、生产流程以及商务流程的评价、规划、协同和优化。同时，还可满足全球化公司分布式生产的地域要求。

6.4.1 SIMATIC PCS 7 系统的结构

SIMATIC PCS 7 的内部通信采用 SIMATIC NET 网络部件。基于全球标准，采用开放性的通信理念，可保证工厂中所有层级和位置的可靠数据传送。所有 SIMATIC NET 产品都专为工业应用开发，适合用于所有工业领域和工厂。网络部件可满足最高的应用要求，尤其是易遭受外部影响的应用领域，例如：

- 电磁场干扰。
- 腐蚀性液体和气体。
- 有爆炸危险的场合。
- 具有较高污染或机械振动的场合。

SIMATIC NET 总线更是实现了所有系统部件之间的统一、无故障通信，如：

- 工程师站和操作员站。
- 自动化系统、I/O 和现场部件。

SIMATIC NET 系统是一个典型的工厂自动化系统，具有三级网络结构：现场设备层网络、单元层网络及管理层网络，如图 6－6 所示。

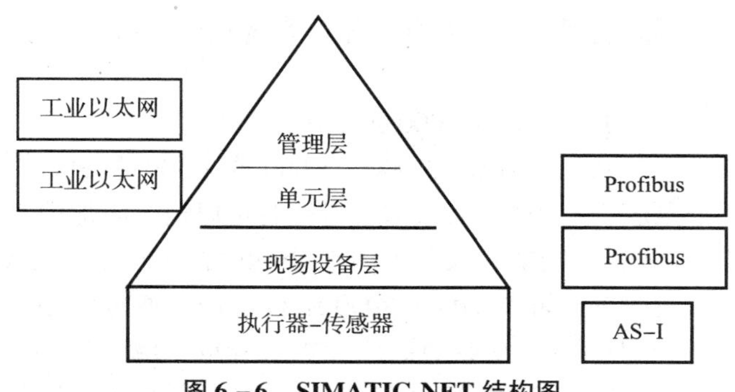

图 6－6 SIMATIC NET 结构图

1. 现场设备层

现场设备层的主要功能是连接现场设备，如分布式 I/O、传感器、驱动器、执行机构和开关设备等，完成现场设备控制及设备间连锁控制。主站（PLC、PC 或其他控制器）负责总线通信管理及与从站的通信。总线上所有设备生产工艺控制程序存储在主站中，并由主站执行。西门子的 SIMATIC NET 网络系统（见图 6－6）将执行器和传感器单独分为一层，主要使用 AS－I（执行器－传感器接口）网络。AS－I 是国家标准 GB/T 18858.2—2002/IEC 62026－2—2000《低压开关设备和控制设备控制器－设备接口（CDI）》的第 2 部分：执行器与传感器接口（AS－I）。

2. 车间监控层

车间监控层又称为单元层，用来完成车间主生产设备之间的连接，实现车间级设备的监控。车间级监控包括生产设备状态的在线监控、设备故障报警及维护等。通常还具有诸如生产统计、生产调度等车间级生产管理功能。车间级监控通常要设立车间监控室，有操作员工作站及打印设备。车间级监控网络可采用 Profibus – FMS 或工业以太网，Profibus – FMS 是一个多主网络，这一级数据传输速度不是最重要的，但是应能传送大容量的信息。

3. 工厂管理层

车间操作员工作站可以通过集线器与车间办公管理网连接，将车间生产数据送到车间管理层。车间管理网作为工厂主网的一个子网，通过交换机、网桥或路由器等连接到厂区骨干网，将车间数据集成到工厂管理层。工厂管理层通常采用符合 IEC 802.3 标准的以太网，即 TCP/IP 通信协议标准。厂区骨干网可以根据工厂的实际情况，采用 FDDI 或 ATM 等网络。S7 – 300/400 有很强的通信功能，CPU 模块集成有 MPI 和 DP 通信接口，有 Profibus – DP 和工业以太网的通信模块，以及点对点通信模块。通过 Profibus – DP 或 AS – I 现场总线，CPU 与分布式 I/O 模块之间可以周期性地自动交换数据（过程映像数据交换）。在自动化系统之间，PLC 与计算机和 HMI（人机接口）站之间，均可以交换数据。数据通信可以周期性地自动进行，或基于事件驱动（由用户程序块调用）。

6.4.2 SIMATIC PCS 7 系统的组成

1. 操作员站

操作员站是过程控制系统 SIMATIC PCS 7 的人机界面，用于用户过程的窗口。操作员站的架构非常灵活，可以适配于不同的工厂规格和客户要求。由此可实现单站系统以及客户机/服务器架构的多站系统的完美协同。操作员站的系统软件根据过程对象（PO）的数量有多种选择。

- 每个 OS 单站可有 250、2 000、3 000 或 5 000 个 PO。
- 每个 OS 服务器可有 250、2 000、3 000、5 000 或 8 500 个 PO。

为满足更高要求或系统扩展，过程对象的数量随时可以通过附加的 PowerPack 增加。

所有操作员站都基于先进、功能强大并为用于 OS 单站、OS 客户机或 OS 服务器优化的 PC 技术，可以与操作系统 Microsoft Windows 2000 组合使用。通过使用来自 PC 环境的标准部件和接口，操作员站为面向客户/领域的选项和扩展开放，既可以用于严苛的工业环境，也可以运行在办公环境中。通过多功能 VGA 图形卡、OS 单站和 OS 客户机，可以通过最多 4 个过程监视器对几个设备区域进行过程控制。

OS 基本硬件和操作员站软件是操作员站的基本架构，即 OS 单站、OS 服务器和 OS 客户机，并相互依赖。可选过程值归档服务器基于 OS Server 250 PO/RT 8K 带有 512 个变量的初始软件，通过附加 Archive PowerPack，档案的规格可以扩展为 1 500、5 000、30 000 或 80 000个变量。所有操作员站都还可安装 SFC 可视化系统。

操作员站的特点：

①使用可扩展的硬件和软件部件，具有灵活、模块化的设计，可以用于单站和多站系统。

②功能强大的操作员站基于安装有 Microsoft Windows 2000 的标准 PC 技术，可以用于办

公和工业环境。

③客户机/服务器多用户系统，最多可有 12 个 OS 服务器/服务器对，每个可针对 5 000 个过程对象，以及每个服务器/服务器对最多可有 32 个 OS 客户机。

④基于 Microsoft SQL 服务器的功能强大的归档系统，具有循环归档功能和集成归档备份功能，使用归档服务器可以进行选择。

⑤OS Health Check，用于监控重要的服务器应用程序。

⑥在线修改，不会影响正在进行中的运行，通过有选择性地加载冗余服务器，可以进行在线测试。

⑦优化的 AS/OS 通信：AS 应答周期为 500 ms，只有在数据变化之后才进行数据传输，抑制抖动报警。

⑧具有用户界面友好的过程控制、较高的运行安全性，采用多屏幕技术。

⑨通过在报警信息中组合状态或模拟值，扩展状态显示。

⑩报警优先级作为附加属性，用于筛选重要的报警信息。

⑪集中用户管理，访问控制和电子签名。

⑫对系统总线上所连接的下位系统进行寿命周期监控。

⑬具有基于 UTC（通用时间同步）的系统范围内的时间同步功能。

2. 工程师站

SIMATIC PCS 7 工程师站采用优化的相互协同的装置，用于系统范围内的工程与组态。如：

- 硬件和现场设备。
- 通信网络。
- 连续和顺序过程操作。
- 操作和监视策略。
- SIMATIC BATCH 和 SIMATIC 路径控制。

通过使用上述软硬件和策略，可以将标准自动化组态与牢靠的安全功能组态结合在一起，以获得安全、容错和高可用性过程应用。使用面向工艺的工具集（工程工具集）以及预装配的模块和面板，可以使工艺人员和加工技术人员在其熟悉的环境中进行组态和规划。

常用的自动化部件，如电动机、阀门或 PID 控制器，都已经作为标准化的软件对象（测量点类型）嵌入控制技术库中，只需连接到过程流程中并进行图形化显示即可。即使没有任何编程知识，也可简便而快速地执行生产工艺。在显示图像对象时，将在模块列表中后台显示相应的 OS 变量及其模块。借助于功能系统的通用数据库，只需一次性输入数据，就可实现整个系统范围内的一劳永逸。所有针对自动化系统、操作员站以及 SIMATIC BATCH 项目的相关更改都可在一个工步中进行转换和加载。同时，工程师站还可自动监控正确的加工工序。这一过程将在一个集中的对话框中进行显示和控制。由此可显著缩短调试时间，降低调试成本。项目的更改也可在线加载到相应的系统部件中。使用工程师站，通过以下相应的功能，可以实现大型项目以及批量数据的处理：

- 工厂层级（Plant View）。
- 用于测量点类型以及测量点导入和导出的项目库（Process Object View）。
- 多项目工程。

- 划分和合并（Branch & Merge）。
- 扩展重命名对象（Extended Rename）。
- 版本交叉检查器（Version Cross Checker）。
- 导入/导出助手（Import – Export – Assistant）。
- SFC – Type。

3. 过程外围设备（I/O 设备）

过程控制系统 SIMATIC PCS 7 提供有许多连接 I/O 设备的可能性，用于通过传感器和执行器采集和输出过程信号：

- 在自动化系统中集中运行的 SIMATIC S7 – 400 模拟量和数字量输入/输出模板。
- 使用丰富而经济的信号和功能模板通过 Profibus – DP 与自动化系统（AS）连接的分布式 I/O ET 200M、ET 200S 和 ET 200iS。
- 通过 Profibus – DP/PA 直接与 AS – I 连接的智能化、分布式现场设备/过程设备以及操作终端（也可以冗余配置或应用于防爆环境 0 区、1 区或 2 区）集中运行在自动化系统中的 SIMATIC S7 – 400 信号模板（主要应用于配置较低的分布式小型应用或分布式扩展受限的场合）。

过程外围设备的特点：

- 模块化和一致性。
- 灵活的设备结构适配性。
- 较低的布线和工程成本。
- 较低的调试、维修和寿命周期成本。
- 丰富的技术选项。

ET 200 远程 I/O 设备与传统现场设备/过程设备连接，以及 HART 现场设备或智能化现场设备/过程设备直接连接到 PROFIBUS，是分布式外围过程设备成为主流的主要原因。

4. 通信系统

采用 Profibus 总线的现场通信——在现场级，分布式外围设备，如输入/输出模板、测量传感器、驱动器、阀门或执行器，都可通过功能强大的实时总线系统与自动化系统进行通信。通过该通信功能，可周期传送过程数据，非周期传送报警信息、参数和诊断数据。现场总线 Profibus，可以根据一种通信协议，实现与分布式 I/O（Profibus – DP）的快速通信以及根据 IEC 61158（Profibus – PA）直接连接具有总线功能的智能现场设备包括提供电源。现场总线 Profibus 非常简单、稳定和可靠，支持分布式部件的在线参数化与 HART 现场设备的通信以及冗余配置和故障安全。并可在线扩展新的分布式部件，既可安装在标准工业环境中，也可安装在具有爆炸危险的场合。凭借 Profibus 的这种特性，现在已用在所有加工、过程和综合工业之中，并成为全球一种非常成功的开放式现场总线系统。目前全球已安装有 1 000万套 Profibus – DP 系统，共有 32 万个 Profibus – PA 节点。

SIMATIC PCS 7 充分利用了 Profibus 的主要优点：

- 优化的分布式设备架构：安装空间小，布线费用低。
- 通过过程信号、诊断和行规的标准化，实现有效的工程组态。
- 通过缩短回路检查，简单的参数化，减少校准工作，从而缩短调试时间。
- 通过优化的诊断和预防性维护，实现优化的寿命周期管理。

使用现场总线 Profibus－DP，通过 Profibus－DP 接口，可以实现 SIMATIC PCS 7 自动化系统与 ET 200 系列分布式 I/O（远程 I/O）以及现场设备/过程设备、CPU/CP 和操作终端的通信。作为本安 Profibus－DP/iS，通过使用附加的现场总线隔离变压器，可以运行在防爆环境 Ex－Zone 1 中。同样，智能化、分布式现场设备/过程设备以及操作终端都可以如同 Profibus－DP 一样连接到 Profibus－PA。根据 AS 类型和可用插槽的数量，可以最多有 4 个 Profibus－DP 总线通过 CPU 的内部接口连接到 SIMATIC PCS 7 自动化系统，可以最多有 10 个 Profibus－DP 总线通过附加的通信模板扩展型 CP 443－5 连接到 SIMATIC PCS 7 自动化系统。在一个 Profibus－DP 从站上，可以最多运行 125 个安装有 Profibus－DP 接口的设备，在一个总线网段上可以最多运行 31 个安装有 Profibus－DP 接口的设备（32 个用户）。电气和光学传输技术为 Profibus－DP 网络提供了多种组态可能性。电气网络可以实现大约 10 km 的传输距离。通过与光学传输技术相结合，可以实现 100 km 的传输距离。对于 SIMATIC PCS 7，通过标准电气 Profibus－DP 接口，可以在一个自动化系统中实现电气网络或混合网络（电气/光学）形式的 Profibus－DP 结构。对于混合网络，两种介质之间的数据传输可以通过 OLM 实现。至于总线用户之间的通信，与电气双绞线控制技术之间和光纤控制技术之间没有什么区别。可以组态以下拓扑结构：总线网络，树形网络，环形网络，星形网络，冗余环网。

SIMATIC PCS 7 采用工业以太网作为系统总线。

对于小型系统，在操作员站和工程师站中无须通信处理器即可实现以太网通信。对于大中型设备的较高要求，SIMATIC PCS 7 采用最先进的快速以太网技术：100 Mbps 的通信速率、交换技术以及光纤环网的冗余安全。对于 I/O 和现场设备连接，采用 Profibus－DP/PA，符合国际标准 IEC 61158，基于 Profibus－DP/PA 总线方式的现场设备连接可应用于具有爆炸危险的场合。由此可实现各个生产区域的数据通信的连续性和一致性，从自动化系统的所有平台，到各个工艺流程，直到各种自动化系统，从现场直到经营管理。工业以太网是过程控制系统 SIMATIC PCS 7 的系统总线。工业以太网是一种功能强大的单元网络，符合标准 IEEE 802.3。

SIMATIC NET 更为严酷的工况提供有稳定的以太网技术：

- 用于特殊工况的网络部件。
- 采用 RJ45 技术，通过 FastConnect 布线系统，可现场快速进行布线。
- 通过快速冗余功能，可实现故障安全网络。
- 通过简单而有效的信号传送解决方案，可实现网络部件的连续监控。

使用 SIMATIC IT 实现所有业务过程的集成和同步。

制造执行系统（MES）可以有效地集成生产过程或货物管理系统，并对生产所有阶段中与制造有关的所有资源和应用的协调提供支持。通过使用 SIMATIC IT（西门子的制造执行系统），客户可以建立完整的生产专业知识，对操作流程进行精确定义，并以实时方式从企业资源计划系统（ERP）和生产部门收集数据。因此，制造商就可以更加有效地对其装置进行控制，并提高装置的灵活性。由于可对所有生产事件进行更快速和更为适宜的反应，SIMATIC IT 可帮助公司减少停工时间，减少浪费和再加工量，使仓储实现最佳化，并更快速地对客户查询做出回答。

SIMATIC IT 的优点：首先，可以简单地建立复杂业务和生产结构模型，并且将来可以进行有效改动。其次，为用户开发的模型（也就是对其业务和生产过程的映射）保持完全透明、易于理解，特别是与它所控制的系统相独立。最后，模型可以在公司内的所有位置一致使用：可以在整个公司范围内对过程实现标准化，并采用最佳的运作方法。SIMATIC IT从建模到执行都具有一致性，因为模型本身需要执行并控制以后的 MES 应用。这样就会缩短项目周期，避免执行错误，提供不间断的文档，因而有效保护了所使用的专业知识。通过这种方式，SIMATIC IT 降低了 MES 执行的总拥有成本，并为投资提供了附加安全保护。可以随时用库来保存由 SIMATIC IT Framework 定义的工厂和生产模型，以便在其他项目中加以利用。这样会大大降低初始成本，并缩短项目周期。

6.4.3 SIMATIC PCS 7 系统的特点

1. 优势

从规划、工程、调试和培训，到运行、维护和保养，直到扩展和完善，借助于其创新性的理念、基于最先进 SIMATIC 技术的模块化和开放式架构、工业标准的继承性使用以及配合使用的高性能控制功能，使用过程控制系统 SIMATIC PCS 7，可以实现所有项目阶段中控制技术设备的高性价比和经济运行。同时，SIMATIC PCS 7 将最高的舒适性、简单安全的运行及较高的性能和可靠性合成一体。采用 SIMATIC PCS 7 过程控制系统的全集成自动化主要具有以下优点：

- 显著节约开发、实施和寿命周期成本。
- 降低工程造价。
- 过程优化功能。
- 自适应应用要求变化。
- 使用 SIMATIC 标准部件的优点：
  - 降低硬件和工程成本。
  - 可靠的质量和稳定性。
  - 简单快速的系统部件的选型。
  - 较低的备件成本。
  - 显著缩短的备件和扩展部件供货周期。
  - 全球通用。
  - 显著节约物流、检修和培训成本。

2. 一致而协同的完整系统

作为现代化的过程控制系统，SIMATIC PCS 7 可单独，也可与运动控制系统和 SIMATIC 结合使用，形成一个通用而协同的完整系统。随着对无缝通用自动化技术的要求不断提高，竞争和价格压力的不断增加，以及对生产设备柔性度的要求和对生产效率的期望越来越大，SIMATIC PCS 7 的优势越来越明显。随着日益增大的复杂性，尤其是自动化技术与信息技术的融合、通用系统平台的纵向和横向集成，实现所谓的“Best - of - Class 产品”自动化解决方案，采用全集成自动化理念的 SIMATIC PCS 7 即可最佳满足这种高要求，前瞻未来。

卓越的性能和优秀的系统特性，保证了可靠的数据维护、通信和组态，符合过程控制系统的所有要求：

- 简单而且安全的过程控制。
- 方便的操作和可视化。
- 功能强大、快速、统一的全系统范围的工程。
- 系统范围内的在线更改功能。
- 开放性系统。
- 灵活性和可扩展性。
- 冗余性。
- 故障安全自动化解决方案。
- 丰富的现场总线集成。
- 灵活的批量过程解决方案。
- 直接连接 IT 环境。

3. 灵活性和可扩展性

借助于其模块化和开放式结构，基于甄选的 SIMATIC 标准硬件和软件部件，SIMATIC PCS 7 可以灵活适配各种小型和大型工厂规模。其易于扩展或系统改进的特点，使得用户可以从容应对其生产要求。SIMATIC PCS 7 可从一个小型单一系统（由 160 个过程对象组成，包括电机、阀门、PID 控制器），如可用于实验室系统或测试中心，应用到具有 60 000 个过程对象客户机－服务器结构的分布式多用户系统，如用于大型生产工厂的自动化系统或设备工段。

4. 面向未来

SIMATIC PCS 7 基于全集成自动化系统系列的模块化硬件和软件部件，可以相互完美协同。该系统可以无缝、经济地进行扩展和创新，通过其长期稳定的接口而面向未来。因此，尽管创新速度越来越快，生产寿命周期越来越短，仍能很好地保护客户的投资。SIMATIC PCS 7 采用连续性强、全新、功能强大的先进技术以及国际工业标准，如 IEC、XML、Profibus、以太网、TCP/IP、OPC、@ aGlance、ISA S88 或 S95，无与伦比。SIMATIC PCS 7 的开放性更是使其可以运行在所有平台和自动化系统及过程 I/O 中，以及操作员和功能系统、工业通信或 SIMATIC IT Framework，并可以连接到公司范围内的信息工具、协同工具和规划工具。其开放性不仅表现在系统架构上、纵向集成和横向集成以及通信上，而且还表现在用户程序的编程和数据切换接口，图形、文本和数据的导入导出，如从 CAD/CAE 环境中导入和导出数据。由此，SIMATIC PCS 7 也可以与来自其他制造商的部件一起使用，连接到现有基础架构中。

6.5 Advant OCS

Advant OCS 是 ABB 公司的产品。AC800 是原瑞典 MASTER 系统产品从 AC400、AC500 发展起来的，它在我国轧制工艺中应用较多，如钢铁行业连轧、冷轧和造纸行业等，另外在水泥、石化行业也有应用。ABB 公司的工业 IT 中仍然使用该系统的控制器和 I/O 卡件。网络部分变化比较多。

6.5.1 Advant OCS 系统的结构

Advant OCS 系统结构如图 6－7 所示。Advant OCS 系统的通信网络仍然采用 MasterNet，包括工厂信息网、控制网、就地控制网和现场控制总线。工厂信息网 PN 由 MB300 组成，可以冗余配置。通信网络符合 IEEE 802.3 通信协议，类似于以太网。

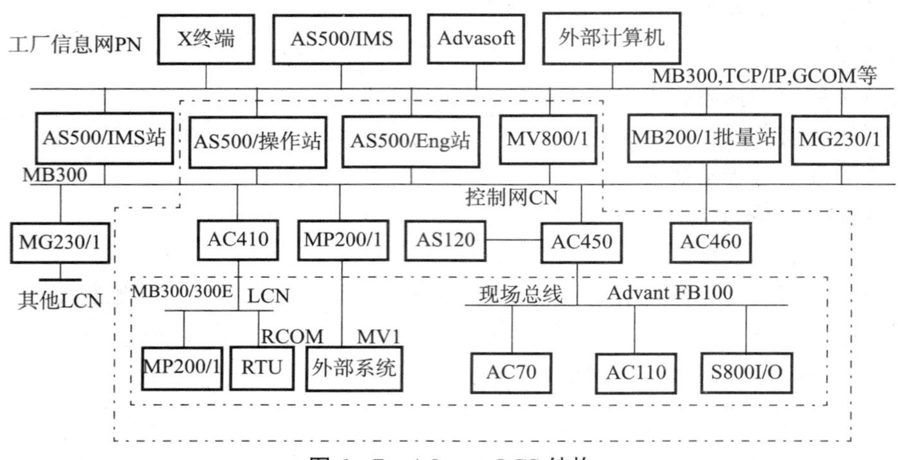

图 6－7 Advant OCS 结构

控制网 CN 最多可以连接 99 个节点。控制网络通信采用 MASTER BUS 300 总线（简称 MB300）。MB300 是为满足 Advant OCS 系统高速通信高性能的串行同步半双工总线。MB300 网络电缆采用 IEE802.3 协议，属点对点连接，MB300 通过每一个节点实现对上位机的连接以及与 AC450 等 PLC 系统的通信，MB300 最大通信速度是 10 Mbps，连在 MB300 上的 MP200/1 节点最多不能大于 45 个。当传输的节点检测到总线没有被占用后，信息便可以在总线上传送。MB300 总线的长度最多为 500 m，当大于 500 m 时，必须加 Repeater（转发器）。

就地控制网 LCN 是系统的主干网，它可经 MG230/1 网间连接器与 AC400 相连，AC400 是该系统的主要控制器，同时能连接原系统的 MP 类型的控制器，AC400 系列控制器有 AC410 和 AC450 两种控制器。

Advant OCS 的人机界面包括操作员站、工程师站和信息处理站。AS500 是系统的重要人机界面，它采用 HP9000 系列的 PRISC，最新的系统是 AC800 和 Industrial IT 结合在一起的。

6.5.2 Advant OCS 系统的特点

（1）可以将自动化控制系统相互连接起来，而且还将自动化控制系统连接到 PC 机和工作站。

（2）能以高达 10～100 Mbps 的速度实现广泛开放的网络解决方案。

（3）启动快速，网络连接方法被大大简化。

（4）灵活性大，现有设备可以不受影响地随时扩展。

（5）可靠性高，它采用了冗余的网络拓扑结构。

（6）无限的通信性能，使用技术可根据用户需求提供伸缩的性能。

6.6 罗克韦尔的 ControlLogix 系统

美国威斯康星州密尔沃基市的罗克韦尔（Rockwell）是一家拥有百年历史的工业自动化跨国公司，在全球工业自动化动力、控制与信息技术解决方案等领域占据领先地位，提供各种工业领域的专家支持，诸如采矿、水泥、起重机及船舶应用、地铁、半导体、水及污水处理、轮胎、石油及石化、冶金、汽车、食品与饮料、电力及能源等。

6.6.1 ControlLogix 系统的结构

罗克韦尔公司的 ControlLogix 系统网络采用 3 层结构：在信息层采用以太网，用于全厂的数据采集和程序维修。在自动化和控制层采用控制网、DH +、DH485 和远程 I/O 网络，实现实时 I/O 控制、控制器互锁和报文传送。在设备层采用设备网，用于底层设备的低成本、高效率信息集成，如图 6 – 8 所示。

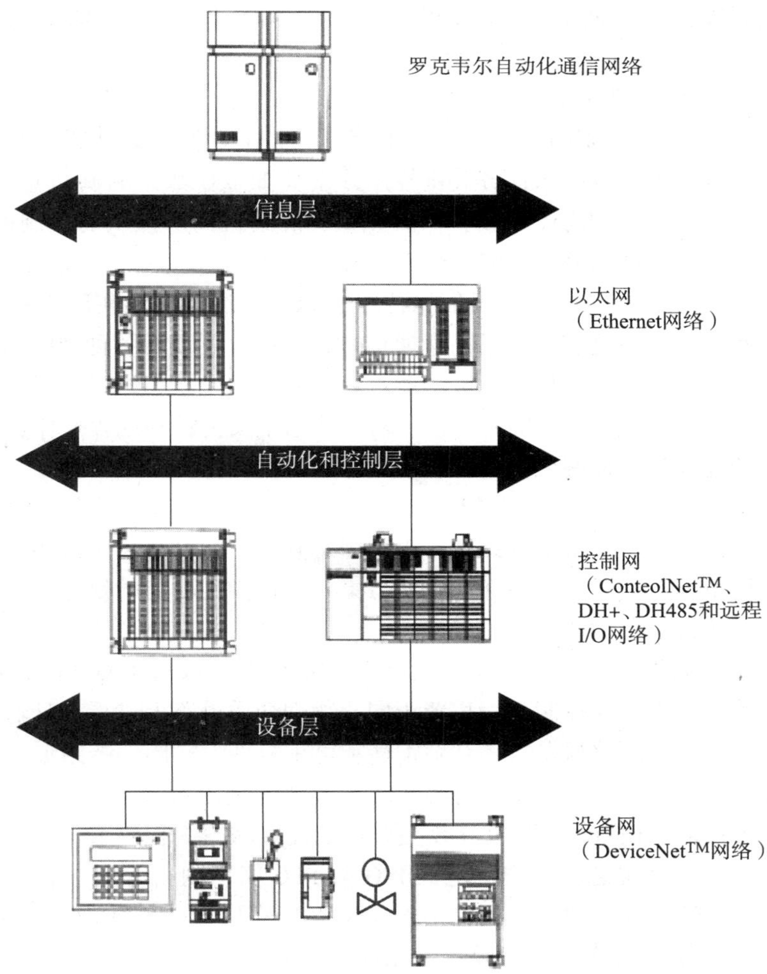

图 6 – 8 罗克韦尔的 ControlLogix 系统结构

1. 设备网网络（DeviceNet）

设备网网络是一个开放型的、符合全球工业标准的通信网络，它通过一根电缆从可编程序控制器直接到诸如传感器、按钮、电动机启动器、简易操作画面，以及拖动装置这样的“智能”设备提供一个接口。不必再将每个设备硬接线到 I/O 模块或 I/O 组件，使用线路非常少，因此在接线和安装时，只花非常少的时间和金钱。该网络具有卓越的故障诊断和故障排除功能，提供访问设备现场智能信息的能力，以延长系统运行时间。

设备网网络能使用户从中央控制室监控车间设备，可以按照需要重新组态或维护。如能通过设备网了解到光电传感器由于镜片脏而处于失效边缘，可在传感器不能检测物体之前进行校正，或者从网络上的单个工作站上，调整传感器的亮通/暗通操作模式，改变拖动装置的减速比。

设备网网络的性能，有助于简化系统集成和降低安装与布线成本。同时通过生产者/用户模式，提供强有力的故障诊断和故障排除能力。系统提供的 PLC 和 SLC 控制器连入网络模块，很容易将设备网网络集成到 ControlLogix 系统中。

由于 FF（Foundation Fieldbus）现场总线网络是为具有许多模拟量 I/O 的过程控制设计的，而且设备网络能为大量的数字量 I/O 提供接口，能够为许多应用提供配套的设备层解决方案。

2. 控制网网络（ControlNet）

在控制层，使用了 ControlNet（控制网）网络，它将 I/O 网络的功能和对等信息传输网络结合起来。这种开放型网络提供任务关键控制数据（如 I/O 数据的刷新）。同时，它也支持非实时关键数据的传输，如程序上载、下载和报文。销售商所提供的控制网兼容的产品、现代化的连通技术，可以增加网络功能和信息吞吐量。控制网络是一种高速确定性网络，可用于对时间有苛刻要求的应用场合进行信息传输，为对等通信提供实时控制和报文传送服务。作为控制器和 I/O 设备之间的一条高速通信链路，综合了现有各种网络的能力。控制网是一种最现代化的开发网络，能提供如下功能：

（1）对在同一链路上的 I/O、实时互锁、对等通信报文传送和编程操作，均具有相同的带宽。对于离散和连续过程控制应用场合，均具有确定性和重复性功能。

（2）提供了生产者/客户网络模式的所有优点和改进：输入数据的多信道广播；对等通信数据的多信道广播。基于 Windows 95 和 NT 的组态软件，允许客户进行图形观察和组态整个网络，控制网络系列产品提供各种部件：从带集成化控制网功能的处理器到 I/O 接口以及连接个人计算机的接口卡。

（3）网络能力：高吞吐量。5 Mbps 的数据传送率可用于改善 I/O、控制器互锁以及对等通信报文传送性能。将 I/O 控制与编程置于同一物理介质链路上进行。日益增强的诊断能力，使得易于组态与维护。数据发送具有确定性和可重复性，在同一链路上，采用多控制器控制相互独立的 I/O。在链路上所有控制器之间，实现预定的对等通信互锁。多信道广播、多控制器共享对等通信互锁数据，以便实现更强的功能和减少编程要求。

（4）简化编程和网络组态：客户可选的 I/O 与 PLC 联锁刷新时间，能满足各种应用的要求，使用在线的频带宽度反馈。不用梯形逻辑编程来完成 I/O 的映像及 PLC 互锁（无数据块传送编程），控制网网络软件 RSNetworx 能提供网络的视图。

（5）减少安装费用：从 AB 公司及其供应商处购置标准的 RG－6 同轴电缆和连接器，

用带有完整支线的分接器进行节点连接，分接器间无须任何空间要求。

3. 以太网网络

在信息层采用以太网，用于全厂的数据采集和程序维修。

6.6.2 ControlLogix 系统的特点

（1）特点：基于 ControlLogix 平台的 Logix 5550 处理器模块为工业控制提供一种最新的而且具有灵活性的完整控制方案。

①完美结合：ControlLogix 系统能与现有基于 PLC 的系统之间完美结合，与其他网络用户完美结合并可实现信息的透明互换，与其他网络上的程序处理器之间完美结合。

②模块化：ControlLogix 系统模块化的 I/O、内存及通信接口为用户提供了一种既可组态又便于扩展的系统。用户可以根据需要灵活配置所需的 I/O 数量、内存容量以及通信网络，当用户需要进一步扩展系统时，可随时添加 I/O、内存及通信接口。

③带电拔插：ControlLogix 系统允许用户带电拔插系统中的任何模块，而不损坏模块。这样用户就可以在维持系统运行的同时更换故障模块。

④高速传送：ControlLogix 可以在网络之间、网络的链路之间以及通过背板的模块之间实现信息的高速传送。

⑤高强度工业硬件平台：ControlLogix 系统采用特殊设计的高强度工业硬件，从而可耐受振动、高温以及工业环境下的电气干扰。

⑥小型化：硬件采取小型化设计适用于有限的配盘空间。

（2）多个 Logix 5550 处理器并存：ControlLogix 系统允许多个 Logix 5550 处理器模块插在同一个背板上，高速度的背板使每个处理器都可轻而易举地访问其他处理器模块的数据，从而实现 I/O 数据及其他数据的共享。

①分布式处理：通过 ControlNet、DeviceNet 和普通的 Remote I/O 链路即可将远离处理器的分布式 I/O 连接起来。

②IEC－1131－Complaint 操作系统：该系统提供了真正具有优先级的多任务环境，从而允许用户通过单独排定软件组件来满足自己的应用要求。这就大大提高了处理器的效率而且降低成本，因为它可以减少用户整个控制系统的处理器数量。

③运动控制：Logix 5550 处理器具有完整的运动控制功能。通过高速的背板，处理器可与伺服接口模块进行通信，从而实现高度的集成操作及位置环和速度环的闭环控制。Logix 5550 处理器内部含有运动命令，这些命令支持各种运动功能，包括从简单的点对点运动到复杂的齿轮传动。同样的 RSLogix 5000 编程软件除了为顺序控制提供梯形图编程外，还可为运动控制提供完整的编程及调试支持。这种方法可大大地加快开发和集成速度，更容易诊断故障。

④功能设计：Logix 5550 处理器提供模块的用户内存（从 160 KB 到 2 MB）并且对大量的 I/O 进行寻址（最多可达 4 000 个模拟量或 128 000 个数字量 I/O）。Logix 5550 处理器还可控制远距离的 I/O。单台处理器可控制远距离 I/O（通道）的最大数量为 250 个。处理器可通过 ControlNet、DeviceNet 和普通的 Remote I/O 链路来监测/控制这些 I/O。多个 Logix 5550 处理器模块可以并存于一个 ControlLogix I/O 框架中或者在一个 ControlNet 网络中，所有处理器均可从全部输入模块中读取数据。任何一个处理器均可控制任意的特定输出模块。

用户可以自己配置系统来指定由某一台处理器控制每一台输出模块。

⑤结构设计：ControlLogix 平台提供了一种基于机架的模块化组件结构。ControlLogix I/O 的框架设计成背板安装形式。电源直接安装在 ControlLogix I/O 框架的最左端。ControlLogix I/O 的框架有 4、7、10、13 或 17 槽几种形式。模块的放置完全是各槽独立：任何一个模块均可安插在 ControlLogix I/O 框架中的任意槽中。每个 ControlLogix I/O 模块最多可以提供 32 个 I/O。

⑥通信：通信是 ControlLogix 平台的核心。通过 ControlLogix 的无源数据总线背板消除了通信瓶颈现象，ControlLogix 的无源数据总线背板采用了生产者/客户技术，可提供高性能的确定性数据传送。

除了 Logix 5550 处理器自带的 RS－232（DF1 协议）端口外，与通信网络的接口是模块化的。用户可以使用单独的通信接口模块来实现背板与 Ethernet、ControlNet、DeviceNet、DH＋和普通的 Remote I/O 链路之间的接口，如果用户在 ControlLogix 背板上安插了多个通信接口模块，则用户就可在 RS－232 ControlNet、Ethernet、DH＋和 DeviceNet 网络之间组态一个网关来桥接和传送控制数据及信息数据。Logix 5550 处理器通过 ControlLogix 背板与本地框架中 1756 I/O 模块通信。Logix 5550 处理器也可以通过 ControlLogix 背板与通信模块通信。通信模块是通过 ControlNet、DeviceNet 或普通的 Remote I/O 链路来为监测和控制 I/O 提供接口。在 ControlNet 链路的其他节点上，同样的通信接口模块可以为远离 Logix 5550 处理器的 1756 I/O 提供到 ControlNet 链路的接口。Logix 5550 处理器通过 DeviceNet 或 ControlNet 网络可以发送和接收常规的通信信息，就像使用 RS－232、DH＋或 Ethernet 网络一样。

6.7　小型 SunyPCC800 系统

6.7.1　网络结构

SunyPCC800 小型 DCS 采用二层网络结构，分别是系统网络 SNet、控制网络 CNet。I/O 功能模板通过 SmartBus 连接智能 I/O 调理模块；CNet 连接各个功能模板；SNet 采用工业以太网，可连接多套控制站，或多台操作员站/工程师站，并可无缝连接 MIS/ERP。网络结构如图 6－9 所示。

（1）系统网络采用工业以太网，符合 IEEE 802.3 标准；其通信速率为 10/100 Mbps，传输介质为五类非屏蔽双绞线。系统网络采用可靠性高的冗余结构，热备份工作，可以保证在任何一条网络失效的情况下不影响系统通信。系统网络拓扑结构为星形和菊花链形，在一定区域范围的各节点都通过双绞线连到一个集线器上，各区域又通过双绞线或光纤把多个光端机/集线器互连在一起。系统网络的最大通信距离与集线器/光端机的个数和使用的通信介质有关。双绞线每段最大长度为 120 m，光纤每段最大长度为 1 850 m。系统网络涉及的硬件有操作员站/工程师站、控制站、集线器/光端机以及传输介质，系统网络设计的最大节点数为 32 个，其中操作员站/工程师站为 1～16 台，现场控制站为 1～16 台。控制网络是控制站功能模板，如各 I/O 模板、控制模板之间的数据通道，控制网络采用 CAN（Control Area

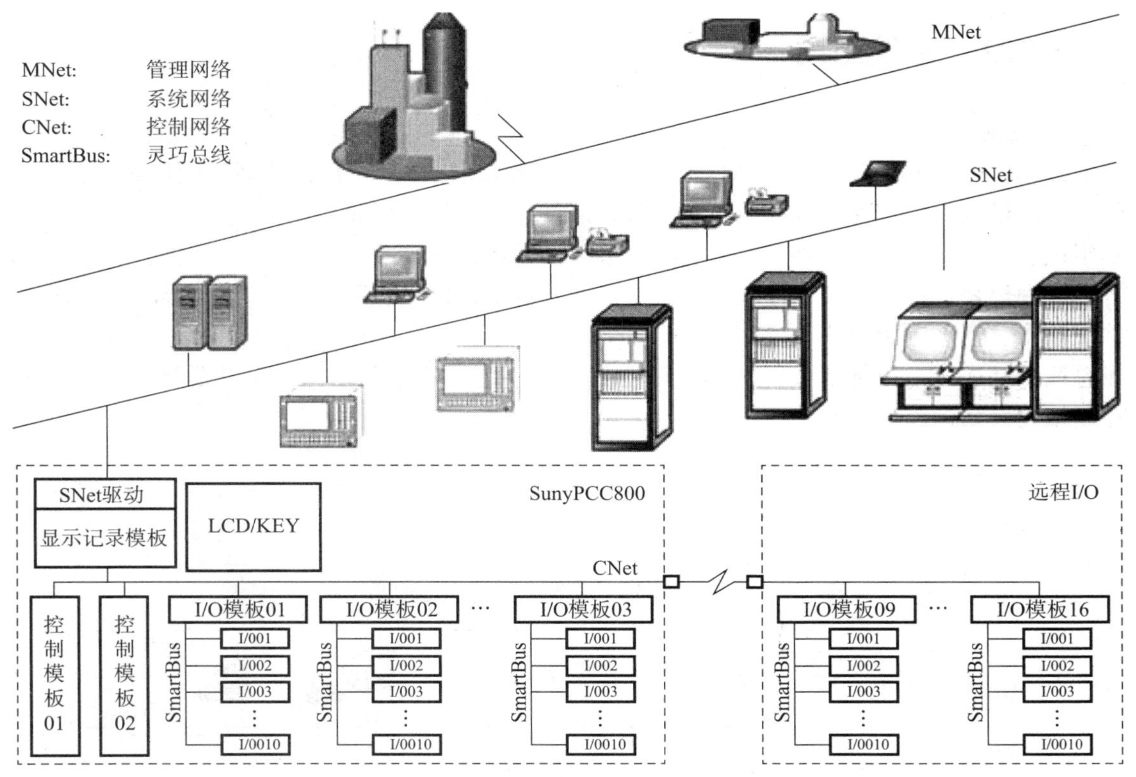

图 6-9 SunyPCC800 小型 DCS 的网络结构

Network）现场总线，符合 ISO11898 CAN Specification 2.0B 标准，是一种按优先级抢占式的总线网络，采用双绞线为通信介质，最大通信速率为 1.2 Mbps，在 MicroDCS－SunyPCC800 中最多支持 16 块 I/O 模板。

（2）特点：多主工作方式，网络上任一节点均可在任意时刻主动地向网络上其他节点发送信息，而不分主从，通信方式灵活，且无须地址等节点信息，可方便地构成多机备份系统；网络节点信息分成不同的优先级，可满足不同的实时要求，高优先级的数据最多可在 134 μs 内得到传输；采用非破坏性总线仲裁技术，当多个节点同时向总线发送信息时，优先级较低的节点会主动地退出发送，而最高优先级的节点可不受影响地继续传输数据，从而大大节省了总线冲突仲裁时间，尤其是在网络负载很重的情况下也不会出现网络瘫痪情况，只需通过报文滤波即可实现点对点、一点对多点及全局广播等几种方式传送接收数据，无须专门的“调度”；采用短帧结构，传输时间短，受干扰概率低，具有极好的检错效果；每帧信息都有 CRC 校验及其他检错措施，保证了极低的数据出错率；节点在错误严重的情况下具有自动关闭输出功能，以使总线上其他节点的操作不受影响。灵巧总线 SmartBus 是调理模板内部连接 I/O 模块与模板控制器的实时控制网络，实现调理模板控制器和所有智能 I/O 模块之间的互联和信息传送，具有以下特点：节点数可达 24 个；支持点对点发送和广播发送功能；节点错误严重时不会影响其他节点正常工作；传输时间短，不易干扰，具有极好的检错效果；容易实现信号和信号之间、信号和主机之间的隔离；容易实现模块级功能扩展。

6.7.2 系统组成

1. 控制站

Microsoft 的 SunyPCC800 小型 DCS 采用多处理智能化体系结构，控制站硬件包括公共部件、功能模板、调理模块等几大部分。公共部件包括机柜、机笼、控制模板、电源组件、散热组件、总线底板、集线器、光端机、转接端子板等；功能模板包括：I/O 模板、通信模板等；调理模块包括：模拟量输入、模拟量输出、数字量输入、数字量输出、脉冲量输入、脉冲量输出、特殊定制模块等。I/O 模板基于 SmartBus 灵巧总线连接调理模块，并通过冗余现场总线相互连接。控制站采用工业以太网连接操作员站/工程师站，工业以太网可冗余配置。控制站硬件结构图如图 6－10 所示。

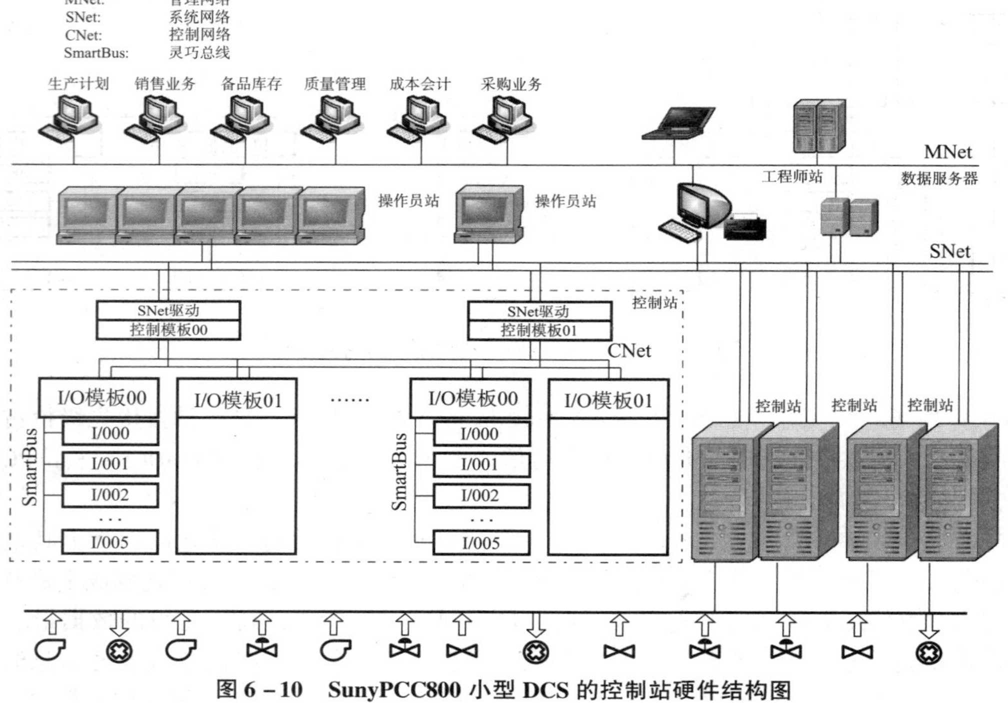

图 6－10　SunyPCC800 小型 DCS 的控制站硬件结构图

SunyPCC800 小型 DCS 的控制站由功能模板构成，功能模板是控制站内部完成特定任务的硬件板卡、运算处理单元、应用软件的组合。功能模板智能化，具有独立性、自主性，及时有效地完成所分担的局部任务。显示记录模板实现数据动态显示、实时操作、历史数据存储与浏览、报表处理与打印，是控制系统的本地人机界面；控制模板集成了高速处理器和智能双冗余控制网络 CNet 驱动，根据控制组态所生成的目标文件，解释运行，实现所设计的控制策略，并支持数据同步与冗余切换；特殊功能模板是应工业过程特殊需要所开发的功能模板，如支持第三方产品的通信管理模板、现场总线管理模板；模拟量输入模板实现模拟量点数据的信号隔离、类型选择、程控放大、数据采集、故障诊断、报警生成、数字滤波、温度补偿、线性校正、工程转换等功能，支持通用输入；模拟量输出模板实现模拟量点数据的校验、锁存、保护输出，可以根据配置要求在异常情况下，实现数据输出保持或输出指定设

定值；数字量输入/输出模板实现数字量的输入/输出，包括数字输入的抖动消除、变化时间戳生成、实时响应，数字输出的校验、诊断、掉电记忆、上电保护等；脉冲量输入模板实现脉冲量的输入；通用信号输入/输出模板实现模拟量输入、模拟量输出、数字量输入/输出、脉冲量输入等全系列信号类型的混合输入与输出，实现智能调理、软件设置、自动识别、任意混装，并支持开放扩展。

2. 操作员站/工程师站

SunyPCC800 小型 DCS 既可以一体化集成配置控制站、操作员站与工程师站，也可分布配置或支持多台独立的操作员站与工程师站。系统操作员站是工业现场操作人员使用的设备，操作人员通过键盘或鼠标可以灵活、方便、准确地监视过程量，以及根据流程变化调整过程参数等。工程师站用于对应用系统进行功能组态、组态数据下载，也能代替操作员站发挥运行监视的作用。操作员站与工程师站均采用高可靠性的工业微型计算机。

3. SunyTech 工业控制应用软件平台

SunyTech 工业控制应用软件平台是 SunyPCC800 小型 DCS 的系统软件包，它基于 Windows NT/2000 和 SROS 多任务实时操作系统，基于组件结构设计，采用 32 位多任务、多线程等最新技术，集现场数据采集、算法执行、实时数据和历史数据处理、报警和安全机制、流程控制、动画显示、趋势曲线和报表输出以及监控网络等功能于一体，已广泛应用于石油、化工、电力、冶金、交通、楼宇自动化、医药、食品等行业。系统体系如图 6－11 所示。

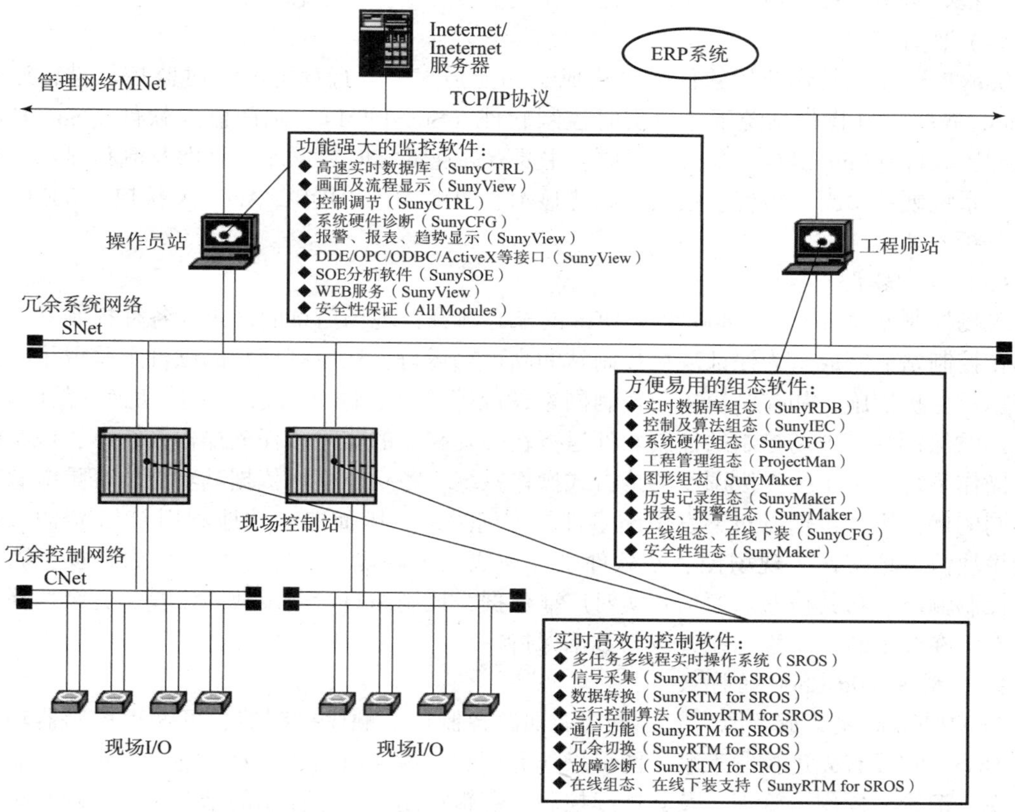

注：括号内为实现该项功能的软件组件名称

图 6－11　SunyPCC800 系统软件体系图

SunyPCC800 系统的软件体系分为工程师站组态软件、操作员站实时监控软件及现场控制站实时控制软件三大部分，三部分软件分别运行在不同层次的硬件平台上，并通过控制网络、系统网络进行通信，彼此互为配合、互为协调，交换各种数据及管理、控制信息，完成整个 DCS 的各种功能。SunyTech 工业控制应用软件平台由实时控制组件（SunyRTM）、系统配置组件（SunyCFG）、人机界面组件（SunyHMI）三大类组件构成，如表 6－1 所示。

表 6－1　SunyPCC800 系统的软件体

SunyTech 工业控制应用软件平台					
实时控制组件（SunyRTM）		系统配置组件（SunyCFG）		人机界面组件（SunyHMI）	
SunyIEC	算法编辑器	SunyCFG	硬件配置软件	SunyMaker	系统组态软件
SunyRIM	实时运行系统	SunyRDB	实时数据库	SunyView	画面运行系统
SROS	多任务实时操作系统	SunySOE	SOE 分析软件		

（1）组态软件。

SunyTech 工业控制应用软件平台功能全面、易于使用，它由人机界面软件（SunyHMI）、系统配置软件（SunyCFG）、实时控制软件（SunyRTM）等组件及其所含的软件模块组成，实现工程管理组态、实时数据库组态、控制算法组态、系统硬件组态、图形组态、历史记录组态、报表组态、报警组态、在线组态、在线下装、安全性组态等功能。

（2）监控软件。

SunyTech 工业控制应用软件平台集成了功能强大、运行稳定的实时监控软件，运行于 Windows NT/2000 操作系统下。由实时控制软件（SunyRTM）、画面监控软件（SunyHMI）、系统配置软件（SunyCFG）等组件组成。主要有高速的实时数据库、画面及流程显示、控制调节、系统硬件诊断、报警、报表、趋势显示、DDE/OPC/ODBC/ActiveX 接口、WEB 服务、SOE 分析等功能。

（3）控制软件。

现场控制站是 SunyPCC800 小型 DCS 的核心部分，现场信息的采集、各种控制算法的实现都在控制站上完成。为保证现场控制站的高可靠运行，在控制模板的软件上采取了一系列的可靠性保护措施，如控制模板与控制网络的故障诊断、网络冗余、主从切换、故障恢复、数据掉电保持等。现场控制站控制软件运行在一套高效的实时多任务操作系统下，该实时多任务操作系统为基于优先级调度的抢占式操作系统，各功能模块依据其功能的轻重缓急被赋予不同的优先级，再辅以对突发中断事件的实时处理，因而能有效地利用 CPU 资源，使各功能模块协调地工作。现场控制站软件主要完成以下功能：数据采集、数据转换、算法运行、控制输出、与其他站点通信及实时广播数据、控制站自诊断及故障恢复、冗余切换、在线组态、在线下装、工程在线升级与数据保持。

4. 小型 SunyPCC800 的特点

SunyPCC800 是集成智能仪表、多功能回路控制器、顺序控制器、可编程控制器功能的小型 DCS，它具有先进控制策略、图形操作界面和在线实时组态工具，能实现工业控制的实时监视、记录、操作、管理，及其连续控制、逻辑控制、顺序控制的结合，是实现复杂多样工业自动化构想的新型计算机控制系统。其主要特点如下：

（1）SmartBus 模块总线，网络技术深入到点，为用户定制特殊模块；运用 ODBC、

OPC、ActiveX、TCP/IP 技术，界面友好，系统开放。

（2）基于数字时代的智能化，只能调理，通用输入，适合现场信号的复杂性；在线自校正和自诊断，保证信号精度。

（3）基于工业时代的可靠性，信号、模板、控制器、网络、电源全隔离，保证极强的抗干扰能力；模板、控制器、电源、网络任意冗余设计，自由配置。

（4）基于商业时代的经济性，所有信号提供隔离 DC 24 V 配电，降低用户配套设备成本；结合行业应用，提供二次开发平台及快捷实用的集成解决方案；先进控制与过程优化策略，充分挖掘企业潜力，创造最大经济效益。

本章小结

本章介绍了几种常见 DCS：和利时的 Hollias－macs 系统、Foxboro 公司的 I/A Series 系统、JX－300XP 系统、西门子 SIMATIC PCS 7 系统、ABB OCS 系统、罗克韦尔的 ControlLogix 系统及小型 SunyPCC800 系统的结构、组成及特点。使读者对这些常见 DCS 系统有了清晰的认识，并对常见 DCS 系统的应用有了一定的掌握。

习　题

一、选择题

1. Hollias－macs 系统硬件组成包括________、________、________和通信站四个部分。
2. JX－300XP 系统采用三层网络结构，其分别是________、________和________。
3. 西门子 SIMATIC PCS 7 系统采用三层网络结构，其分别是________、________和________。
4. SunyPCC800 系统软件组成包括________、________和________三个部分。

二、名词解释题

1. 简述 Hollias－macs 系统的网络层次及功能。
2. 简述 JX－300XP 系统的 SBUS 总线及其功能。
3. 简述罗克韦尔的 ControlLogix 系统网络层次结构及功能。

第 7 章

现场总线及其应用

学习目标

☞ 了解现场总线的现状及发展

☞ 理解现场总线的标准

☞ 掌握现场总线的概念及特点

☞ 熟悉 Profibus、ControlNet、DeviceNet、CAN 等几种总线的应用

现场总线控制系统是20世纪80年代中后期随着控制、计算机、通信以及模块化集成等技术发展而出现的工业控制系统，代表工业自动化控制系统发展的最新阶段。

按照国际电工委员会IEC 61158标准的定义，现场总线是应用在制造或过程区域现场装置与控制室内自动控制装置之间的数字式、串行、多点通信的数据总线。它也被称为开发式、数字化、多点通信的底层控制网络。以现场总线为核心的工业控制系统，称为现场总线控制系统FCS（Fieldbus Control System），它是继基地式气动仪表控制系统、电动单元组合式模拟仪表控制系统、集成式数字控制系统、集散式控制系统之后，自20世纪80年代末发展起来的一种新型网络集成式全分布控制系统。

7.1 现场总线的特点

7.1.1 现场总线的技术特点

现场总线系统在技术上具有以下特点。

1. 系统的开放性

开放是指对相关标准的一致性、公开性，强调对标准的共识与遵从。一个开放系统，是指它可以与世界上任何地方遵守相同标准的其他设备或系统连接，通信协议一致公开，各不同厂家的设备之间可实现信息交换。现场总线开发者就是要致力于建立统一的工厂底层网络开放系统。用户按自己的需要和考虑，把来自不同供应商的产品组成大小随意的系统，通过现场总线构筑自动化领域的开放互联系统。

2. 互操作性与互用性

互操作性是指实现互连设备间、系统间的信息传送与沟通；而互用性则意味着不同生产厂家的性能类似的设备可实现相互替换、现场设备的智能化与功能自治性，它将传感测量、补偿计算、工程量处理与控制等功能分散到现场设备中完成，仅靠现场设备即可完成自动控制的基本功能，并可随时诊断设备的运行状态。

3. 系统结构的高度分散性

现场总线构成一种新的全分散式控制系统的体系结构，从根本上改变了现有DCS集中与分散相结合的DCS体系，简化了系统结构，提高了可靠性。

4. 对现场环境的适应性

现场总线系统工作在生产现场前端，作为工厂网络底层的现场总线，是专为现场环境而设计的，可支持双绞线、同轴电缆、光缆、射频、红外线、电力线等，具有较强的抗干扰能力，能采用两线制实现供电与通信，并可满足本质安全防爆要求等。

5. 一对N结构

一对传输线，N台仪表，双向传输多个信号。这种一对N结构使得接线简单、工程周期短、安装费用低、维护方便。如果增加现场仪表或现场设备，只需并行挂到电缆上，无须架设新的电缆。

6. 可控状态

操作员在控制室就可以了解现场设备或现场仪表的工作状况，也能对其进行参数调整，还可以预测和寻找事故，始终处于操作员的远程监视与可控状态，能提高系统的可靠性、可控性和可维护性。

7. 互换性

用户可以自由选择不同制造商所提供的性能价格比最优的现场设备或现场仪表，并将不同品牌的仪表进行互换。即使某台仪表发生故障，换上其他品牌的同类仪表，系统仍能照常工作，实现即接即用。

8. 综合功能

现场仪表既有检测、变换和补偿功能，也有控制和运算功能。实现了一表多用，不仅方便了用户，也节省了成本。

9. 统一组态

由于现场设备或现场仪表都引入了功能块的概念，所有制造商都使用相同的功能块，并统一组态方法，这样就使组态非常简单，用户不需要因为现场设备或现场仪表的不同而采用不同的组态方法。

7.1.2 现场总线的结构特点

现场总线系统打破了传统控制系统的结构形式。图 7－1 为现场总线控制系统与传统控制系统的结构对比。在传统模拟控制系统中采用一对一的设备连线，按控制回路分别进行连接，位于现场的测量变送器与控制室的控制器之间，控制器与位于现场的执行器、开关、电动机之间均为一对一的物理连接；而在现场总线中，由于通信能力的提高，现场总线系统可以将它们简单地串行在一起。

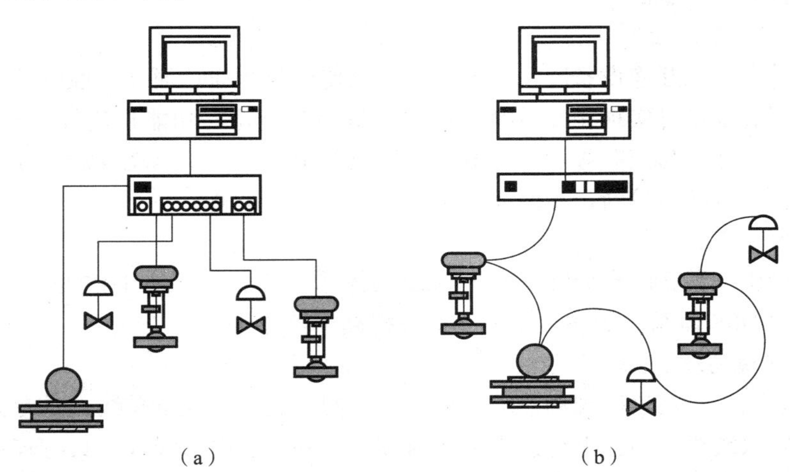

（a）　　（b）

图 7－1　传统控制系统与现场总线控制系统结构

（a）传统控制系统；（b）现场总线控制系统

现场总线控制系统的全分布特点为系统的大量信息集成提供了基础，全数字特点消除了 4～20 mA 信号传输的瓶颈现象，全开放、互操作特性使用户可以按自己的需要，考虑将不同品牌的产品组成大小随意的系统。除此之外，工业现场总线在结构上还具有以下特点。

1. 现场设备具有智能和自治的特点

现场总线系统中，现场设备已经不仅仅是测量单元或执行单元，而是将传感测量、补偿

计算、过程量处理与控制等功能集中到一台现场设备中，不但可以实现自动控制的基本功能，并可随时诊断设备的运行状态，和其他设备进行信息交换。另外，现场总线设备具有较强的抗干扰能力，能实现总线供电与通信，并可满足本质安全防爆要求等。

2. 提高了系统的精度和自诊断功能

现场总线设备可以不依赖其他设备独立地实现调节功能，控制周期大大缩短，可以从目前 DCS 的每秒调节 2 ~ 5 次增加到每秒 10 ~ 20 次，从而改善了调节性能；系统使用数字信号传输，使控制精度可以从 DCS 的 ±0.5% 提高到 ±0.1%。以上两点对提高产品质量无疑是有效的。

现场总线系统设备具有诊断数据、操作情况统计和自动故障通告等功能，满足了远程诊断和故障定位的需要。

3. 降低了费用支出

现场总线系统的接线具有串行的优点，一对双绞线或一条电缆通常可以挂接多个设备，可以减少 1/2 ~ 1/3 的隔离器、端子柜、I/O 终端和 I/O 卡架等，连线设计与接头校对的工作量也大大减小。更重要的是，智能设备能直接执行多种传感控制报警和计算功能，因而可减少变送器的数量，不再需要过多的调节器、计算单元等，也不再需要集散式控制系统的信号调理、转换、隔离等功能单元及其复杂接线，还可以用工控计算机作为操作员站，从而节省了一大笔硬件的投资，减小了控制室的占地面积，并缩短了安装调试时间。据有关典型试验工程的测算资料表明，可降低安装费用 60% 以上。

由于现场控制设备具有诊断与简单故障处理能力，并通过数字通信将相关的诊断维护信息送往控制室，用户可以查询所有设备的运行、诊断维护信息，以便早期分析故障原因并快速排除，缩短了维护停工时间，同时由于系统结构简单化，并具有互换和互操作的特点，减少了维护工作量。

4. 组态和修改容易

在组态过程中，可以根据实际需要采用总线式、树形等多种拓扑结构，当需要增加现场控制设备时，无须增设新的电缆，可就近连接在原有的电缆上，既节省了投资，也减小了设计、安装的工作量，便于系统扩充和修改。由于它的设备标准化、功能模块化，在系统重构时也很容易。

7.1.3 现场总线的优点

现场总线的以上特点，特别是现场总线系统结构的简化，使控制系统从设计、安装、投运到正常生产运行及检修维护，都体现出优越性。

1. 节省硬件数量与投资

由于现场总线系统分散在现场的智能设备能直接执行多种传感、控制、报警和计算功能，因而可减少变送器的数量，不再需要单独的调节器、计算单元等，也不再需要 DCS 的信号调理、转换、隔离等功能单元及其复杂接线，还可以用工控 PC 机作为操作员站，从而节省了一大笔硬件投资，并可减少控制室的占地面积。

2. 节省安装费用

现场总线系统的接线十分简单，一对双绞线或一条电缆上通常可挂接多个设备，因而电缆、端子、槽盒、桥架的用量大大减少，连线设计与接头校对的工作量也大大减少。当需要增加现场控制设备时，无须增设新的电缆，可就近连接在原有的电缆上，既节省了投资，又减少了设计、安装的工作量。

3. 节省维护开销

现场控制设备具有自诊断与简单故障处理的能力，并通过数字通信将相关的诊断维护信息送往控制室，用户可以查询所有设备的运行、诊断维护信息，以便早期分析故障原因并快速排除，缩短了维护停工时间，同时由于系统结构简化、连线简单而减少了维护工作量。

4. 用户具有高度的系统集成主动权

用户可以自由选择不同厂商所提供的设备来集成系统。避免因选择了某一品牌的产品而限制了使用设备的选择范围，不会为系统集成中不兼容的协议、接口而一筹莫展，使系统集成过程中的主动权牢牢掌握在用户手中，提高了系统的准确性与可靠性。现场设备的智能化、数字化，与模拟信号相比，从根本上提高了测量与控制的精确度，减少了传送误差。同时，由于系统的结构简化，设备与连线减少，现场仪表内部功能加强，减少了信号的往返传输，提高了系统的工作可靠性。此外，由于它的设备标准化、功能模块化，因而还具有设计简单、易于重构等优点。

7.2　现场总线的标准

由于市场利益的驱动，从 20 世纪 80 年代现场总线刚刚出现开始，围绕现场总线技术与现场总线标准的竞赛就在各大公司，甚至各国之间展开。人们期待一种统一的现场总线标准，使基于这一标准的现场设备和仪表能够互连、互操作和互换，从而实现真正意义上的开放。

最早称为国际标准的现场总线是 CAN 总线，尽管 CAN 总线在工业控制领域应用广泛，但它是关于道路交通工具方面的国际标准 ISO 11898，在车辆、运输工具等方面的影响力更大。工业控制领域的现场总线标准主要是指国际电工委员会指定的两个协议族 IEC 61158 和 IEC 62026。

现场总线标准 IEC 61158 从 1984 年就开始制定，由于涉及各大公司的切身利益，迟迟得不到通过，先后经过 9 次投票表决，两次提交 IEC 执委会审议，直到 2000 年 1 月 4 日 IEC 中央办公室公布 1999 年年底最新一轮投票结果才表明该标准已获得通过。IEC 61158 在公布后，马上进入标准修订程序，到 2002 年 6 月已进行了两次大范围的修改。根据修订的 IEC/T65 文件，该标准目前包括 IEC 技术报告、ControlNet、Profibus、P－Net、FF HSE、SwiftNet、WorldFIP、Interbus、FF Application Layer 和 ProfiNet 共 10 种技术类型。

IEC 61158 包含的种类繁多，复杂程度高。为了便于标准的应用，IEC/SC65C 又制定了 IEC 61784（连续和离散制造用现场总线行规）作为 IEC 61158 的解释和补充，IEC 61784 涉及 7 个协议的 18 个工业自动化网络协议子集：

- Foundation Fieldbus（包括 FF H1，FF HSE，FF H2）；
- ControlNet（包括 ControlNet，EtherNet/IP）；
- Profibus（包括 Profibus－DP，Profibus－PA，ProfiNet）；
- P－Net（包括 P－Net RS－485，P－Net RS－232）；

- WorldFIP（包括 WorldFIP with subMMS、WorldFIP minimal for TCP/IP）；
- Interbus（包括 Interbus for TCP/IP、Interbus minimal）；
- SwiftNet（包括 SwiftNet transport、FF SwiftNet full stack）。

与 SC65C 制定的标准相比，IEC 17B 的标准制定要简单得多。IEC 17B 制定的总线标准主要涉及设备层的现场总线，相关的标准是 IEC 62026 中的控制器与电气设备接口，包括了 4 种协议：AS－I、DeviceNet、SDS、Seriplex。

通过的标准种类如此之多，与人们最初的期望大相径庭。人们制定 IEC 61158 标准的初衷是将纷呈复杂的各种总线归纳成一种统一的标准，既方便制造商的产品生产，又便于用户选用。目前，经多方争执和妥协而形成的仍然是多总线并存的局面，这也意味着没有一种现场总线能够一统天下。

既然不能通过制定标准解决总线纷争，就只有通过市场来解决了，以太网的成功就是这种解决方法的典型例子。在局域网编制中，令牌环、令牌总线和以太网同为国际标准，但是以太网由于市场的认可成为实际上的局域网国际标准；再比如 Internet 使用的 TCP/IP 协议，它并未与 ISO/OSI RM 的网络模型完全一致，但随着 Internet 的迅速发展，TCP/IP 已经成为事实上的国际标准；与此同时，没有列入国际标准范围的现场总线也没有因现场总线标准的推出而销声匿迹，而是进一步完善技术，争取更大的市场份额，增加影响力，力图成为事实上的标准。可见，现场总线的标准虽然通过了，各种现场总线之间的竞争却愈演愈烈。目前，现场总线技术在工业控制中的应用越来越广泛，国内的各仪表生产商也在开展现场总线产品的开发工作。

7.3 现场总线的现状及发展

7.3.1 现场总线的现状

现场总线的概念是 1982 年首先在欧洲提出的。随后，北美与南美也投入巨大的人力、物力开展研究工作。到现在为止，比较流行的现场总线已有 40 多种。现场总线控制系统的全分布、全数字、全开放特性解决了集散型控制系统中存在的不足。在此值得一提的是作为从 DCS 向 FCS 过渡过程中出现的 HART（Highway Addressable Remote Transducer）协议，它在现有模拟信号传输线上加载一个数字信号，使模拟信号与数字信号双向通信同时进行，互不干扰。从长远的发展来看，作为过渡产品的 HART 不会有很大的作为。现场总线控制系统把集散型控制系统中的集中与分散相结合的概念变成了新型的全分布式测控系统。作为工厂数字通信网络的基础，现场总线控制系统沟通了生产过程现场控制设备之间及其与更高控制管理层之间的联系：它向下深入现场的每一台仪表、执行机构，把控制功能彻底下放到现场，依靠现场智能设备本身便可实现基本控制功能；向上连接到生产管理、企业管理的方方面面，为企业提供全面的解决方案。目前，现场总线将原来主要用于工程控制的工业控制自动化推广到制造自动化、楼宇自动化等领域，成为新的现场智能设备互联通信网络。在现场总线控制系统中，4～20 mA 模拟信号仪表将被符合现场总线标准的双向通信全数字智能仪表所取代，实现传输信号数字化，使模拟和数字混合控制系统最终转变为全数字控制系统。

现场总线控制系统的开放性解决了数字系统的兼容性问题，协议的完全开放导致不同生产商的产品之间可以互换和互操作。它不但给生产商和用户带来极大的方便，而且突破了集散型控制系统中由专用网络的封闭系统所造成的缺陷，把封闭、专用的解决方案变成了公开、标准化的解决方案。

1. 现场总线的国际标准

长期以来，有关现场总线的标准问题争论不休，互联、互通、互操作以及实时性问题很难解决，不仅已有的 50 种现场总线没有走向统一，而且仍在不断推出新的标准，如 FlexRay。从各种数字技术的发展经历来看，国际标准开发组织影响力较大。国际电工委员会制定的现场总线国际标准有 IEC 61158 和 IEC 62026，国际标准化组织制定的现场总线国际标准有 CAN。

2. 多个标准共存的原因

产生多个现场总线标准的原因十分复杂，主要是：①某些大公司由于早期投入大量资金使得现场产品问世较早，一旦国际标准与其技术不符，其投入的大量资金则必然化为乌有，因此他们不得不尽力争取成为国际标准。②各种现场总线开发组织都受到国际上一些处于垄断地位的跨国公司的支持，而他们所开发的却是打破垄断、全面开放的现场总线，这本身就是一对矛盾。为了从自己的专有技术（如 DCS 和 PLC 等）中取得更多、更大的利润，从某种程度上讲，这些跨国公司并不迫切希望看到统一的现场总线标准早日出现。而另一方面这些跨国公司为了他们的长远利益和保持他们的垄断地位又不得不去开发现场总线，以领导新潮流。③IEC 是多极化组织，其代表来自各个国家的一些大公司，国际 IEC 有关章程、统一的国家标准需要得到 75% 以上有投票资格的国家的赞成。一些小国家在技术和经济上很大程度地依赖于一些跨国公司，这些小国为了自己的利益，在 IEC 投票表决中常常发生摇摆而不能自主。④统一的现场总线国际标准之所以难以制定，其技术原因在于使用一种技术方案满足不同用户千差万别的需求，的确是件很难的事，更何况到目前为止，还没有哪种总线在技术上占绝对优势。既然现场总线是为了满足测量与控制技术发展的需要而产生的，不同领域的测量与控制需求又各有特点，因此在某个领域中产生的总线技术一般对这一特定领域的满足度高一些，适应性好一些，应用多一些。现场总线用户必须依赖设备制造商，才能确保设备和工厂的正常运行能力，只能被动地追随他们。

3. 现场总线的共性与分类

对于世界范围内如此之多的现场总线规范，必须有一个统一的、全面的理解，IEC 61158 标准为工业网络通信提供了这种理解的公共基础：ISO/OSI 参考模型作为通信任务分解参考；层规范化，各种类型的现场总线都由一个或多个层规范构成；服务和协议的差异处理；工程应用能力。

为了便于全面地了解现场总线这一测量与控制领域的新技术，按照传输数据宽度，把较有影响的多种现场总线分为 4 个大类，见表 7-1。

表 7-1　现场总线的分类

分类	特点	现场总线实例
位传输现场总线	位（bit）传输、快捷、简单	CAN、P-Net、SwiftNet、AS-I、DeviceNet、SDS、Seriplex

续表

分类	特点	现场总线实例
设备现场总线	字节（Byte）传输、单体设备控制	Profibus、ControlNet、WorldFIP、Interbus、CC-Link
狭义现场总线	数据包传输、系统控制	FF-H1
工业以太网	文件传输、网络	FF-HSE、ProfiNet、Modbus-RTPS、EPA、Ethernet Powerlink、EtherCAT、VNET/IP、TCnet

7.3.2 现场总线的未来

现场总线已成为现代信息管理系统中的一个重要组成部分，随着这项技术的应用和发展，其优越性将被更好地体现出来。越来越多的科研、设计和工程应用人员将会投入其研究中，促进这一技术向着更高的目标发展：①积极推动单一现场总线国际标准的制定；②从冲突走向合作。

7.4 常见现场总线及其应用

7.4.1 控制层现场总线 ControlNet

7.4.1.1 概述

ControlNet 是近年来推出的一种新的面向控制层的实时性现场总线网络，在同一物理层介质链上提供时间关键性 I/O 数据和报文数据，包括程序的上载/下载、组态数据和端到端的报文传递等通信支付，是具有高度确定性、可重复的高速控制和数据采集网络，I/O 性能和端到端通信性能都较传输网络有较大提高。

ControlNet 是基于生产者/消费者（Producer/Consumer）模式的网络，ControlNet 允许在同一链路上有多个控制器共享，支持输入数据或端到端信息的多路发送，这就大大减少了网络的交通量，提高了网络效率和网络性能。

ControlNet 是高度确定性、可重复性的网络。所谓确定性就是预见数据何时能够可靠传输到目标的能力，而可重复性则是指数据的传输时间不受网络节点添加/删除情况或网络繁忙状况影响而保持恒定的能力。在实际应用中，通过网络组态时选择性设定有计划 I/O 分组或互锁时间，这些要求能得到更进一步的保证。

ControlNet 非常适用于一些控制关系有复杂关联、要求控制信息同步、协调实时控制、数据传输速度要求较高的应用场合。比如协同工作的驱动系统、焊接控制、运动控制、视觉系统、复杂的批次控制、有大量数据传输要求的过程控制系统、有多个控制器和人机界面共存的系统，等等。对于有多个基于 PC 的控制器之间、不同 PLC 之间或 PLC 和 DCS 之间存在通信要求的场合，ControlNet 非常适用。ControlNet 允许多个各自拥有自己独立或共享 I/O

的控制器之间相互通信或以灵活的互锁方式组织。由于其突出的实时性、确定性、可选的本征安全等特征，已越来越多地应用于过程控制等要求较高的应用场合。

ControlNet 是开放的现场总线，截至 1999 年年底在全世界范围内已经拥有近 70 家成员单位，由独立性国际组织控制网国际（ControlNet International）负责管理，ControlNet International 旨在维护和发行 ControlNet 技术规范，管理成员单位共同的市场推广工作；同时提供各个厂商产品的一致性和互操作性测试服务，保证 ControlNet 的开放性。

7.4.1.2 ControlNet 协议规范

ControlNet 是开放的网络，其协议规范可以通过控制网国际化组织获得。ControlNet 与 OSI 7 层网络参考模型的对照关系如图 7－2 所示。

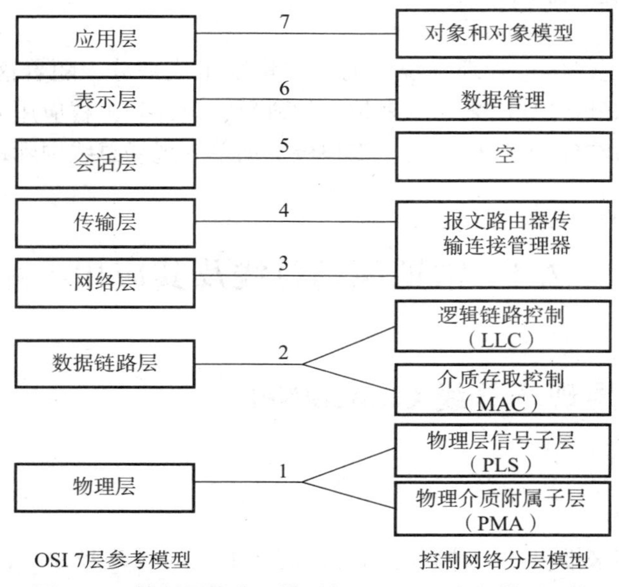

图 7－2　控制网络分层模型与 OSI 7 层参考模型比较

1. *物理层与介质*

物理层和介质部分的规范规定了同轴电缆和光缆介质标准与设计的一些参考信息。物理层包括两个子层：物理介质附属子层 PMA（Physical Medium Attachment）和物理层信号子层 PLS（Physical Layer Signalling）。PMA 子层包含了发送和接收总线必需的电路，而 PLS 子层执行位表示和计时器功能，以及与 MAC（向上）和 PMA 子层的信息交换。

2. *数据链路层*

数据链路层的首要任务是管理介质的存取权。数据链路层协议是建立在一个固定长度的、不断重复的网络刷新时间 NUT（Network Update Time）基础上的。NUT 以同步方式管理链路上的不同节点，如果网络上节点的 NUT 时间与当前链路上的 NUT 时间不一致，它就不能获得在链路上的数据传输权。不同的链路可能有不同的 NUT 值，NUT 可以在组态过程中确定，取值范围为 2～100 ms。

网络的存取控制通过一种称为同时间域多点存取 CTDMA（Concurrent Time Domain Multiple Access）的时间滑动算法实现。网络传输时间被分割成不断重复的网络传输时间段，通过调节在一个时间段内不同节点传输数据的机会控制整个网络的通信。对于不同的网络节

点，通过指定不同的网络刷新时间 NUT 来选择网络传输的节拍，实时性要求较高的信息被安排在网络刷新时间间隔中的预规划部分传输，而实时性要求不太高的数据在网络刷新时间的非规划时间段传送。

3. 网络与传输层

ControlNet 是基于连接（Connection）的网络，网络与传输层的角色就是建立和维护连接。连接的概念类似于电话线路：当电话呼叫发生后，电话系统选择一条线路，并在各个交换局/站建立和维护这样一条“通路”处理通话，只要通话在继续，这条虚拟的通路就维持通路，传输数据或语间信号。这样的一条逻辑上的通信“连接”可能跨越了多个不同类型的链路，但对于通信的双方而言，这个连接确实是固定的、一致的。每个连接都被赋予一个连接标识（Connection ID），代表与之相关联的通信资源。这样，在通信过程中，只需连接的标识符即可，而不必指明其他连接参数，大大提高了信息传递的效率。

4. 数据管理

这部分协议定义了数据类型规范的文法、数据类型取值范围以及不同数据类型适用的操作。

5. 对象模型

对象的建模代表了网络设备的可见的一些行为，这部分协议的内容包括：对象建模和术语、对象编址、对象模型、对象规范格式和规则、对象规范扩展方法、新对象创建规范等内容。

6. 设备描述

通过定义每一类型设备的核心标准，可以实现不同厂商相似设备间互操作性和互换性。一般来说，相似的设备具有大致相同的行为，产生/消费相同的数据集，包含相似的可组态参数集。相似设备间这些信息的正式定义就称为设备描述。如 ControlNet 协议中驱动、伺服驱动、接触器、电机启动器、软启动器、PLC、位置控制器、秤、信息显示器、交直流电机等。国际化组织的一些专门兴趣小组还在尝试定义更多的设备描述。

7. 生产者/消费者通信模式

工业控制的发展要求控制网络提供越来越高的生产率、更高的系统性能，同时又提供确定性的、可重复性的、可估计的设备间通信。单纯提高波特率或单纯提高协议效率，都不能从根本上解决问题。ControlNet 则是基于一种全新的网络通信模式——生产者/消费者模式。传统的网络通信模型是源/目的型或者称点到点的通信方式，这种方式的优点是通信的内容和形式都十分明确，在传送的报文中都包含了明确的源和地址信息，但是在源/目的的网络模式上（见表 7－2），当同一数据源上的数据向网络上其他多个节点发送数据时，必须经过多次才能实现，这就大大增加了网络的负担，降低了通信的效率。另外，由于数据到达不同网络节点的时间可能因网络上节点数目的不同而变化，不同节点之间的同步就变得困难，通信的实时性不能得到保障。

表 7－2　源/目的模式下的网络帧格式

源地址	目的地址	数据	CRC 校验

不同于以往的通信模式，生产者/消费者模式允许网络上的不同节点同时存取同一个源的数据。在生产者/消费者模式下，数据被分配一个唯一的标识，根据具体的标识，网络上

多个不同的节点可以接收到来自同一发送者的数据，其结果是，数据的传输更为经济，每个数据源一次性把数据发送到网络，其他节点选择性地收取这些数据，不浪费带宽，提高了系统生产率，通信效率也得到提高，因为数据只需产生一次，不管有多少个节点需要接收这个数据。由于数据经过同样的时间传送到不同的节点，可以实现通信的精确同步。

较早出现的现场总线，如 Profibus - DP、Profibus - PA、Interbus - S、AS - I 等，都是基于源/目的的网络模型的产品，20 世纪 90 年代中期以后推出的一些现场总线产品，则采用了 DeviceNet、Foundation Fieldbus 等，罗克韦尔自动化公司甚至在其 1997 年年底推出的新一代可编程控制器 ControlLogix 产品的无源背板总线 Controlbus 中植入了生产者/消费者网络模型。生产者/消费者模式下的网络帧如表 7 - 3 所示。

表 7 - 3　生产者/消费者模式下的网络帧格式

标识	数据	CRC 校验

7.4.1.3　ControlNet 的优点

（1）同一链路上满足 I/O 数据、实时互锁、端到端报文传输和编程/组态信息等应用的多样的通信要求。

（2）是确定性的、可重复的控制网络，适合离散控制和过程控制。

（3）同一链路上允许多个控制器同时共存。

（4）输入数据和端到端信息的多路发送支持。

（5）可选的介质冗余和本征安全。

（6）安装和维护简单。

（7）网络上节点居于对等地位，可以从任意节点实现网络存取。

（8）灵活的拓扑结构（总线式、树形、星形等）和介质选择（同轴电缆、光纤和其他）。

ControlNet 技术规范一览表如表 7 - 4 所示。

表 7 - 4　ControlNet 技术规范一览表

网络目标功能	端到设备（控制器等）和 I/O 网络在同一链路上传递 I/O，编程和系统组态信息	网络节点数	99 个可编址节点 单段最多 48 个节点
网络拓扑	主干—分支型，星型，树型，混合型	应用层设计	面向对象设计：设备对象模型，类/实例/属性，设备描述
最大通信速率	5 Mbps（单段最大长度条件下）	周期性冗余检查	改进的 CCITT 16 位多项式算法
通信方式	主从式 多主 端到端	I/O 数据触发方式	轮询 周期性发送 逢变则报
网络刷新时间	可组态 2 ~ 100 ms	I/O 数据点数	无限多个

续表

数据分组大小	可变长 0 ~ 510 B	中继器类型	高压交/直流 低压直流
网络最大拓扑（带中继器）	6 km（同轴电缆） 超过 30 km（光缆）	中继器数量	5 个中继器（6 个网段）/串接，最多 48 个网段并联
电源	外部供电	连接器	标准同轴电缆 BNC
网络模型	生产者/消费者	物理层介质	RG6 同轴电缆，光纤
网络速率	5 Mbps（单段最大长度） 1 000 m 两个节点/250 m 48 个节点（同轴电缆）@5 Mbps 3 000 m（光纤）@5 Mbps	网络和系统特性	带电插板 确定性和可重复性 可选本征安全 网络重复节点检测 报文分组传送（块传送）

7.4.2 设备层现场总线 DeviceNet

7.4.2.1 DeviceNet 的性能特点

设备网（DeviceNet）网络是 20 世纪 90 年代中期发展起来的一种基于 CAN 技术的开放型、符合全球工业标准的低成本、高性能的通信网络。它通过一根电缆将诸如可编程序控制器、传感器、光电开关、操作员终端、电动机、轴承座、变频器和软启动器等现场智能设备连接起来，是分布式控制系统减少现场 I/O 接口和布线数量、将控制功能下载到现场设备的理想解决方案。DeviceNet 作为工业自动化领域广为应用的网络，不仅可以作为设备级的网络，还可以作为控制级的网络，通过设备网提供的服务还可以实现以太网上的实时控制。较之其他的一些现场总线，设备网不仅可以接入更多、更复杂的设备，还可以为上层提供更多的信息和服务。在制造领域里，设备网遍及全球，尤其是北美和日本，设备网已经成为带动工业自动化领域的标准网络。设备网最初由罗克韦尔自动化公司设计，目前其管理 ODVA（Open DeviceNet Vendors Association）致力于支持设备网产品和设备网规范的进一步开发。至今，全球已有超过 600 家厂商提供 DeviceNet 的接入产品，除了 ODVA 以外，Rockwell、GE、ABB、Hitachi、Omron 等跨国集团也致力于 DeviceNet 的推广。可以预见 DeviceNet 在未来的一段时期内还将得到更多厂商的支持，DeviceNet 有可能成为设备级的主流网络。

DeviceNet 属于总线式串行通信网络，由于其采用了许多新技术及独特的设计，与一般的通信总线相比，DeviceNet 网络的数据通信具有突出的高可靠性、实时性及灵活性。其主要特点如下：

（1）采用基于 CAN 的多种方式工作，网络上任一节点均在任意时刻主动地向网络上其他节点发送信息，而不分主从，一个设备网产品既可作为“客户”，又可作为“服务器”，或者两者兼顾。

（2）逐位仲裁模式的优先级对等通信建立了用于数据传输的 Producer/Consumer 传输模型，任一设备网产品均可产生和应用报文，网络上的节点信息分为不同的优先级，可满足不同的实时要求。

(3) DeviceNet 采用非破坏性总线仲裁技术，当多个节点同时向总线发送信息时，优先级较低的节点会主动地退出发送，而最高优先级的节点可不受影响地继续传输数据，从而大大节省了总线冲突仲裁时间，尤其是在网络负载很重的情况下也不会出现网络瘫痪的情况。

(4) DeviceNet 的直接通信距离最远为 500 m，通信速率最高可达 500 kbps。

(5) DeviceNet 上可以容纳多达 64 个节点地址，每个节点支持的 I/O 数量没有限制。

(6) 采用短帧结构，传输时间短，受干扰的概率低，具有极好的检错效果，每帧信息都有 CRC 校验及其他检错措施，保证了数据出错率极低。

(7) DeviceNet 的通信介质为独立双绞总线，信号与电源承载于同一电缆。

(8) DeviceNet 支持设备的热插拔，无须网络断电。

(9) DeviceNet 的接入设备可选择光隔离设计，由外部供电的设备与由总线供电的设备共享总线电缆。

7.4.2.2 DeviceNet 的技术规范

随着 DeviceNet 在各种领域的应用和推广，对其标准化也提出了更高的要求，ODVA 制定并管理着设备网规范，作为真正开放性的网络标准，ODVA 还不断地对设备网规范进行补充、修订，使更多的现场设备能够作为标准设备接入 DeviceNet 上来。

DeviceNet 遵从 OSI 模型，按照 OSI 基准模型，DeviceNet 网络结构划分为三层：物理层、数据链路层和应用层，数据链路层又划分为逻辑链路控制（Logic Link Control，LLC）和媒体访问控制（Medium Access Control，MAC）两个子层，物理层下面还定义了传输的物理媒体。

设备网建立在 CAN 协议的基础之上。但 CAN 仅规定了 OSI 模型中物理层和数据链路层的一部分，DeviceNet 沿用了 CAN 协议标准所规定的总线网络的物理层和数据链路层，并补充定义了不同的报文格式、总线访问仲裁规则及故障检测和故障隔离的方法。而 DeviceNet 应用层规范则定义了传输数据的语法和语义。可以简单地说，CAN 协议定义数据传送方式，而设备网应用层又补充了传送数据的意义。基于 CAN 的 DeviceNet 协议分层对应于 ISO 网络协议 7 层模型的第 1、2、7 层。其关系如图 7－3 所示。

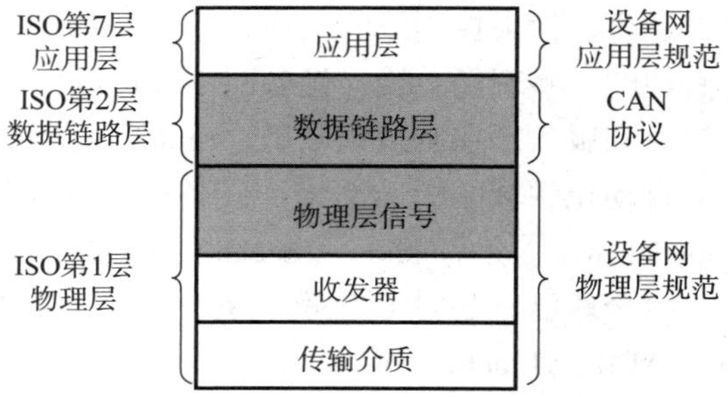

ISO 层	分层	规范
ISO第7层 应用层	应用层	设备网 应用层规范
ISO第2层 数据链路层	数据链路层	CAN 协议
ISO第1层 物理层	物理层信号	CAN 协议
	收发器	设备网 物理层规范
	传输介质	

图 7－3 基于 CAN 的 DeviceNet 协议分层结构

1. DeviceNet 的物理层和物理媒体

设备网物理层规范定义了设备网的总线拓扑结构以及网络元件，具体包括接地、粗缆和细缆混合结构、网络端接和电源分配。设备网所采用的典型拓扑结构是干线－分支方式。线缆包括粗缆（多用作干线）和细缆（多作于分支线），总线线缆中包括 24V 直流电源和信号线两组双绞线以及信号屏蔽线。在设备连接方式上，可以灵活选用开放/封装端头两种方式。网络供电采取分布式方式，支持冗余结构。总线支持有源和无源设备。对于有源设备，提供专门设计的带有光隔离的收发器。典型设备网的拓扑结构如图 7－4 所示。

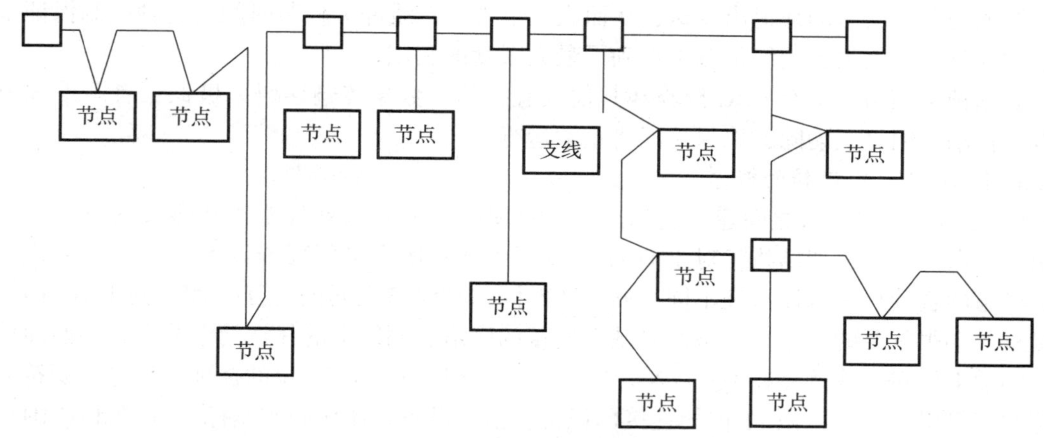

图 7－4　典型设备网的拓扑结构图

设备网提供 125/250/500 kbps 这 3 种可选的通信波特率，最大拓扑距离为 500 m，每个网络段最大可达 64 个节点。波特率、线缆类型、拓扑距离之间的对应关系见表 7－5。

表 7－5　DeviceNet 总线系统的支干线最大长度

传输速率/(kbps)	125	250	500
粗缆干线长度/m	500	250	125
细缆干线长度/m	100	100	100
最大支持长度/m	6	6	6
支线允许总长/m	156	78	39

2. DeviceNet 与 CAN

DeviceNet 的数据链路层完全遵循 CAN 规范的定义，并通过 CAN 控制器芯片实现。CAN 规范定义总线数值为两种互补逻辑数值之一："显性"（逻辑 0）和"隐性"（逻辑 1）。任何发送设备都可以驱动总线为"显性"，当"显性"和"隐性"位同时发送时，最后总线数值将为"显性"，仅当总线空闲或"隐性"位期间，发送"隐性"状态。

CAN 定义了 4 种帧格式，分别是数据帧、远程帧、超载帧和出错帧。在 DeviceNet 上传输数据采用的是数据帧格式，远程帧格式在 DeviceNet 中没有被使用。数据帧的格式如表 7－6所示。

表 7－6　CAN 协议数据帧格式

帧起始标志	11 位标识符	控制字段	帧长	0～8 B 数据	循环冗余校验	确认	帧结束标志

在总线空闲时每个节点都可以尝试发送，但如果多于两个的节点开始发送，发送权的竞争需要通过标识符位仲裁来解决。设备网采用非破坏性逐位仲裁（Non－destructive Bit－wise Arbitration）的方法解决共享介质总线访问冲突问题。网络上每个节点拥有一个唯一的标识符，这个标识符的值决定了总线冲突仲裁时优先级的大小。当多个节点同时向总线发送信息时，标识符小的节点在总线冲突仲裁中作为获胜的一方可不受影响地继续传输数据，而

标识符大的节点会主动地退出发送，从而大大节省了总线冲突仲裁时间。这种机制保证了总线上的信息不会丢失，网络带宽也得到了最大限度的利用。

数据帧每帧信息都有 CRC 校验和其他校验措施，数据传输误码率极低；有严重故障的节点可自动从网络上切除，以保持网络正常运行。

3. DeviceNet 中连接的概念

DeviceNet 为在设备之间建立逻辑连接，实现空闲超时时释放连接和将长信息分组传送采用了面向对象的框架结构。对于 DeviceNet 设备库中所定义的标准设备，DeviceNet 规范规定了设备的各种行为，以保证不同厂商生产的同一种设备之间的可互换性。关于 DeviceNet，连接是一个很重要的概念。设备网是基于连接的网络，网络上的任意两个节点在开始通信之前，必须事先建立连接。在 DeviceNet 中，每一个连接由一个 11 位的被称为信息标识符或连接符的字符串来识别，该 11 位的连接标识符包括了设备媒体访问控制标识符（MAC ID）和信息标识符（Message ID）。6 位的媒体访问控制标识符从 0 至 63，通常由设备上的跳线开关决定。DeviceNet 用连接标识符将优先级不同的信息分为 4 组。连接标识符属于第一组的信息优先级最高，通常用于发送从属设备的 I/O 报文，连接标识符属于第四组的信息则用于设备离线时的通信。DeviceNet 所定义的 4 个信息组如表 7－7 所示。

表 7－7　DeviceNet 所定义的信息组

<table>
<tr><th colspan="11">连接标识符位</th><th rowspan="2">16 进制表示</th><th rowspan="2">信息相关特性</th></tr>
<tr><th>10</th><th>9</th><th>8</th><th>7</th><th>6</th><th>5</th><th>4</th><th>3</th><th>2</th><th>1</th><th>0</th></tr>
<tr><td>0</td><td colspan="4">第一组信息 ID</td><td colspan="6">源设备 MAC ID</td><td>000～3FF</td><td>第一信息组</td></tr>
<tr><td>1</td><td>0</td><td colspan="6">源/目的设备 MAC ID</td><td colspan="3">第二级信息 ID</td><td>400～5FF</td><td>第二信息组</td></tr>
<tr><td>1</td><td>1</td><td colspan="3">第三组信息 ID</td><td colspan="6">源设备 MAC ID</td><td>600～7BF</td><td>第三信息组</td></tr>
<tr><td>1</td><td>1</td><td>1</td><td>1</td><td>1</td><td colspan="6">第四组信息 ID（0～2F）</td><td>7C0～7EF</td><td>第四信息组</td></tr>
<tr><td>1</td><td>1</td><td>1</td><td>1</td><td>1</td><td>1</td><td>1</td><td>X</td><td>X</td><td>X</td><td>X</td><td>7F0～7FF</td><td>无效标识符</td></tr>
</table>

4. 生产者/消费者模型

传统的方法是在分组中指定源和目的地址，存在明显的不足。由于每个目的地都需要单独地指定信息，协同的动作就显得不太方便，而重复传送相同的信息，浪费了带宽；设备网利用了 CAN 技术，采用了生产者/消费者模型。

我们借用客户/服务器的概念来比较说明这一模型。设备网设备既可以是客户，也可能是服务器，或者兼备两个角色。而每一个客户/服务器又都可以是生产者、消费者，或者两者皆是。典型的，服务器“消费”请求，同时“产出”响应；相应的，客户“消费”响应，同时“产出”请求。也存在一些独立的连接，它们不属于客户或服务器，而只是单纯生产或消费数据，这分别对应了周期性或状态改变类数据传送方式的源/目的，这样就可以显著降低带宽消耗。生产者/消费者模型与典型的源/目的模式相比，多个消费者可以同时接收到来自同一个生产者发送的信息，而不用逐个指定源/目的，因此更为灵活、高效。

在设备网上，产生数据的设备提供数据，并给这些数据赋予相应的标识符。需要接收数据的设备则监听网络上所传送的报文，并根据其标识选择接收（即“消费”）合适的报文。按照生产者/消费者模型，在网络上传送的报文不一定再专属于某个固定的源/目的地，网络可以支持多点发送，大大节约了带宽。

5. DeviceNet 的报文传送

设备网定义了两种报文传递的方式，即 I/O 报文和显式报文，其中 I/O 报文适用于实时性要求较高和面向控制的数据。I/O 报文提供了在报文发送过程和多个报文接收过程之间的专用通信路径。I/O 报文通常使用优先级高的连接标识符，通过一点或多点连接进行信息交换。I/O 报文数据帖的 8 位数据场不包含任何与协议有关的位，只有当 I/O 报文为大报文经过分割形成的 I/O 报文片段时，数据场中有一位由报文分割协议使用。连接标识符提供了 I/O 报文的相关信息，在 I/O 报文利用连接标识符发送之前，报文的发送和接收设备都必须先进行设定。设定的内容包括源和目的对象的属性，以及数据生产者和消费者的地址。

显式报文则适用于两个设备间多用途的点对点报文传递，是典型的请求 – 响应通信方式，常用于节点的配置、问题诊断等。显式报文通常使用优先级低的连接标识符，并且该报文的相关信息包含在显式报文数据帧的数据场中，包括要执行的服务和相关对象的属性及地址。

设备网为长度大于 8 B 的报文提供了分割服务。大的 I/O 报文可以分割成任意多的标准 I/O 报文。对于显式报文，也可以进行分割。分割服务为设备网提供了更多的可扩展性和兼容性，保证了将来更加复杂、更智能化的设备可以加入设备网中。设备网面向对象的设计和编址方式使其可以在不改变基本协议和连接模型的基础上无限制地扩展其能力。

6. 数据通信方式

设备网支持多种数据通信方式，如循环（Cyclic）、状态改变（Change of State）、选通（Strobed）、查询（Polled）等。循环方式适用于一些模拟设备，可以根据设备信号发生的速度，灵活设定循环进行数据通信的时间间隔，这样就可以大大降低对网络的带宽要求。状态改变方式用于离散的设备，使用事件触发方式，当设备状态发生改变时才发生通信，而不是由主设备不断地查询来完成。选通方式下，利用 8 B 的报文广播，64 个二进制位的值对应着网络上 64 个可能的节点，通过位的标识，指定要求响应的从设备。查询方式下，I/O 报文直接依次发送到各个从设备（点对点）。多种可选的数据交换方式，均可以由用户方便地指定。通过选择合理的数据通信方式，网络使用的效率得以明显的提高。

7.4.2.3 DeviceNet 对象模型与设备架构

设备网对象模型提供了一个设备网设备的组件模板。对象模型提供了组织和实现设备网产品构成元件属性、服务和行为的简便的模板，并可以通过 C ++ 中的类直接实现。一个设备的组件被分为组件属性、服务和行为 3 部分，这 3 部分可按如下对象进行描述：

（1）标识对象包含各种属性，如供应商 ID、设备类型、产品条码、状态、序列号。

（2）报文路由对象向其他对象传送显式报文。

（3）设备网对象包含节点地址、波特率、总线关闭、总线关闭计数、参数选择及主控制台的媒体存取控制 ID 等属性。

（4）汇编对象将来自不同应用对象的多个属性编为一个属性，便于以一条报文发送。

（5）连接对象代表设备网上两个节点间虚拟连接的末端，该对象为任选项。

（6）参数对象带有设备配置参数，提供访问所有参数的标准组态工具，参数对象包括数值、量程、文本等，该对象为任选项。

（7）应用对象配备了汇编对象或参数对象的设备网通常至少包含一个应用对象。

设备网规范为属于同一类别，但由不同厂商生产的设备定义了标准的设备模型。符合同一模型的设备遵循相同的身份标识和通信模式。这些与不同类设备相关的数据包含在设备描述中。

设备网定义标准设备架构的目的是确保设备间更好的兼容性，它主要包含：

（1）定义设备对象模型，如图 7－5 所示。

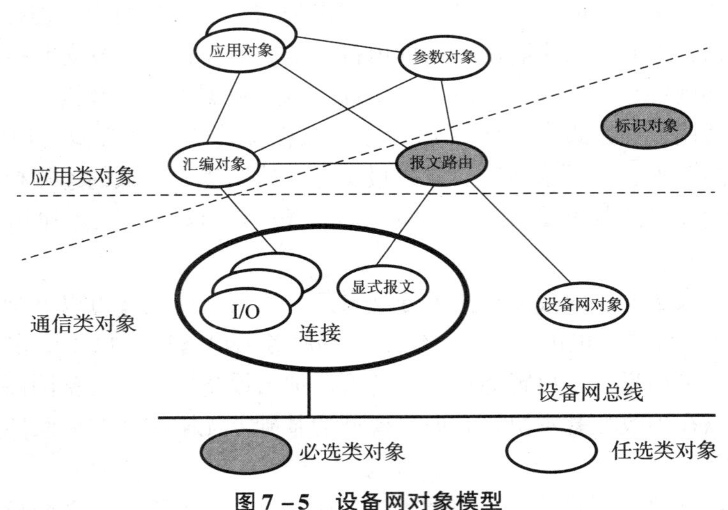

图 7－5　设备网对象模型

（2）定义设备的数据 I/O 模式，通常包含用于简化和加快数据传输的汇编对象的定义。

（3）定义设备的配置参数和这些参数的公共接口，有时设备网设备还配有电子数据文档（EDS）。

由此可见，设备架构和电子数据文档描述的是设备网设备使用的对象及设备功能。设备描述定义了对象模型、I/O 数据格式、可配置参数和公共接口。设备网规范还允许厂商提供 EDS，以文件的形式记录结合设备的一些具体的操作参数等信息，便于在配置设备时使用。这样，来自第三方的设备网产品可以方便地连接到设备网上。

7.4.2.4　DeviceNet 的一致性测试

一致性测试的目的是检测实现 DeviceNet 协议的实体或系统与 DeviceNet 协议规范的符合程度。在进行协议一致性测试时，根据国际标准化组织制定的协议标准分为 3 个部分。第一部分是抽象测试集；第二部分是协议实施的一致性说明，用来说明实施的要求、能力及可选择实施的情况；第三部分是用于测试的协议实施附加的信息。

DeviceNet 协议一致性测试的重要性在于：通过这项测试，可以尽可能全面地检查被测试实体协议实现软件的完备性。DeviceNet 协议一致性测试是一种比较严格的测试手段，通常在产品定型时需要进行这种测试，它由 ODVA 专门授权的认证测试中心来完成。目前在美国、欧洲和日本都有 DeviceNet 的一致性测试中心。

7.4.2.5　DeviceNet 接口和软硬件产品

1. 设备网接口

通过插入计算机扩展槽上的设备网接口板卡，用户可以将台式、笔记本式或工业计算机作为设备网上高性能的主控/监视平台。对于开发设备网系统、基于 PC 的控制系统、嵌入式控制系统、基于 PC 的人机接口以及设备网网络管理等来说，设备网接口板卡都是关键因素。目前的设备网接口板卡主要分为 3 种：半长度 ISA 即插即用接口板、PCI 接口板及 PC-MCIA 接口板。接口板都带有一个 Inter 80386EX 微处理器，用于直接处理网络通信，它与网络的接口则采用设备网专用的可插入式螺旋端子。接口板驱动软件通常与接口板同时提供，它为用户提供一个高层 API，以完整实现对设备网网络的访问。使用时首先要与设备网设备进行通信组态，一旦组态完成，用户就只需在应用系统中对网络 I/O 变量进行读写，所有底层的网上通信均由设备网接口板上的固件完成。固件连续扫描网上设备并在接口板卡上映射设备 I/O 变量，然后由驱动软件的读写函数对板卡存储器进行访问，以获得网络 I/O 变量的精确映像。通常隶属于不同开发商的设备网接口卡驱动软件均与罗克韦尔自动化公司的 WinDNET－16 结构相兼容，这样，网卡就可以使用罗克韦尔自动化公司开发的各种设备网工具（如设备网管理器软件）。

2. 硬件设备

硬件设备包括组网元件和适用的网络设备。组网元件包括设备网线缆、连接端头、设备分接盒、电源分接器等，这些可以归为较通用的产品；而适用于不同控制和 I/O 设备的设备网网络适配器、扫描器和转换接口，则由厂商根据具体的产品，遵循设备网协议规范开发完成。为数更多的 ODVA 成员所开发的底层设备网传感器和执行机构等，都可以方便地连接到设备网。

3. 工具软件

由开发商所提供的界面友好的设备网配置和管理工具软件可以令这方面的工作变得简单而高效。如借助于设备网配置工具软件，用户可以通过生成和管理项目，方便地检查网上设备活动情况、指定具体设备的数据存取方式和与控制器所属扫描设备间的数据映射关系、控制设备的增删与更改、调节设备的可控制参数等。除非指定项目范围中的设备发生变更或增删，设备网项目一旦建立好，网络对应用便是透明的。

7.4.2.6 DeviceNet 预定义主从连接组的定义及应用范围

在 DeviceNet 中，预定义主从连接组提供了一组主从系统中常用的、方便的连接。在预定义的主从连接中省略了创建和配置节点间连接的许多步骤，这样可以用比较少的资源创建一个通信环境。下面介绍几个基本概念。

（1）具有 UCMM 功能的设备：支持未连接信息管理（UCMM）的设备，此设备支持未连接请求信息的接收和处理。

（2）无 UCMM 功能的设备：不具备 UCMM 功能的设备，这类设备的网络管理能力或所采用 CAN 控制器芯片的屏蔽能力有限。

（3）组 2 服务器：指具有 UCMM 功能并在预定义主从连接中充当服务器的设备，是 DeviceNet 从站。由于预定义主从连接中从站所接收的信息为组 2 信息，因此使用预定义主从连接组的从站称为组 2 服务器，管理这些组 2 服务器的主站为组 2 客户机。

（4）组 2 客户机：指获得服务器预定义主从连接的控制权并且在这些连接中充当客户机的设备，是 DeviceNet 主站，它管理的从站为组 2 服务器。

（5）仅限组 2 服务器：指无 UCMM 功能，必须通过预定义主从连接组建立通信的从站

（服务器），它们至少支持预定义主从显式信息连接。仅限组 2 服务器只能发送和接收预定义主从连接组所定义的标识符（参见表 7－8　预定义主从连接组信息）。

表 7－8　预定义主从连接组信息

CAN 标识符区											描述
10	9	8	7	6	5	4	3	2	1	0	
	组 1 信息 ID				源 MAC ID						组 1 信息（000～3FF）
	1	1	0	0	源 MAC ID						从站 I/O 多点轮询响应信息
	1	1	0	1	源 MAC ID						从站 I/O 状态变化、循环通知信息
	1	1	1	0	源 MAC ID						从站 I/O 位选通响应 Bit－Strobe
	1	1	1	1	源 MAC ID						从站 I/O 轮询响应信息或状态变化、循环应答信息
	0	MAC ID						组 2 信息 ID			组 2 信息（400～5FF）
	0	源 MAC ID						0	0	0	主站 I/O 位选通命令信息
	0	多点通信 MAC ID						0	0	1	主站 I/O 多点轮询命令信息
	0	目的 MAC ID						0	1	0	主站状态变化、循环应答信息
	0	源 MAC ID						0	1	1	从站显示响应信息或未连接响应信息
	0	目的 MAC ID						1	0	0	主站显式请求信息
1	0	目的 MAC ID						1	0	1	主站 I/O 轮询命令或状态变化、循环命令信息
1	0	目的 MAC ID						1	1	0	仅限组 2 未连接显式请求信息（预留）
1	0	目的 MAC ID						1	1	1	重复 MAC ID 检查信息

（6）仅限组 2 客户机：指控制仅限组 2 服务器的组 2 客户机，仅限组 2 客户机替它所控制的仅限组 2 服务器提供对外的 UCMM 服务。

（7）DeviceNet 主站：主从应用中的一种节点类型。DeviceNet 主站是集中管理网络 I/O 数据的设备。主站以它的扫描序列为基础扫描它的从站。在网络中，主站一般指组 2 客户机或仅限组 2 客户机。

（8）DeviceNet 从站：也是主从应用中的一种节点类型。从站在收到主站的扫描信息后返回 I/O 数据，从站一般是指组 2 服务器或仅限组 2 服务器。

表 7－8 定义了在预定义主从连接组中使用的信息及连接标识符。在每一条信息的连接 ID 中，信息 ID 都是已经定义好的，其中 ID＝7 的组 2 信息是重复 MAC ID 检查信息，它是一条通用信息；ID＝6 的组 2 信息是预留给仅限组 2 未连接显式请求信息端口专用的，不能用作其他用途。

另外，表 7－8 还涉及其他的信息，如 I/O 轮询命令或状态变化、循环信息等。

除了仅限组 2 服务器和组 2 服务器，其他设备也能使用信息组 2 来建立连接，即使一个网络中有其他设备正在使用信息组 2，组 2 服务器和仅限组 2 服务器仍可以存在于该网络中，在这种情况下，它们实际收到的信息可能会增加，需要附加的处理能力。

在预定义主从连接组中，定义了从站连接对象实例及其接口，但没有给出主站的特征，

一般假定主站能正确配置从站，并能与从站正确连接。

7.4.2.7 预定义主从连接的工作过程

在前面已经提到的信息交换过程大体可分为未连接显式信息交换、显式信息交换和 I/O 信息交换。预定义主从连接的信息交换过程与此类似，所不同的是，预定义主从连接使用已经预先定义的信息，下面详细说明。

1. 主从关系的确定

系统运行中，欲成为组 2 客户机的设备首先要对服务器分配所需要的预定义主从连接。分配预定义主从连接的步骤如下。

（1）客户机通过向服务器设备的 UCMM 端口发送打开显式信息连接请求，通过步骤（2）确定服务器是否为仅限组 2 服务器。

（2）客户机自动启动等待响应定时器，该定时器的最小溢出值为 1 s。如果服务器成功响应（从它的 UCMM 端口），则设备具有 UCMM 功能，然后转到步骤（3）；如果服务器没有响应（发生了等待响应超时），重试向服务器设备的 UCMM 发送打开显式信息连接请求并再次启动等待响应定时器。如果收到响应，那么设备支持 UCMM 功能，然后转到步骤（3）；如果仍没收到响应（两次等待响应超时）则假定设备为仅限组 2 设备（UCMM 功能），然后转到步骤（5）。

（3）服务器具有 UCMM 功能，客户机通过发送 Allocate_Master/Slave_Connection_Set 信息，建立显式信息连接。通过建立的显式信息连接，可以分配预定义主从连接。上述过程成功完成后，服务器（具有 UCMM 功能）成为组 2 服务器，客户机成为它的主站（组 2 客户机），客户机可任意使用 UCMM 产生的显式信息连接或组 2 中的预定义主从连接组显式信息连接（如果已经分配）。客户机在两者显式信息连接都能使用的情况下，优先使用预定义主从连接中分配的显式信息连接。在这种情况下，服务器在设计时就应考虑具有处理这两种连接的能力。

如果服务器对 Allocate_Master/Slave_Connection_Set 信息产生错误响应，则认为服务器不支持预定义主从连接组，或者该服务器已经充当其他组 2 客户机的组 2 服务器。错误响应信息中的错误代码可以用于判定是哪种情况发生。

（4）如果服务器对 Allocate_Master/Slave_Connection_Set 信息成功响应，则意味着服务器按照 Allocate_Master/Slave_Connection_Set 服务的要求配置了预定义主从连接组的实例，确认了自己的主站，并阻止其他客户机在使用预定义主从连接组成为其主站，然后转到步骤（6）。

（5）客户机将向服务器的仅限组 2 未连接显式请求信息端口发送 Allocate_Master/Slave_Connection_Set 信息，分配预定义主从连接组。

如果预定义主从连接组还没被分配，服务器发送响应成功信息时，表明它已将连接组分配给该客户机，然后转到步骤（6）。

如果向服务器的仅限组 2 未连接显式请求信息端口发送 Allocate_Master/Slave_Connection_Set 信息后客户机超时，那么客户机会再次发送同一分配信息。如果再次出现超时，则客户机认为服务器设备不在当前链路上，分配失败。

（6）分配过程结束。在任意给定的时间里每个从站（服务器）仅能接受一个主站（客户机）的分配预定义主从连接。仅限组 2 客户机在对仅限组 2 服务器执行其他任何事务前，必须确信对相应仅限组 2 服务器的分配已成功完成。

【注意】

如果客户机管理的从站都是仅限组2服务器，则此时客户机被称为仅限组2客户机；如果客户机不仅管理仅限组2服务器还管理组2服务器（具有UCMM功能），此时客户机被称为组2客户机。

2. 预定义主从连接的使用过程

如果显式连接已经建立，可以通过显式连接进行I/O连接的分配及各种属性参数的配置，如Expected_Packet_Rate属性值的设置和其他属性值的获取等。实际上，I/O连接的建立有两种途径：主站可以通过仅限组2未连接信息建立I/O连接，还可以通过显式信息连接建立I/O连接。建立起来的I/O连接是未激活的，必须通过显式连接设置I/O连接的Expected_Packet_Rate属性值来激活。激活I/O连接后才能进行I/O数据的交换。释放显式连接或I/O连接可以通过仅限组2未连接显式信息或显式信息进行。可见，在预定义主从连接中使用的信息包括：仅限组2未连接显式请求信息、响应信息，显式请求、响应信息和I/O信息。

与前面提到的设备间通信一样，通信功能最终都是通过连接实例完成的，每一个实际存在的连接对象实例都被赋予ID，以此作为连接实例的标识。在预定义主从连接中，从站建立的连接实例ID是已经定义好的，包括显式信息连接、位选通连接、轮询连接、状态变化或循环连接、多点轮询连接。实例ID见表7-9。

表7-9 预定义主从连接的连接实例ID

连接实例ID#	描述
1	标识服务器的显式信息连接，从站接收显式请求并返回相应响应
2	标识轮询连接（I/O连接），从站接收主站的轮询命令并返回相应的轮询响应
3	标识位选通连接（I/O连接），从站接收主站的位选通命令并返回相应的位选通响应
4	标识状态变化或循环连接（I/O连接），从站（主站）发送状态变化/循环信息并接收主站（从站）的应答响应（如果需要应答）
5	标识多点轮询连接（I/O连接），从站接收主站的多点轮询命令并返回相关的多点轮询响应

从站必须预定义主从连接所支持的实例ID。例如，如果某设备支持轮询I/O连接，该设备必须使用连接实例ID#2来标识轮询连接实例；如果某设备不支持轮询连接，该设备可自由分配连接实例ID#2来标识其他连接实例。

3. 从站中连接实例的建立

显式实例可通过组2未连接显式请求信息来建立，I/O实例的建立可以通过未连接显式信息或显式信息建立，但只能通过显式信息激活。连接实例的建立都是通过分配主从连接组（4BH）和释放主从连接组（4CH）两个服务进行的。类3（DeviceNet对象）实例1的分配选择字节（Allocation Choice Byte）是该服务的对象。DeviceNet对象中的分配选择字节的内容见表7-10。

表7-10 DeviceNet对象中的分配选择字节内容

位序	7	6	5	4	3	2	1	0
含义	保留	应答禁止	循环	状态变化	多点轮询	位选通	轮询	显式

第7位为保留位，第6位表示是否需要应答，与第5位或第4位配合使用，第5位和第4位只能设置其中一种，对应连接实例ID#4，第3位对应连接实例ID#5，第2位对应连接实例ID#3，第1位对应连接实例ID#2，第0位对应连接实例ID#1，上述各位置“1”时表示有效。

（1）从连接组的分配和释放。不管连接ID对应的是仅限组2未连接显式请求信息还是显式请求信息，执行分配主从连接组时信息的数据域都采用表7-11的格式。

表7-11　分配主从连接组数据域格式及内容

偏移地址	位							
	7	6	5	4	3	2	1	0
0	分段（0）	XID	源MAC ID					
1	R/R（0）	服务代码（4BH）						
2	类ID（03H）							
3	实例ID（01H）							
4	分配选择（Allocation Choice）							
5	0	0	主站MAC ID					

图7-11中分配选择字节的内容如表所列。如果该字节为01H，则从站建立实例1——显式信息连接实例；如果该字节为02H，则从站建立实例2——轮询I/O连接实例。一般情况下，首先建立显式信息连接实例，然后建立I/O连接实例。例如，在建立了显式信息连接后，通过显式信息进行分配主从连接组服务，假设分配选择字节设置为06H，则从站同时建立了实例2和实例3。从站返回的分配主从连接组成功响应的数据域格式见表7-12。

表7-12　从站返回的分配主从连接组成功响应数据域格式及内容

偏移地址	位							
	7	6	5	4	3	2	1	0
0	分段（0）	XID	目的MAC ID					
1	R/R（1）	服务代码（4BH）						
2	保留位（0）				信息体格式（0~3）			

如果主站要释放某个连接实例，则采用释放主从连接组信息，其数据域格式与表7-12基本一致，只是服务代码为4CH。所要释放的连接实例也是由分配选择字节的值来决定的。从站返回的释放主从连接组成功响应的数据域格式见表7-13。

表7-13　从站返回的释放主从连接组成功响应数据域格式及内容

偏移地址	位							
	7	6	5	4	3	2	1	0
0	分段（0）	XID	目的MAC ID					
1	R/R（1）	服务码（4CH）						

（2）从站连接实例的属性。建立一个实例的同时，实例的属性也进行了初始化，每个实例可以通过显式信息来改变一些属性的值。表 7－14 列出了实例 2（轮询 I/O 连接）各属性的缺省值及其含义，其他 4 个实例的缺省值在后续内容中介绍。

表 7－14　轮询连接对象实例属性缺省值

属性 ID 十进制	属性名称	缺省值	描述
1	State	01	表明轮询连接实例处于配置状态
2	Instance_Type	01	表明这是一个 I/O 连接
3	TransportClass_Trigger	82H 或 83H	服务器传输类型 2 或服务器传输类型 3，实际使用时可选择传输类型 2 或 3 为缺省
4	Produced_Connection_ID		参看表 7－8 中列出的从站 I/O 轮询响应信息
5	Consumed_Connection_ID		参看主站的 I/O 轮询命令信息
6	Initial_Comm_Characteristics	01H	表明从站的轮询 I/O 连接通过信息组 1 生产和通过信息组 2 消费。此值也表示从站的 MAC ID 出现在将要消费的组 2 信息的 CAN 标识符区中
7	Produced_Connection_Size		无指定缺省值，实例正常工作时该属性值必须根据 Produced_Connection_Path 属性值指出的应用对象来初始化
8	Consumed_Connection_Size		无指定缺省值，实例正常工作时该属性值必须根据 Consumed_Connection_Path 属性值指出的应用对象来初始化
9	Expected_Packet_Rate	0	主站要激活（启动）该实例，必须设置 Expected_Packet_Rate（EPR）属性值
12	Watchdog_Timeout_Action	0	定义休眠/看门狗溢出时实例转为超时状态
13	Produced_Connection_Path_Length		无指定缺省值，实例正常工作时该属性值必须用 Produced_Connection_Path 属性中的字节数来初始化
14	Produced_Connection_Path		无指定缺省值，实例正常工作时必须选择一个指向应用对象的路径，并初始化此属性
15	Consumed_Connection_Path_Length		无指定缺省值，实例正常工作时，必须用 Consumed_Connection_Path 属性中的字节数来初始化
16	Consumed_Connection_Path		无指定缺省值，实例正常工作时，必须选择一个指向应用对象的路径，并初始化此属性
17	Production_Inhibit_Time	0	缺省为无禁止时间

表中所涉及的各个属性的详细解释，可以参看其他章的内容。

当从站成功建立了一个连接实例后，就会在内部建立数据结构，而当从站释放了该连接实例后，所占用的空间也随之释放。

控制层现场总线 ControlNet 和设备层现场总线 DeviceNet 应用的典型系统结构如图 7－6 所示。

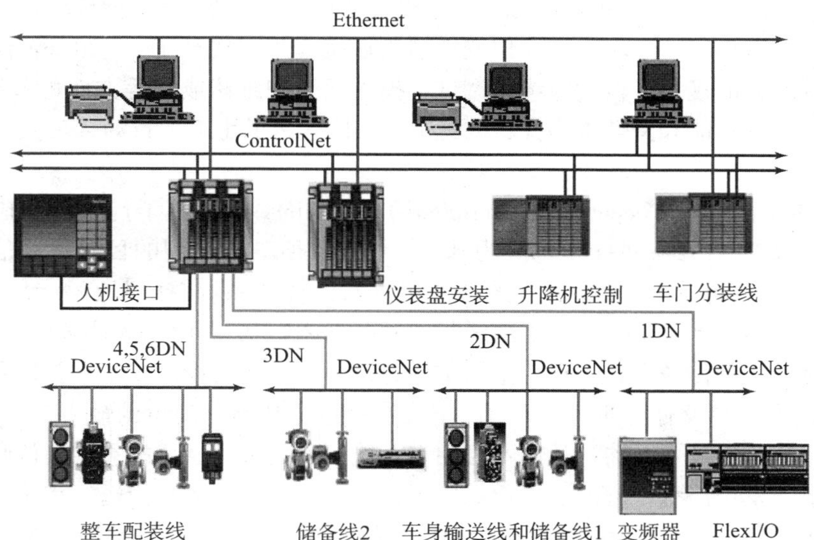

图 7－6　ControlNet、DeviceNet 应用的汽车总装生产线现场总线控制系统

7.4.3　Profibus 总线

7.4.3.1　Profibus 概述

现场总线技术发展十分迅速，Profibus 是各种现场总线中非常有代表性的一种。Profibus 是德国于 20 世纪 90 年代初制定的国家工业现场总线协议标准，代号 DIN19245。德国科学技术部总结了 20 世纪 80 年代德国工业界自动控制技术的发展经验，认为为了适应 20 世纪 90 年代分布式计算机自动控制系统的发展需要，有必要对现有的各公司自己定义的网络协议加以规范化、公开化，使得不同厂家生产的自动控制设备在网络通信级能够兼容，以利于工业整体标准水平的提高，于 1987 年列为德国国家项目，由 13 家大公司（如著名的 Siemens、AEG、ABB 公司等）及 5 家研究所经过两年多的时间完成。Profibus 现在已是欧洲首屈一指的开放式现场总线系统，它的应用领域包括加工制造、过程和建筑自动化，如今已成为国际化的开放式现场总线标准，即 EN 50170 欧洲标准。2001 年 Profibus 成为中国的行业标准。

7.4.3.2　Profibus 现场总线技术的主要构成

Profibus 是一种不依赖厂家的开放式现场总线标准，采用 Profibus 的标准系统后，不同厂商所生产的设备不需对其进行特别调整就可以通信。Profibus 为多主从结构，可方便地构成集中式、集散式和分布式控制系统。

1. 系列

针对不同的应用场合，Profibus 现场总线技术分为以下 3 个系列。

（1）Profibus－PA（Process Automation）。对于安全性要求较高的场合，制定了 Profibus－PA 协议，这由 DIN19245 的第 4 部分描述。PA 具有本征安全特性，它实现了 IEC 1158－2 规定的通信规程。Profibus－PA 是 Profibus 的过程自动化解决方案，PA 将自动化系统和过程控制系统与现场设备如压力、温度和液位变送器等连接起来，代替了 4～20 mA 模拟信号传输技术，在现场设备的规划、敷设电缆、调试、投入运行和维修成本等方面可节约 40% 之多，并大大提高了系统功能和安全可靠性，因此 PA 尤其适用于化工、石油、冶金等行业的过程自动化控制。

（2）Profibus－DP（Decentralized Periphery）。Profibus－DP 用于传感器和执行器级的高速数据传输，以 DIN19245 的第 1 部分为基础，根据其所需要达到的目标对通信功能加以扩充，DP 的传输速率可达 12 Mbps，一般构成单主站系统（系统总线只有一台主站）或多主站系统（总线上有多台主站）。一条总线最多可以连接 126 个设备（主站或从站）。主站、从站间采用循环数据传送方式工作。主站掌握总线中数据流的控制权，只要拥有访问总线权（令牌），主站可以在没有外部请求的情况下发送信息；从站是简单的输入/输出。典型的从站为传感器、执行器及变频器。从站不会拥有总线访问的授权。从站只能确认收到的信息或者在主站请求下发送信息。它的设计旨在用于设备一级的高速数据传送。在这一级，中央控制器（如 PLC/PC）通过高速串行线同分散的现场设备（如 I/O、驱动器、阀门等）进行通信，与这些分散的设备进行数据交换多数是周期性的。

（3）Profibus－FMS（Fieldbus Message Specification）。Profibus－FMS 的设计旨在解决车间一级通用性通信任务，FMS 提供大量的通信服务，用以完成以中等传输速度进行的循环和非循环的通信任务。由于它是完成控制器和智能现场设备之间的通信以及控制器之间的信息交换，因此它考虑的主要是系统的功能而不是系统响应时间，应用过程通常要求的是随机的信息交换（如改变设定参数等）。强有力的 FMS 服务向人们提供了广泛的应用范围和更大的灵活性，可用于大范围和复杂的通信系统。

2. 协议结构

Profibus 协议的结构定向是根据 ISO 7498 国际标准以开放式系统互联网络（OSI）作为参考模型的，其协议结构如图 7－7 所示。Profibus－DP 使用第 1 层、第 2 层和用户接口。这种结构确保了数据传输的快速和有效进行，直接数据链路映像（DDLM）为用户接口提供第二层功能映像，用户接口规定了用户及系统以及不同设备可以调用的应用功能，并详细说明了各种不同 Profibus－DP 设备的设备行为。Profibus－PA 使用 Profibus－DP 的基本功能来传送测量值和状态，并用扩展的 Profibus－PA 功能来制定现场设备的参数和进行设备操作。另外它使用了描述现场设备行为的 PA 行规，根据 IEC 1158－2 标准，这种传输技术可确保其本征安全性，并使现场设备通过总线供电。Profibus－FMS 对第 1、2 和 7 层均加以定义，其中应用层包括了现场总线信息规格（Fieldbus Message Specification，FMS）和低层接口（Lower Layer Interface，LLI）。FMS 向用户提供了广泛的通信服务功能，LLI 则向 FMS 提供了不依赖设备访问第 2 层（现场总线数据链路层）的能力，第 2 层主要完成总线访问控制和保持数据的可靠性，FMS 服务是 ISO 9506 MMS（Manufacturing Message Specification，加工制造信息规范）服务项目的子集，这些服务项目在现场总线应用中被优化，而且还加上了通信目标和网络管理功能。Profibus－DP 和 Profibus－FMS 系统使用了同样的传输技术和统一的总线访问协议，因而这套系统可在同一根电缆上同时操作。

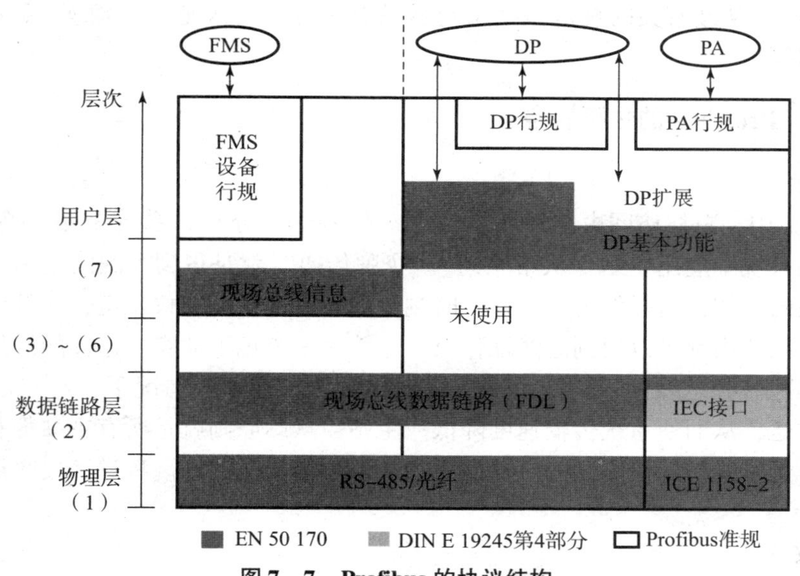

图 7-7 Profibus 的协议结构

3. 电子设备数据库文件（GSD）

Profibus 设备具有不同的性能特点，为达到 Profibus 简单的即插即用配置，Profibus 设备的特性均在电子设备数据库文件（GSD）中具体说明。为了将不同厂家生产的 Profibus 产品集成在一起，生产厂家以 GSD 文件方式提供这些产品的功能参数（如 I/O 点数、诊断信息、波特率、时间监视等）。标准的 GSD 数据将通信扩大到操作员控制级。使用根据 GSD 文件所作的组态工具可将不同厂商生产的设备集成在同一总线系统中。图 7-8 为电子设备数据库文件（GSD）的应用。

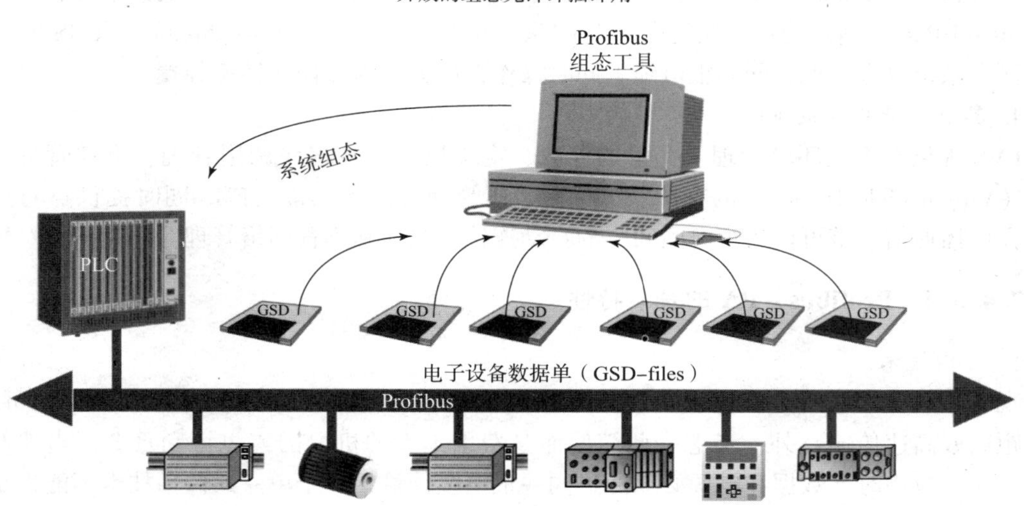

图 7-8 电子设备数据库文件（GSD）的应用

GSD 文件可分为总规范、与 DP 主站有关的规范和与 DP 从站有关的规范 3 个部分。其中，总规范包括了生产厂商和设备名称、硬件和软件版本、波特率、监视时间间隔、总线插头指定信号；与 DP 主站有关的规范包括适用于主站的各项参数，如允许从站个数、上装/

下装能力；与DP从站有关的规范包括了与从站有关的一切规范，如输入/输出通道数、类型、诊断数据等。

7.4.3.3 Profibus的主要特点

1. 总线访问

在Profibus中，总线访问由两种联合的方法控制。在分布式系统中用“令牌传递”原则，在集中的系统中应用主站-从站原则。“令牌传递”就是得到令牌的主站可在一定的时间内执行本站的工作，这样保证了在任一时刻只能有一个站点有权发送，并且任一个主站在一个给定的时间片内都可以得到总线操作权，这就完全避免了冲突。这样的好处在于传输速度较快，而其他一些总线则采用的是冲突碰撞检测法，在这种情况下，某些信息组需要等待，然后再发送，从而使系统传输速度降低。主站-从站原则就是所有主站都有总线访问的控制，从站对于总线访问是中立的。从站不独立地承担传送活动。传送和接收活动仅仅在有请求时进行。

2. 本征安全

本征安全性一直是工控网络在过程控制领域应用时首先需要考虑的问题，否则，即使网络功能设计得再完善，也无法在化工、石油等工业现场使用。Profibus-PA考虑本征安全特性，只需一条双绞线就可既传送信息又向现场设备供电，由于总线的操作电源来自单一供电装置，它就不再需要绝缘装置和隔离装置，设备在操作过程中进行的维修、接通和断开，即使在潜在的爆炸区也不会影响到其他站点。使用分段式耦合器，Profibus-PA可以很方便地被集成到Profibus-DP网络上。

3. 系统配置灵活

根据不同的应用对象，可灵活选取不同规格的总线系统，如简单的设备一级的高速数据传送，可选用Profibus-DP单主站系统；稍微复杂一些的设备级高速数据传送，可选用Profibus-DP多主站系统；比较复杂一些的系统可将Profibus-DP与Profibus-FMS混合选用，两套系统可方便地在同一根电缆上同时操作，而无须附加任何转换装置。

4. 具有功能强大的FMS

FMS提供上下文环境管理、变量的存取、定义域管理、程序调用管理、事件管理、对VFD（Virtual Field Device）的支持以及对象字典管理等服务功能。FMS同时提供点对点或有选择广播通信、带可调监视时间间隔的自动连接、当地和远程网络管理等功能。

7.4.3.4 Profibus-PA的基本特性

1. 传输技术

现场总线技术在很大程度上取决于采用的传输技术，除了一些总的要求（传输可靠、传输距离或高速传输）外，考虑一些简便而又费用不大的机电因素也特别重要，当涉及过程自动化的应用时，数据和电源必须通过同一根电缆传输，由于单一的传输技术不能满足所有的要求，因此Profibus提供了DP和FMS的RS-485传输、PA的IEC 1158-2传输、光纤（FO）传输这3种类型的传输技术。

对于PA的IEC 1158-2传输技术，根据IEC 1158-2传输技术能满足化工和石化工业的要求，它可以保证其本征安全性并使现场总线通过总线供电，该技术是一种位同步协议，可进行无电流的连续传输，常称之为 H1。其传输原理是：

（1）每段只有一个电源和供电装置。

（2）每站发送信息时，不向总线供电。

（3）每站现场设备所消耗的是常量稳态基本电流。

（4）现场设备其作用为无源的电流吸收装置。

（5）允许使用总线、树形、星形网。

（6）为提高可靠性，设计时可采用冗余的总线段；为了调制的目的，每个总线至少需要 10 mA 的基本电流才能使设备启动。

IEC 1158 –2 的传输技术特性见表 7 –15。

表 7 –15　IEC 1158 –2 的传输技术特性

数据传输	数字式、行同步、曼彻斯特编码
传输速率	31. 25 kbps 电压式
数据可靠性	预兆性、避免误差、采用起始和终止界定符
电缆	双绞线（屏蔽或非屏蔽）
防爆型	可进行本征、非本征安全操作
拓扑结构	总线、树形和星形
站数	每段最多 32 个，总数最多 126 个
转发器	可扩展 4 台
远程电源	可选附件，通过数据线

2. Profibus – PA 传输协议

Profibus – PA 使用 DP 的基本功能是传送测量值和状态，并用扩展的 DP 来制定现场设备的参数和进行设备操作。由于 IEC 1158 –2 的双绞线技术是作为传递用的，Profibus 的总线存取协议（第 2 层）和 IEC 1158 –2 技术（第 1 层）之间的接口在 DIN19245 系列标准的第 4 部分已做了规定。报文还对 IEC 1158 –2 段进行传送时提供了起始和结束界定符传送，图 7 –9 为其原理图。

物理层报文格式			
前同步	起始界定位	PhSDU序列（FDL报文）	结束界定符
1~8 B	1 B	1~256 B	1 B

图 7 –9　总线上的 Profibus – PA 数据传输

3. Profibus – PA 设备行规

行规保证了不同厂商所生产的现场设备的互操作性和互换性，其任务是选用各种类型的现场设备真正需要的通信功能并提供这些设备功能和设备行为的一切必要规格。设备行为的描述由规定标准化的变量来说明，变量取决于特定的发送器，每台设备将提供 Profibus – PA 行规所规定的各项参数，如表 7 –16 所示。

表 7-16　模拟量输入功能块（AL）参数

参数	读	写	功能
OUT	●		过程变量和状态的当前测量值
PV_SCALE	●	●	测量范围上限和下限的过程变量的标定，单位编码和小数点后位数
PV_FTIME	●	●	功能块输出的上升时间，以秒计算
AL_AEM_HYS	●	●	报警功能滞后，以测量范围的%表示
HI_HI_LIM	●	●	上限报警，如果超出，报警和状态位置 1
HI_LIM	●	●	上限警告，如果超出，警告和状态位置 1
LO_LIM	●	●	下限警告，如果低于，警告和状态位置 1
LO_LO_LIM	●	●	下限报警，如果低于，中断和状态位置 1
HI_HI_ALM	●		带时间标记的上限报警状态
HE_ALM	●		带时间标记的上限警告状态

Profibus 作为欧洲开放式现场总线标准已在世界范围内得到普及和应用，其开放性可使现场设备供应商和 Profibus 用户的投资得到可靠保障。用户可自由选择现场设备，而不必在购买硬件和开发软件上花费太多精力，只需把精力投入方便控制的现场功能组态上。

值得注意的是，Profibus 并非完全的开放式国际现场总线标准，与其他的现场总线如 ISA/sp50、World/FIP 仍然存在许多不兼容的部分，无互操作性，几种现场总线的产品不能互换或互联，则更不能统一组态；当今信息技术的迅猛发展，使得走开放式的道路成为必然趋势，目前，国际现场总线基金会（FF）正在加紧统一几种现存的总线，制定世界统一的 FF 标准。但鉴于 FF 尚未形成完整的一套标准，对于我国来说，首先通过试用 Profibus，消化吸收其关键技术，然后再过渡到 FF 标准应是发展我国现场总线的可取策略。

7.4.3.5　Profibus-DP 的基本特性

1. Profibus-DP 的基本功能

Profibus-DP 用于现场层的高速数据传送。中央控制器（如可编程控制器）通过一种快速的串行接口与分布式输入和输出设备通信。主站（中央控制器）周期地读取从站的输入信息并周期地向从站发送输出信息。总线周期必须要比主站（中央控制器）的程序周期短。除周期性用户数据传输外，Profibus-DP 还提供智能化设备所需的非周期性通信以进行组态、诊断和报警处理。

2. Profibus-DP 的设备类型

Profibus-DP 系统包括各种类型的设备（装置），根据不同任务的定义有如下三种设备类型。

（1）DP1 类主站：这是一种在给定的信息循环中与分布式站点（DP 从站）交换信息的中央控制器。典型的设备有可编程控制器（PLC）、微机数值控制（CNC）或机器人控制（RC）。

（2）DP2 类主站：这一类装置包括编程器、组态装置和诊断装置。它被用来设定网络或参数/监视 DP 从站的设备。这类设备在 DP 系统初始化时用来生成系统配置。

（3）DP 从站：是一种对过程读和写信息的输入/输出装置（传感器/执行器）。输入信息和输出信息的总量取决于不同的设备。典型的设备是输入设备、输出设备、驱动器、阀、操作面板等。

3. Profibus – DP 系统配置

Profibus – DP 允许构成单主站或多主站系统，系统配置很方便。在同一条总线上最多可以连接 126 个设备（主站或从站）。系统配置的内容包含站数、站地址、输入/输出地址分配、输入/输出数据格式、诊断信息格式及总线参数。

（1）Profibus – DP 单主站系统：系统总线上只有一台主站。单主站系统可以获得最短的总线周期。单主站系统结构如图 7 – 10 所示。

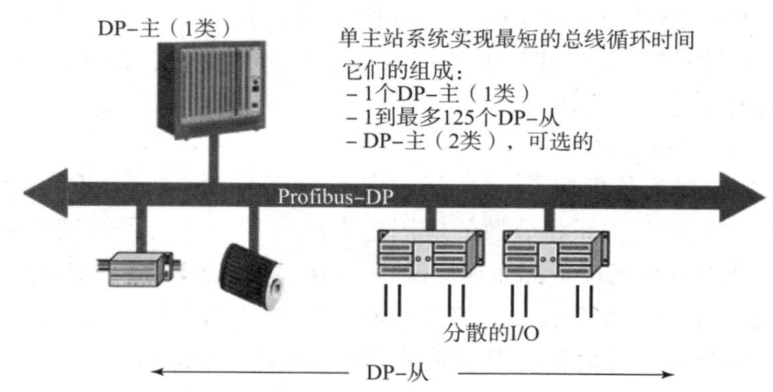

图 7 – 10 Profibus – DP 单主站系统结构

（2）Profibus – DP 多主站系统：系统总线上有多台主站。例如，有组态装置或诊断装置或者有多个独立的子系统。总线任何一个主站都可读取 DP 从站的输入/输出映像，但只有一个主站允许对 DP 从站写入数据。多主站系统的总线周期比单主站系统长一些。多主站系统结构如图 7 – 11 所示。

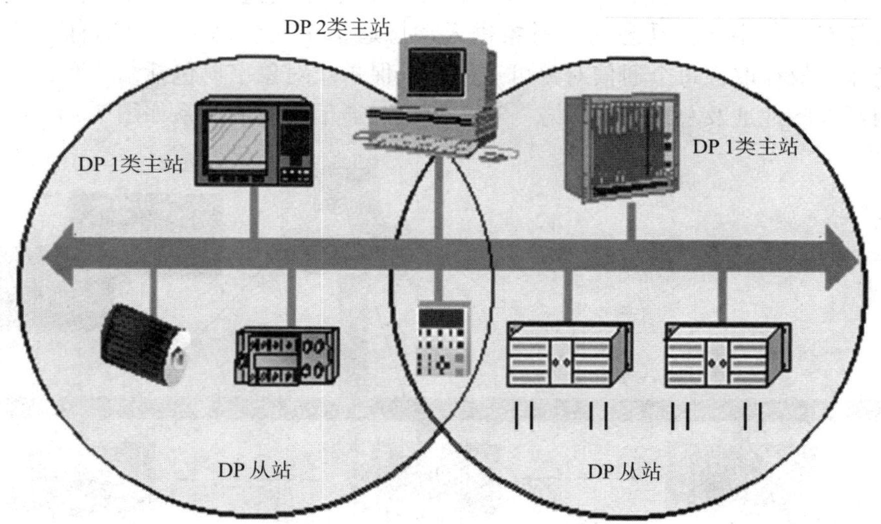

PROFIBUS–DP 多主站系统的组成：3个主设备（1类或2类）、1到最多124个DP从设备

图 7 – 11 Profibus – DP 多主站系统结构

4. Profibus – DP 系统状态

（1）运行。在这种状态下，DPM1 处于数据传输阶段，循环通信时，DPM1 从 DP 从站读取输入信息，并向 DP 从站写入输出信息。

（2）停止。在这种状态下，DPM1 和 DP 从站间没有数据传输。

（3）清除。在这种状态下，DPM1 从 DP 从站读取输入信息，并使输出信息保持故障安全状态。

7.4.3.6 Profibus－FMS 的基本特性

Profibus 的三个系列中，只有 Profibus－FMS 使用了应用层，主要是 Profibus－FMS 是应用在数据传输量较大的车间级进行通信。Profibus－FMS 应用层包括两个部分：描述通信对象和应用服务的现场总线报文规范 FMS，FMS 服务适配到第二层数据链路层的低层接口。Profibus－FMS 应用层提供了用户使用的通信服务，如用户变量、程序传递、事件控制等，满足了不同设备对通信的广泛需求。

1. Profibus－FMS 的通信技术

1）Profibus－FMS 的通信模型

Profibus－FMS 利用通信关系将分散的应用过程统一到一个共用的过程中。在应用过程中，可用来通信的那部分现场设备称为虚拟设备 VFD（Virtual Field Device）。在实际现场设备与 VFD 之间设立一个通信关系表。通信关系表是 VFD 通信变量的集合，如零件数、故障率、停机时间等。VFD 通过通信关系表完成对实际现场设备的通信。

2）通信对象与通信字典

（1）FMS 面向对象通信，FMS 将通信对象分为两大类：一类是静态通信对象，包括 5 种，即简单变量、数组、记录、定义域和事件；另一类是动态通信对象，包括两种，即程序调用和变量表。

（2）每个 FMS 设备的所有通信对象都填入对象字典（Object Dictionary，OD）。对简单设备，OD 可以预定义；对复杂设备，OD 可以本地或远程通过组态加到设备中去。静态通信对象进入静态对象字典，动态通信对象进入动态通信字典。每个对象均有一个唯一的索引，为避免非授权存取，每个通信对象可选用存取保护。对象字典包括结构和数据类型、通信对象的内部设备地址及总线上的标志。通信对象与通信字典的关系如图 7－12 所示。

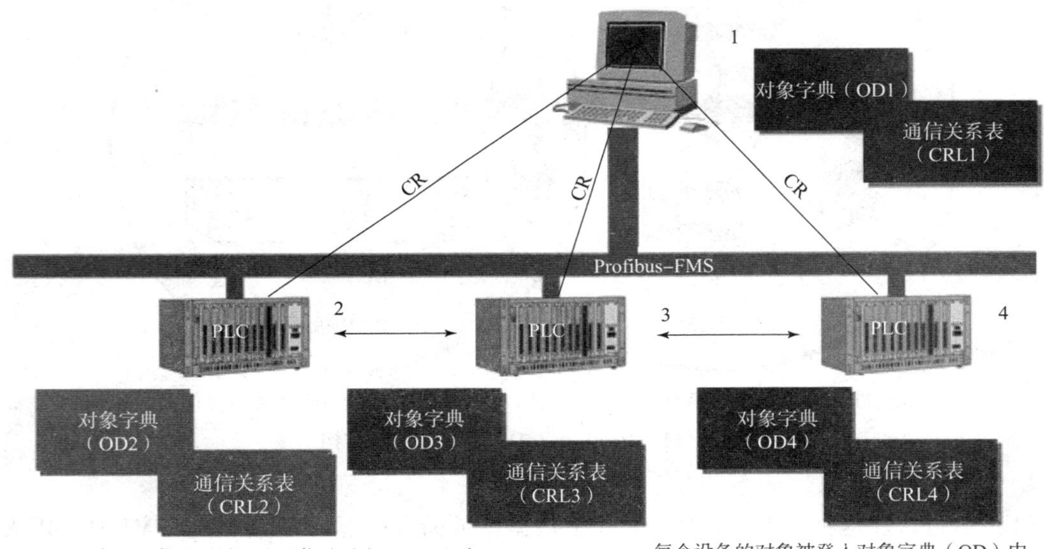

图 7－12　通信对象与通信字典的关系

2. Profibus－FMS 系统在实际应用中的典型结构

Profibus－FMS 系统在实际应用中的典型结构如图 7－13 所示。

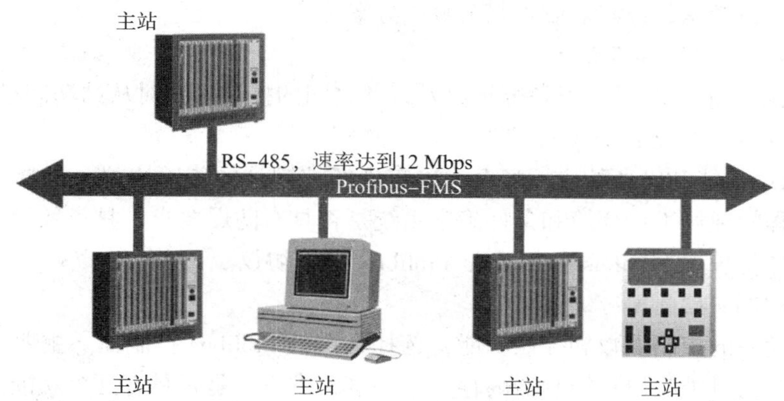

图 7－13 Profibus－FMS 系统在实际应用中的典型结构

7.4.3.7 Profibus 控制系统项目设计

Profibus 现场总线控制系统的常用系统架构如图 7－14 所示，在应用项目设计中的注意事项主要包括以下几个方面。

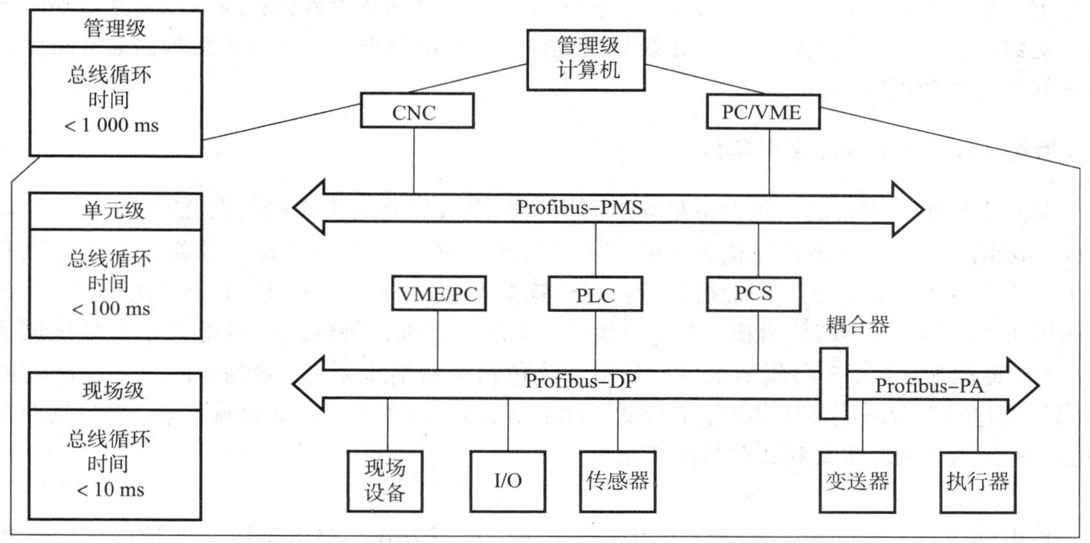

图 7－14 Profibus 现场总线网络结构

1. 与其他控制系统的接口

Profibus 现场总线控制系统项目设计首先需要考虑的是与其他控制系统的接口。作为工厂的核心控制单位，Profibus 控制系统必须采用高效的通信手段与其他子控制系统（其他公司生产的 PLC 系统，如 GE、MODICON、ABB）进行通信，比较常用的方式是采用 OPC 接口或设置远程子站。

2. Profibus 控制系统配置

系统配置的主要功能是确定满足客户要求的最小控制系统，同时需要考虑系统的可扩展性，为整个工厂的扩展提供控制的备用方案，同时需要考虑系统的可扩展性，为整个工厂的扩展提供控制系统的备用方案。其中还包括确定网络的通信速率，根据工艺的优先级划分控制系统的优先级，考虑是否需要设置冗余解决方案等。

3. 确定主/从站功能和数量

确定主/从站功能、数量、设备分组以及设备之间的接口，并对从站功能进行划分。

4. 确定系统的传输协议和现场设备

根据主/从站功能和设备的应用场合，确定现场控制站的传输协议，选择合适的现场设备。以工艺过程的现场工作环境和条件确定系统是否具有防爆要求，是离散量控制还是流程控制，据此选择是采用 Porfibus – DP 还是 Profibus – PA 协议。

5. 选择 Profibus 控制器

计算现场设备的控制点数和控制功能，选择合理的 Profibus 控制器。主要从下列几个方面考虑：控制器的时钟频率、控制器内存大小、电源供应、是否具有冗余功能、是否可以在线修改程序等。

6. 综合评估

对 Profibus 控制系统的软件功能、组态复杂程度、数据库支持、网络支持等进行综合评估。既要保证系统的控制水平，又要充分考虑系统的经济性和操作灵活性。

Profibus – DP 数据进入操作员站显示前是映射到主站的数据库内的，Profibus 控制系统有两类数据：表示设备状态、过程参数、诊断和报警信息的在线数据；表示过去参数和状态的历史数据，这些数据实际上是对在线数据统计分类后的数据，这部分历史数据通常需要进入车间级管理数据库。

7.4.3.8 Profibus 应用实例

某热电厂工程项目的主机设备是哈尔滨锅炉有限责任公司生产的两台 220T/h 高温、高压循环硫化床锅炉，上海汽轮机有限公司生产的两台 50 MW 双抽冷凝式机组，山东电机有限公司生产的发电机。配套的辅机包括：每台锅炉配置 1 台一次风机、1 台二次风机、2 台 U 阀风机、2 台冷渣器硫化风机、2 台引风机、4 台给煤机；每台汽轮机配置 2 台高压加热器、3 台低压加热器、3 台凝结水泵；公用系统包括 4 台给水泵、3 台高压除氧器。配套的热网系统包括 2 台减温减压装置、1 台低压除氧器，3 台中继水泵、2 台疏水泵、3 台热网加热器、3 台热网循环水泵和 2 台热网疏水泵。

1. 机组运行方式

根据锅炉和汽轮机的工艺特点采用机、炉集中控制方式。整个机组（两炉两机）在集中控制室内设置一套 Profibus 现场总线控制系统，完成对整个机组系统的统一控制、监视、报警和联锁保护，并对机组的效率、性能进行计算，保证机组安全、可靠、经济地运行。

2. 现场总线控制系统的主要功能

完成数据采集系统（DAS）、模拟量控制系统（MCS）、锅炉和汽轮机的辅机顺序控制系统（SCS）、锅炉燃烧器管理系统（BMS）、人机接口（HMI）的功能。

3. 系统组成

项目的实际需求是决定项目配置的重要因素。考虑电厂内统一管理和设备分散布置在厂区的实际情况，本项目采用西门子 SIMATIC PCS – 7 的 3 级网络结构，厂区级信息系统位于

现场总线系统的顶层，控制设备运行的 Profibus 现场总线位于控制系统的中间层，分布在工厂各个角落的现场设备位于控制系统的底层。

考虑到该电厂的运行方式和在线修改参数的要求，本项目为每台主要设备配置了一个操作员站，公用 PCS 系统也配置了一个操作员站，设置了一台修改程序的工程师站，任一台工程师站和操作员站均可以修改所有锅炉、汽轮机和辅助系统的所有参数，工程师站可以兼作操作员站。工程师站和操作员站之间通过以太网连接。

操作员站和工程师站的硬件均采用西门子公司的架装式 PCS－7 IPC。硬件基本配置为 19 英寸机架、PIV、1.5 GMHz 主频、512MB SDRAM 内存、30 GB 硬盘（带有通信卡）。控制系统软件包括三部分，即操作系统软件、系统开发软件包、系统运行软件包。本项目采用 Windows 2000 操作系统，使用 Win CC 5 作为 PCS 的开发平台和人机接口。Win CC 5 开发软件包可用于程序开发、系统诊断、控制系统组态、数据库和画面的修改。

在工程师站上，工程技术人员可以根据生产工艺的运行要求和设备的运行情况，对系统的软件进行在线组态、调整，满足锅炉和汽轮机的运行要求。同时也能方便地监视和管理热电厂锅炉和汽轮机及其他设备的运行情况，科学地安排生产和系统的经济运行。将各种运行数据和运行指示形成标准的统计曲线和报表，随时存盘并打印。对操作员站进行权限的限制与控制。工程师站也兼作操作员站，负责与化水、输煤等各个子系统和全厂 MIS 系统的连接。

操作员站用于启停和调节各运行设备，监视和控制各个设备的运行，以自动和手动两种方式确保设备的安全经济运行；通过过程控制站采集、输出各种信息，并对各种信息形成各种运行参数报表、运行曲线、追忆曲线、操作记录、故障诊断、报警信息管理、人际操作指示和操作记录等显示画面，供运行人员监视；以定时和随机两种方式形成运行报表、故障记录、操作记录、追忆曲线等，利用计算机打印和用硬盘存档。

SICLOCK 同步时钟用来保证工程师站、操作员站及控制站的时间同步。同步时钟采用定时广播方式和点对点方式将系统的同步时钟信号发送给各用户终端，使之同步工作。

4. 控制系统的网络

在 SIMATIC PCS 7 范围内的通信是以 SIMATIC NET 网络为基础的，提供的通信方案保证工厂所有层次和部件间的可靠数据传输。同时，所有的 SIMATIC NET 网络部件都是为工业级应用而专门开发的，即网络部件能满足极其严格的要求，尤其是在易受外部干扰的应用场合，如电磁干扰、腐蚀性液体和气体、有爆炸危险等。

SIMATIC NET 网络总线允许所有系统部件之间统一和无故障的通信，这些部件包括：工程师站、操作员站、自动化系统、I/O 和现场设备。SIMATIC NET 网络按照层次分为两层：上层为最新的工业以太网，下层为 Profibus 现场总线，网络系统构成如图 7－15 所示。

（1）工业以太网。SIMATIC PCS 7 采用快速工业以太网以满足电厂高速通信和高可靠性的要求。由于采用全双工的交换传输机制，其通信速率可达 100 Mbps，并采用光纤交换模块 OSM 来实现高速通信，它有 2 个 100 Mbps 的光纤端口和 6 个 10/100 Mbps 的 ITP 接口，光纤端口用于连接 100 Mbps 的通信主干线，ITP 接口则用于连接数据终端或网络部件。

由于采用了光纤交换模块 OSM，故将该工业以太网组成一个环网，这样在光纤环上就附加提供了能灵活快速配置的冗余，有了冗余配置，可在 300 ms 内再次恢复全部数据通信传输能力。

（2）Profibus 现场总线。在控制器和 I/O 模块之间，采用 Profibus 用作控制器与现场设

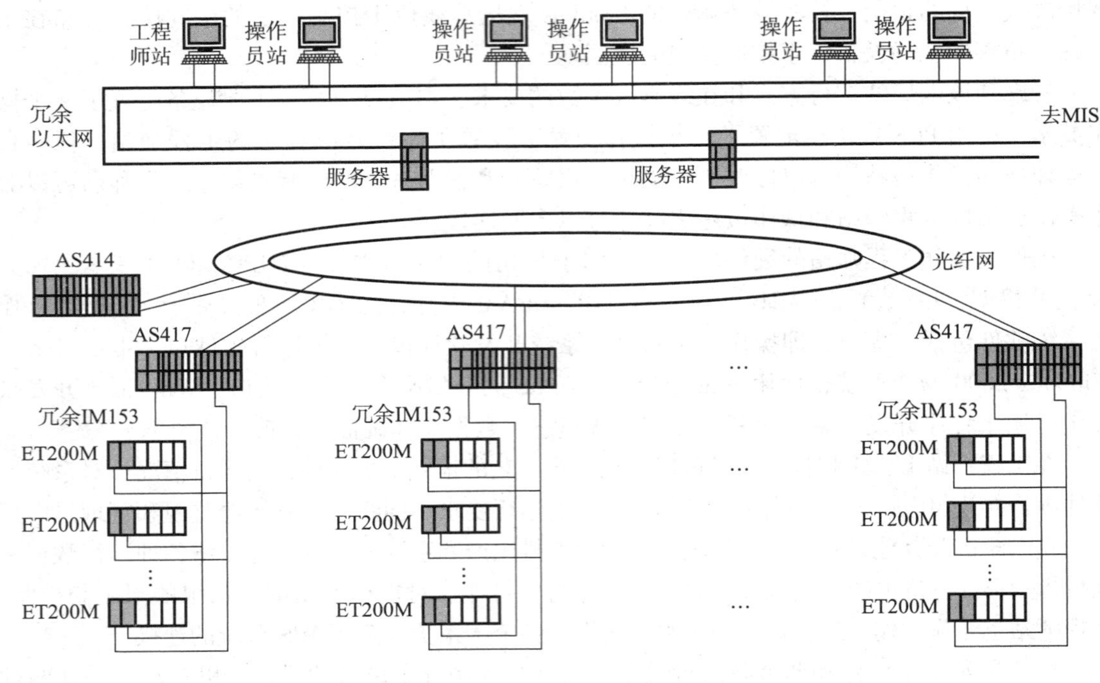

图 7－15　电厂控制网络示意图

备间快速和循环的数据交换，其速率可达 12 Mbps，Profibus 完全满足 IEC 61158 标准的要求，即它是完全开放的，Profibus 现场总线采用令牌环原理进行通信，适合用于自动化系统与现场信号单元的通信，以及对现场信号进行采集和监控。

整个系统采用了 20 个过程控制机柜，其中，#1～#5 柜为#1 炉 PCS 柜；#6～#10 柜为#2 炉 PCS 柜；#11～#12 柜为#1 机 PCS 柜；#13～#14 柜为#2 机 PCS 柜；#15～#17 柜为辅机 PCS 柜；#18～#20 柜为服务器柜和 PCS 电源柜。

考虑到每台锅炉的测点较多并且控制比较复杂，故采用一对 AS417H 冗余控制器和一对 AS414H 冗余控制器。AS417H 控制器的主存储器为 4 000 KB 字节，用来存储代码（Code Memory）和数据（Data Memory）；根据电厂系统的特点，应将 AS417H 控制器的 I/O 点数控制在 1 500 点以内，常用于模拟量调节控制回路；AS414H 控制器的主存储器为 768 KB 字节，约为 AS417H 容量的四分之一，运行速度比 AS417H 略快，I/O 点数控制在 500 点以内，常用于顺序控制或保护。汽轮机和辅机各用一对冗余控制器 AS417H。整个系统使用 6 个 AS417 控制器、3 个 AS414 控制器、79 个分散式 I/O 从站 ET200M，所处理的信号如表 7－17 所示。

表 7－17　某电厂控制系统信号表

信号类型	锅炉	汽轮机	辅机	合计
AI：4～20 mA	300	80	75	735
AI：RTD	61	126	107	481
AI：TC	145	17	2	326
AO：4～20 mA	63	11	18	166
DI	426	180	128	1 440

续表

信号类型	锅炉	汽轮机	辅机	合计
DO	346	153	131	1 129
每台设备总点数	1 341	567	461	4 277
每台设备 ET200M 数	18	8	9	79

7.4.4 FF 总线

FF（Foundation Fieldbus，现场基金会总线）现场总线成立于1994年9月，是一个非营利组织，由 World FIP 的北美部分和 ISP（Interoperable System Protocol）合并而成。基金会的成员是约120个世界最重要的过程控制和生产自动化供应商和最终用户。这些公司对世界范围的现场总线标准提供了有力的支持，并且为 IEC/ISA 现场总线标准的发展做出了主要贡献。FF 总线既不被任何单个的公司拥有，也不被单个的国家或标准组织控制。1996年发布 FF 通信协议第一版 H1（31.25 kbps）IEC 61158 总线国际标准的类型1；2000年11月1日公布 HSE（100 Mbps 高速以太网）IEC 61158 总线国际标准的类型5。FF 系统是为适应自动化系统、特别是过程自动化系统专门设计的：它可以工作在工厂生产的现场环境下；能适应本征安全防爆的要求；还可通过传输数据的总线为现场设备提供工作电源。

FF 的协议规范建立在 ISO/OSI 层间通信模型之上，它由物理层、通信层和用户层3个主要功能部分组成。

7.4.4.1 FF 总线的优点

FF 现场总线保留了4～20 mA 模拟系统的许多理想特征，比如线缆的标准物理接口、单根线缆上的总线供电设备、复杂的安全选择。它也部分地继承了 HART 协议行之有效的技术，如设备描述技术。但除此之外，它还有许多其他的优点：

（1）设备互操作性。在具有互操作性条件下，同一现场总线网络中一个设备可以被来自不同供应商的具有增加功能的相似设备所取代，而仍保持规定的操作，这就允许用户“混合和搭配”不同供应商的现场设备和主系统。

（2）可改善过程数据。在 FF 现场总线上，从每个设备得到的多个参数可以传至车间控制系统，它们可被用作数据存档、趋势分析、过程优化研究和生成报表，其目的是增加产量和减少停工时间。

（3）对进程有更多的了解。采用强大的、基于微控制器的通信功能的现场总线设备，可以更快、更准确地识别过程错误。

（4）提高工厂设备安全性能，满足日益严格的控制设备安全要求。

（5）提供预测性维护能力。

（6）FF 现场总线大大减少了网络安装费用，构建和运行启动时间大大减少，可以利用总线设备中的软件控制模块简化编程和控制功能。

7.4.4.2 应用实例：基金会现场总线在海洋石化工作中的应用

海南中海石油化学有限公司大化肥项目净水厂装置处理能力为30 kt/a，于2002年12

月建成投产，为600 kt/a大化肥装置提供必要的供水和全装置消防供水，在设计中又把原一期水厂的监测与控制信号引入系统。该系统对于来自装置内的水包括工业循环水、市内水厂、消防水管等水量进行净化处理，经过提升泵房加压，然后送至二期主装置地下管网和消防水管网。因此，要求系统对清水池液位和消防水管压力等进行严格控制。

1. 净水厂方案及实施

1）系统方案

该控制系统选用先进的FCS，选取适合于过程控制并符合FF协议的Smar公司的System302现场总线控制系统，选配与FF协议有良好通信功能的数据处理装置可编程控制器LC700，系统配置如图7-16所示。系统主要控制罐区内部储存水并进行处理，保证对主装置安全稳定地供水，要考虑到操作简便、组态容易、易于维护，同时完成工艺报表及计量等功能。

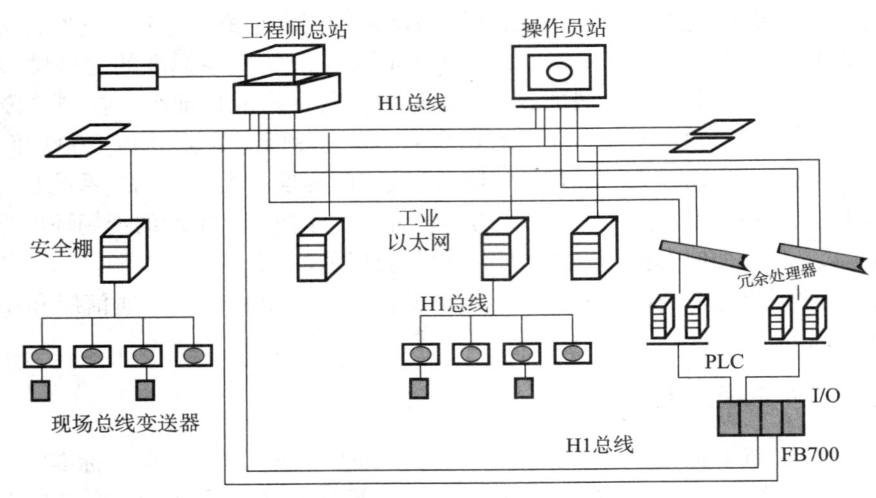

图7-16　系统配置图

该系统完全体现了FCS的以下特点：

（1）以数字信号完全取代传统的4～20 mA模拟信号，且双向传输。一对双绞线或一条电缆上通常可挂接多个现场设备（16台或32台），在该项目中，每条总线挂接14台现场总线仪表，因而仪表电缆、接线端子、槽盒、桥架等的用量减少40%，连线设计与接头校对工作量也相对减少。同时，通信总线延伸到现场传感器、变送器、控制器和伺服机构，操作人员在控制室就能实现主控系统对现场设备的在线监视、诊断、校验和参数整定，节省了硬件数量和投资，并且给现场仪表诊断和调校带来了极大方便，不必运用设备到现场进行检测。

（2）对于传统DCS的3层结构，即工程师站、操作员站、I/O和通信网络而言，现场总线在结构上只有现场设备和操作管理站两个层次，将传统DCS的I/O控制站并入现场智能设备，取消了常规I/O模件。现场仪表都是内装微处理器的，它们各自进行数据采集、线性化处理或校正运算处理、报警判断以及控制算法功能等，输出的结果直接送到邻近的控制阀，把所有的控制策略组态下装到现场仪表中，完全不需要经过控制室主控系统，从根本上改变了传统DCS集中与分散组合的结构体系，实现了系统结构上危险的彻底分散，更减少了控制室内主控系统的运算量，确保了系统的安全性和可靠性。

2）方案实施

System302 系统和 FB700 现场总线模板的功能块是基于 FF 标准开发的，所有现场仪表的组态和画面流程图的绘制完全采用图形化结构，而且具有在线仿真功能，调试检修方便，大大减少了现场调试工作量。模拟量可以通过现场总线变送器或者传感器直接采集、运算并实现控制等功能，再通过执行机构控制现场设备，同时把数据上传到计算机进行监控、修改控制策略、控制参数调整等设定。对于现场采集的一些需要进行联锁控制的数字信号可以通过 FB700 数据从现场总线变送器传送至可编程控制器 LC700，在 LC700 内部进行联锁控制。对于从现场直接采集来的数字信号，可以直接通过 I/O 卡件送至 LC700 内部进行联锁控制。对于现场仍有的一些 4 ~ 200 mA 信号仪表，可以通过总线仪表 IF302（电流/总线转换器）转换成数字信号进行传输与控制。在通信方面采用工业以太网、工作站和控制器构成控制网络的节点。监控软件采用 OPC 协议，符合 Server/Client 协议，使数据库的建立、系统维护与扩展更方便。

2. 控制方案设计

System302 系统和 LC700 全部卡件可以带电热插拔，一经上电，系统将自动识别其类型，自动传输组态策略。

1）系统功能

（1）控制功能：System302 系统的功能块完全按 FF 标准设计，且功能块多，控制和运算功能丰富，可以涵盖各行业的各种控制和运算。用户能方便地定义多种处理速度，以不同速度运算连续控制和联锁逻辑控制，并且能在线编辑和修改。

（2）画面功能：System302 操作员站具有丰富的画面，为操作员了解生产过程状态提供了足够多种类及数量的窗口。总貌画面显示系统各设备、装置、区域的运行状态以及全部过程参量的状态、测量值、设定值、控制方式（手动/自动状态）、高低报警等信息。分组画面以模拟仪表的表盘形式按事先设定的分组，同时显示几个回路的信息，对不同的控制，如调节回路、开关量控制，分组画面上有相应的切换按钮，操作人员可以根据过程运行情况改变控制方式。流程图画面用图形方式加动态数据显示，形象地显示过程装置流程及流程中各变量的大小。流程图画面包括仪表位号和图形符号，采用可变颜色、图形闪烁等动态形式显示现场情况。

2）系统硬件配置

System302 系统操作员站具有工程师站的属性，能实现控制回路组态、画面生成、报表生成、过程趋势和参数设定，采用 Windows 2000 平台，通信和电源均为冗余配置。每套操作员站能装入 3 200 个位号，可生成 1 024 幅流程显示画面和 256 幅报表，并具备系统组态和调试功能。现场总线控制卡（PCI302）、现场总线压力变送器（LD－302M）、电流总线转换器（IF302）、现场总线液位变送器（LD－302L）采用冗余配置。LC700 中央控制单元处理器、供电电源、现场总线模板、电流输入模板（4 ~ 20 mA）、离散量输入模板、离散量输出模板等全采用冗余配置。

3）系统软件

该套 FCS 软件包括系统监控软件、现场总线仪表的组态软件、逻辑控制站的组态软件。System302 系统监控软件即人机界面软件具有很强的功能，可以识别与诊断系统所有硬件或设备的工作状态，主要功能有菜单画面、流程画面、控制分组画面、回路参数画面、趋势曲线画面、过程趋势和参数整定、显示画面、历史数据报表、操作员站与现场总线仪表的控制策略和采集控制站的通信等组态。现场总线仪表的组态软件完成对所有现场总线仪表的控制策略和测量的组态。逻辑控制站组态软件完成对该站的采集和控制策略的组态。

3. 典型回路应用

生产泵房总管线压力可以由 LD－302M 直接测得并把所测物理量直接进行 PID 运算处理，结果直接输出到控制阀，实现常规或者复杂的过程控制，运算结果或者数据显示被上传到上位机进行监视；同时若在 LD－302M 的 AI 模块内部设定了报警值，则可以直接把报警信号通过 H1 总线传送给安装在 LC700 中的 FB700，通过 FB700 内部的标准模块 MDO（多路数字量输出），信号直接被 LC700 接收，在 LC700 内部可进行有关复杂的逻辑控制运算，输出的离散量可以通过 LC700 上挂接的常规 I/O 模板输出信号去控制电动机的动作或者进入其他设备或系统，如图 7－17 所示。

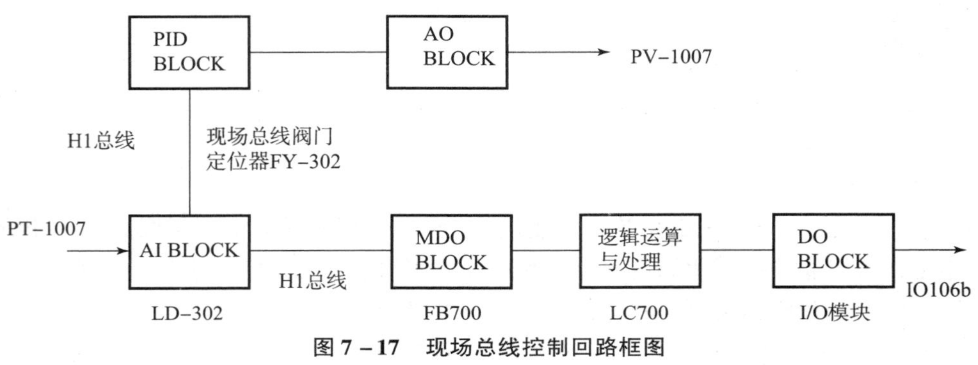

图 7－17　现场总线控制回路框图

通过现场总线技术的实际运用，可以看出其与 PLC 配合应用的强大功能，特别是对于现场采集的信号既进行模拟量控制处理又进行联锁逻辑处理的能力非常强，既体现了现场总线的优势，又发挥了 PLC 的逻辑处理能力。目前，该套系统运行良好，操作简便，维护容易，控制与计量精度高，达到了预期设计和应用目的。

7.4.5　LonWorks 控制网络和 Lon 总线

7.4.5.1　概述

Echelon 公司投入 115 亿美元、700 人/年及数十万工程小时，于 1991 年推出了 LonWorks 全分布智能控制网络技术。其网络结构由主从式发展到对等式直到今天的客户服务式。作为通用总线（Universal Bus），LonWorks 提供了完整的端到端的控制系统解决方案，可同时应用在装置级、设备级、工厂级等任何一层总线中，并提供实现开放性互操作性控制系统所需的所有组件，使控制网络可以方便地与现有的数据网络实现无缝传输，即对于上层协议及管理软件来说，完全是一个单一的网络。

媒体访问控制采用可预测坚持 CSMA（载波侦听和多点接入）算法，该算法保留了 CSMA的优点，同时克服了它在控制应用上的缺点，使网络在负载较重的情况下仍能以接近最大吞吐量来工作。LonTalk 定义了一种使用区、子网和节点的分层逻辑寻址方式，提高了寻址效率，使得网络中节点的替换和增加非常方便。链路层提供 4 种基本类型的报文

服务：确认、请求/响应、重复/非确认重复以及非确认，并且有选择地提供优先级机制，以提高对重要数据包的响应时间，满足不同类型数据的可靠性要求。表示层采用网络变量技术，使网络通信的设计简化为参数设置，大大简化了复杂的分布式应用的编程。应用层执行操作系统及用户代码，编程采用 Neuron C（ANSIC 的子集）语言，LonWorks 提供了功能强大的开发系统 LonBuilder 和 NodeBuilder，为系统设计和节点开发提供了集成开发环境和工具。

LNS 是 LonWorks 控制网络的操作系统。它采用多客户/多服务器结构，提供了功能强大的网络管理平台，完成一系列网络管理功能，包括节点地址分配、多广播地址组说明、路由器和网桥的定义、网络变量管理、通信服务修改、节点与网络的诊断等。LNS 功能丰富，支持不同工业与应用场合中的控制应用。通过内含的 TCP/IP 功能，可完成 Infranet 与 Internet、Intranet 的无缝集成。LNS 的分层结构（装置级采用 LonWorks、系统级采用 TCP/IP），允许数据网络与控制网络相互利用彼此信息，如办公建筑内一名雇员可以通过浏览器监控其所在建筑的环境状态，控制系统也可以通过发送具有优先级的电子邮件给建筑管理者提供状态及报警信息。

Lonpoint System 是 Echelon 公司最新推出的 LonWorks 网络控制系统产品，主要用于集成新的或传统的传感器、执行器，其接口模块用于各种不同的模拟量和数字量传感器、执行器接口。即使设备内部没有 Neuron 芯片和 LonWorks 收发器也能直接与 Lonpoint 系统接口。对于楼宇自动化和工业控制的应用来说，这是一个经济合算的、具有互操作性的控制系统。Lonpoint 系统的设计集中了 LNS、LonMark 国际互操作性标准，Neuron 芯片的分布处理能力以及 LonTalk 协议的最大优点，由于其专为网络集成商而设计，其硬件和软件均为现成产品，只需要根据实际应用进行相应的配置和安装即可直接使用。

LonWorks 技术的网络通信对用户透明，神经元芯片自动完成 LonWorks 的所有 7 层网络协议。

Lon 网络开发技术主要体现两大特点。其最大特点就是硬件、软件和网络设计可以彼此独立为 3 个任务。意味着一个节点的功能描述和编程完全不用考虑这个节点是在一个什么样的网络中工作。增、减节点不必改变网络的物理结构。此外用 C（Neuron C）语言来开发编程工具，这一特点使得编程工作从汇编语言的烦琐中解脱出来。

总体来说，Lon 局部网络技术的控制系统具有如下几方面的特点：

（1）系统具有无中心控制的真正分布式控制节点模式，使控制节点尽量靠近被控设备。

（2）开放式系统结构，具有良好的互操作性。

（3）系统组态灵活，重新构造或修改配置很容易，增加或减少控制节点不必改变网络的物理结构。

（4）控制节点间可通过多种通信媒体连接，组网简单，成本大大降低。

（5）系统整体可靠性高，控制节点故障只影响与其相连的设备，不会造成系统或子系统瘫痪。

（6）网络通信协议已固化在控制节点内部，节点编程简单，应用开发周期大大缩短。

（7）系统总体成本降低，升级改造费用低。

LonWorks 技术诞生后，基于 LonWorks 技术的产品应运而生，并广泛应用于自控系统中。LonWorks 控制网络提供了完整的端到端的解决方案，已被广泛用于航空航天、建筑物自动化、能源管理、工厂自动化、医药卫生、军事、电话通信、运输设备等领域，成为互操作网络事实上的国际标准。我国目前在智能大厦和电力工业中已经有所应用，随着业内人士的更多了解，相信会有更为广阔的应用前景。

7.4.5.2 应用案例——基于 LonWorks 的智能家庭控制系统设计

家庭智能控制系统是智能家庭的一个重要内容，它的发展依赖于网络技术与监控技术在家庭内部的推广。系统的设计首先要在家庭内部以家庭总线的方式构建一个控制网络，各种功能模块根据住户需要直接接入网络，完成信息采集、传输、控制等相关功能；其次要实现家庭网络与外部互联网或者小区局域网的连接，达到远程监控的目的。通过分析智能家庭控制网络的功能及对控制系统的要求，结合 LonWorks 技术自身的特点，提出 LonWorks 技术在智能家庭控制系统中的一种应用方案。

1. 智能家庭控制系统组成及硬件设计

本系统控制网络是将 PC 机作为家庭服务器，应用 LonWorks 技术在家庭内部建立两种介质的控制子网。家庭内部各种设备直接挂接在相应的子网上，各个子网通过路由器相连，不同子网的设备可以和其他子网的设备交互通信，实现家庭的网络化智能控制。

系统拓扑结构如图 7－18 所示，分为家庭服务器、路由器和底层智能节点 3 个层次。

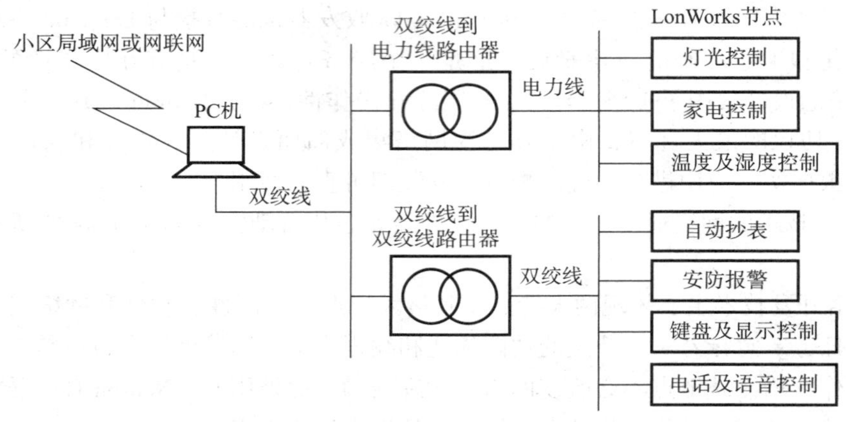

图 7－18　家庭控制网络拓扑结构

1）基于 PC 机的家庭服务器

上位机采用客户/服务器（Client/Server）的信息处理模式。PC 作为家庭服务器，通过插于机内 ISA 总线上的 PCLTA 适配卡接入家庭内的 LonWorks 网络，与网络上的其他节点进行通信，从而可在 PC 机节点上监视和控制网络中的各种参数以及相应家庭内部的各种状态。同时，PC 机可以通过 ADSL 技术、HFC 技术或以太网技术接入小区局域网或互联网，实现家庭网络的 Internet 接入。PC 机服务器配备了网络环境下能提供家庭信息服务的程序系统，可以接收网络上多台客户机的请求，启动相关处理进程，以实现家庭的远程监测与控制。

2）路由器

路由器设计主要是基于 RTR－10 核心模块和两个收发模块（分别到两个通道上）。由于系统涉及双绞线和电力线两种通信介质，因此相应地就有两种路由器：双绞线到电力线路由器和双绞线到双绞线路由器。

3）智能节点

整个网络包含灯光控制、家电控制、温度及湿度控制、自动抄表、安防报警、键盘及显示控制、电话及语音控制7种智能节点。

（1）灯光控制节点：该节点控制室内灯具的开关及照明度，通过使用照明度探测、红外感应等手段实现门灯、照明设备的自动控制。

（2）家电控制节点：该节点控制传统家用电器的开关，通过使用红外线传感器和红外线发生器，实现室内部分电器的红外遥控。

（3）温度及湿度控制节点：该节点测量当前室内温度、湿度值，并在液晶显示器上显示。同时该值与设定值进行比较，将差值送至空调末端设备控制器，实现室内环境的自动控制。

（4）自动抄表节点：该节点实现家庭水表、电表和煤气表的自动抄送，解决入户抄表扰民和人为读数误差问题。其工作原理是利用电子技术和传感技术，将住宅耗能计量表的数据转换为电脉冲信号，由节点进行采集、计数和存储，然后将三表数据传送到上位机进行进一步处理。

（5）安防报警节点：该节点实现家庭的安全防范，包括红外防盗探测、煤气泄漏、火警探测、紧急求助按钮等。其工作原理是当发生抢劫盗窃、火灾、煤气泄漏等警情，首先触发感应探测器或紧急按钮部分，然后节点将报警信号传送到上位机进行报警处理。

（6）键盘及显示控制节点：该节点实现室内的键盘及显示控制，设有16只按键和一块液晶显示器，用于状态的设置和查询，如设防/撤防、数据查询、电器控制等。

（7）电话及语音控制节点：该节点实现电话及语音控制。电话接口电路包括振铃测试、模拟摘机、信号音测试、双音频接收、双音频发送等电路，用于实现电话的指令控制，如电话留言、电话报警、远程控制家电等。

七种智能节点的硬件设计根据节点功能的难易程度分为两类：单处理器的智能节点和双处理器的智能节点。单处理器智能节点是以神经元芯片为核心，如图7－19所示。神经元芯片不仅要实现节点与网络的通信，而且通过将其I/O口直接连接到传感器/执行器上，实现端口数据的实时采集、监视和控制，主要用于功能较为简单的节点，如自动抄表节点、安防报警节点等。双处理器智能节点是将神经元芯片作为通信协处理器，而复杂的监控则用高级处理器（如80C196KC）来完成，如图7－20所示，主要应用于功能较为复杂的节点，如键盘及显示控制节点、电话及语音控制节点等。

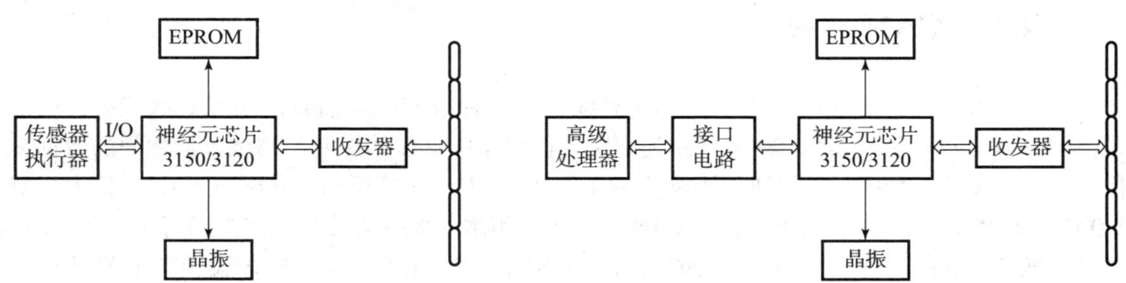

图7－19 单处理器的智能节点设计

图7－20 双处理器的智能节点设计

2. 系统软件设计

该系统软件包括智能节点软件和上位机监控软件。

1）智能节点软件

各个智能节点上，神经元芯片的应用程序采用 NobeBuilder 开发环境下的 Neuron C 语言进行开发，主要完成信号采集、状态监控、定义网络变量以及节点通信等任务。Neuron C 是以 ANSI C 为基础，专门为神经元芯片而设计的编程语言，同时加入通信、事件调度、分布数据对象和 I/O 功能。而基于双处理器的智能节点，其主处理器的应用程序由汇编语言或 C 语言编写，主要完成液晶显示、红外遥控、语音控制等复杂测控任务。在节点开发和组态成功后，各节点在现场完成数据的采集和处理，并将各类信号以网络变量的形式实时送入 LonWorks 网络中，相应节点自由交互通信，实现网络化的智能控制。

节点程序的开发流程如图 7 - 21 所示。

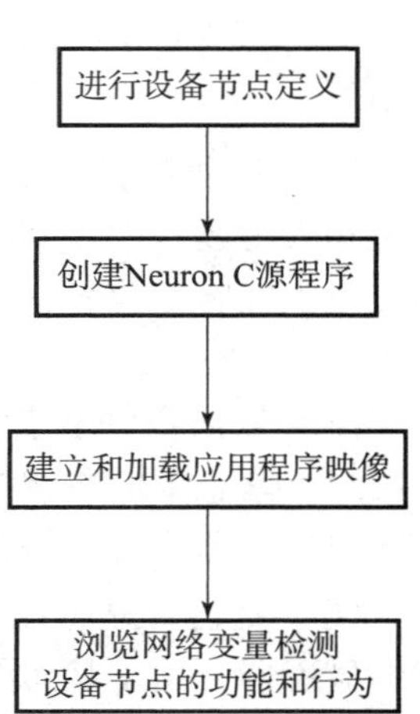

图 7 - 21　节点开发流程

2）上位机监控软件

上位机监控软件以 Windows 98 作为软件平台，利用 Echelon 公司 LonManager 系列中的 DDE Server 软件与插于 PC 机内 ISA 总线上的 PCLTA 接口卡进行通信。采用 Visual Basic 6.0 完成监控软件的开发。软件开发是以消息的响应为核心，DDE 服务器定时从 LonWorks 网络上获取最新网络变量信息，触发监控软件中定义的消息，然后由监控软件完成相应的功能。监控软件的核心是处理各个消息之间的关系并在此基础上完成监视和控制的功能，主要是监测需要实时显示的重要系统参数以及相应的控制，主要由初始化模块、网络参数设置及监视模块、历史数据记录模块以及各个具体任务模块组成。

现阶段国内家庭智能化建设主要集中于开发远程抄表系统、安防报警系统和家电控制系统，与国外相比，智能化程度不同。然而，随着信息技术的发展，家庭智能化的程度也将越来越高，因此现有系统的设计应该能够适合未来家庭智能化的发展。本系统具有以下特点：

（1）控制系统做到了多网合一，大大简化系统布线。

（2）网络中每个节点都能完成控制和通信功能，部分节点故障不会影响系统稳定。

（3）LonWorks 在网络结构上的自由拓扑特性和软件设计上的完全面向对象，使其易扩充、易组态。

7.4.6　CAN 总线

在十几种已出台的现场总线中，CAN 总线也是一种很有应用前景的现场总线之一。CAN 是德国 Bosch 公司在 20 世纪 80 年代初为解决现代汽车中众多的控制与测试仪器之间的数据交换问题而开发的一种串行数据通信协议。1991 年 9 月 PHILIP 公司制定并颁布了 CAN 技术规范 2.0A、2.0 B 版本，2.0A 给出了曾在 CAN 技术规范版本 1.2 中定义的 CAN 报文格式，2.0B 定义了标准的扩展的两种报文格式；1993 年 11 月国际标准化组织（ISO）正式颁布了关于 CAN 总线的 ISO 11898 标准，为 CAN 总线标准化、规范化应用铺平了道路。世界半导体知名厂商推出了 CAN 总线产品，如 CAN 控制器有 INTEL 公司的 82526、82527，PHILIP 公司的 82C200，NEC 公司的 72005。含 CAN 控制器的单片机有 INTEL 公司的 87C196CACB，PHILIP 公司的

80C592、80C598，MOTOROLA 公司的 68HC05X4 和 68HC05X16 等。

7.4.6.1 CAN 总线的主要特点

（1）通信介质可以是双绞线、同轴电缆和光纤，通信距离最远可达 10 km（5 kbps），最高速率可达 1 Mbps（40 m）。

（2）用数据块编码方式代替传统的站地址编码方式，用一个 11 位或 29 位二进制数组成的标识码来定义不同的数据块，让各节点通过滤波的方法分别接收指定标识码的数据，这种编码方式使得系统配置非常灵活。

（3）网络上任意一个节点均可以主动地向其他节点发送数据，是一种多主总线，可以方便地构成多机备份系统。

（4）网络上的节点可以定义成不同的优先级，利用接口电路中的“线与”功能，巧妙地实现了无破坏性的基于优先权的仲裁，当两个节点同时向网络发送数据时，优先级低的节点会主动停止数据发送，而优先级高的节点则不受影响地继续传送数据，大大节省了总线冲突裁决时间。

（5）数据帧中的数据字段长度最多为 8 B，这样不仅可以满足工控领域中传送控制命令、工作状态和测量数据的一般要求，而且保证了通信的实时性。

（6）在每一个帧中都有 CRC 校验及其他检错措施，数据差错率低。

（7）网络上的节点在错误严重的情况下，具有自动关闭总线的功能，退出网络通信后，能保证总线上的其他操作不受影响。

7.4.6.2 网络结构

CAN 总线是开放系统，但没有严格遵循 ISO 开放系统互联的 7 层参考模型（OSI），出于对实时性和降低成本等因素的考虑，CAN 总线只采用了其中最关键的两层，即物理层和数据链路层。

物理层的主要内容是规定了通信介质的机械、电气功能和规程特性。在 CAN2.0AB 中对物理层的部分内容作出了规定，而在 ISO 11898 标准中的内容更加具体，但没有指明通信介质的材料，因此用户可以根据需要选择双绞线、同轴电缆或光纤。物理层规定了 CAN 总线的电平为两种状态：“隐性”（表示逻辑 1）和“显性”（表示逻辑 0）；而且还规定了通过特定的电路逻辑上实现“线与”的功能。

数据链路层的主要功能是将要发送的数据进行包装，即加上差错校验位、数据链路协议的控制信息、头尾标记等附加信息组成数据帧，从物理信道上发送出去；在接收到数据帧后，再把附加信息去掉，得到通信数据。在通信过程中，收发双方都要对附加的控制信息进行检查判别，并做相应的处理，从而实现数据传输过程中的流量控制、差错检测，保证数据的无差错传输。CAN 总线的数据链路层包括逻辑控制（Logical Link Control，LLC）子层和媒体访问控制（Medium Access Control，MAC）子层。其中 MAC 子层的主要功能是传输规则，它是 CAN 协议的核心，主要包括控制帧的结构、传输时的非归零（None Return to Zero，NRZ）编码方式（检测到连续 5 个数值相同位流后自动插入一个补码位）、执行仲裁、错误检测、出错标定和故障界定，同时还要确定总线是否空闲（出现连续 7 个以上的“隐性”位）或者能否马上接收数据（检测同步信号）。LLC 子层的主要功能是报文滤波（根据数据块的编码地址进行选择性接收）和报文的处理。

CAN 总线的物理层和数据链路层的功能在 CAN 控制器中完成。

7.4.6.3 CAN 总线协议

CAN 总线网络传输就像邮电系统一样，它并不关心每封信的内容，而只注意传输规则。CAN 通信协议规定有 4 种不同的帧格式，即数据帧、远程帧、错误帧和超载帧。

CAN 总线基于下列 5 条基本规则进行通信协调。

（1）总线访问。CAN 控制器只能在总线空闲状态期间开始发送。所有 CAN 控制器同步于帧起始的前沿（硬同步）。

（2）仲裁。若有两个或更多的 CAN 控制器同时发送，总线访问冲突通过仲裁场发送期间位仲裁处理方法予以解决。

（3）编码/解码。帧起始、仲裁场、数据场和 CRC 序列使用位填充技术进行编码。

（4）出错标注。当检测到位错误、填充错误、形式错误或应答错误时，检测出错条件的 CAN 控制器将发送一个出错标志。

（5）超载标注。一些 CAN 控制器发送一个或多个超载帧以延迟下一个数据帧或远程帧的发送。

由于现场总线是双向的，因此能够从中心控制室对现场智能仪表进行标定、调整及运行诊断，甚至可在故障发生前进行预测。远程维护和控制在采用数字通信和现场仪表后也将成为可能。

7.4.6.4 CAN 总线的特点

（1）可建立 1 024 条虚拟链路。CAN 控制器的 ID 号共有 11 位，其中 1 位作为优先级，其余作为数据标识符。其链路可在任意两点之间或一点至任意多个节点之间建立。

（2）数据长度有两种格式。小于 8 B 的数据可选用单页 Page 格式，大于 8 B 的数据可选用数据块 Block 格式。

（3）发送时将需要发送的数据填入发送信箱，并在信箱中置发送标志，CAN 驱动程序循环查询此标志，带有发送标志的信箱会自动发送出去。接收时经硬件滤波后，从信中取出信箱号与本节点的接收信箱号逐一比较，若相符则把信件放入接收信箱中。

（4）数据的优先级根据信箱号而定，信箱号越小，优先级越高，同时还提供发送紧急数据的优先级。

CAN 总线是一种有效支持分布式控制或实时控制的串行通信网络。CAN 可实现全分布式多机系统，且无主、从机之分；CAN 可以用点对点、一点对多点及全局广播几种方式传送和接收数据；CAN 直接通信距离最远可达 10 km（传输率为 5 kbps），通信速率最高可达 1 Mbps（传输距离为 40 m）；CAN 总线上节点数可达 110 个。

7.4.6.5 CAN 总线应用系统的一般组成

CAN 总线应用系统的一般组成方式如图 7－22 所示。CAN 总线网络由许多 CAN 节点组成。若干个 CAN 节点通过 CAN 总线收发器连接在一个网络中。通过相互的通信和协作，完成控制任务。

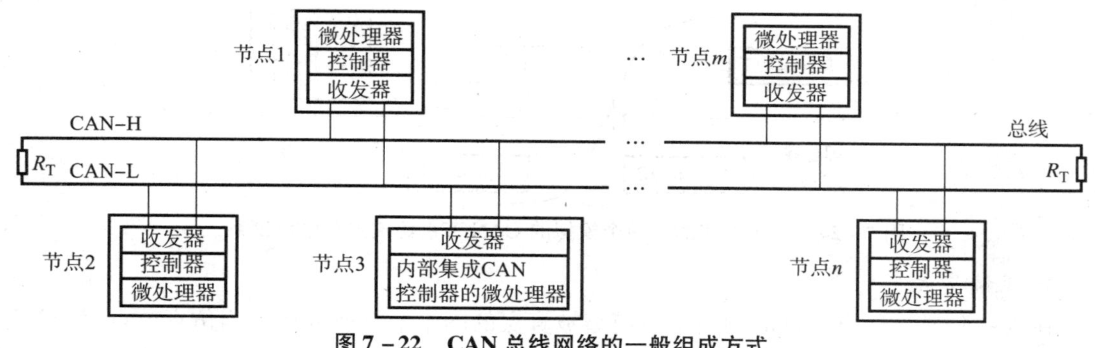

图 7-22　CAN 总线网络的一般组成方式

7.4.6.6　CAN 总线网络设计步骤

在分布式自动化系统的开发过程中，一项基本的内容就是怎样安排和利用现场总线。既然位流传输和数据帧的构成通常由集成 CAN 器件完成，因此安排 CAN 网络的主要工作就是确定所谓的通信帧，通信帧规定了发送的 CAN 报文，以及发送或接收的网络节点。

首先要确定所有特定的应用信号，在分析的基础上，用敏感的优先级标识符对已确定的信号进行分组，由此来定义系统的 CAN 报文，即确定通信帧，如图 7-23 所示。为了最小化总线负载和管理开支，相关的信号应该被组合在一起，同时传送。

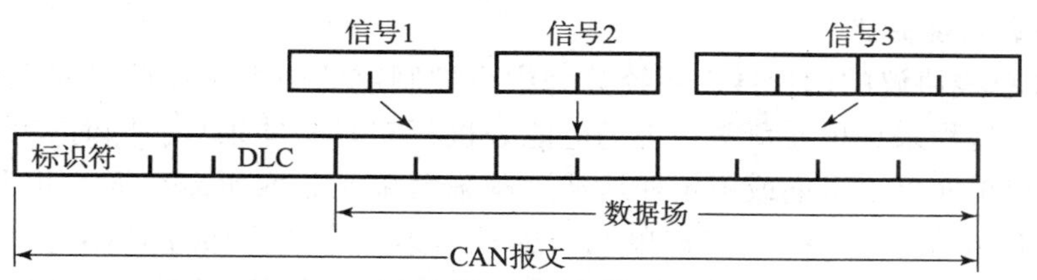

图 7-23　合并有数个应用信号的 CAN 报文

然后要规范单个网络节点的行为。可以通过循环发送或通过更复杂的协议（对接收报文的反应）来规定节点报文的收发；通过估计总线负载和由此对高优先级报文造成的等待时间来确定波特率。

因此在设计基于 CAN 的测控系统时一般分成以下 3 个阶段。

1. 需求分析和网络系统设计

负责设计的团队要确定采用何种网络拓扑结构，不断改善建立在网络节点层面上的设计工作。这包括确定报文和选择总线波特率。为了进行更加精确的研究，需要创建整个系统的功能模型。这涉及规定带有输入/输出变量的网络节点行为，以及报文的接收和发送。

2. 总线仿真测试

第一阶段工作完成之后，各个网络节点的设计和开发通常是独立进行的，可由项目的所有参加团体同时进行。对于开发出来的网络节点，可以通过其他网络节点的模型来模拟总线的其余部分，对其进行测试。某些 CAN 总线开发、测试和分析工具（如 CA-Noe）有用作此目的的实际总线接口，采用这种智能工具可以分析实际网络节点之间的报文通信，确定节点是否满足规定的要求，而且，这样的仿真可在实时条件下进行，如图 7-24所示。

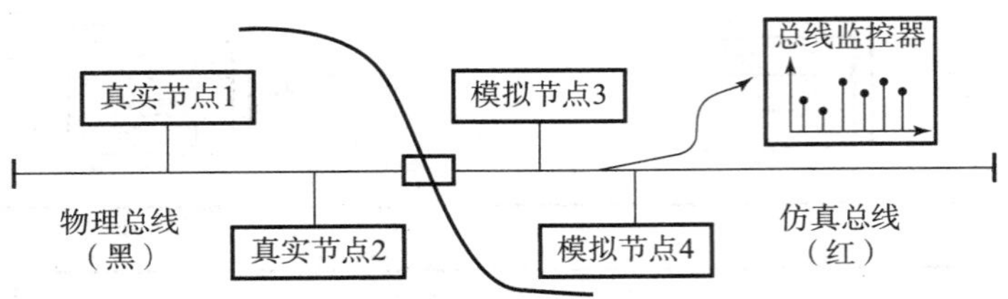

图 7－24　两个真实的和两个模拟的 CAN 节点组成的总线测试系统

3. 系统集成

在这一阶段，所有仿真的网络节点模型被真实的网络节点所取代。当仿真节点完全被取代时，一个实用的 CAN 总线网络就建成了。

7.4.6.7　基于 CAN 总线的远程工业电表抄表系统开发实例

CAN 总线是国内最早研究和投入应用的现场总线之一，基于 CAN 总线的控制系统已经在我国得到广泛应用，技术也日趋成熟。作为国内最早进行 CAN 总线技术研究与开发的单位，北京航空航天大学现场总线及工业测控技术研究室已经完成了多个基于 CAN 总线的测控系统的开发。在此，仅以为某单位开发的工业电表抄表系统为例，介绍一般 CAN 总线系统的构建及开发。其中，重点介绍远程采集单元 CAN 通信模块硬件设计，让读者在实例中进一步体会前面提及的 CAN 协议的一些概念。

1. 远程抄表系统概述

基于 CAN 总线协议的远程抄表系统分为中央控制室的中央监控单元和现场的远程采集单元两个层次。远程采集单元负责对现场电能表进行实时脉冲采集，同时完成数据的统计、存储；中央监控单元可以定期或不定期地从远程采集单元获取所需数据，并完成数据统计、报表打印及数据库的管理。中央监控单元与远程采集单元之间通过 CAN 总线连接在一起。在这个网络中，中央监控单元处于主控位置，远程采集单元可以随时响应中央监控单元的命令。基于 CAN 总线的远程工业电表抄表系统总体结构图如图 7－25 所示。

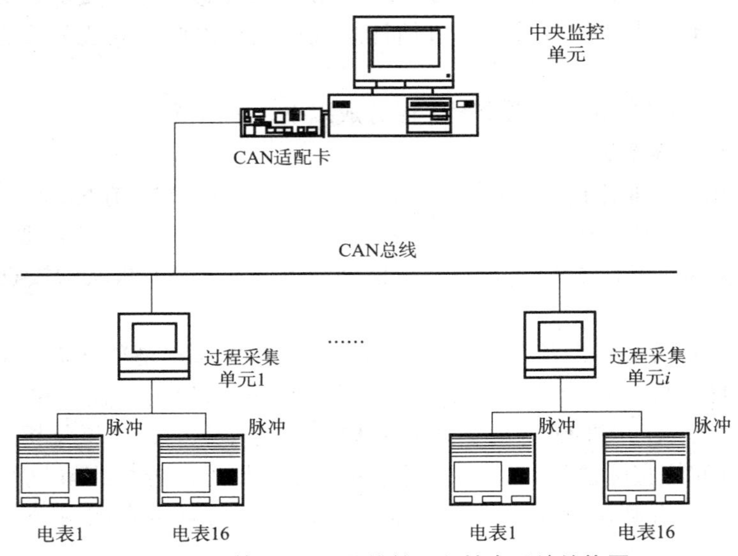

图 7－25　基于 CAN 总线的远程抄表系统结构图

远程采集单元涉及 CAN 通信方面的一些功能特点如下：

（1）手动设定远程采集单元地址。

（2）用电量和时段可以通过中央监控单元设置，每个远程采集单元各自具有内部实时时钟，可以通过通信方式统一校正时钟。

（3）可随时响应中央监控单元的查询命令，在与上位机进行数据通信的同时不影响脉冲计数。

（4）远程采集单元主要由单片机 80C552 及采集、存储、显示、遥控和通信接口等模块组成，每个采集单元能采集和处理 16 块电表的电脉冲信号。远程采集单元的功能较多，本节主要介绍远程采集单元 CAN 通信模块的软件和硬件设计。

2. 远程采集单元 CAN 通信模块硬件设计

远程采集单元 CAN 通信模块采用 SJA1000 + 光耦 + 82C250 的常用结构，SJA1000 和 82C250 分别使用物理隔离的电源供电，是为了增强系统的抗干扰能力和可靠性，如图 7－26 所示。

SJA1000 的 RX0 与 RX1 为一对比较器输入端，如果 RX0 的电平高于 RX1，则 SJA1000 读回一个隐性电平，反之读回一个显性电平。RX1 的电平可由 82C250 的 V_{ref}（基准电压输出端）提供，但对于隔离设计而言，通常使用 2 个电阻从电源分压得到，效果是一致的。

另外一种方法，如果将 SJA1000 时钟分频寄存器中的 CBP 位置位，则只有 RX0 是活动的，RX0 引脚上的高电平解释为隐性电平，低电压解释为显性电平。RX1 连接至任一确定电平即可。

SJA1000 的 MODE 引脚选择芯片工作在 Intel 模式还是 Motorola 模式。对于 51 系列单片机系统而言，将该引脚接高电平（选择 Intel 模式）后，芯片的读写时序满足单片机的要求。除此之外，将数据/地址总线、控制总线一一连接即可。

该系统单独使用一根单片机的 I/O 口线控制 SJA1000 的 RST 复位引脚。因而可以在任意时刻（上电或出错等时刻），对 SJA1000 进行复位，而不会影响其他功能模块的正常工作。

7.4.6.8 基于 CAN 总线的电机直接转矩控制节点设计实例

1. 直接转矩控制系统的结构和原理

直接转矩控制（DTC）系统由磁链位置检测单元、磁链调节器、转矩调节器、转速调节器、电机模型和电压状态选择单元组成，如图 7－27 所示。

（1）磁链位置检测单元：电压状态的选择不仅依靠转矩和磁链信号，而且和磁链所在区段有关。这一单元根据磁链的 α 和 β 分量，判断磁链的位置。

（2）磁链调节器：为了控制磁链在给定值附近变化，DTC 采用 BANG－BANG 控制，输出磁链控制信号。

（3）转矩调节器：实现对转矩的直接控制。

（4）转速调节器：给定转速和反馈转速的差值经 PI 调节器输出转矩给定值，实现对转速的控制。在不考虑速度环时，转矩给定值也可直接给出。

（5）电机模型：电流电压反馈按照电机模型，计算出电机的转矩、磁链。

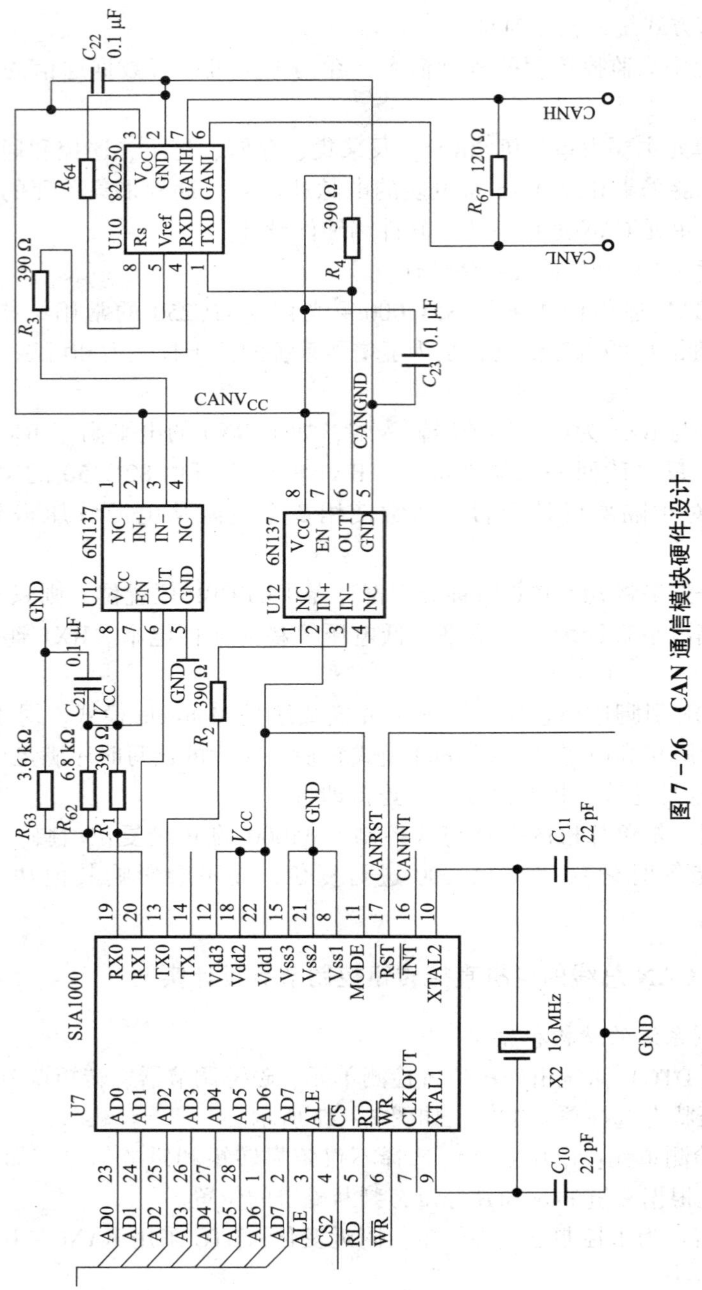

图 7-26　CAN 通信模块硬件设计

（6）电压状态选择单元：根据磁链、转矩和磁链位置，输出合适的电压状态，控制电机正确运行。

DTC 系统是建立在静止坐标系下的，首先电机定子相电压相电流反馈值经 3/2 坐标变换，得到 $\alpha-\beta$ 坐标下的分量，再按照电机的磁链和转矩模型计算出实际转矩 T 和磁链的两个分量 $\Psi_{s\alpha}$，$\Psi_{s\beta}$，这样就得到了磁链幅值 Ψ_s 和磁链位置 θ。将转速调节器输出的转矩给定 T_e^* 和 T_e 送入转矩调节器，得到转矩控制信号。

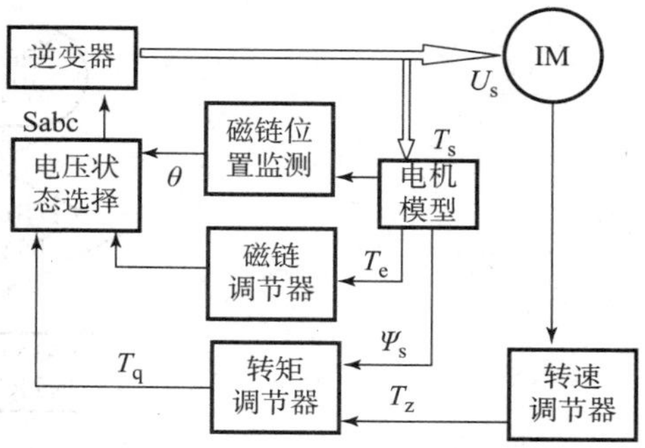

图 7-27　直接转矩控制系统框图

2. CAN 总线接口硬件设计

采用 TI 公司的 TMS320F240 实现 DTC 控制算法。TMS320F240 DSP 控制器是 TI 公司专为基于控制的应用而设计的，它将高性能的 DSP 内核和丰富的微控制器外设功能集于单片机中，有每秒执行 20 兆条指令的运算能力，几乎所有的指令都可在 50 ms 的单周期内完成，使 TMS320F240 控制器能提供比传统 16 位微控制器和处理器强大得多的性能。CAN 控制器采用 PHILIPS 公司的 SJA1000，CAN 控制器接口采用 82C520、SJA1000 CAN 控制器符合 CAN2. 0B 协议，完全兼容 PCA82C200，支持 29 位标识符，有 64 字节的接收缓冲区，能通过验收屏蔽码寄存器和验收码寄存器对标准帧和扩展帧进行单向/双向接收滤波，对 CAN 总线上的每一个错误可进行错误中断，可通过检测具体位来仲裁丢失中断，具有较强的通信能力。82C250 是 CAN 控制器和物理总线间的接口，它可以提供对总线的差动发送和差动接收。

关于 CAN 总线接口电路以 TMS320F240 为 CPU。CAN 控制器 SJA1000 的存储空间映射在微控制器 DSP 的 I/O 空间中，对 SJA1000 存储空间的寻址必须用 IN 和 OUT 指令。SJA1000 的地址线和数据线为分时复用。DSP 的地址线 A0、A1、A2、A15 为译码器的输入，译码器输出地址 8001H 和 8002H 用于 SJA1000 地址空间和数据空间的选通。在 CPU 和 SJA1000 之间的总线间接了 74LS373 锁存器和 74LS244 双向缓冲器，分别对地址和数据进行锁存和选通缓冲。SJA1000 的控制线 ALE、$\overline{\text{RD}}$、$\overline{\text{WR}}$ 都用 DSP 的通用 I/O 线控制，具体读/写一个字节的全部时序是通过软件控制实现的，这样做的目的是为了保证 DSP 和 SJA1000 的总线读/写时序能很好地配合。为了保证总线传输的质量，提高抗干扰能力，可以在 SJA1000 和 82C250 之间加接两个高速光耦。

3. 软件设计

CAN 总线的物理层和数据链路层的功能由 SJA1000 自动完成，因此软件开发主要在应用层软件的设计上。应用层软件的核心部分是 CPU 和 SJA1000 的数据接收和发送程序，即 CPU 把待发的数据传送给 SJA1000，然后由 SJA1000 发送到总线上，而当 SJA1000 从总线上接收到数据后，需要 CPU 把数据取走。软件设计的基本思路是：系统上电之后，由 CPU 完成对 SJA1000 的初始化，然后执行主程序等待中断。中断来自 SJA1000，当 PC 机发送数据或命令后，引起 SJA1000 中断，SJA1000 向 F240 发出中断请求，在满足一定的中断响应条件后，CPU 执行中断服务程序。在中断服务程序中，CPU 首先判断为何种中断，再转入相应子程序处理不同的事务。中断服务程序的流程图如图 7-28 所示。

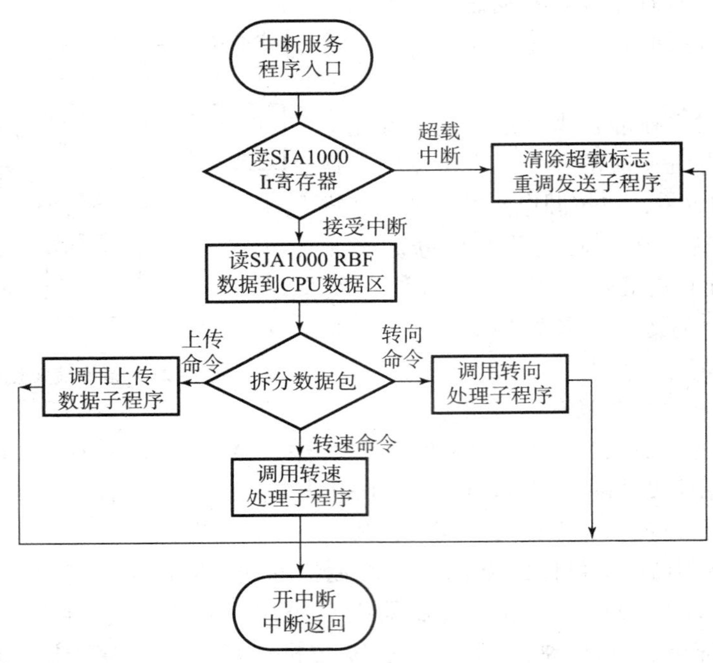

图 7－28　应用层中断服务程序流程图

在本系统设计中，上位机和下位机是一种主从关系，即只有上位机发送命令给下位机，下位机才可以向上位机上传命令，以此来完成上位机对电机的控制和监督。在中断服务程序中，核心部分是对上位机下载命令的判断处理。按照电机控制的基本要求，在上位机要做到对电机的如下控制功能：启动/停止、正转/反转、速度设定。此外，根据该系统设计，上位机还要对电机定子电流的过电流情况进行监控，并实时地显示电机的速度响应、定子电流。在接收到上位机下载的命令后，由 DSP 调用相应的子程序完成相应的功能。对于直接转矩控制而言，启动/停止速度设定的功能比较容易在下位机实现，对于电机的反转，是通过计算的定子磁链、定转子磁链的夹角以及转矩 3 个参数来选择不同的电压矢量，然后查开关状态表。所以对应电机的正转和反转就有不同的开关状态表，要实现电机正转/反转的切换，就要根据不同的命令去查相应的表。在上传定子电流和转速时，要考虑发送多少个采样点的问题，这取决于每一次调速的过渡时间，可以通过控制算法计算得到。如果发送的数据量很大，可以在发送一个数据包后进行软件延时，避免总线在一段时间内 100% 加载，从而保证通信的实时性和可靠性。本系统设置的一些命令码及相应的报文 ID 见表 7－18。

表 7－18　命令码及相应的报文

ID	命令码	功能
1H	00H	停止
10H	01H	启动
10H	02H	反转

续表

ID	命令码	功能
11H	04H	上传定子电流参数
12H	08H	上传转速值
12H	10H	电机过电流报警

系统运行表明，尽管存在通信周期相对较长、实时控制性尚需要进一步完善等问题，CAN 总线技术已可成功地应用在运动控制领域中。它必将以其低成本、高可靠性及开放性推动我国自动化技术的发展。

本章小结

本章首先介绍了现场总线的基本概念和发展，现场总线的技术特点、结构特点和优点，及现场总线的标准、现状和发展方向，使读者对现场总线有了基本的认识。然后介绍了 Profibus、ControlNet、DeviceNet、CAN 等几种总线的技术规范、性能特点；并重点介绍了 Profibus、ControlNet、DeviceNet、CAN 等几种现场总线的应用案例，使读者对几种常用的现场总线有了基本的认识，并对几种常用现场总线的应用案例有了一定的掌握。

习 题

一、选择题

1. 现场总线构成一种________控制系统的体系结构。
2. 用户可以________选择不同厂商所提供的设备来集成系统。
3. 最早称为国际标准的现场总线是________总线。
4. ControlNet 非常适用于一些控制________的应用场合。
5. DeviceNet 网络的数据通信具有突出的________。
6. 在 DeviceNet 中，预定义主从连接组提供了一组主从系统中________连接。
7. Profibus 现在已是欧洲首屈一指的开放式现场总线系统，它的应用领域包括________。
8. FF 的协议规范建立在________层间通信模型之上。

二、名词解释题

1. 现场总线控制系统。
2. 互用性。
3. 现场总线的国际标准。
4. 设备网（DeviceNet）网络。
5. Profibus 总线。
6. FF 总线。

三、简答题

1. 简述现场总线系统的技术特点。
2. 简述造成现场总线多个标准共存的原因。
3. 简述现场总线的共性。
4. 简述 ControlNet 的优点。
5. 简述 DeviceNet 的主要特点。
6. 简述 FF 的优点。
7. 简述 CAN 总线的主要特点。

第 8 章

DCS 的性能、选型、工程设计及安装调试验收

学习目标

☞ 了解 DCS 性能及性能指标评估要素，掌握 DCS 重要性能指标的设计

☞ 了解 DCS 的现场设计，理解现场施工设计的主要内容

☞ 掌握 DCS 的选型方法

☞ 掌握 DCS 安装调试验收的基本方法

在进行 DCS 设计时，要对 DCS 的性能进行评估，选择合适的 DSC，按照要求进行系统设计，并进行安装调试。

8.1　DCS 的性能

在进行 DSC 设计时，需要考虑其安全性、可靠性、可操作性、实时性、环境适应性、经济性和可扩展性。

8.1.1　安全性

DCS 的安全性包含功能安全、人身安全和信息安全。功能安全和人身安全对应英文 Safety 一词，信息安全对应 Security 一词。

1. 功能安全

功能安全（Functional Safety）是指系统正确地响应输入从而正确地输出控制的能力（按 IEC 61508 的定义）。在传统的工业控制系统中，特别是在所谓的安全系统（Safety Systems）或安全相关系统（Safety Related Systems）中，所指的安全性通常都是功能安全。比如在联锁系统或保护系统中，安全性是关键性的指标，其安全性也是指功能安全。功能安全性差的控制系统，其后果不仅仅是系统停机的经济损失，而且往往会导致设备损坏、环境污染，甚至人身伤害。几乎所有的工业系统都存在安全隐患，也就是说它们在某些时刻不能正确响应系统的输入，从而导致人身伤害、设备损坏或环境污染。按照 IEC 61508 的定义，功能安全是系统总体安全中的一部分，而不是全部。功能安全强调：危险前有信息输入；系统能正确响应输入，发出控制指令，避免危险的发生。

例如，电动机线圈过热保护装置，其工作原理是：在线圈内安装温度探头，装置设定温度保护点，当探头测量到的温度超过设定点时，装置就切断电动机的电源。这就是一个完整的功能安全的例子。另一个例子：如果改善电动机线圈的材质或者提供高温保护层，就不属于功能安全，因为没有输入，这种安全保护属于对象本身的内在安全（Inherent Safety）。如果一个系统存在某些功能上的要求，以确保系统将危险限制在可以接受的水平，就将这样的系统称为安全相关系统（Safety Related System）。这些功能上的要求就是所谓的安全功能（Safety Functions），安全功能包含：安全功能需求，描述每项安全功能的作用，来源于危险分析（Hazard Analysis）过程；安全度（Degree of Safety）要求，规定系统完成安全功能的概率，具体应用的安全度要求，从风险评估（Risk Assessment）过程中得到。

所以，当描述一个安全相关系统时，总是围绕“什么功能需要安全地执行”和“这些功能需要安全到什么程度”这两个主题来进行。一个安全相关系统，可以是一个独立于其他控制系统的系统，也可以包含在通用的控制系统之中。

2. 人身安全及安规认证

人身安全（Personal Safety）是指系统在人对其进行正常使用和操作的过程中，不会直接导致人身伤害。比如，系统电源输入接地不良可能导致电击伤人，就属于设备人身安全设计必须要考虑的问题。通常，每个国家对设备可能直接导致人身伤害的场合，都颁布了强制性的标准规范，产品在生产销售之前应该满足这些强制性规范的要求，并由第三方机构实施

认证，这就是通常所说的安全规范认证，简称安规认证。

所有可能威胁人身安全的产品，在销售之前都必须通过某种要求的认证，一般每个国家都会列出一系列的产品目录，并规定每类产品应按何种标准进行安规认证或产品认证。产品认证主要是指产品的安全性检验或认证，这种检验或认证是基于各国的产品安全法及其引申出来的单一法规而进行的。在国际贸易中，这种检验或认证具有极其重要的意义。因为通过这种检验或认证，是产品进入当地市场合法销售的通行证，也是对在销售或使用过程中，因产品安全问题而引发法律或商务纠纷时的一种保障。

一般而言，产品安全性的检验、认证和使用合法标识的分类情况，如图 8－1 所示。

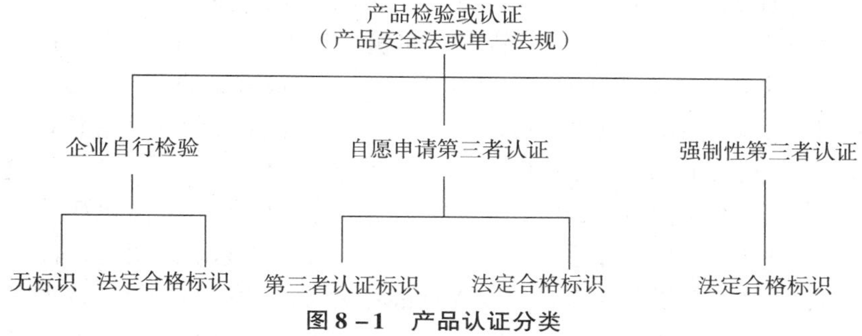

图 8－1　产品认证分类

1）产品责任法

在欧美国家，政府为了充分保护消费者的利益和社会整体的安定，制定了相当严格的产品责任法（Product Liability Law）。与一般的民事或刑事法律相比，产品责任法有两个需要企业特别重视的基本原则：产品责任法强调的是非过失责任；在发生纠纷时，首先举证的责任在产品的供应方。

（1）非过失责任。即使产品的供应者并无意伤害他人，但只要在产品的常规使用过程中，发生了伤害，产品的供应者也必须承担相关的民事或刑事责任。这一基本原则实际上是要求，产品的供应者在设计和制造产品时，必须对常规使用过程中有可能发生的伤害做充分的评估，并在最大程度上采取可靠的防护措施。这种措施包括技术性措施，也包括警示性措施。麦当劳用来装热饮的杯子上的警语“小心：热饮烫口”，就是一个常见的例子。

（2）首先举证的责任在产品的供应方。若产品的使用者提出指控，因使用某产品而遭受伤害，他并不需要证明该伤害确实是由该产品造成的。相反地，被告的产品供应者必须设法证明，该伤害不是由其产品造成的。若产品的供应者无法证明这一点，则指控成立。在欧盟，上述的伤害并不局限于对人员的伤害，也包括对财产的伤害，乃至家畜的伤害。

2）企业自行检验

在了解上述两条产品责任法的基本原则之后，便可以较正确地理解欧美国家对于产品认证的管理政策，即在市场准入方面，给企业提供多重选择性；在市场监管和执法方面，采取从严处理的措施。关于中国出口欧美地区的大部分产品，如轻工产品、机电产品中的一部分，进入市场的合格检验原则上可以由企业自己执行。在这种情况下，产品进入市场后一旦发生产品责任，亦全部由企业自己承担。

一般而言，在企业可自检的产品范围内，是不存在任何法定合格标识的。但是，在欧盟，随着一系列 CE 指令的实施，玩具、灯具、家用电器、工业机械和信息产品的一部分自检类产品，在进入市场销售时，必须使用欧盟法定的 CE 标识。

3）自愿申请第三者认证

本着在市场准入方面给企业提供多重选择性的原则，欧美各国针对可自检类产品也认可一批专业认证机构，允许企业向这些认证机构申请产品的安全认证。企业选择第三者认证有三大好处。

（1）利用认证机构在产品法规和检验标准方面的专业性，确保产品检验的正确性和完整性，以避免检验不完整而带来的后顾之忧，包括避免买方或消费者借产品安全的理由人为地制造一些同务纠纷。

（2）在通过认证后，企业可以在产品上使用认证机构的认证标志，以此将自己的产品与同行的自检产品加以区分，增加买方的信任，提高市场的接受度。

（3）在产品进入市场后一旦发生产品责任问题，可以取得认证机构的技术支持和法律支持。这种自愿性的第三者认证制度，是机电产品范围内最常见的现象。以欧美最流行的两大认证标志为例，美国的 UL 和德国的 GS 都是这样一种自愿性的第三者认证。类似的例子还有英国的 BS、加拿大的 CSA、法国的 NF、意大利的 IMQ，等等。事实上，这种基于自愿原则的认证，由于买方的强烈要求和市场的接受度，已产生了一种商业活动意义上的强制性。没有 UL 标志的机电产品，几乎无法外销美国；没有 GS 标志的机电产品出口德国将困难重重。在欧盟，由于 CE 指令要求采用欧洲标准作为统一的检验标准，因此各国原有的认证机构也迅速地采用欧洲标准，作为自愿性认证的技术标准。所以，产品在通过认证机构的认证后，同时也符合了 CE 的要求，这样企业便可以在产品上同时使用法定的 CE 标识和认证机构的认证标志。

4）强制性第三者认证

在欧美，强制性第三者认证主要适用于高风险产品范围，如医疗器械、承压设备、爆炸性产品、人员运输设备、金属切割机械、食品及药品等直接关系到人身安全的产品。在很长一段时间内，这类产品的上市许可程序，即使在一个国家内，也有很大的差别，也包括许多政府行为。欧盟的 CE 指令，提出了较符合现代经济发展和科技进步的认证管理方法。

（1）管理机构负责监督法规的执行情况，而将直接的测试和认证工作，授权给专业的认证机构执行。

（2）所有产品范围内，统一认证程序主要包括两个部分：第 1 部分是样品的技术检验，第 2 部分是生产时的质量保证体系认证。在欧洲，强制性第三者认证的范围正在逐步精简。在某些国家，强制性第三者认证的范围则仍较广泛，亦涵盖家用电器和信息产品等。俄罗斯的 GOST – R 认证和中国的 CCC 标志就是这样的例子。

主要机电产品的认证标志见表 8 – 1。

表 8 – 1　主要机电产品认证标志

国家或地区	认证标志	适用范围
欧洲	CE E – Mark Key – Mark ENEC	CE 指令清单中强制要求的产品 汽车、摩托车产品 家电产品 电器零部件

续表

国家或地区	认证标志	适用范围
德国	VDE TUV MPRII ISO 9241 ECO BS LCIE IMQ KEMA S - Mark Nordic TCO GOST - R PCBC EZU MEEI	电器零部件 电器或机械零部件 计算机监视器的辐射要求 计算机监视器的人体工程学要求 计算机监视器的综合指标 英国安规认证 法国安规认证 意大利安规认证 荷兰安规认证 瑞士安规认证 北欧四国安规认证 瑞典计算机监视器标准 俄罗斯进口要求 波兰认证要求 捷克安规认证 匈牙利安规认证
北美和南美	UL CSA FCC NOM IRAM	美国保险业者实验室安规认证 加拿大安规认证 美国电磁干扰要求 墨西哥安规认证 阿根廷安规认证
亚太地区	K - Mark PSB	韩国安规认证 新加坡安规认证
	CCC	中国3C认证
非洲	SABS	南非安规认证

3. 信息安全

信息安全（Information Security）是指数据信息的完整性、可用性和保密性。信息安全问题一般会导致重大经济损失，或对国家的公共安全造成威胁。病毒、黑客攻击及其他的各种非授权侵入系统的行为都属于信息安全研究的重点问题。计算机网络在政治、经济、社会及文化等领域起着越来越大的作用，基于因特网的电子商务也迅速发展。信息安全如果得不到保障，将会给庞大的计算机网络造成巨大的损失。目前我国已形成国家公用网络、国家专用网络和企业网络三大类别的计算机网络系统，互联网已覆盖我国200多个城市，3 000多个政府数据库和10 000多个企业数据库，在网上自由传递的电子邮件等更是难以计数。信息安全问题已经成为我国信息化进程中比较突出而且亟待解决的难题。通俗地讲，信息安全是要保证信息的完整性、可用性和保密性。

1）信息安全的分类

目前的信息安全可以分为网络的安全、系统的安全及信息数据的安全3个层面。

（1）网络层安全问题的核心在于网络是否得到控制，也就是说，是不是任何一个IP地址来源的用户都能够进入网络。一旦危险的访问者进入企业网络，后果是不堪设想的。这就要求网络能够对来访者进行分析，判断来自这一 IP 地址的数据是否安全，以及是否会对本网络造成危害；同时还要求系统能自动将危险的来访者拒之门外，并对其进行自动记录，使其无法再次为害。

（2）系统层面的安全问题主要是病毒对于网络的威胁。病毒的危害已是人尽皆知了，它就像是暗藏在网络中的炸弹，系统随时都有可能遭到破坏而导致严重后果，甚至造成系统瘫痪。因此企业必须做到实时监测，随时查毒、杀毒，不能有丝毫的懈怠与疏忽。

（3）信息数据是安全问题的关键，其要求保证信息传输的完整性、保密性等。这一安全问题所涉及的是，使用系统中的资源和数据的用户是否是那些真正被授权的用户。这就要求系统能够对网络中流通的数据信息进行监测、记录，并对使用该系统信息数据的用户进行强有力的身份认证，以保证企业的信息安全。

目前，针对这 3 个层面而开发出的信息安全产品主要包括杀毒软件、防火墙、安全管理、认证授权及加密等。其中以杀毒软件和防火墙应用最为广泛。

2）信息安全标准和法规

根据《中华人民共和国计算机信息系统安全保护条例》和公安部《计算机信息系统安全专用产品检测和销售许可证管理办法》规定程序，我国信息安全产品实行销售许可证制度，由公安部计算机管理监察部门负责销售许可证的审批颁发工作和安全专用产品安全功能检测机构的审批工作。

信息安全的管理和评价实行分等级制度，GB 17859—1999《计算机信息系统安全保护等级划分准则》，就是中国在信息安全等级保护方面的强制性国家标准。GB 17859 规定了计算机系统安全保护能力的 5 个等级：第 1 级为用户自主保护级，第 2 级为系统审计保护级，第 3 级为安全标记保护级，第 4 级为结构化保护级，第 5 级为访问验证保护级。

国际信息安全等级标准的发展过程如图 8－2 所示。

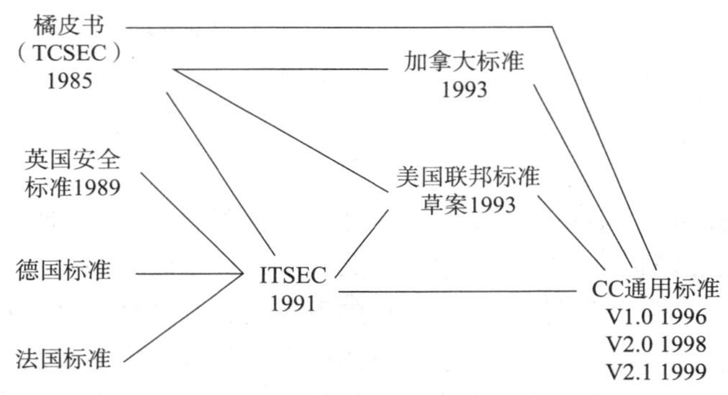

图 8－2　国际信息安全等级标准的发展过程

（1）TCSEC 标准。在 TCSEC 中，美国国防部按处理信息的等级和应采用的相应措施，将计算机安全从高到低分为 A、B、C、D 四类八个级别，共 27 条评估准则。其中，D 级为无保护级、C 级为自主保护级、B 级为强制保护级、A 级为验证保护级。随着安全等级的提高，系统的可信度随之增加，风险逐渐减少。

（2）通用准则 CC。CC 共包含 11 个安全功能类，见表 8－2。

表 8-2 通用准则 CC

类别	功能	类别	功能	类别	功能	类别	功能
FAU 类	安全审计	FDP 类	用户数据保护	FPR 类	隐秘	FTA 类	TOE 访问
FCO 类	通信	FIA 类	标识与鉴别	FPT 类	TFS 保护	FTP 类	可信信道/路径
FCS 类	密码支持	FMT 类	安全管理	FAU 类	资源利用		

安全保证要求部分提出的 7 个评估保证级别（EALs）和各评估标准之间的对应关系分别见表 8-3 和表 8-4。

表 8-3 7 个评估保证级别

级别	功能
EAL1	功能测试
EAL2	结构测试
EAL3	系统测试和检查
EAL4	系统设计、测试和复查
EAL5	半形式化设计和测试
EAL6	半形式化验证的设计和测试
EAL7	形式化验证的设计和测试

表 8-4 国际信息安全评估标准分级对应表

CC	TCSEC	ITSEC
—	D	E0
EAL1	—	—
EAL2	C1	E1
EAL3	C2	E2
EAL4	B1	E3
EAL5	B2	E4
EAL6	B3	E5
EAL7	A1	E6

4. 信息安全技术

信息安全主要采用防火墙技术、虚拟专有网、安全服务器、用户认证产品、电子签证机构、安全操作系统和安全管理中心。

1）防火墙

防火墙在某种意义上可以说是一种访问控制产品。它在内部网络与不安全的外部网络之间设置障碍，阻止外界对内部资源的非法访问，防止内部对外部的不安全访问。其主要技术有：包过滤技术、应用网关技术和代理服务技术。防火墙能够较为有效地防止黑客利用不安全的服务对内部网络进行攻击，并且能够实现数据流的监控、过滤、记录和报告功能，较好地隔断内部网络与外部网络的连接。但其本身可能存在安全问题，也可能会是一个潜在的瓶颈。

2）虚拟专有网

虚拟专有网 VPN 是在公共数据网络上，通过采用数据加密技术和访问控制技术，实现两个或多个可信内部网之间的互联。VPN 的构筑通常都要求采用具有加密功能的路由器或防火墙，以实现数据在公共信道上的可信传递。

3）安全服务器

安全服务器主要针对一个局域网内部信息存储、传输的安全保密问题，其实现功能包括对局域网资源的管理和控制、对局域网内用户的管理，以及局域网中所有安全相关事件的审计和跟踪。

4）用户认证产品

由于 IC 卡技术的日益成熟和完善，IC 卡被更为广泛地用于用户认证产品中，用来存储用户的个人私钥，并与其他技术如动态口令相结合，对用户身份进行有效的识别。同时，还可利用 IC 卡上的个人私钥与数字签名技术结合，实现数字签名机制。随着模式识别技术的发展，诸如指纹、视网膜及脸部特征等高级的身份识别技术也将投入应用，并与数字签名等现有技术结合，必将使得用户身份的认证和识别更趋完善。

5）电子签证机构

电子签证机构（CA）作为通信的第三方，为各种服务提供可信任的认证服务。CA 可向用户发行电子签证证书，为用户提供成员身份验证和密钥管理等功能。

6）安全操作系统

安全操作系统为系统中的关键服务器提供安全运行平台，构成安全 WWW 服务、安全 FTP 服务、安全 SMTP 服务等，并作为各类网络安全产品的坚实底座，确保这些安全产品的自身安全。

针对工业控制行业的信息安全技术，ISA 在 2004 年发布了对应的技术报告。

（1）ISATR 99. 00. 01—2004：Security Technologies for Manufacturing and Control Systems。

（2）ISATR 99. 00. 02—2004：Integrating Electronic Security into the Manufacturing and Control Systems Environment。

7）安全管理中心

由于网上的安全产品较多，且分布在不同的位置，这就需要建立一套集中管理的机制和设备，即安全管理中心。它用来给各网络安全设备分发密钥，监控网络安全设备的运行状态，负责收集网络安全设备的审计信息等。

8.1.2 可靠性

应用 DCS 时，安全可靠是头等重要的。如果一个控制系统失去了可靠性，其他一切优越性都是一句空话。对于连续运行的生产过程，可靠性就更为重要，一旦出现故障，其损失有时甚至大大超过 DCS 本身的价值。

提高系统可靠性最直接的方法是在系统总体设计时加入可靠性设计环节。可靠性设计是用于保证设计质量，即保证系统可靠性、系统性能、系统效率、系统安全等指标的设计。

可靠性设计一般包含如下内容：尽量有效利用先前的设计经验；尽量减少零部件数目；

尽量采用标准化产品；尽量从系统的基本部件着手，提高系统的MTBF；尽量提高零部件互换性；尽量使系统的检查、调试、零部件互换等操作方便易行；尽量采用冗余设计，使系统某一部件发生故障时能够自动切换；尽量采用多级操作，使系统某一部件发生故障时能够旁路或者降级使用；尽量采用故障诊断、系统运行状态监视、部件更换设计。

采用可靠性设计后，应能够实现：系统运行不受故障影响；系统不易发生故障；发生故障时应能够迅速排除。

安全性强调的是系统在承诺的正常工作条件或指明的故障情况下，不对财产和生命带来危害的性能。可靠性则侧重于考虑系统连续正常工作的能力。安全性注重于考虑系统故障的防范和处理措施，并不会为了连续工作而冒风险。可靠性高并不意味着安全性肯定高。安全性总是要依靠一些永恒的物理外力作为最后一道屏障，比如，重力不会因停电而消失，往往用于紧急情况下关闭设备。当然，在一些情况下，停机就意味着危险的降临，比如飞机发动机停止工作。在这种情况下，几乎可以认为可靠性就是安全性。

8.1.3 可操作性

可操作性指DCS所提供的操作环境能够被操作员接受，并且操作员能够根据所提供的信息对生产全过程进行操作。可操作性主要包括操作环境、操作功能和容错技术。

1. 操作环境

操作环境是操作员的工作场所，应本着能够保证操作员舒适工作的原则进行设计。操作员站的数据和状态信息要醒目、易辨认，报警等重要事件信息要能够引起操作员的注意，开关、切换等操作要简单易行，不能烦琐。

2. 操作功能

操作功能是指操作员对操作员站怎样实施操作，才能获得系统信息和完成操作命令。DCS的操作分为过程操作、组态操作和维修操作。过程操作的主要内容是对各个控制回路的操作和对各个控制点的操作。控制回路的操作包括控制方式、设定值、手动输出值、报警限值、控制器作用方式、调整参数等操作。控制点的操作包括对具有通断功能设备的开停、正反转、控制方式、联锁状态、报警限值等操作。组态操作是为系统、回路、报警、趋势等组态时进行的操作。组态操作有离线和在线两种。离线组态就是先组态、后运行的方式，可以保证在设备安装、装配的同时进行组态，不另外占用时间，缩短设备安装时间。在线组态就是在设备运行的同时，不影响正常生产的运行，在线修改回路结构和有关数据，对于已投入运转、需要小范围技术改造的系统特别适用。维修操作主要是指画面的调用，通过分级的画面显示，进行系统故障定位。

3. 容错技术

容错技术是指系统运行过程中，即便对系统进行了误操作，也不会对系统造成不良影响，系统仍能正常运行。这类容错措施主要包括多重确认、硬件保护、不予响应、分工管理、数据保护等。

8.1.4 实时性

由于操作员站和现场之间的信息传递需要通过通信网络完成，因此，要保证现场设备运行信息能够最快地到达操作员站和保证操作员发布的命令最快地到达现场执行机构，就必须要求 DCS 的通信网络具有极高的实时性，通常，DCS 通信网络的响应时间必须保证在几毫秒至几百毫秒。

8.1.5 环境适应性

环境适应性是指 DCS 对使用环境场所的适应能力，包括对环境场所的有害气体、温度、湿度等因素的适应能力，对环境中电磁干扰的适应能力，对生产过程本身性能变化的能力，以及对事故突发的适应能力。

工业现场常常存在高温、高湿度及有毒有害气体，即使操作室里也存在这些不良因素，因此，DCS 需要采取相应措施，提高环境适应能力。经常采取的措施包括：采用密闭的机柜结构、密闭的部件结构；采用低功耗的元器件，并且加大散热面积；采用风冷、水冷降温措施；减少接触部件，加大接触面积；采用薄膜式键盘，防止各种物体和液体进入；采用正压送风，防止有害气体侵蚀。

对于工业现场的电磁干扰，DCS 经常采用如下措施提高其适应能力：采用静电隔离和屏蔽措施；采用光电隔离、继电器隔离和变压器隔离措施；采用硬件滤波和软件滤波措施；采用不易受电磁干扰影响的通信媒体和通信控制；采用具有高抗干扰性的器件；尽量减少外部敷设电线、电缆。

随着设备的长期使用，生产设备的各部分也会发生物理和化学的微小变化，其结果会使工况发生变化，生产过程本身的性能也会随之发生变化，即过程模型具有时变性、不完全确定性。同时，过程特性也会随着负荷的变化呈现出非线性变化特性。上述过程本身性能的变化都会影响到 DCS 的正常运行，因此，在 DCS 中，经常配备自适应控制、专家系统、预测控制、最优控制等控制器，以提高系统的适应能力。

对于突发性事故，DCS 也需要具有适应能力。对于供电线路故障和通信网络故障，一般采用冗余供电线路和冗余通信网络方式，一旦检测到故障发生，则立即切换到备用线路和备用网络上，保证系统正常运行；对于插件板卡故障，如 I/O 板卡、CPU 板卡、通信板卡等故障，一般采用冗余备用方式，出现故障，立即带电切换到备用板卡上。

8.1.6 经济性

DCS 的经济性包括初期投资费用、维修费用和扩展投资费用。

8.1.7 可扩展性

由于 DCS 价格较贵，初期投资一般不会很大，只是建立一个平台。随着生产的发展，还需要进一步扩展。这就要求初期建立的 DCS 必须具有良好的可扩展性。系统的可扩展性主要表现为：DCS 的过程控制装置机柜是否有足够的空间可继续增加输入/输出卡件；通信网络是否能够方便地增加和删除设备；通信设备是否能够扩展延伸；是否能够与其他厂商的 DCS 互相连接。

8.2 DCS重要性能指标的设计

8.2.1 DCS的可靠性设计

可靠性是指机器、零件、系统在规定的工作条件下，在规定的时间内具有正常工作性能的能力。DCS的可靠性是指可修复的机器、零件、系统在使用中不发生故障，即便发生故障又容易修复，使之具有经常使用的性能。

8.2.1.1 DCS的可靠性

DCS的可靠性包含了可维修性，常采用可靠度、平均故障时间、发生故障的平均时间和故障率衡量可靠性。

1. 可靠度

可靠性（Reliability）是指机器零件、系统从开始工作起，在规定的适用条件下的工作周期内，达到所规定的性能，即无故障正常状态的概率。

2. 平均故障时间

平均故障时间（Mean Time Between Failures，MTBF）是指可以边修理边使用的机器、零件、系统，相邻故障期间的正常工作时间的平均值。

3. 发生故障的平均时间

发生故障的平均时间（Mean Time To Failure，MTTF）是指不能修理的机器、零件、系统，从工作至发生故障为止的工作时间的平均值，即不可修理产品的平均寿命。

4. 故障率

故障率（Failures Rate）：通常是指瞬时故障率。瞬时故障率是指能工作到某个时间的机器、零件、系统，在连续单位时间内发生故障的比例。故障率又称失效率、风险率。

DCS的可靠性是评估DCS的重要性能指标。通常，制造厂商提供的可靠度数据都是99.99%。由于可靠性指标具有统计特性，因此，在评估系统可靠性时，可以采用那些提高系统可靠性的措施来分析。

8.2.1.2 DCS可靠性设计准则

提高DCS的可靠性最为适用的措施就是可靠性设计。可靠性设计是一种完全新型的设计方法，是用于实现设计质量，即可靠性、性能、效率、安全、经济等项指标的设计。采用可靠性设计，就能够设计出在使用过程中不易发生故障，即使发生故障也容易修复的产品。

日本横河公司对DCS的可靠性设计提出了以下3个准则。

1. 系统运行不受故障影响的准则

系统运行不受故障影响的准则包括冗余设计和多级操作两方面的内容，冗余设计可以使系统某一部件发生故障时能自动切换，多级操作可以使系统某一部件发生故障时能够旁路或者降级使用。

2. 系统不易发生故障的准则

系统不易发生故障的准则是非常重要的可靠性设计准则，就是要从系统的基本部件着手，提高系统的 MTBF。

3. 迅速排除故障的准则

迅速排除故障的准则是一条很重要的维修性设计准则，包括故障诊断、系统运行状态监视、部件更换等设计，用于缩短系统的 MTTR。

8.2.1.3 DCS 硬件可靠性设计

要想提高 DCS 的整体可靠性，进行可靠性设计，需要按照可靠性设计的准则提高硬件可靠性。

1. 冗余结构设计

冗余结构设计可以保证系统运行时不受故障的影响，按照冗余部件、装置、系统的工作状态，可分为工作冗余和后备冗余两类。按照冗余度的不同，可分为双重化冗余和多重化冗余。

设计冗余结构的范围应与系统的可靠性要求、自动化水平以及经济性一起考虑。为了便于多级操作，实现分散控制、集中管理的目标，在冗余设计时，越是处于下层的部件、装置、系统，越需要冗余，而且冗余度也越高。

DCS 冗余设计一般需要考虑供电系统的冗余、过程控制装置的冗余、通信系统的冗余、操作员站的冗余。

1）供电系统的冗余

从系统外部供电时，采用双重化供电冗余是最常用的方法。冗余电源可以是另外一路交流供电电源，也可以是干电池、蓄电池、不间断电源。在 DCS 中，为了在发生供电故障时，系统数据仍然不会丢失，还要对 RAM 采用镉镍电池供电。对于自动化水平较高的大型 DCS 的冗余供电系统，也可采用多级并联供电。

2）过程控制装置的冗余

这一部分可分为装置冗余和 CPU 插板冗余两类。装置冗余通常用多重化（$n:1$）冗余方式，典型的 n 值可为 8～12，通过控制器指挥仪来协调。CPU 插板冗余常为多重化冗余，采用热后备方式。

3）通信系统的冗余

几乎所有 DCS 都采用双重化通信系统的冗余结构。过程控制装置和操作员站之间的数据通信根据网络的不同，可以是总线或环形拓扑结构。操作员站和上位机之间也存在数据通信。各站间和其他装置通过网间连接器或适配器进行数据通信。在 DCS 中存在数据通信的部位几乎无例外地采用了冗余结构。

4）操作员站的冗余

操作员站冗余常采用 2～3 台操作员站并联运行，组成双重化冗余或（2，3）表决系统冗余。各操作员站通常可以调用工艺过程的全部画面和数据信息，有些系统采用各操作员站分管工艺过程的一部分信息，当某一台操作员站发生故障时，再把该分管部分分配给工作的操作员站进行操作。

另外，对于 DCS 输入/输出信号的插卡部件、上位机，也可以组成冗余结构。

冗余设计是以投入相同的装置、部件为代价提高系统可靠性的。在实际设计选型时，应该根据工艺过程特点、自动化水平、系统可靠性要求，提出合理的冗余要求。同时，还要进

行经济分析和经济指标考虑。

2. 不易发生故障的硬件设计

一般来说，为提高系统使用寿命，主要从运动部件、接插卡件和元器件考虑硬件的设计和系统选型。

1）运动部件

由于机械运动部件的使用寿命要比电子元器件的使用寿命短，所以系统中使用的运动部件的寿命就成为衡量系统可靠性的指标。

2）接插卡件

接插卡件在DCS组成中所占比重较大，其可靠性会直接影响全系统的正常运行。接插卡件的可靠性设计，包括卡件本身的设计、卡件与卡件座的接触部件的设计。DCS中的接插卡件是在计算机控制的自动流水线上生产的，采用了波峰焊接、多层印制板、镀金处理等先进的制造工艺、可靠性测试和检验，提高了接插卡件的可靠性。

3）元器件

对元器件，包括机械和电子元器件，都应选用高性能、规格化、系列化的元器件，如大规模集成电路、超大规模集成电路、微处理器芯片、耐磨损传动器件等。对元器件要进行严格的预处理和筛选，按照可靠性标准检查全部元器件。

另外，还需采用电路优化设计方法，采用大规模和超大规模的集成电路芯片，尽可能减少焊接点，连接线优化布置、选用优化性能的元器件等电路优化设计，不仅能够提高系统的可靠性，防止和降低干扰的影响，而且可以降低成本，提高竞争能力。电路优化设计还包括使DCS具有多级控制系统的总体设计，这种总体设计可以使系统在发生局部故障时能够降级控制，直到手动控制。这类总体设计属于结构优化设计，也属于电路优化设计的一部分。

3. 迅速排除故障的硬件设计

为了能够迅速排除故障，减少MTTR，除需要具有足够的备品备件、不断提高维修人员技能以外，还需对DCS采用自诊断和实用的硬件措施设计。

1）自诊断设计

DCS的自诊断硬件设计是使系统在发生故障时，能够使标志位发生变化，并激励相应故障显示灯亮，DCS的自诊断软件设计，是能够将检测值与故障限值进行比较，并依据比较结果发出信号。

2）实用的硬件措施设计

实用的硬件措施设计主要是针对需要经常检修、更换的部件所采用的硬件设计措施，以及保证部件不易发生故障的硬件设计措施，这种硬件设计措施包括机械部件设计和电子线路的设计，对于需要经常检修和更换的部件，则采用接插卡件的机械设计。

8.2.1.4 DCS的软件可靠性设计

DCS的可靠性设计除了考虑硬件可靠性，还需要考虑提高其软件的可靠性。

1. 分散结构软件设计

将整体的软件结构分散成各子系统的设计，各自独立，共享资源。这种分散结构的软件设计既有利于设计工作的开展，也有利于软件工作的调试，如把整体设计分为控制器模块、历史数据模块、打印模块、报警模块、事件模块等子系统的软件设计。

2. 软件容错技术设计

软件设计中的容错技术，是指对误操作不予响应的软件设计。不予响应是指对于操作人员的误操作，如操作人员没有按照设计顺序操作时，软件不会按照这项操作去输出相应的操作指令，有的软件会根据误操作类别输出有关的操作出错的信息。

3. 采用标准化软件

采用标准化软件也可以提高软件运行的可靠性，避免许多软件运行问题。

8.2.2 DCS的实时性设计

DCS的实时性设计，即DCS的通信网络的实时性设计，通常从通信速率、媒体存取控制、减少无效通信量、实时控制的数据结构和多任务应用软件等方面考虑。

1. 通信速率

DCS中的控制运算、数据显示、信息管理各项任务都在各自的装置中完成，如分散过程控制装置、操作员站等。在通信网络上通信的信息主要是协调控制、集中控制和管理的信息，通信量并不算太大，但通信量不大并不说明对通信速率的要求就可以不高。从实时性出发，在控制过程中，通信的实时性表现为通信负荷的不确定性，即过程操作正常时，通信量少，一旦不正常，通信量反而增大，只有较高的通信速率才能满足实时性的要求。

2. 媒体存取控制

媒体存取控制是指节点在向通信媒体存信息或从通信媒体取信息时的控制规则。存取控制的总目的是保证通信能正确和快捷地运行。DCS常采用下面的措施提高存取控制的实时性：对于总线网络的主从式存取控制方式，可以采用请求选择法、点名探询法以及两者相结合的方法，如优先存取、周期探询及限定每次通信时间的方法；对于总线上挂接的各节点地位平等的系统，常采用时间片存取控制方式，为保证各节点的实时性，限制每个节点取得的时间片长度，限制总时间周期的长短；对于环形网络，不论是物理环还是逻辑环，都采用令牌存取控制，这种存取控制保证每节点都不会失去通信机会。再加上限制每站的通信时间可以设置优先级等，使通信的实时得到保证。采用总线的CSMA/CD存取控制方式时，由于在低、中负荷时，CSMA/CD存取控制具有较高的实时性，因此常采用降低节点数的方法。由于这种方式具有结构简单、价格低等优点，在DCS中也采用。

3. 减少无效通信量

在生产过程中，过程变量的变化通常较慢，而DCS的通信周期一般在几十、几百毫秒，这样，在两次通信间隔时间内，过程数据几乎不会发生变化，如果把这些毫无变化的过程数据一次次都传送，必定会加重通信负荷。例外报告是提高DCS实时性的有效途径，例外报告规定了过程变量有一个死区，当过程变量没有超过这个死区时，过程变量的数据不进行传送，而把上次传送的数据作为本次的传送结果，只有当变化量超过死区时，才把此时的过程变量数据进行传送，并把它作为新的基准比较值。采用例外报告明显减少了通信网络中的通信量，为实时性要求高的通信任务提供了通信媒体，从而提高了实时性。

4. 实时控制的数据结构和多任务应用软件

采用分布式数据库结构是提高实时性的一种方法。分布式数据库是一组数据，它在逻辑上属于同一系统，在物理上则分散在通信网络的不同节点上。由于在各节点建立了分布式数据库，在数据库内的数据可以为其他站共享，也可以作为自治的专用数据资源，这样就可大大减少在通信网络中传送的信息量，提高了实时性。采用多任务应用软件是提高实时性的另一种方法。根据任务对实时性的要求，DCS 把任务分为对实时性要求高的前台任务和对实时性要求低或者没有要求的后台任务。对前台任务采用中断方式或者依据时间调度程序进行任务的调度，对后台任务则采用顺序执行或采用先进先出的调度策略。

8.2.3 DCS 的抗干扰设计

由于多方面的原因，工业控制现场周围经常会有很强的电磁干扰。这些干扰信号主要来自传导、静电、电磁、信号线耦合、接地不妥和连接电势等。

（1）传导：DCS 和计算机的输入端，由于滤波二极管等元器件的特性变差，引入传导感应电势。

（2）静电：动力线路或者动力源产生电场，通过静电感应到信号线，引入干扰。

（3）电磁：在动力线周围的信号线，受电磁感应产生感应电势。

（4）信号线耦合：信号线因位置排列紧密，通过线间的耦合，感应电势并引入干扰。

（5）接地不妥：当两个或两个以上的接地点存在时，由于接地点电位不等或其他原因引入不同的电位差。

（6）连接电势：不同金属在不同的温度下产生热电势。

针对上述各类电磁干扰，DCS 经常采用屏蔽、滤波、接地、合理布线、选择电缆等措施。

采用电磁屏蔽和绞合线等方法可以减小电磁干扰的影响。绞合线可使感应到线上的干扰电压按绞合的节距相互抵消，使信号线端子间不出现干扰电压。与平行线相比，绞合线的干扰可降低约两个数量级。用金属管内敷设信号线的方法也可以抑制电磁干扰，与无电磁屏蔽的裸信号线相比，约可降低电磁感应干扰一个数量级。采用金属管接地还能降低静电感应干扰的影响。

动力线周围电磁场干扰和变压器等设备的漏磁，将对显示装置、磁记录和读出装置造成影响，使画面变形和色散、读写出错。甚至一个磁化杯的漏磁就足以影响画面并造成出错。因此，对含有磁性媒体的材料和动力线等都要采取屏蔽措施。

减小静电感应干扰的影响，可采用加大信号线与电源动力线之间的距离，尽可能不采用平行敷设的方法。必须平行敷设时，两者之间的距离应尽可能增大。当动力线负荷是250 V、50 A 时，信号线和补偿导线裸露敷设时，最小距离应大于 750 mm。穿管或在汇线槽内敷设时，最小距离应大于 450 mm。当动力线负荷是 440 V、200 A 时，相处的最小距离分别为 900 mm 和 600 mm。

采用以金属导体为屏蔽层的电缆可以使信号线与动力线之间的静电电容减至接近于零，从而抑制静电感应干扰。在对 DCS 的仪表信号线进行选择时，宜采用聚氯乙烯绝缘的双绞线与外层屏蔽为一组的多组电线。其外层还有屏蔽层和聚氯乙烯护套，因此有一定的强度并有良好的屏蔽作用。应该指出，屏蔽层应在一处接地。

为了防止电源布线引入噪声，DCS 的供电应通过分电盘与其他电源完全分隔，在布线中途，也不允许向系统外部设备供电。应尽量把信号线和动力线的接线端子分开，以防止由于高温高湿或者长期使用造成接线端子的绝缘性能下降，从而引入耦合干扰。

接地系统的设计在DCS的工程设计中占据重要地位。保护性接地是用于防止设备带电时，保护设备和人身安全所采用的接地措施。仪表盘、DCS购机柜、用电仪表的外壳、配电盘（箱）、金属接线盒、汇线槽、导线穿管及铠装电线的铠装层等应采用保护性接地。

为提高信号的抗干扰性能，信号回路的某一端接地的方法称为信号回路接地。采用信号回路接地的可以是热电偶的热端、pH计探针、电动Ⅲ型仪表的公共电源负端等。

对屏蔽的元器件、信号线，其屏蔽层接地称为屏蔽接地。凡是起屏蔽作用的屏蔽层、接线端子和金属外壳等的接地属于屏蔽接地的范围。

本安仪表必须按防爆要求及仪表制造厂商的有关规定进行本安仪表接地。本安仪表除了屏蔽接地外，还有安全栅的接地端子、架装和盘装仪表的接地端子、现场本安仪表的金属外壳、现场仪表盘等的接地。

DCS和计算机的信号有模拟和数字两类。因此，有模拟地和数字地之分。DCS的接地可按计算机接地的要求处理。对它们的接地方式和要求应根据制造厂商提供的有关技术资料和规定进行。

DCS的接地电阻为：直流电阻 $<1\ \Omega$；安全保护地电阻和交流工作地电阻 $<4\ \Omega$；防雷保护地电阻 $<10\ \Omega$。接地桩可采用四根 $\phi60$ mm、长1 000 mm的铜体，打入以400 mm为直径的圆心及圆周上等弧长的三点处，深度为地平面以下2 000 mm。用盐水灌入，待盐化稳定后使用。四根铜棒间用 $\phi30$ mm的多股铜线用铜焊焊牢。最后，用大于38 mm^2 截面的导线引到接地汇集铜排。

DCS的接地位置与其他系统的接地应分开，其间距应大于15 m。DCS的机架、机柜等外部设备若与地面绝缘，则应把框架的接地线接到接地汇集铜排。引线截面积应大于22 mm^2。若与地面不绝缘，则应另行接到三类接地位置，而不接到接地汇集铜排。

安装外部设备，如CRT操作台、逻辑电路板等时，数字地的接地线采用截面积大于22 mm^2的导线引到接地汇集铜排。电缆经中继站放大或经接线盒转接时，应用截面积大于0.5 mm^2 的铠装电缆把两侧电缆的屏蔽罩连在一起，当电缆外径大于10 mm时，连接用的电缆截面积应大于1.25 mm^2。

DCS输入/输出设备信号线的屏蔽接地点应尽量靠近输入/输出设备侧，可以与数字地的接地点连接在一起。对低电平的模拟输入信号线的屏蔽接地点应在检测现场接地，如通过保护套管接到金属设备的接地点。CPU到输入/输出设备的连接电缆屏蔽接地点应在PCU侧接地。当连接多台外部输入/输出设备时，采用串行连接方式。

安全保护地和交流工作地的接地线与电源线一起敷设，各机柜的安全地和电源地在配电盘接地汇集铜排处汇总并一点接地。系统信号线与直流地（逻辑地）一起敷设，在系统基准接地总线处一点接地。

8.2.4 环境适应性设计

环境变量是影响系统可靠性和安全性的重要因素，研究可靠性必须研究系统的环境适应性。通常纳入考虑的环境变量有温度、湿度、气压、振动、冲击、防尘、防水、防腐、防爆、抗共模干扰、抗差模干扰、电磁兼容性（EMC）及防雷击等。下面简单说明一下各种

环境变量对系统可靠性和安全性构成的威胁。

1. 温度

环境温度过高或过低，都会对系统的可靠性带来威胁。低温一般指低于0 ℃的温度。我国境内的最低温度为黑龙江漠河，－52.3 ℃。低温的危害有电子元器件参数变化、低温冷脆及低温凝固（如液晶的低温不可恢复性凝固）等。低温的严酷等级可分为－5 ℃、－15 ℃、－25 ℃、－40 ℃、－55 ℃、－65 ℃、－80 ℃等。高温一般指高于40 ℃以上的温度。我国境内的最高温度为吐鲁番，47.6 ℃。高温的危害有电子元器件性能破坏、高温变形及高温老化等。高温严酷等级可分为40 ℃、55 ℃、60 ℃、70 ℃、85 ℃、100 ℃、125 ℃、150 ℃、200 ℃等。温度变化还会带来精度的温度漂移。设备的温度指标有两个，工作环境温度和存储环境温度。

（1）工作环境温度：设备能正常工作时，其外壳以外的空气温度，如果设备装于机柜内，指机柜内空气温度。

（2）存储环境温度：指设备无损害保存的环境温度。对于PLC和DCS类设备，按照IEC 61131－2的要求，带外壳的设备，工作环境温度为5～40 ℃；无外壳的板卡类设备，其工作环境温度为5～55 ℃。而在IEC 60654－1：1993中，进一步将工作环境进行分类为：有空调场所为A级20～25 ℃，室内封闭场所为B级5～40 ℃，有掩蔽（但不封闭）场所为C级－25～55 ℃，露天场所为D级－50～40 ℃。关于温度，在一些文章中，也经常看到商业级、工业级和军用级三种等级，这些说法是元器件厂商的习惯用语，一般并无严格定义。通常，按元器件的工作环境温度，将元器件按下列温度范围分别划分等级（不同厂家的划分标准可能不同）：商业级0～70 ℃，工业级－40～85 ℃，军用级－55～125 ℃。关于工业控制系统的温度分级标准，可以参见IEC 60654－1：1993（对应国标GB/T 17214.1—1998——工业过程测量和控制装置的工作条件第1部分：气候条件）或ISA 71.01—1985——Environmental Conditions for Process Measurement and Control Systems：Temperature and Humidity。

2. 湿度

湿度包括工作环境湿度、存储环境湿度、混合比和相对湿度。

（1）工作环境湿度：设备能正常工作时，其外壳以外的空气湿度，如果设备装于机柜内，指机柜内空气湿度。

（2）存储环境湿度：指设备无损害保存的环境湿度。

（3）混合比：是水汽质量与同一容积中空气质量的比值。

（4）相对湿度：是空气中实际混合比（r）与同温度下空气的饱和混合比（r_s）之百分比。相对湿度的大小可以直接表示空气距离饱和的程度。在描述设备的相对湿度时，往往还附加一个条件——不凝结（Non－condensing），指的是不结露。因为当温度降低时，湿空气会饱和结露，所以不凝结实际上是对温度的附加要求。在空气中水汽含量和气压不变的条件下，当气温降低到使空气达到饱和时的那个温度称为露点温度，简称为露点。在气压不变的条件下，露点温度的高低只与空气中的水汽含量有关。水汽含量越多，露点温度越高，所以露点温度也是表示水汽含量多少的物理量。当空气处于未饱和状态时，其露点温度低于当时的气温；当空气达到饱和时，其露点温度就是当时的气温，由此可知，气温与露点温度之差，即温度露点差的大小也可以表示空气距离饱和的程度。

湿度对设备的影响有：

①相对湿度超过65%，就会在物体表面形成一层水膜，使绝缘劣化。

②金属在高湿度下腐蚀加快。

相对湿度的严酷等级可分为5%、10%、15%、50%、75%、85%、95%、100%等。关于工业控制系统的湿度分级标准，可以参见IEC 60654－1：1993（对应国标GB/T 17214.1—1998——工业过程测量和控制装置的工作条件第1部分：气候条件）或ISA 71.01—1985——Environmental Conditions for Process Measurement and Control Systems：Temperature and Humidity。

3. 气压

空气绝缘强度随气压降低而降低（海拔每升高100 m，气压降低1%），散热能力随气压降低而降低（海拔每升高100 m，元器件的温度上升0.2～1 ℃）。气压的严酷等级常用海拔表示，比如海拔3 000 m。一个标准大气压等于气温在0 ℃及标准重力加速度（g＝9.806 65）下760 mmHg所具有的压强，即一个大气压等于$1.359\ 51\times10^4\times9.806\ 65\times0.76=101\ 325$（Pa）。海拔每升高100 m，气压下降0.67 kPa。

4. 振动和冲击

振动（Vibration）是设备受连续交变的外力作用，可导致设备紧固件松动或疲劳断裂。设备安装在转动机械附近，即是典型的振动。DCS系统的振动要求标准主要是IEC 60654－3：1983《工业过程测量和控制装置的工作条件第3部分：机械影响》（等效国标为GB/T 17214.3—2000）。控制设备的振动分为低频振动（8～9 Hz）和高频振动（48～62 Hz）两种，严酷等级一般以加速度表示：0.1g、0.2g、0.5g、1g、2g、3g、5g。振动的位移幅度一般分0.35～15 mm等级。

冲击（Shock）是短时间的或一次性的施加外力。跌落就是典型的冲击。DCS系统的冲击要求标准也主要是由IEC 60654－3规定。冲击的严酷等级以自由跌落的高度来表示，一般分25 mm、50 mm、100 mm、250 mm、500 mm、1 000 mm、2 500 mm、5 000 mm和10 000 mm。

5. 防尘和防水

防尘和防水常用标准为IEC 60529（等同采用国家标准为GB 4208—1993）——外壳防护等级。其他标准有NEMA 250、UL 50和508、CSAC 22.2No.94－M91。上述标准规定了设备外壳的防护等级，包含两方面的内容：防固体异物进入和防水。IEC 60529采用IP（International Protection）编码代表防护等级，在IP字母后跟2位数字，第1位数字表示防固体异物的能力，第2位数字表示防水能力，如IP55。IEC 60529/IP编码含义见表8－5。各种防护标准等级简易对照见表8－6。

表8－5　IEC 60529/IP编码含义

第1位	含义	第2位	含义
0	无防护	0	无防护
1	防50 mm，手指可入	1	防垂滴
2	防12 mm，手指可入	2	防斜15°垂滴
3	防2.5 mm，手指可入	3	防淋，防与垂直线成60°以内淋水
4	防1 mm，手指可入	4	防溅，防任何方向可溅水

续表

第1位	含义	第2位	含义
5	防尘，尘入量不影响工作	5	防喷，防任何方向可喷水
6	尘密，无尘进入	6	防浪，防强海浪冲击
		7	防浸，在规定压力水中
		8	防潜，能长期潜水

表8-6 各类防护标准等级简易对照表

NEMA	UL	CSA	近似的 IEC 60529/IP
1	1	1	IP23
2	2	2	IP30
3	3	3	IP64
3R	3R	3R	IP32
4	4	4	IP66
4X	4X	4X	IP66
6	6	6	IP67
12	12	12	IP55
13	13	13	IP165

6. 防腐蚀

IEC 60654-4：1987将腐蚀环境分为了几个等级，主要根据硫化氢、二氧化硫、氯气、氟化氢、氨气、氧化氮、臭氧和三氯乙烯等腐蚀性气体，盐雾和油雾，固体腐蚀颗粒三大类腐蚀条件和其浓度进行分级。腐蚀性气体按种类和浓度分为四级：一级为工业清洁空气，二级为中等污染，三级为严重污染，四级为特殊情况。油雾按浓度分为四级：一级 <5 μg/kg干空气，二级 <50 μg/kg干空气，三级 <500 μg/kg干空气，四级 >500 μg/kg干空气。盐雾按距海岸线距离分为三级：一级为距海岸线0.5 km以外的陆地场所，二级为距海岸线0.5 km以内的陆地场所，三级为海上设备。固体腐蚀物未在IEC 60654-4：1987标准中分级，但该标准也叙述了固体腐蚀物腐蚀程度的组成因素，主要是空气湿度、出现频率或浓度、颗粒直径、运动速度、热导率、电导率及磁导率等。

上述规定可以参见IEC 654-4：1987（等效标准JB/T 9237.1—1999）《工业过程测量和控制装置的工作条件第4部分：腐蚀和浸蚀影响》。另外，ISA 71.04—1985——Environmental Conditions for Process Measurement and Control Systems：Airborne Contaminants也规定了腐蚀条件分级。

7. 防爆

在石油化工和采矿等行业中，防爆是设计控制系统时关键安全功能要求。每个国家和地区都授权权威的第三方机构，制定防爆标准，并对申请在易燃易爆场所使用的仪表进行测试和认证。美国的电气设备防爆法规，在国家电气代码（National Electric Code，NEC，由NFPA负责发布）中，最重要的条款代码为NEC 500和NEC 505，属于各州法定的要求，以此为基础，美国各防爆标准的制定机构发布了相应的测试和技术标准，这些机构主要有国家防火协会（National Fire Protection Association，NFPA）、保险业者实验室（Underwriters Laboratories，UL）、工厂联研会（Factory Mutual，FM）和美国仪表协会（Instrumentation Systems and Automation Society，ISAS）。不过多数产品都选择通过 UL 或 FM 的认证。加拿大防爆标准的制定机构主要是加拿大标准协会（Canadian Standards Association，CSA）。

在欧洲，相应的标准由欧洲电工标准委员会（CENELEC）制定。国际标准中，主要遵循 IEC 60079 系列标准。在中国，国家制定了防爆要求的强制性标准，即 GB 3836 系列标准。检验机构主要是国家级仪表防爆安全监督检验站（National Supervision and Inspection Center for Explosion Protection and Safety of Instrumentation，NEPSI），设在上海自动化仪表所。各类防爆标准近似对应表见表 8－7。

表 8－7　各类防爆标准近似对应表

标准类型	欧洲标准	IEC 标准	FM 标准	UL 标准	ANSI/ISA	CSA 标准	中国标准
总则	EN 50014	IEC 60079－0	FM 3600 FM 3810		ANSI/ ISAS 2. 0. 01	CSA 79－0－95	GB 3836. 1
充油型	EN 50015	IEC 60079－6		UL 2279， Pt. 6	ANSI/ ISAS 12. 26. 01	CSA 79－E79－6	GB 3836. 6
正压型	EN 50016	IEC 60079－2	FM 3620	NFPA 496		CSA 79－E79－2	GB 3836. 5
充砂型	EN 50017	IEC 60079－5		UL 2279， Pt. 5	ANSI/ ISAS 12. 25. 01	CSA 79－E79－5	GB 3836. 7
隔爆型	EN 50018	IEC 60079－1	FM 3615	UL 2279， Pt. 1 UL 1203	ANSI/ ISAS 12. 22. 01	CSA 79－E79－1	GB 3836. 2
增安型	EN 50019	IEC 60079－7		UL 2279， Pt. 7	ANSI/ ISAS 12. 16. 01	CSA 79－E79－7	GB 3836. 3
本安型	EN 50020 EN 50039	IEC 60079－11	FM 3610	UL 2279， Pt. 11 UL 913	pr ANSI/ ISAS 12. 02. 01	CSA 79－E79－11	GB 3836. 4
无火花型	EN 50021	IEC 60079－15	FM 3611	UL 2279， Pt. 15	prANSI/ ISAS 12. 12. 01	CSA 79－E79－15	GB 3836. 8
浇封型	EN 50028	IEC 60079－18		UL 2279， Pt. 18	ANSI/ ISAS 12. 23. 01	CSA 79－E79－18	GB 3836. 9

下面以 GB 3836 为例，简要介绍一下防爆的分类、等级和标记。

（1）场所分为 3 类，Ⅰ类为表示甲烷等气体的煤矿井下，Ⅱ类表示各种易燃易爆气体的工业场所，Ⅲ类表示有易燃易爆粉尘的场所。

（2）易爆等级分类（可燃物类型）。按易爆物质类型，其中Ⅰ类不再细分，Ⅱ类细分为 A、B、C 三级，Ⅲ类细分为 A、B 两级，A、B、C 三级依次变得易引爆。

（3）温度分类。环境温度不一样，易爆程度也不同。Ⅰ、Ⅱ类分为 6 个级别：T1（300 ~ 450 ℃）、T2（200 ~ 300 ℃）、T3（135 ~ 200 ℃）、T4（100 ~ 135 ℃）、T5（85 ~ 100 ℃）和 T6（低于 85 ℃）。Ⅲ类分为三个级别：T1 - 1（200 ~ 270 ℃）、T1 - 2（140 ~ 200 ℃）和 T1 - 3（低于 140 ℃）

（4）类型标记符号。仪表和系统可以采用多种技术原理实现防爆功能，每种技术原理类型采用一个英文字符表示，如隔爆型"d"、冲油型"o"、正压型"p"、增安型"e"、冲砂型"q"、浇封型"m"、本安型"i"、火花型"n"、气密型"h"。其中增安型是在隔爆型的基础上再加上无火花设计形成的；本安型又分为 ia 和 ib 两级，ia 安全系数更大。

（5）防爆仪表的标识。按"原理类型标记符号、场所类型、温度等级"的顺序，将上述的分类代号连成一串，组成防爆仪表的完整标识，如 dⅡBT3，表示隔爆型仪表，可用于乙烯环境中，其表面温度不超过 200 ℃；iaⅡAT5，表示本安 ia 型，可用于乙炔、汽油环境中，表面温度不超过 100 ℃。

在实际应用中，本安（Intrinsic Safety）型仪表或安全栅（Intrinsic Safety Barrier）是最常见的选择。

8.3 DCS 的评估

目前，正在推广使用的 DCS 种类繁多，为了能够选用符合要求的 DCS，首先需要对典型系统进行性能评估，以便提出选型方案。

DCS 的性能评估应考虑多种因素，首先要达到过程控制与管理的实际要求，包括技术、使用等方面；其次要考虑系统的价格问题。DCS 的评估要素见表 8 - 8。

表 8 - 8　DCS 评估要素

项目	评估要素
软件硬件技术性能	（1）软件、硬件的技术是否成熟，是否有实际使用的经验； （2）软件、硬件能否满足本工程监视、控制、保护、报警和记录等功能的实际需要； （3）输入/输出通道、数据精度、系统响应速度等能否满足运行要求； （4）应用软件功能是否强，软件包开发是否得到强有力支持； （5）软件和硬件的可靠性是否高，稳定性是否好，系统是否可扩展； （6）系统通信能力是否强（与其他系统兼容），人 - 机联系是否方便； （7）控制系统中哪些属先进技术、不成熟技术或落后技术
制造厂售后服务	（1）能否提供完整而详细的技术资料； （2）控制系统的配套性是否好； （3）备品备件供应是否充足； （4）能否提供现场安装、调试服务，提供调试数据； （5）对操作运行人员和维修人员提供技术培训
投资费用	（1）硬件和软件的报价； （2）特殊仪表的报价； （3）系统辅助设备费用； （4）近期投资与远期厂区联网的投资费用； （5）资料和培训费用

续表

项目	评估要素
设计工期	（1）资料提供的透明度； （2）有无使用经验和借鉴资料； （3）施工图设计深度； （4）工期管理的可预见性

由于有些要素相互矛盾，如技术成熟与技术创新、性能与价格问题等，要正确评估一个控制系统的性能是比较困难的。目前，对 DCS 的评估与选型还没有统一的标准。

8.4　DCS 的选型

DCS 选型时，首先要确定是选用成型的 DCS 产品，还是采用 PLC 搭建 DCS。在控制回路比较多，模拟量的采集量比较大时，尤其是在热电偶、热电阻的采集量比较多的情况下，应该选用成型的 DCS 产品。如果都是逻辑控制，则应该选用 PLC 搭建 DCS。

另外也可根据投资预算决定。如果投资预算比较充分，就可以决定采用成型的 DCS 产品，因为 DCS 不仅在完成模拟量控制方面比较擅长，而且 DCS 的输入卡件与某些 PLC 的热电阻输入模块相比，价位上基本相近；另外从调试的角度来看，PLC 的小信号输入卡没有 DCS 的好用，调试时还容易损坏。

确定了选用成型的 DCS 产品后，还要选择具体什么型号的产品，一般需要考虑以下因素。

（1）随着 DCS 的使用越来越广泛，DCS 的软件、硬件逐渐由专用型向通用型发展。从长远观点来看，选用新型系统更为有利。一方面，新型系统价格要相对低一些；另一方面，将来备品备件也比较容易买到，维护费用也会相对降低。另外，从将来系统集成的趋势来看，多家厂商的集成产品共存于同一个系统中的可能性越来越大，如果选用较新型的系统，系统的开放性会更好，会有利于将来不同品牌的系统嵌入。

（2）选型时，应该针对所应用的行业、领域的具体实际来决定，因为不同的工艺过程会有一些特殊要求。比如，电厂 DCS 一般要求有电调设备（DEH）和事件顺序记录（SoE）；石化企业是闭环系统应用最多的行业，生产要求比较平稳，选择性控制、串级控制等用得较多；水泥行业、冶金行业等开关量多，开关量与模拟量之比大约是 6∶1，且纯滞后环节比较多，有时还需要控制补偿等。

（3）根据工艺流程当前需要的输入/输出点数，以及将来生产规模扩大以后系统扩容所能达到的最大规模，选择规模相匹配的 DCS 产品。

（4）认真考察 DCS 产品的开放性和兼容性，尽量选择开放性较好的产品，这样构造出来的 DCS，可与系统原有的智能仪表、PLC 等互联通信，将来也可与其他的集成系统共同兼容。

（5）认真考察 DCS 产品的编程组态环境，尽量选择各种先进控制算法皆能够使用且容易编程实现的产品。

目前，我国 DCS 的应用正处在发展势头，对其选型应根据厂家提供的资料和报价进行对比、分析、评估与筛选。按照工程条件与运行要求，确定设备的技术条件，提出选型意

见。对重要的设备，应进行议标、招标工作，以降低工程造价，并提高工程质量。

8.4.1 DCS 的选型问题

工艺流程确定以后，即可确定控制系统的被控制对象，控制系统的选用就成为重要问题。一般根据项目规模和投资预算来考虑，项目规模对于控制系统来说就是输入/输出的点数和所要达到的控制性能。如果仅实现 PID 为基础的常规控制呢？还是要达到模型控制呢？这两者在资金上和人力上相差很远。以数字技术为基础的 DCS 和早期的模拟仪表组成的控制系统，从工程项目的实施来看，本质差别不大，主要考虑项目规模和投资预算，DCS 与模拟仪表相比更为复杂，技术性能要求更高，除控制硬件外，还涉及通信协议、监控软件、与其相连的数据存储等。新系统出现以后，与互联网的 Web 技术结合在一起，还涉及工业连接软件和优化控制软件，实时数据库、与工厂关系数据库的连接，传统 DCS、PLC 的互操作等问题。

8.4.2 按投资预算确定控制系统

首先确定选用 DCS 还是 PLC。因为两者虽然有一些差别，但都能完成控制功能。如果控制回路比较多，模拟量的采集量比较大时，尤其是热电阻、热电偶的采集量比较多的情况下，应该选用 DCS。如果都是逻辑控制，应该选用 PLC。介于两者之间，按投资预算决定。若投资预算比较充分，就可以决定采用 DCS。因为 DCS 不仅在完成模拟量控制方面比较擅长，而且有几种 PLC，经现场使用证明，它们热电阻的输入模块和 DCS 输入模块的价格基本一样，从调试的角度来看，PLC 的小信号输入卡没有 DCS 的好用，有时在调试时还容易损坏。如果决定选用 DCS，采用何种型号的 DCS，应该从以下几个方面来考虑。

（1）目前，正是新老系统交接的时期，DCS 的软件、硬件正在由专用走向通用，有的系统原来在我国应用很普遍，但现在面临完成历史使命的阶段。

我国的信息比发达国家要落后一些，由于使用上的惯性，容易选用濒于淘汰的系统。选用比较新型的系统，一是价格比老系统低，二是以后的备品比较好买，维护费用会大幅度下降。与其他系统的互联不仅容易，而且互联的费用也低。系统集成已经成为未来十几年的发展趋势。国外许多大公司，如 ABB、GE、东芝等，都在做系统集成。在以后的日子里，像原来一样用一家厂商的产品完成整个控制任务，甚至连 MIS 系统也由一家厂商完成的情况越来越少。无论从投资来看，还是从系统质量来看，原来那种做法都不是十分合理的，只是计算机技术发展的一个阶段。

（2）从理论上来讲，传统 DCS 可以用于不同的工艺过程，它是通用的控制设备。不过，DCS 的制造厂家可能对某一领域比较专长，虽然其他领域也可以使用，但不如专长的领域。例如，Honeywell 公司的 TDC2000、TDC3000、TPS 和 PKS 系统，横河仪表公司的 CS1000、CS3000 系统主要用于石化部门。因为石化行业的闭环控制回路比较多，这两家公司的产品有些类似，在模拟量控制方面比较方便。模拟量控制和开关量控制是完全分开的，它们在开关量的控制方面不像其他 DCS 来得方便。Honeywell 公司虽然有自己的 PLC，但它的 PLC 指标与常用的 PLC 又有些区别，也没有常用的 PLC 好用。

Bailey 公司的 N90、INFI90 系统，西屋的 WDPF Ⅰ、WDPF Ⅱ、Ovation 系统主要用于电力系统。化工行业也有应用上述两个公司的系统的，从使用的结果来看，不像在电力行业那样理想。这两个系统在模拟量和开关量的结合方面做得比较好。Ovation 系统是新型的软 DCS，也是现在销售情况最好的系统之一。

Fisher－Rosmount 公司的 Provox、RS3 大多用于化工系统。Provox 和 RS3 系统的批量、配方等很有特色，现在正在做迁移改造，可以迁移到 DeltaV 系统。

经济性是特别重要的，应该从 DCS 本身价格和预计所创效益角度考虑。DCS 有国产的和进口的，对相同档次而言，进口的控制功能强一些。进口 DCS 产品有一些先进的控制算法，如 Smith 预估、三维矩阵运算等，还有因为它们销售的时间比较长，软件保证体系要完善一些。国产 DCS 价格要比进口的低很多，但也能满足基本技术要求。另外，国产 DCS 开发比较晚，已经结合了一些先进的技术，某些技术比国外的还先进一些，如以太网的应用、以导航式的嵌入式 PC 为基础的控制器和已有的现场总线接口等。从结构上来看，由于我国的系统比先进国家要晚推出 20 年，所以我国的 DCS 比某些进口的 DCS 还要合理一些。

国外传统 DCS 的控制器各厂家差别不太大，控制器的预置算法稍有差别，控制器与 I/O 板的连接方式也有所不同。而操作员站和通信网络的区别较大，有以 PC 为基础的，有以小型机为基础的，小型机为主机的操作员站的操作系统一般选用 UNIX 类的，如 Solaris 操作系统。以小型机为基础的价格要比以 PC 为基础的高很多，进口小型机操作员站的价格要高于 4 万美元，而且许多机型已经停产（如 DEC 公司的 VAX 机和 ALPHA 机）。以 PC 为基础的操作员站不到 3 万美元，它的操作系统采用 NT，其稳定性虽没有 UNIX 好，但作为操作员站使用也是没有问题的。小型机的接口采用 SCSI，传输速率在理论上是串行的 20 倍之多。以 NT 操作系统作为操作员站的，如果采用串行连接，点数（标签数）会少一些，这与硬件配置有关，有时由于硬件与软件配合不好，会频繁死机。国产的 PC 更要便宜得多，采用 PC 操作员站，可以采用最新的机型，最新的监控软件，它与计算机技术的发展基本是同步的，现场技术人员对软件的安装、调试、联网和开发也要熟悉得多。监控软件有专用的也可以用通用的，通用的监控软件开放性能较好，它能在以太网中采用 DDE 或 OPC 方式交换数据。专用的监控软件由于它的脚本不丰富，不能与第三方的设备连接，所以目前快要退出市场，但是它还有它的优点，比如病毒、黑客难以侵入。DCS 的操作员站，原来是作为整个系统卖给用户的，这样在用户中形成一个概念，DCS 一定是整体出售的。其实，PLC 是作为设备供应的，所以系统一定是可以集成的。

现在传统 DCS 即将退出市场，新型系统可以是集成的，也可以由 DCS 厂家作为系统供应。对于集成系统，可以采用通用的操作员站，控制器有许多接口与 PLC、Web 连用，用户可以通过过程公司集成，用户应按照项目的规模大小和预算资金来选择使用。由于有通用的监控软件，符合 IEC 61131－3 标准的编程软件，可以选用嵌入式系统或软 DCS，使集成的控制系统有可能达到最高的价格/性能比。

系统规模主要由系统的输入/输出点数确定。其中包括联锁、特殊控制要求所需的输入/输出点数。选择 DCS 的不同型号，如采用进口还是国产的，由资金确定。还有一条就是维护的工作量，有的 DCS 除操作员站需要维护外，控制部分基本不需维护。

（3）传统 DCS 比 PLC 贵的原因，除了冗余配置控制器和通信网络的专用接口外，还有控制器中预置算法的开发费用和它的电源系统，通常控制器采用冗余供电，电源的引入、散

热和接地电阻要求很高也是重要原因，并且各种 DCS 在这方面差别也比较大。

在选型时，考虑是否需要冗余。把控制器和操作员站连成一个系统的通信网络也要考虑，传统 DCS 的通信网络是冗余的，节点之间的距离与 DCS 网络的总长度和各节点的地理配置有关。传统 DCS 的网络是专用的，但安全性能好。如果采用通用的以太网，则网卡等价格很低，而专用的网络接口很贵，最贵的可以达到 2.7 万美元。

经济性与很多因素有关，20 世纪 80 年代，有些 DCS 厂商把价格降了下来，实际上是卖方改变了一些结构。这样买方缺少对系统整体的了解，选用以后，买方在使用上可能会有不太恰当的地方，结果后患无穷，操作员站频繁死机（一小时内死机达 4 次之多），甚至有的功能没有。弃之可惜，又不实用。

（4）工程承包方的技术力量，也就是承包方对哪一个工艺过程和哪一种 DCS 比较熟悉。如经常做化工控制系统的承包商来做轧钢的控制系统，由于他对活套的控制、卷曲的控制和张力的控制等就不太熟悉，因此做的工程不很理想。如果承包方对 DCS 本身不熟悉，控制器接受的 I/O 点数过多时，操作员站的台数就要增加。如果不增加台数，操作员站的容量太满，也使操作员站产生死机的可能性增加。不少工厂都购买了不同厂家的 DCS，由于传统 DCS 的封闭性能，连网时，不仅增加工作量，而且资金增加很多。此时更要选择技术力量比较强的单位作为总体方案，而具体编程或组态可以分别完成。不宜选择某一个国外 DCS 厂商作为总承包商，因为 DCS 厂商对于连网、优化等并不熟悉，外国的技术人员也不可能大批来我国服务，也不熟悉我们的应用情况，更不可能什么系统都很清楚，所以具体实施还是由我们国内的技术人员操作比较好。

如果采用进口的 DCS，可以得到国外的一些开发工业连接软件公司的技术支持，能把系统做得好一些，而且我国技术人员也可得到提高。虽然我国的技术与外国相比，还有一定的距离，但国内技术人员对国内的情况比较了解，在国外大公司的支持下，完成自己的任务，做的工程会达到最好的性能。

（5）售后服务问题。国外厂商通常情况下存在配品、备件供应价格高，且不能及时提供的问题。在招标时，各厂商为了压低价格，会使 DCS 的利润比较低，然后主要从配品、备件中得到补偿。

DCS 用户应选择厂商实力雄厚的、技术力量强的、境内技术支持好的厂家。计算机技术发展很快，DCS 厂家也会不断更新它的产品，新旧产品兼容性要好才行，个别厂家新旧系统不兼容，系统升级时将会造成很大损失。国内的 DCS 厂家配品、备件供应比较及时，售后服务方面做得比较好，也可选用。另外，许多第三方厂家也已经开发出了许多价廉物美的产品，用户也可以选用，没有必要拿住“正宗”不放。以后的十几年时间很可能是以系统集成和系统改造为主，更加没有正宗一说。

（6）关于 DCS 的技术先进性，是指系统采用了经过验证的最新技术，并有发展前途和生命力。

计算机技术发展很快，而 DCS 发展相对稳定，这就涉及新技术的应用问题。如 DCS 的开放和互联，加操作密级和防火墙的应用，第三方软、硬件的支持等。这里要注意的一点是：有些国外厂家为了抢占市场，也会把一些不太成熟的产品推到第三世界，这是经常发生的事情。例如，五六年前 DCS 缺少小型系统，有些厂家把不太成熟的小型系统推到用户，结果几百套系统都已经陆续提前退役。虽然退役的原因是多种多样的，但至少和售后服务做得不太好有关。还如，早在 1983 年，某国外公司销售的 DCS，该产品的控制器在电源出现故障并复电后，控制器的输出是任意的，没有设计控制输出跟踪等问题。此时阀门的位置是不定的，重新上电以后，阀门就很危险。这种产品本应该不出厂，但还是在市场上出售，结果单位购买了该 DCS 基本上没有得到运行。换句话说，有一些产品在市场上销售时间比较短，有的问题并没有发现，存在问题较多。

综上所述，选型不但要考虑项目规模和投资预算，还要考虑一系列其他的因素。选型是否恰当往往从一开始就决定了该系统今后的命运，特别是大型系统，投资在 1 000 万元以上，更应慎重考虑。一个 DCS 寿命可以在 15 年以上，如果只运行 5 ~6 年就更换系统，会增加工厂产品的运营成本。

8.4.3 按输入/输出点数确定操作员站、控制器的型号和数量

1. 控制器和处理 I/O 点数的能力

一个系统，首先要决定采用多少个控制器和多少台人机界面。在控制系统组成方面，回路控制器组成的系统是比较单一的，它提供的 I/O 点数是确定的，它的 I/O 点和回路数目也是确定的（有现场总线连在控制器上除外）。其他无论是 DCS，还是 PLC，确定购买哪一家的产品以后，就需要确定 PLC 或 DCS 的型号，究竟需要购买多少台控制器、一个控制器需要配置多少块 I/O 卡，这个问题对于最终用户来说是非常重要的。等台数确定以后，现场 I/O点数与 PLC、DCS 控制器的点数如何匹配呢？这个问题我国用户付出了很高的代价。20 世纪 90 年代以前，如果购买 DCS，系统配置都是由外国公司做的，我国用户只提出 I/O 点数、控制回路数和一些控制要求。由于当时我国技术人员对于这些设备不是十分熟悉，最终用户对系统的配置考虑得也不多。有的资金雄厚的单位，由国外公司配置系统，安装运行后，发现控制器的台数和操作员站的数目与其他相同规模的系统相比，大约要多出 30% ~ 40% 。这样单位就要多付 30% ~40% 的费用，这种情况我国西部发生较多。不过，这样的系统也有一个优点，由于控制器的负荷比较轻，系统故障率相对比较低。

2. 硬件组态和软件组态

DCS、PLC 的型号确定以后，计算各种类型 I/O 的卡件数，这称为硬件（或称为硬件配置）组态。硬件组态有三方面的考虑：

（1）首先是与控制器位置有关的 I/O 设备的位置的确定。许多系统提供远程和本地 I/O 配置。尽管本地 I/O 系统具有系统硬件集中的优点，但考虑到安装布线费用时，远程 I/O 体系就有优势了。

（2）本地 I/O 或远程 I/O 选定以后，就要选择模块的型号。通常不会只要一种型号的 I/O 模块。

（3）选定使用的模块型号后，计算出每种型号的 I/O 模块数量。根据应用中所用的现场传感器、控制设备的工作原理和电压幅值来划分统计。根据（输入/输出）功能、电压、工作原理，统计接口模块的数量。

完成硬件组态后开始软件组态，即 DCS 采用功能组态，PLC 编制梯形图，现场安装和调试后，才使系统很好地运转起来。但这里存在一个问题，即怎样配置系统才能很好地运转呢？

3. 其他需要考虑的问题

前面介绍的是I/O模块的数量，另外还有一个问题就是控制器逻辑程序所用处理机内存容量，最后还要考虑处理机的指令系统。

由于DCS主要考虑模拟量的处理问题，占有的处理机的内存容量更多，控制器I/O点数的配置比PLC要复杂。

对于DCS也遇到类似PLC的情况，所以选型确定以后还必须确定点数余量的问题。根据经验，假设实际有100个I/O点，应该选用能识别300～400点I/O的控制器，这样，存储器的容量才够用。再确定选用能连接多少I/O的PLC或DCS的控制器，因为说明书中标的是该机器的最大的能力。实现说明书上的能力，是牺牲其他的功能来完成的，甚至是控制器什么工作都不做，CPU只是运转输入/输出，不考虑中间变量，才能有那么多的I/O点数。

假设一台DCS控制器能连接64块I/O卡，在实际连接时，连接20多块I/O卡是合适的，每一块卡分别是8路或16路。如果都是开关量时，块数可以适当多一些，是模拟量时，块数要少一些。

另一个问题是，如果一台DCS的控制器能完成120个PID控制回路的任务，在组态时，最好做40多个回路，再加上部分开关量和模拟量的采集，控制器才能正常运转。一定不要做得太满，太满了不仅影响控制器的运行，还影响DCS通信网络的工作。

一个系统需要用到多台控制器，各台控制器做硬件组态时，相互之间的负载要平衡，输入/输出点数要相当。而各台控制器究竟需要组态的PID回路数量并不太重要，只是I/O的点数大约是最大能力的30%～40%。如果两台控制器输入/输出点数都没有超出合理范围，但是数量相差太大，比如一台是1 000多点，而另一台只有100多点，这时的通信网络工作就不太正常。

4. I/O点数

产品说明书中宣传的控制器读取的I/O能力越大，留的余量就应该越大。如有的系统宣布一台控制器有12 000点的I/O能力，或有5 000点的I/O能力，实际用的I/O点不能超过1/3，甚至还要少得多。如一个300 MW的电厂，大约有3 000多I/O点，如果采用有12 000点的能力的系统，是不是一台控制器就够了呢？答案是否定的，一定会用到5台以上的控制器，每一台控制器不会超过1 000个I/O点，否则，系统就运转不好。应该注意的是，在使用每一块卡件时，如8通道的输入卡，还需要留出1～2个通道，16路的输入卡，要留出2～3个通道，以便在调试时，更换通道时使用。尤其是热电阻或热电偶卡，每一块一定要留出富余的通道，小信号的模拟量通道更容易损坏，调试时更要小心。厂家会给出一台控制器推荐的I/O点数，根据这个点数，再留出余量，而不是一台控制器能识别的I/O能力。

5. 操作员站和标签量

传统DCS的操作员站读取的I/O点数是有很严格的规定的。比如500、1 500、3 000、10 000或30 000点，与显示的标签量有关的因素有：

（1）操作员站主机CPU的运算速度。

（2）操作员站主机存储器容量的大小。

（3）主机与DCS网络接口的连接方式（有串行和SCSI之分）。

（4）监控软件所能接收的I/O点数，按产品说明书做操作员站组态。

根据操作员站能显示的标签数量，决定操作员站的台数。新型系统由于主机 CPU 的运算速度和存储容量都能满足要求，标签量已经可以做得很大，几万个标签都可以做到。

6. 关于控制系统的网络层次

20 世纪 80 年代的传统 DCS 网络只有一级或两级。一级是连接控制器和人机界面的通信网络。有的系统将按照所完成的控制任务分成完成闭环控制任务的控制器、完成数据采集的控制器和完成逻辑控制任务的控制器，在控制器之间用通信网络连接起来，这样就构成了两级网络。

到 20 世纪 90 年代，为了能把生产过程的现场数据送到以太网，与 MIS 系统连接起来，又增加了网关，从而增加了网络层次。网络层次的增加，使得为了通信而增加专用的接口，有一层网络只是为了读取数据，对控制没有什么贡献，并且由于使用接口，产生瓶颈，使通信效率降低。

新型系统的控制器能直接上以太网，所以网络的层次比较少，系统的价格会比较低。在做系统集成时，选用接口比较多的控制器，如以太网、Modbus 协议、RS－232C 或 RS－485 等，使得控制器能与现场总线相连，或能与 PLC 相连。集成的系统功能强、能与商业活动结合在一起，并且能把控制系统当成一个核心，第三方可作二次开发。

8.5 DCS 的现场设计

一个 DCS 的现场工程设计可分为可行性研究、初步设计、现场施工图设计 3 个阶段。

8.5.1 可行性研究

可行性研究是可行性研究方案设计（或简称可研设计），其主要任务是明确具体项目的规模、成立条件和可行性。可行性研究设计是必须进行的第一步工作，它涉及经济发展、投资、效益、环境、技术路线等大的方面的问题。由于这步工作与具体技术内容关系不大，因此这里不再详细描述。

8.5.2 初步设计

初步设计的主要任务是确定项目的主要工艺、主要设备和项目投资具体数额。在整个系统的建设过程中，初步设计是关键的一步，因为这关系到整个机组建设完成后能否实现在可研设计中确定的目标。机组的运行水平、经济性、效益、安全及环保等重大指标基本上也是由初步设计决定的，因此必须严格、认真地做好这一步工作。初步设计需要根据方案设计中已经确定的机组负荷要求、工艺系统和主要设备来确定系统自动控制水平、系统软硬件设计、机组运行组织/人机接口设计、控制室布置和相关空间的设计，并确定相应的预算。

1. 系统自动控制

确定系统自动控制水平是系统设计的前提，是系统软硬件设计、机组运行组织/人机接口设计、控制室布置等的关键一步。自动化系统设计的目标：在各种工况下能够利用自控设备对工艺过程/主要设备实施自动控制。要实现自动控制的前提是工艺设计上保证工艺过程和主要设备具有可观测性和可控性。可观测性是指工艺过程/主设备上安装的检测设备，能准确无误地检测过程中的参数或状态，将这些数据传送给控制设备并能通过人机接口进行监控。可控性是指工艺过程/主要设备上装备的控制机构，能准确执行控制设备/操作人员发出的指令，控制工艺过程/主设备的运行参数和状态。DCS 是通过对各主要设备的控制来控制工艺过程的。机组工艺要求决定了设备的形式、作用、复杂程度，也决定了该设备是否适用于 DCS 去控制。DCS 的控制深度越深，要求设备的机械与电气化程度越高，从而设备的造价越高。在总体设计中，要决定 DCS 控制与监视的深度，使后续设计是可实现的。

2. 系统软硬件设计

1）硬件设计

硬件初步设计的结果应可以基本确定工程对 DCS 硬件的要求及 DCS 对相关接口的要求，主要是对现场接口和通信接口的要求。

（1）确定系统 I/O 点。根据控制范围及控制对象决定 I/O 点数量、类型和分布。

（2）确定 DCS 硬件。这里的硬件主要是指 DCS 对外部接口的硬件，根据 I/O 点的要求决定 DCS 的 I/O 卡；根据控制任务确定 DCS 控制器的数量与等级；根据工艺过程的分布确定 DCS 控制柜的数量与分布，同时确定 DCS 的网络系统；根据运行方式的要求，确定人机接口设备、工程师站及辅助设备；根据与其他设备的接口要求，确定 DCS 与其他设备通信接口的数量与形式。

2）软件设计

软件设计的结果使工程师将来可以在此基础上编写用户控制程序，需要做以下工作。

（1）根据顺序控制要求设计逻辑框图或写出控制说明，这些要求用于组态的指导。

（2）根据调节系统要求设计调节系统框图，它描述的是控制回路的调节量、被调量、扰动量、联锁原则等信息。

（3）根据工艺要求提出联锁保护的要求。

（4）针对应控制的设备，提出控制要求，如启、停、开、关的条件与注意事项。

（5）做出典型的组态用于说明通用功能的实现方式，如单回路调节、多选一的选择逻辑、设备驱动控制、顺序控制等，这些逻辑与方案规定了今后详细设计的基本模式。

（6）规定报警、归档等方面的原则。

3. 人机接口的设计

人机接口的初步设计规定了今后设计的风格，这一点在人机接口设计方面表现得非常明显，如颜色的约定、字体的形式、报警的原则等。良好的初步设计能保持今后详细设计的一致性，这对于系统今后的使用非常重要，人机接口的初步设计内容与 DCS 的人机接口形式有关，这里所指出的只是一些最基本的内容。

（1）画面的类型与结构，这些画面包括工艺流程画面、过程控制画面（如趋势图、面板图等）、系统监控画面等，结构是指它们的范围和它们之间的调用关系，确定针对每个功能需要多少幅画面，要用什么类型的画面完成控制与监视任务。

（2）画面形式的约定，约定画面的颜色、字体、布局等方面的内容。

（3）报警、记录、归档等功能的设计原则，定义典型的设计方法。

（4）人机接口其他功能的初步设计。

4. 控制室设计

控制室的设计有利于操作人员保持良好的心理状态和发挥较好的监控作用，使操作人员对监控设备一目了然、伸手可及。

8.5.3 现场施工图设计

DCS 的现场施工设计指施工图设计。它是在 DCS 选型已经完成，初步设计已通过审批后进行的设计工作。由于 DCS 的特点，在施工图设计阶段自控设计人员要与制造厂商、用户单位及各专业设计人员密切配合，精心设计，才能在施工阶段和使用阶段起好指导作用。

8.5.3.1 施工图设计的基本程序

施工图是进行施工用的技术文件。它从施工的角度出发，解决设计中的细节部分。施工图设计的基本程序如下。

1. 施工图设计前的调研

施工图设计前需要调研初步设计阶段发现的技术问题、DCS 定型后发现的技术问题和试验后尚未解决的技术问题。

2. 施工图开工报告

施工图开工报告主要包括设计依据、自动化水平确定、控制方案确定、仪表选型控制室要求、动力供应、带控制点工艺流程图及有关材料选型等。

3. 设计联络

设计联络是指与 DCS 制造厂商进行设计联络，确定设计的界面，熟悉 DCS 硬、软件环境对设计的要求，了解 DCS 定型后遗留的技术问题和厂商对 DCS 外部设备的要求。

4. 施工图设计

除了一般的施工图设计文件外，根据 DCS 的特点，还需对计算机的有关内容进行补充。其设计要求规定如下。

（1）DCS 设计文件目录：有关 DCS 设计文件的目录。

（2）DCS 技术规格书：包括系统特点、DCS 控制规模、系统功能要求、系统设计原则、硬件性能和技术要求、质量保证、文件交付、技术服务及培训、检查和验收、发运条件、备品备件及易损件和 DCS 工作进度计划等。它常作为 DCS 询价的基础文件，并作为合同的技术附件。

（3）DCS—I/O 表：包括 DCS 监视、控制的仪表位号、名称，输入输出信号类型，是否需提供输入输出安全栅和电源等。它作为 DCS 询价和采购的依据。

（4）联锁系统逻辑图：包括逻辑图图形符号和文字符号的图例、有关联锁系统的逻辑原理和连接图，图中需说明输入信号的位号、名称、触点位置、联锁原因、故障时触点的状态、联锁逻辑关系、故障时的动作状态、连接的设备名称或位号等。它常用于在 DCS 中完成联锁控制系统的组态。

（5）仪表回路图：以控制回路为单位，分别绘制 DCS 内部仪表（功能模块）与外部仪表、端子柜、接线箱及接线端子之间的连接关系，DCS 内部通信链的连接关系等。它被用于控制系统的组态。

（6）DCS 监控数据表：包括检测和控制回路的仪表位号、用途、测量范围、控制和报警设定值、控制器的正反作用和控制器参数、输入信号、控制阀的正反（FO 或 FC）及其他要求等。它用于编制 DCS 组态工作单。

（7）DCS 配置图：以特定的图形符号和文字符号，表示由操作员站、分散过程控制站和通信系统组成的 DCS 结构，并需表明输入/输出信号类型、数量及有关的硬件配置情况。它用于 DCS 询价和采购，通过该系统配置图可了解 DCS 的基本硬件组成。

（8）控制室布置图：包括控制室内部操作员站、端子柜、辅助机柜、配电盘、DCS 机柜和外部辅助设备，如打印机、拷贝机等的布置，硬件和软件工作室、UPS 电源室等的布置。它用于作为土建专业的设计条件和确定设备的位置等。

（9）端子（安全栅）柜布置图：包括接线端子排（安全栅）在端子柜中的正面布置。需标注相对位置尺寸、安全栅位号、铭牌及注字、端子排编号、设备材料表及柜外形尺寸颜色等。它用于 DCS 询价和采购及有关设备的采购等。

（10）工艺流程显示图：采用过程显示图形符号，按照装置单元，绘制带有主要设备和管道的流程显示画面（包括总貌、分组、回路、报警、趋势及流程画面等），用于在操作员站 CRT 上显示，供操作、控制和维护人员使用。流程图应包括检测控制系统的仪表位号和图形符号、设备和管道的线宽和颜色、进出物料名称、设备位号、动设备和控制阀的运行状态显示等。

（11）DCS 操作组分配表：包括操作组号、操作组标题、流程图画面页号、显示的仪表位号和说明等，用于 DCS 组态和生成图形文件。

（12）DCS 趋势组分配表：包括趋势组号、趋势组标题、颜色等。它用于 DCS 组态和生成图形文件。

（13）DCS 生产报表：包括生产报表的格式（班报、日报、周报、旬报、月报等），采样时间、地点，操作数据，原料消耗和成本核算等，用于编制 DCS 组态工作单，以便为用户提供生产报表。

（14）控制室电缆布置图：在控制室布置图的基础上绘制进出控制室的信号电缆、接地线、电源线等电缆和电线的走向、电线编号、位置和标高、汇线槽编号、位置和走向。它用于 DCS 安装。

（15）仪表接地系统图：绘制仪表盘、DCS 操作员站、端子柜和有关仪表和设备的保护接地、系统接地和本安接地等接地系统的连接关系，并标注有关接地线的规格、接地体的接地要求等。它用于安装连接。

（16）操作说明书：包括工艺操作员、设备维护和系统操作人员的操作规程。主要内容有控制系统操作、参数整定和故障处理方法；操作键盘各键钮功能和操作方法；显示画面规格、类型和调用方法；打印报表分类、内容和打印方式；系统维护；等等。

（17）控制功能图：按检测、控制图路，分别绘制由相应的功能模块连接组成的控制功能图。列出内部功能模块的名称、数量、连接端子等。它用于 DCS 控制组态。

（18）通信网络设备规格表：列出通信网络设备的型号、规格、数量及连接电缆、光缆的型号、规格和长度等。

根据 DCS 的类型，上述设计文件的内容可以增删或者合并。例如，功能图可采用描述符号绘制，也可根据制造厂商提供的画法绘制。可以增加报警信号一览表，列出各报警点名称、限值（包括事件或警告信号限值）及显示画面页号等。

5. 设计文件的校审和会签

设计、校核、审核、审定等各级人员要按各自的职责范围，对设计文件进行认真负责的校审。为使各专业之间设计内容互相衔接，避免错、漏、碰、缺，各专业之间还应对有关设计文件认真会签。

6. 设计交底

设计文件下发到生产和施工单位后，应根据施工需要进行设计交底使生产和施工人员了解设计意图。

7. 施工、试车、验收和交工

设计人员要派代表到现场配合施工，处理施工中出现的设计问题，指导和参加 DCS 的验收、试车，参加试生产直到全部基建工程交付生产。

8. 技术总结和设计回访

整理、总结试车过程中的问题，积累有关设计问题的资料，对整个设计过程进行技术总结。在移交生产后适当时间，应对所设计工程进行回访，了解使用情况，总结实际经验，提高设计水平。

8.5.3.2 工程设计中的相互关系

DCS 的工程设计是工程总体设计的一部分。自控专业设计人员除了应该精通本专业设计业务知识以外，还必须加强与外专业的联系，互相合作，密切配合，只有这样，才能做好设计，才能真正反映设计人员集体劳动的成果。

1. 自控专业与工艺专业的关系

自控专业与工艺专业有着十分密切的关系，主要表现在以下几方面：

（1）自控专业设计人员应与工艺专业设计人员共同研究，确定工艺控制流程图（PCD），确定工程的自动化水平和自控设计的总投资。确定 DCS 中画面的帧、分组；回路和趋势的分组，各显示画面中检测、控制点的显示位置、显示精度、显示数据的大小、刷新时间等。对于工艺控制流程图、工艺配管图等有关图纸，自控专业设计人员应细致地校对，及时发现问题并纠正，在会签阶段，应在有关图纸上签字。应根据工艺控制和联锁要求，提出联锁系统逻辑框图和程控系统逻辑框图或时（顺）序表。

（2）自控专业设计人员应该了解工艺流程、车间布置和环境特征，熟悉工艺过程对控制的要求和操作规程。

（3）工艺专业设计人员应该向自控专业设计人员提供工艺流程图（PFD）、工艺说明书和物性参数表、物料平衡表、工艺数据表（包括容器、塔器、换热器、工业炉和特殊设备）和设备简图、主要控制系统和特殊检测要求（联锁条件）及条件表（包括节流装置和执行器计算条件）、安全备忘录、建议的设备布置图。工艺专业设计人员应与自控专业设计人员共同研究确定 DCS 中画面的分页、分组等。自控设计人员可根据仪表和控制系统的要求，提出反条件表，供工艺专业设计人员修改，条件表和反条件表应二级（设计、校核）签字。

（4）工艺专业设计人员应该了解 DCS、节流装置、执行机构及检出仪表、元件等的安装尺寸，以及对工艺的要求。应了解并掌握 DCS 的操作方法，与自控专业设计人员共同商讨操作规程。

2. 自控专业与电气专业的关系

自控专业设计人员和电气专业设计人员有较多的协调和分工，主要包括以下方面。

（1）仪表电源：仪表用380/220 V 和110 V 交流电源，由电气专业设计，自控专业提出条件。电气专业负责将电源电缆送至仪表供电箱（柜）的接线端子，包括 DCS 控制室、分析器室、就地仪表盘或双方商定的地方；仪表用100 V 及以上的直流电源由自控专业提出设计条件，电气专业设计；低于100 V 直流和110 V 交流电源由自控专业设计；仪表和 DCS 用的不中断电源（UPS）可由电气专业设计，自控专业提出条件；由仪表系统成套带来的 UPS 由自控专业设计。

（2）联锁系统：联锁系统发信端是工艺参数（流量、压力、液位、温度、组分等），执行端是仪表设备（控制阀等）时，联锁系统由自控专业设计；联锁系统发信端是电气参数（电流、功率、功率因数、电机运行状态、电源状态等），执行端是电气设备（电机等）时，联锁系统由电气专业设计；联锁系统发信端是电气参数，执行端是仪表设备（控制阀等）时，联锁系统由自控专业设计，电气专业提供无源接点，其容量和通断状态应满足自控专业要求；联锁系统发信端是工艺参数，执行端是电气设备时，联锁系统由电气专业设计，自控专业向电气专业提供无源接点，其容量和通断状态应满足电气专业要求，高于220 V 电压的接点串入自控专业时，电气专业提供隔离继电器；自控专业和电气专业间用于联锁系统的电缆，原则上采用“发送制”，即由提供接点方负责电缆设计、采购和敷设，将电缆达到接收方的端子箱，并提供电缆编号，接收方提供端子编号；控制室与马达控制中心（MCC）间的联锁系统电缆，考虑设计的合理性和经济性，全部电缆由电气专业负责设计、采购和敷设，并将电缆送控制室 I/O 端子柜或编组柜，电线在控制室内的敷设路径由电气和自控专业协商。

（3）仪表接地系统：现场仪表（包括用电仪表、接线箱、电缆桥架、电缆保护管、铠装电缆等）的保护接地、接地体和接地网干线由电气专业设计，现场仪表到就近接地网间的接地线由自控专业设计。DCS 控制室（含分析器室）的保护接地，由自控专业提出接地板位置及接地干线入口位置，电气专业将接地干线引到保护接地板；工作接地包括屏蔽接地、本安接地、DCS 和计算机的系统接地。工作接地的接地体和接地干线由电气专业设计、自控专业提出条件，包括接地体设置（单独或合并设置）及对接地电阻的要求，有问题时双方协商解决。

（4）共用操作盘（台）：电气设备和仪表设备混合安装在共用操作盘（台）时，应视设备多少以多的一方为主，另一方为主方提供盘上设备、器件型号、外形尺寸、开孔尺寸、原理图和接线草图，为主方负责盘面布置和背面接线，负责共用盘的采购、安装，共用盘的电缆由盘上安装设备的各方分别设计、供货和敷设（以端子为界）；当电气盘和仪表盘同室安装时，双方应协商盘尺寸、涂色和排列方式，以保持相同风格。

（5）信号转换与照明、伴热电源：需送 DCS 控制室，由自控专业负责进行监视的电气参数（电压、电流、功率等），由电气专业采用电量变送器将其转换为标准信号（如4～20 mA）后送控制室；现场仪表、就地盘等需局部照明时，由自控专业向电气专业提出设计条件，电气专业负责设计；采用电伴热的仪表，仪表保温箱和测量管路的电伴热由自控专业设计，向电气专业提出伴热供电要求，伴热电源由电气专业设计，并将电源电缆送自控专业的现场供电箱。

3. 自控专业与设备专业的关系

自控专业设计人员必须了解车间设备的情况，特别是塔设备和传动设备的结构特点及性能。工艺设备上有仪表检出部件需安装时，工艺设备专业设计人员需将作为工艺设备条件用的设备条件图与自控专业设计人员共同研究，确定仪表检出元件的安装方位和大小。自控专业设计人员应在设备小样图上会签。要注意所开安装孔的方位、高度等是否合适，是否符合仪表的安装要求。此外，对设备安装后，安装孔部件是否与土建、管道等有相碰情况发生，有否影响安装和调整。同时还要摸清情况，及时处理。

开孔的要求，应根据有关安装图册的规定，提出详细的条件表。对于特殊仪表的零件和机械设备，应提请设备专业人员进行设计。设备专业设计人员有权提出反条件进行修改。

温度计、液位计等检出元件的插入长度及安装高度等，应由自控专业设计人员根据工艺要求及设备特点来确定。

4. 自控专业和建筑结构专业的关系

自控专业设计人员应向建筑结构专业设计人员提出控制室、计算机房以及仪表维修车间、辅助车间等建筑的结构、建筑的要求，应提出地沟和预埋件的土建条件。当楼板、墙上穿孔大于 300 mm×300 mm 时，必须向建筑结构专业提出条件，予以预留。当穿孔小于该值时，可提出预留，也可由施工决定。

对控制室和计算机房的结构设计，自控专业设计人员尚需提出防尘、防静电、防潮、防热辐射、防晒、防噪声干扰和防强电干扰等要求及控制室的采光和空调的要求。建筑结构专业设计人员有权提出反条件。对空调等要求还需与采暖通风专业设计人员配合，以便确定预留空大小、安装位置等。有关土建成品图应由自控专业设计人员会签。

5. 自控专业与采暖通风专业的关系

自控专业设计人员应对控制室和计算机房的采暖通风提出温度、相对湿度和送风量等要求。

空调机组及通风工艺流程的自控设计，主导专业是采暖通风专业，其条件、关系等应同工艺专业一样处理。

除了上述专业外，自控专业设计人员尚需与水道、外管、机修、总图等专业设计人员密切配合，搞好协调工作，使工程总设计水平提高。

8.5.3.3 DCS 工程设计中的若干问题

根据 DCS 的特点，在 DCS 的工程设计中尚需注意过程画面的设计、过程流程图中数据的显示、警告和报警点的设计、控制室和计算机房的设计、供电设计、抗干扰设计、安全措施等问题。

1. 过程画面的设计

根据生产过程的要求，控制工程师应与工艺技术人员、管理人员共同讨论，对生产过程的流程图进行合理的分页，对报警点进行合理的选择，对仪表面板进行合理的布置等，使整个 DCS 工程能反映自动化水平和管理水平，使操作、控制和管理有高起点、新思路。

设计的原则是适应分散控制系统的特点，采用分层次、分等级的方法设计过程画面。

过程流程图画面是操作人员与工艺生产过程之间的重要界面，因此，设计的好坏直接关系到操作水平的高低。过程流程图画画的设计是利用图形、文字、颜色、显示数据等多种媒体的组合，使被控过程图形化，为操作人员提供最佳的操作环境。过程流程图的功能主要有：过程流程的图形显示；过程数据的各种显示，包括数据的数值、棒图、趋势和颜色变化等显示方式；动态键的功能，即采用画面中的软键实现操作命令的执行等。

根据上述功能的要求，用图形和文字等媒体的表现手法进行过程流程图设计才能得到较满意的效果。

过程流程的图形显示又称为静态画面显示，它的设计内容包括过程流程图的分割、过程流程图的图形符号及颜色的配置等。

1）过程流程图的分割

过程流程图的分割是将整个流程图分割成若干分页，分页的设计应该由控制工程师和工艺技术人员共同完成。由控制工程师根据分散控制系统显示屏的显示分辨率和系统画面组成的要求，进行每个分页流程图的绘制。分页设计的基本原则是：

（1）相互有关联的设备宜分在同一分页，有利于操作人员了解它们的相互影响。

（2）相同的多台设备宜分在同一分页，相应的过程参数可采用列表的方式显示它们的开停信号，也可采用填充颜色的方法显示。

（3）公用工程的有关过程流程图可根据流体或能源的类型分类，集中在一个分页或几个分页显示，它们的参数对一些设备的操作有参考价值时，可在这些设备的流程图分页中显示。

（4）根据分散控制系统提供的显示画面数量，留出一个或几个分页作为非操作用显示画面，用于总流程框图显示、欢迎指导画面及为保密用的假画面等。

（5）分页不宜过多，通常一个分页画面可包含几十个过程动态数据，过程的概貌画面包含的动态数据可超过100。

（6）画面的分页应考虑操作人员的操作分工，要避免在同一个分页上绘制不同操作人员操作的有关设备和显示参数。因此，对于操作分工中重叠部分或交叉部分的设备，可采用不同的分页。在各自操作分页上，除了设计相应的操作设备和显示参数外，还设计部分与操作有关的但不属于该操作人员操作的设备和显示参数，以便操作时参考。

采用标准的过程流程图图形符号有利于减少操作错误，有利于减少操作培训时间。有利于系统设计人员和操作人员之间设计意图的相互沟通。因此，在过程流程图中使用的图形符号应采用统一的标准。通常，绘制的图形应与实际的设备有相接近的纵横比。其形状应与实际设备的形状相类似，必要时，也可以在设备图形中绘制有关的内部部件，如搅拌器、塔板等。

2）流程图颜色的设置

流程图中设备和管线颜色配置的好坏直接影响操作人员的操作环境，为了减少操作的失误，过程流程图的背景颜色宜采用灰色、黑色或其他较暗的颜色。当与前景颜色形成较大反差时，也可采用明亮的灰色，以减小反差。

流程画面的颜色宜采用冷色调，非操作画面的颜色可采用暖色调。冷色调能使操作人员的头脑冷静，思维敏捷，也不容易引起视觉的疲劳，绿色和天蓝色还能消除眼睛的疲劳。暖色调可以给参观者产生热烈明快的感觉，具有兴奋和温暖的作用。流程画面的配色应使流程图画面简单明确，色彩协调，前后一致。颜色数量不宜过多，应避免引起操作人员的视觉疲劳。流程图的背景色宜采用黑色，当黑色背景色造成较大反差时，可采用蓝色或咖啡色作为背景色。通常不采用颜色的变化来表示数值的变化。

在一个工程项目中，流程图中颜色的设计应统一，工艺管线的颜色应与实际管线上涂刷的颜色一致。有时，为了避免使用高鲜艳的颜色，也可采用相近的颜色。例如，蒸汽管线的涂色通常是大红色，在流程图中蒸汽管线可用粉红色或桃红色表示。宜使用的颜色匹配：黑色和黄色、白色和红色、白色和蓝色、白色和绿色。不宜使用的颜色匹配：白色和黄色、绿色和黄色、深红色和红色、绿色和深蓝色。一般颜色的指定可参照表 8－9，设计人员可根据具体工程酌情处理。

表 8－9　色彩选用规则

颜色		通用意义	与图形符号结合的意义
中文	英文		
红	red	危险	停止；最高级报警；关闭；断开
黄	yellow	警告	异常条件，次高级报警
绿	green	安全；程序激活状态	正常操作；运行；打开；闭合
淡蓝	cyan	静态或特殊意义	工艺设备；主要标签
蓝	blue	次要	备用工艺设备；标签信号等
白	white	动态数据	测量值或状态值；程序激活状态

流程图中设备外轮廓线的颜色、线条的宽度和亮度应合理设置，应该从有利于操作人员搜索和模式识别，减少搜索时间和操作失误的总体设计思想出发，既考虑设备在不同分页上颜色的统一，又要考虑相邻设备和管线颜色的协调。颜色的数量不宜过多，在典型的应用中，四种颜色已能适应需要，一般不宜超过六种。过多的颜色数量会引起操作人员的视觉疲劳，成为可视噪声而造成操作失误。数学上有这样的假设，即用四种颜色就可以将地图上相邻的国家通过涂色来区分它们的国界。因此，从原理来看，DCS 的屏幕上也可以用四种颜色区分管线和设备，但是，由于流程图管线交叉、管线内流体的类型较多，因此，通常采用的颜色数量会超过四种。

颜色的亮度要与环境的亮度相匹配，作业面的亮度一般应该是环境亮度的 2～3 倍。它们对流程图中颜色的搭配也有一定影响，亮度较大时，屏幕上黑色和白色的搭配对操作人员视觉疲劳的影响较小，但是，环境的亮度较小时，这样的颜色搭配就会使操作人员产生不快的感觉。此外，眩光会造成操作能力的下降并引起操作失误。

设备外轮廓线颜色和内部填充颜色的改变是动态画面设计的内容，为了与静态画面中有关设备和管线的颜色匹配，在流程图静态画面设计时就应考虑动态变化时颜色显示的影响。

过程流程图分页中，除了应绘制主要管线外，次要和辅助管线可根据操作的需要与否决定是否绘制。为了减少操作人员搜索时间，画面宜简单明确。

2. 过程流程图中数据的显示

过程流程图中数据显示是动态画面的设计内容。其中，数据显示位置等设计又是静态画面的设计内容。由于两者不可分割，因此，都放在数据显示中讨论。

1）数据显示的位置

动态数据显示的位置应尽可能靠近被检测的部位。例如，容器的温度或物位数据可在容

器内显示，流量数据可显示在相应的管线上部或下部。数据显示位置也可以在标有相应仪表位号的方框内或方框旁边。在列表显示数据时，数据根据仪表检测点的相应位置分别列出。利用图形方式定性显示动态数据时，常采用部分或全部填充相应设备的显示方法，如容器中液位的动态显示、动设备的开停等。也可采用不断改变显示位置的方法来显示动设备的运行状态，如管道中流体的流动、搅拌机桨叶的转动等。

2）数据显示的方式

动态数据显示的方式有数据显示、文字显示和图形显示等三种。数据显示用于需要定量显示检测结果的场合。例如，被测和被控变量、设定值和控制器的输出值等。文字显示用于动设备的开停、操作提示和操作说明的显示。例如，在顺序逻辑控制系统中，文字显示与图形显示一起，给操作人员提供操作的步骤及当前正在进行的操作步骤等信息。文字显示也用于操作警告和报警等场合。通常，在 DCS 中，警告和报警显示采用图形显示和声光信号的显示方法，但是对误操作的信号显示，一般不提供显示方法，因此，设计人员可以根据操作要求，将操作的警告和报警提示信号组织在程序中。当误操作时，用文字显示来提醒操作人员，以减少失误的发生。图形显示用于动态显示数据，通常，操作人员仅需要定性了解而不需要定量的数据时，可采用图形显示。例如，容器液位、被测量与设定值之间的偏差和控制器的输出等，常用的图形显示方式是棒图显示。开关量的图形显示常采用设备外轮廓线颜色或轮廓线内填充颜色的变化来表示。例如，填充颜色表示设备运行，不填充颜色表示设备不运行；轮廓线颜色是红色时表示设备运行，颜色是绿色时表示设备不运行等。在图形颜色的设计时，应该根据不同应用行业的显示习惯和约定，确定颜色填充所表示的状态等。例如，在电站系统中，填充颜色表示关闭、在激励状态等。在化工系统中设备轮廓线内颜色的充满表示开启、运行状态等。通常，在顺序逻辑控制系统中，图形显示方式被用于顺序步的显示，当顺序步被激励时，该操作步对应的图形就显示。图形显示的方式可以是颜色的充满、高亮度显示、闪烁或反相显示等。

动态变化具有动画效果，设计时可采用。但是，过多的动画变化会使操作人员疲劳，思想不集中，因此，宜适量使用。

明智地使用颜色和动态变化，能有效地改善操作环境和操作条件。动态数据的颜色应与静态画面的颜色协调。通常，在同一工程项目中，相同类型的被控或被测变量采用相同的颜色，如用蓝色表示流量数据，绿色表示压力和温度数据，白色表示物位和分析数据等。为了得到快速的操作响应，对报警做出及时处理，可采用高鲜艳颜色表示。例如，大红色常用于报警，黄色用于警告等。

3）数据显示的大小

数据显示的位置和大小有时也要合理配置。例如，两排有相同数量级和数值相近的数据显示会造成高的误读率。但是，如果数据显示大些，误读率就会下降。在飞机驾驶的仪表显示中，由于数据并列显示造成的误读率高达 40%。在 DCS 中，为了减小误读率，对于并列数据的显示，常采用表格线条将数据分开，同时，对不同类型数据采用不同的颜色显示。

显示数据的大小应合适。过大的数据显示会减少画面显示的信息量，过小的数据显示会增加误读率，同时，它也受屏幕分辨率的约束。考虑到数字 3、5、6、8、9 过小时不易识别，对 14 英寸的屏幕，数字的高度应大于 2.5 mm。屏幕尺寸增大时，数字的尺寸也应增大，屏幕的分辨率提高时，数字的尺寸可减小。为了容易识别，数字的线条宽度和数字的尺寸之比宜在 1 : 10 到 1 : 30。但到目前为止，还没有能提供这种选择功能的 DCS。

4）数据的更新速度和显示精度

数据的更新速度受人的视觉神经细胞感受速度的制约，过快的速度使操作人员眼花缭乱，不知所措，速度过慢不仅减少了信息量，而且给操作人员的视觉激励减少。根据被控和被测对象的特性，数据的更新速度可以不同。例如，流量和压力数据的更新速度在 1 ~2 s，温度和成分数据的更新速度在 5 ~60 s。

为了减少数据在相近区域的更新，在大多数 DCS 中．采用例外报告的方法。它对显示的变量规定一个死区，以变量的显示数据为基准，上下各有一个死区，形成死区带。在数据更新时刻，如果数据的数值在该死区带内，数据就不更新，如果数据的数值超过了死区带，则数据被更新，并以该数据为中心形成新的死区带。这种显示更新的方法称为例外报告。采用例外报告，可以有效地减少屏幕上因更新而造成的闪烁，对于噪声的影响，也有一定的抑制作用。用户应根据对数据精度的要求和对控制的要求等，综合确定死区的大小。过大的死区会降低读数精度，过小的死区不能发挥例外报告的功能，使更新数据频繁。通常，死区的大小可选用变量显示满量程的 0.4% ~1%。

显示的精度应与仪表的精度、数据有效位数、系统的精度、死区的大小、所用计算机的字长等有关。小数点后的数据位数应合理。例如，压力显示时，如果正常数据范围是 0.5 MPa，则用 MPa 为工程单位显示时，小数点后的位数可选 3 位，用 kPa 作为工程单位显示时，小数点后的位数就不能选用 3 位，否则将不符合仪表的精度。在确定小数点后数据位数时，应根据工艺控制和检测的要求、变量显示的精度等情况综合考虑。例如，精密精馏塔的温度显示需要小数点后 1 位，一般的温度显示小数点后的位数可选 0。

为了增加信息量，在保证有效位数的前提下显示数据所占的位数宜尽可能少，通常，可与工程单位的显示结合起来考虑。例如，流量 10 300 kg/h 可显示为 10.0 t/h。

5）其他画面上数据显示的设计

除了流程图画面的数据显示外，其他画面的数据显示也要合理设计，它们包括仪表面板图、过程变量趋势图、概貌图等。仪表面板图是最常采用的画面，在 DCS 中，常提供标准的仪表面板图。仪表面板图和过程变量趋势图的设计原则与流程图设计原则相同。为了便于操作人员对数据的识别，在仪表面板图中，应合理选用显示标尺的范围；在趋势图中，应合理使用过程变量的显示颜色；在概貌图中，应合理设置被显示的变量和显示的方式等。

3. 警告和报警点的设计

DCS 的使用也增加了安全性。大量的警告和报警点无须从外部仪表引入，而直接由内部仪表的触点给出。这不仅是经济的，也使许多操作更为安全。但过多的警告和报警信号反而使引起故障的主要因素难于找到。因为在 DCS 中，警告和报警的变量种类有较大增加，由一般仪表的测量值警告和报警，增加到有设定值、输出值、测量值变化率、设定值变化率、输出值变化率及偏差值等的警告和报警，所以，在警告和报警点的确定时，应该根据工艺过程的需要合理选用。一个较好的办法是在开车阶段，除了有关的联锁信号系统需有相应的警告和报警点外，其他警告和报警点均在量程的限值处，以减少开车时的干扰，一旦生产过程正常运行，再逐项改变警告和报警的数据。

除了工艺过程变量在限值处会造成警告和报警，DCS 的自诊断功能也引入了报警信号。例如，检出元件的信号值在量程范围外某限值时的元件出错信号，通信网络的通信出错信号等。这些信号不需要设计人员确定。

4. 控制室和计算机房的设计

控制室和计算机房的设计应根据自动化水平和生产管理的要求确定控制室和计算机房的规模和级别，可以从位置选择、机房布置、建筑要求、采光和照明、控制室和计算机房的空调等方面进行选择和设计。

1）位置选择

控制室和计算机房的位置应接近现场，便于操作。控制室和计算机房宜相邻布置，中间用玻璃窗隔开，便于联系。主机房的长宽比以 3：2 为宜，以提高使用率。控制室和计算机房不宜与变压器室、鼓风机室、压缩机室或化学药品仓库等建筑相邻。当与办公室、操作人员交接班室、工具室相邻时，应用墙隔开，中间不开门，不要互相串通。根据实际情况，允许在控制室和计算机房旁设置仪表维护值班室、DCS 备品备件室等。

控制室和计算机房不宜设置在工厂主要交通干道旁边，以避免交通工具噪声和扬尘等危害。控制室和计算机房内的噪声应不大于 65 dB。应远离振动源和具有电磁干扰的场所，周围不应有造成控制室和计算机房地面振幅为 0.1 mm（双振幅）和频率为 25 Hz 以上的连续振源。

应考虑控制室和计算机房的朝向。在满足防火、防爆等要求下，宜面向装置，坐北朝南。对于高压、有爆炸危险的生产装置，宜背向装置。对易燃、易爆、有毒和腐蚀性介质的生产装置，宜设置在该装置的主导风向的上风侧。控制室和计算机房应尽量避免暴晒。

2）机房布置

机房布置应有利于达到最大工作效率和系统利用率。因此，对机房内操作设备的布置应遵循以下原则：

（1）经常接触的操作设备应靠近 DCS 操作站。

（2）对其他操作设备应在操作员视野所及的地方，如可在主机房内设置输入、输出设备磁带机等。

（3）要设计一个适当的维护通道，便于维护人员方便地处理系统中设备出现的故障，如相邻设备间的维修距离在不影响使用的情况下应尽可能小；维修的间隔应考虑带有调试仪器的小推车所占空间和维修所用的资料、工具和局部照明灯具的位置，当维护工作会同时接触两台以上的设备时，各设备的门的开启应不影响系统设备的维修，要考虑有存放备品备件、维修工具、测试仪器、资料、手册等的场所。

对设置仪表盘的场所，应考虑仪表盘和操作台的协调，使操作人员能观察到尽可能多的盘面，有利于操作。

3）建筑要求

为了使操作人员有一个舒适和良好的工作环境，控制室和计算机房的建筑应造型美观大方，经济实用。

（1）吊顶和封顶的目的是保温隔热，减少扬尘，方便送风管、照明灯具、电缆电线等的设计处理。采用 DCS 的控制室和计算机房宜采用吊顶。吊顶下的净空高度，有空调时为 3.0～3.6 m，无空调时为 3.3～3.7 m。

（2）控制室和计算机房的地面应平整不起风尘。通常采用自由通道型地板。它是边长为 400～600 mm 见方的可拆卸式地板，宜安装在一般水磨石地面上，其高度在一定范围内调整，地板下面可以自由敷设电线电缆。地坪标高应高于室外 300 mm 以上。当为可燃气体和可燃蒸气比重大于0.8 的爆炸危险场所时，地坪标高应高于室外地面0.5 ~0.7 m。

（3）室内场面应平整、不易起尘、不易积灰、易于清扫和不反光。

（4）控制室和计算机房宜两面、三面或四面包围，不设窗或设双层防沙窗。以不开窗，人工照明为宜。如需开窗，宜朝北开窗，以得到柔和均匀的采光。对其他朝向的开窗，应考虑采取避免阳光直射的措施。

（5）为防止噪声，控制室和计算机房宜采用吸音天栅。例如，可结合静压回风，采用吸音的穿孔板。

（6）控制室和计算机房的门应向外开，一般应通向既无爆炸又无火灾危险的场所。宜设置缓冲室。

4）采光和照明

DCS 的控制室和计算机房宜采用人工照明。为不使操作人员造成视觉疲劳，同时有利于维护有足够的照度，在距地面0.8 m 高度处的光照度应不小于 200 lx。人工照明的方式和灯具布置，应使操作站的视屏处有最大照度，但不产生眩光和阴影。采用仪表盘时，仪表盘面处的光照度应不小于 150 lx。

当不采用自然采光时，应配置停电时的应急照明电源及相应的自动切换系统。

5）控制室和计算机房的空调

装有 DCS 和计算机设备的控制室和计算机房宜采用空调系统，一般的要求是：温度控制在（25 ±2)℃。冬季可低些，保持在（20 ±2)℃，夏季可稍高，保持在（27 ± 2)℃。温度变化梯度≤5 ℃/h。相对湿度在 55% ±10%。空气中的尘埃应满足空气洁净度≤3 500 粒/升。

宜上送下回通风，新风量 < 15%，正风压 > 10 Pa，应避免冷风直接吹向操作人员。

温度的升高，会引起固体组件关门电平急剧下降，造成输出电平升高，功耗增大，交叉漏电流变大，电源纹波系数增大。其表现为出现偶发故障次数增加、参数的漂移加大。因此，应稳定控制室内温度及缩小温度变化梯度。

湿度的控制也十分重要。当空气中相对湿度大于 65% 时，任何固体表面均附有一层 0.001 ~0.01 μm 的水膜，随着湿度的增加，水膜厚度可增大到几十微米。水膜的存在会造成器件金属表面的腐蚀，管脚锈断，降低绝缘电阻。此外，水分子通过毛细管孔隙进入密封件内部，使元器件特性变差，稳定性下降。过于干燥时，如湿度小于 30%，则操作人员会感到不舒服，且运动时的摩擦会引起人体带电，当操作人员接触机件时，会破坏内存状态，击穿电子元器件。此外，过分干燥会引起接插件的变形和扭曲，甚至使磁盘、磁带机无法正常工作。因此，应设置室内湿度控制系统，使湿度控制在要求的范围。

尘埃会降低绝缘电阻，造成接触不良。在光、磁读写系统中，尘埃会造成读写出错，甚至损坏读写装置和磁盘、光盘等存储媒体。此外，尘埃也易吸附有害气体，腐蚀元器件并影响操作环境。为此，应采用除尘装置、正压通风等措施。吸风口位置应选择在空气洁净处，不应吸入有害气体。

5. DCS 的供电设计

DCS 的供电包括 DCS 控制系统的供电、仪表盘供电，变压器、执行器等仪表的供电和信号联锁系统供电。仪表盘供电包括盘装仪表及盘后安装仪表的供电，信号联锁系统的供电是指 DCS 连接的输入/输出信号联锁等装置的供电。

对 DCS 的供电宜采用三相不间断电源供电，一般应采用双回路电源供电。为保证安全生产，防止工作电源突然中断造成爆炸、火灾、中毒、人身伤亡、损坏关键设备等事故的发生，并能及时处理，防止事故扩大，DCS 和信号联锁系统的供电应与正常供电系统分开。采用频率跟踪环节的不间断电源时，才允许与正常工作电源并列连接。

DCS 对电源电压、频率有一定要求，应根据制造厂商提供的条件采用稳压稳频措施。

DCS 所需的直流供电，宜采用分散供电方式，以降低直流电阻和减小电感干扰。在设计时应注意下列几点。

（1）为尽可能减小电感干扰和降低线路压损，在总电源与各组合分电源供电点之间宜采用 16 m^2 或 25 m^2 的软电焊机用粗电线。

（2）注意用电设备和系统的最小允许瞬时扰动供电时间的影响。一般用途的继电器其失电时间为 5 ms、10 ms、20 ms、30 ms 等。换向滑阀、电磁气阀等，其换相时间为 10 ms、20 ms、30 ms、50 ms 等。

（3）各机柜的直流电源容量应按满载时考核。按总耗电量的 1.2 ~ 1.5 倍计算信号联锁系统的用电量。

（4）要考虑设置灵敏过流、过压的保护装置，要设置掉电报警及自动启动备用发电设备的装置。当快速自动保安用备用发电机组设备与不间断电源配套使用时，不间断电源的供电工作时间可按 10 min 考虑。采用蓄电池组配套使用时，蓄电池组放电时间也按 10 min 考虑。若仅有手动的备用发电机组，则不间断电源或蓄电池组的供电时间应按 1 h 考虑。

6. 安全措施

为防止鼠虫危害，防止有害气体、雨水沿汇线槽进入控制室，电缆进线口必须严格密封，宜用沙子填充，用石灰砂浆堵严，并用沥青涂面。

为防虫蛀等危害，对吊顶和活动地板所用的木料宜用氯化钠煮过或其他防蛀处理。

应有足够的灭火器材，灭火剂应选用 1211 灭火剂。也可配置部分二氧化碳和泡沫灭火器材。

接地电阻的要求应符合制造厂商的规定。

控制室的门应向外开启，并且背向装置。建筑设计应符合“建筑设计防火规范”耐火等级一级标准。其他房间按等级三级标准设计。

控制室和计算机房的墙层可设置隔离网，它既可保温也可防干扰和防振，并且有隔音作用（朝向装置的墙设置石棉隔离层时）。

电缆进入控制室时，宜先由低标高处抬高后进入控制室，防止雨水顺电缆流入控制室。控制室地坪标高应高出室外地坪 300 mm，最大落差可达 0.7 m。

射频干扰虽然对 DCS 不很敏感，但是，控制室内安装的基地式通信器材不应靠近主机系统，如便携式步话机不得在 1.52 m（5 英尺）以内使用。

8.6 DCS 的现场施工

8.6.1 DCS 的安装

DCS 在完成现场开箱检验后就可以进行安装工作，但在安装之前必须具备所需的各项条件，经生产厂商确认无误时才可开始安装。

安装前的准备工作包括地基、电源和接地三方面。电源一般采用 UPS 电源，在接到 DCS 带电部分之前。需向生产厂商递交一份有关电源的测试报告，以保证电压准确无误。安装基础在安装之前需与就位设备一一对应。DCS 的接地要求较高，要求有专用的工作接地极，且要求它的入地点远离避雷入地点，应大于 4 m，接地体与交流电的中线及其他用电设备接地体间距离应大于 3 m，DCS 的工作地应与安全地分开。另外还要检测它的电阻，要求小于 1 Ω。

在准备工作结束后即可开始 DCS 的安装。系统安装工作包括：机柜、设备安装和卡件安装；系统内部电缆连接，端子外部仪表信号线的连接；系统电源、接地的连接。要防止静电对电子模件的损坏，在安装带电子结构的设备时，操作人员一定要戴上防静电器具。另外，在系统安装时应注意库房到机房的温度变化梯度是否符合系统要求。

8.6.2 DCS 的调试

为确保集散系统正常运行，必须认真细致地进行调试工作，DCS 的调试分为 3 个部分：工厂调试、用户现场离线调试和在线调试。

8.6.2.1 工厂调试

工厂调试是集散系统调试的基础，它是在生产厂专业人员的指导下，用户对硬件、系统软件和应用软件（向厂方购买的应用软件包）进行应用性调试。目的是在专家指导下学会软件包的使用方法，了解软件包结合用户的工艺过程能实现何种功能。另外，在制造厂应完成复杂回路（如前馈等）和特殊设备（如智能变送器等）的调试。在局部调试完成后，还需要进行全方位的调试，包括每一个 I/O 点从其相应回路的调试，同时要观察相关的标准画面。

1. 硬件调试

TDC－3000 系统对系统硬件提供了一套测试软件，通过测试软件的运行就可完成系统硬件的测试。另外通过系统菜单（System Menu）可查看网络级的状态信息，包括网络组态文件和 LCN 状态显示，重要的画面有 NCF 状态显示、LCN 全貌显示，操作台、接口和节点的状态显示。

2. 用户应用软件的调试

用户应用软件调试包括网络组态文件、区域数据库、用户数据点、用户流程图画面、CL/PM 和 CL/AM 程序、LM 阶梯图、BUTTON 键的调试以及控制回路的测试。

1）网络组态文件的调试

应用软件调试首先应检查用户的网络组态文件。因为它规定了单元的名称、操作员站名称和区域的名称，同时还规定了系统中许多属性，确定了 LCX 网络上的节点的组态、历史模块 HM 的分卷组态。如果检查发现上述各项内容有不合适的地方，则应及时进行修改并重新对 HM 进行分卷。

2）区域数据库的检查

区域数据库是系统数据和操作的格式定义。因此在用户数据点调试之前，必须先检查它的属性内容是否正确，检查内容主要包括：单元分配、路径目录、总貌、操作编组、过程模件编组、区域趋势、单元趋势、单元摘要、批量摘要、系统状态、报警画面、标准报表、过程日记、系统日记、实时日记、报表、打印区和 LCN 报警等。具体方法是在工程师菜单下选择“AREA DATA BASE”项，进入“AREA CONDIFURATION”子菜单，再按工程师键盘上的 COMMAND 键，即出现选择区域数据库画面，由此调出所需查看属性的区域。

3）用户数据点的调试

用户数据点是 DCS 工作的基础，它的编制直接关系到 DCS 是否能长期、稳定地运行，所以对用户数据点必须仔细地调节测试，以确保正确无误。

用户数据点包括 PM 的调节 PV 点、调节回路、数字复合点、逻辑点、模入/模出点、数字输入/输出点、脉冲输入点、时间点、数值点和标志点；AM 的调节 PV 点、时间点、数值点、用户数值点和标志点等。在检查中必须注意各个参数之间的匹配，任何不适当的选择应在调试中逐点予以修正。

除了对数据点进行单点调试外，还须对数据点按回路进行联调，一般来讲，在用户数据点调试阶段，可结合工艺过程，构成一检测控制回路图，再按信号流程逐点调出相应数据点进行回路的调试，以确保控制作用正常，切换无扰动。

4）用户流程图画面的调试

用户流程图画面的编制同数据点的建立一样，工作量占用户应用软件编制工作量的 1/3 以上，因此流程图画面的调试也是应用软件调试工作的重要部分。这部分的工厂调试主要检验触摸目标（Target）、条件（Condition）和变体（Variant）等设置是否达到了设计时的预想目标，是否能响应用户数据点库的内容。画面上数据是否能真实反映实时数据，棒图是否能随着数据点库的变化而相应地变化，流程图画面是否超出了编译区域等方面。除了常验证以上这些内容外，还要对流程图画面的布局、管线、设备、数值、文本及背景颜色的协调性进行调整，使整幅画面文字、图形、色彩都十分和谐。

5）用户程序的调试

用户程序的调试包括 CL/PM 和 CL/ AM 的调试。CL/PM 程序的调试主要结合用户的应用数据库进行编译调试，调试过程中编译器将自动给出有关出错信息，据此用户可及时进行修改。编译调试完成后，还可通过 PROCESSMODULE 的详细画面，按步执行 CL/PM 程序，以检验程序的读写功能是否正确无误。

CL/ AM 的调试与 CL/PM 类同，只是要注意与 CL /AM 程序相关的设备和 PM、LM 等是否处于正常工作状态。

6）LM 阶梯图程序（LADDER LOGIC）的调试

在工厂调试阶段，对阶梯图的调试一般有纯模拟方式和半模拟方式两种方式。

（1）纯模拟方式的调试。通过编程器或 PC 完成阶梯图程序的编制后，使 LM 执行强制（Force）功能，即以软件手段强制改变输入数据点的状态，从而观察输出线图的变化，以检查逻辑关系的正确与否，这种调试不涉及 I/O 卡，故称为纯模拟方式调试。纯模拟调试过程中输入、输出状态的变化，可在编程器或 PC 机的 CRT 上观察，也可直接观察输入、输出卡上的状态指示灯。

在纯模拟方式调试过程中，对某些影响整个系统的信号，如紧急总联锁系统中的全线停车信号，调试时应先分步进行，然后进行系统联调。另外，对于比较重要的联锁信号，调试时除应注意输出线圈的状态外，还应特别注意不同组合的输入变化对输出的影响。

（2）半模拟方式的调试。通过输入卡上接线直接改变输入状态而进行的调试称为半模拟方式。这种方式在检查阶梯图逻辑合理性的同时，也检查了输入卡的硬件质量。模拟输入信号由信号发生器供给，数字输入信号通过接点的短接与否实现“开”“闭”状态输入。

7）BUTTON 键的调试

BUTTON 调试用于测试 BUTTON 键是否按组态的功能进行操作。如果没有达到预期目的，就个性组态，直到满意为止。

在 LM 中的强制功能是调试过程中必不可少的，它对信号控制能力具有最高级别，即使试车阶段仍然会经常用到它。如果没有强制功能，将使调试过程变得相当烦琐，且容易出错。

8）回路的测试

回路的测试是 DCS 用户软件工厂调试阶段中至关重要的部分，它需要制造厂提供有关的测试工具，如电流表、万用表、信号发生器、电线和专用接线工具等。回路测试包括对用户编制的应用软件的测试和 I/O 通道的测试。如果有智能变送器、安全栅等其他装置，可一并联入系统进行全面的测试。必要时还可以与用户的 CL/PM、CL/AM 程序的调试结合进行。

TDC－3000 回路测试的具体办法是在 AI 端加信号发生器，然后在 AO 端用电流表测试输出值、对 DI 与 DO 通过接点的短接与输入信号来完成测试。

8.6.2.2 现场调试

现场调试是在工厂调试的基础上进行的真正的在线调试，不允许有任何错误与疏漏。特别对于危险性极大的化工生产装置，任何差错都会带来意想不到的后果。

现场调试主要检查以下几个方面：现场仪表的安装与接线，以及它与 DCS 的通信；检查数据点组态、操作画面、程序控制和紧急联锁。

现场调试需要工艺、电气和设备等各专业配合，调试之前需做好各方面准备。首先是安装工作全部完工，设备完好无损，接地符合要求，通信系统可靠，后勤保障充沛；其次是调试大纲、调试方法和各类调试报告均应准备齐全，对参加调试的操作工应进行培训，使之达到熟练操作的程度；最后是成立调试小组，统筹安排现场调试阶段的工作。例如，有关气密试验、工艺管线吹扫和分段式进行数据点的调试等。

1. 数据点调试

数据点调试包括现场仪表接线及安装的检查、现场仪表的通信检查及数据点组态检查等方面的内容。

数据点调试报告有模拟输入/输出数据点调试报告、数字输入/输出调试报告和脉冲输入数据点调试报告。测试中同时应注意报警、联锁功能的检查。

调试完毕后，应认真填写专门的调试报告，测试者需在报告上签字确认并对调试结果负责，未经调试小组同意，不得随意修改调试数据。

2. 控制程序的调试

控制程序的调试分为连续控制程序调试和非连续控制程序调试。

1）连续控制程序调试

连续控制程序调试是在系统提供的标准操作画面上进行的，用户在现场给出输入信号，考核调节回路输出是否正确。一般经离线调试后的连续控制程序出问题的可能性较小。

2）非连续控制程序调试

非连续控制程序是指顺序和批量控制程序，这些程序一般都有专门的操作界面，在操作过程中有提示信息。非连续控制程序的调试比较复杂，调试时应准备好各种所需的现场条件才能启动程序，仔细考察运行结果，一般复杂的顺序控制调试不会很顺利，出了问题应先检查程序逻辑，再看数据点组态和程序语句匹配与否。无论调试怎么复杂，调试要求的现场条件必须从现场加入，这是顺控程序调试中必须遵守的。因为这样可以进一步检查数据点的调试结果和现场变送的情况，确保试车运行过程中不出差错，对某些经常用到的顺控程序，由于其程序千差万别，调试人员只能自行设计调试报告，并在调试完成后签字确认。

3. 操作画面的调试

操作画面的调试就是调试出由用户自行设计编制的流程图操作画面。作为工艺过程的主要操作界面，其调试是与数据点的调试、控制程序的调试及联锁系统的调试同时进行的。这一调试的关键是要求画面能真实反映工艺过程的状态。

4. 紧急联锁系统调试

紧急联锁系统的运行直接关系到装置的安全生产。它的现场调试必须谨慎、细致。对于直接关系到装置安全的联锁部分，必须在整个调试过程中，每天调试一次。

紧急联锁系统的调试方法是按逻辑框图逐项进行的，在现场制造联锁源，观察联锁结果是否正确，如出现问题应检查阶梯图程序。

在现场调试阶段试验紧急联锁系统，由于和试车有关的各项准备都在同步进行，如压缩机单机试车、工艺管线气密性试验等可能对联锁试验系统带来干扰，所以联锁系统调试小组必须谨慎行事，服从现场统一指挥。

8.6.3 DCS的验收

DCS的验收分工厂验收和现场验收两个阶段。工厂验收是在工厂进行的，现场验收则是在系统运抵用户现场后的验收。

1. 工厂验收

工厂验收主要是对系统硬件、软件性能的验收，完成供货清单上所有设备的清点，检查厂商提供的软件是否满足用户的要求。事后制造厂拟定一个双方认可的验收报告、由双方签字确认。

2. 现场验收

当DCS运抵用户的应用现场后，应将所有设备暂时安放在一个距控制室较近的宽敞场所，不同的DCS对暂存环境有不同的要求。

现场验收包括开箱检验、通电检验及在线检验三步。

1）开箱检验

开箱检验主要是确认运输过程中有否损坏。另外也为了检查装箱时是否符合装箱单，这是现场验收的一个重要内容，因此整个过程要有记录，对箱外包装和箱内设备均应有摄影记录。应对所有设备按清单进行清点。

开箱时应有制造商、运输单位及最终用户三方在场。开箱完毕由制造商与最终用户形成开箱检验报告。对损坏情况、设备短缺情况，都应有详细说明，并确认其原因。提出修复或更换方案。

2）通电检验

通电检验之前首先需进行电源测试，然后将系统所有模件开关处于“关”位置，这时才能开启总电源，所有模件逐个通电，直至全部完成。接着启动系统测试软件，检查各部分状态。整个通电过程应保证 72 h 连续带电考核。该过程亦需形成记录，并写出通电检验报告。

3）在线检验

完成 1）、2）的验收，只是完成了现场验收的一部分，还必须进行现场的在线检验。这部分检验应在装量开车平稳后进行，且最好在满负荷的情况下进行。因为空载时，问题可能暴露不出来。

在产品保证期内，用户应得到厂商的技术支持，只要不是由用户原因造成的损失，都应给予修复或更换。因此也可以说 DCS 的现场验收与检验工作可以一直延续到 DCS 的保证期满。

8.6.4 DCS 的日常管理维护和继续开发

1. DCS 的日常管理

DCS 是多种技术、多个学科的综合，它的发展又特别迅速，要不断提高 DCS 的应用水平，就需要多方面力量联合作战。为此必须建立一个专门的管理机构统一全厂的 DCS 应用与开发的计划，统一布置备品备件，统一订购，统一开展国产化工作，统一设计和开发综合信息管理系统，综合安装培训和横向联合。开发高层次的控制软件已成了大势所趋。

除了进行计划管理外，还应进行项目管理和维护管哩。项目管理是负责确定设计、施工、投用等各个阶段的人员组成、分工和检查验收标准；维护管理除了要制定维修操作规程外，还应建立起一整套有关维护、检修、管理的规章制度，如技术管理、设备管理、安全管理和备品备件管理等的管理制度，以及操作的岗位标准、软硬件的完好率考核办法等。

2. 系统维护

转入常常运行的集散系统应有完整的维修制度。维护工作内容包括：系统的运行状况和环境状况的检查；参数及组态的修改；故障和设备缺陷的处理；备件及维修工具的保管设备及工作室卫生工作。在维护过程中应详细做好工作记录。以上这些工作不是轻易能完成的，因此必须有专人负责，也就是说要有专门的维修班子。最好不要同仪表的维修班子合在一起，以便各司其职、任务分明。

3. 系统应用软件的继续开发

系统第一次开车投运时的应用软件往往是最基本的，这时的工作重点是要各方协调。把系统运转起来，操作运行人员和工艺人员也需要有个熟悉、了解和适应的过程。一般在一年以后，应用软件的开发才被提到议事日程上来，内容一般包括：引进软件的消化吸收和真正采用；第一版软件的修改和补充，如控制方案、整定参数和操作画面等的修改；开发先进控制软件，实现局部或全装置优化；全厂系统联网拟接口的开发。这一工作是困难的，是需要各方面人员协作共同攻关的。必要时可与高等院校研究部门合作开发，以取得更大的经济效益。

本章小结

本章首先介绍了DCS的性能指标及重要性能指标设计、DCS的性能评估及选型，使读者对DCS的性能指标、评估、选型有了基本的认识；其次介绍了DCS的工程设计主要阶段、内容及工程设计各方的相互关系；最后重点介绍了DCS的安装调试验收及维护，使读者对DCS的设计安装调试验收维护有了一定的了解。

习 题

一、选择题

1. 提高系统可靠性的最直接的方法，就是在系统总体设计时加入______________环节。
2. 要保证现场设备运行信息能够最快地到达操作员站和保证操作员发布的命令最快地到达现场执行机构，就必须要求DCS的通信网络具有极高的__________，性能指标也很好。
3. 对DCS的供电宜采用________________________________供电。
4. DCS的工程设计分三个阶段：________________________________。
5. DCS的调试分两个部分：________________________________。

二、名词解释题

1. 安全性。
2. 可靠性。
3. 环境适应性。
4. MTBF。
5. 现场调试。
6. 信息安全。

三、简答题

1. 试述DCS的评价。
2. 试述DCS的可靠性设计的准则。
3. DCS的选型应考虑哪些因素？
4. 试述DCS抗干扰需要考虑的问题。
5. 试述安全性与可靠性的关系。
6. 试述信息安全主要采用的技术。
7. 工厂电缆在敷设时要注意哪些问题？

第 9 章

ABB Freelance AC800F 系统

学习目标

☞ 了解 ABB Freelance AC800F 系统的整体结构和主要特点

☞ 了解 ABB Freelance AC800F 系统的网络体系结构

☞ 熟悉 ABB Freelance AC800F 系统的基本硬件组成和各部分的作用

☞ 了解 ABB Freelance AC800F 系统软件包的组成

☞ 掌握组态的概念，熟悉 ABB Freelance AC800F 系统组态软件的基本用法

☞ 熟悉 ABB Freelance AC800F 系统实时监控软件的特点和使用

ABB Freelance AC800F 系统是 ABB 公司推出的具有世界领先水平的全能综合型开放系统，AC800F 系统融合传统的 DCS 和 PLC 优点及 FCS 于一体，支持多种国际现场总线标准。AC800F 系统具有 DCS 的复杂模拟的回路控制功能、友好的人机界面及方便的工程软件，系统既可连接常规 I/O，又可连接 Profibus、FF、CAN、Modbus 等现场总线设备，具有高度的灵活性和极好的扩展性。

9.1 ABB Freelance AC800F 系统的典型控制应用

ABB Freelance AC800F 系统结构如图 9－1 所示。

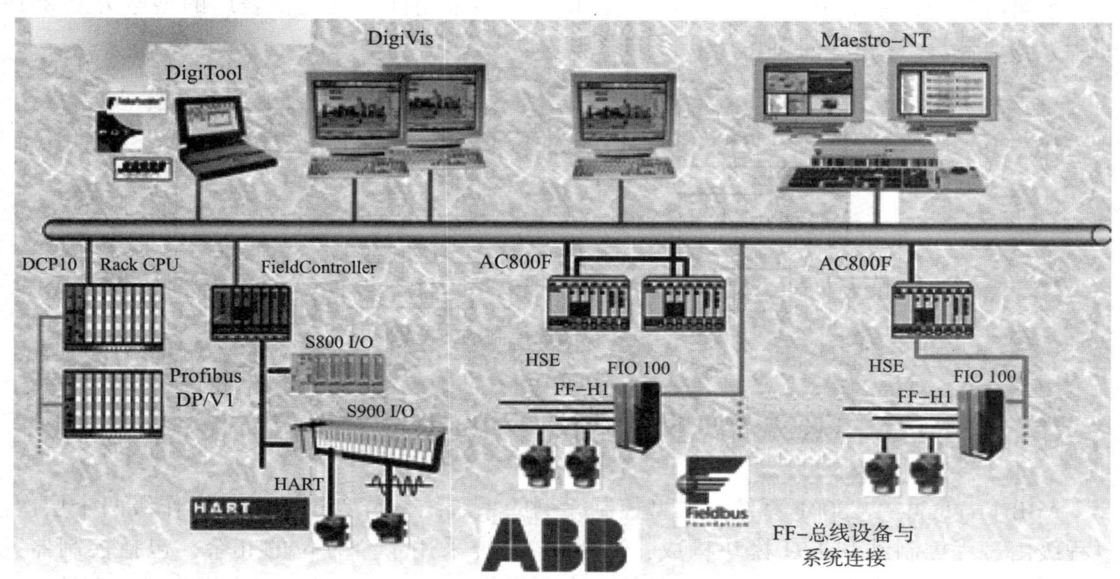

图 9－1　ABB Freelance AC800F 系统结构

在典型控制案例中，ABB Freelance AC800F 系统应用于电阻炉温度的控制、升降机电机的变频调速控制及水箱的液位控制。

电阻炉炉膛温度采用单相可控硅控制，由电阻丝的供电功率来调节，通过控制可控硅的导通角改变电阻丝的供电电压，从而达到控制电阻加热炉炉膛温度。温度检测采用 Xert－TT106 现场总线温度模块，支持 PA 协议测温范围为－200～850 ℃。电阻炉温度控制的方框图如图 9－2 所示。

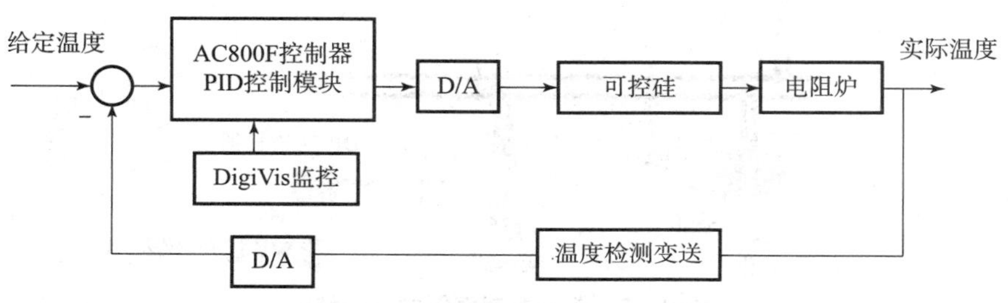

图 9－2　电阻炉温度控制的方框图

采用 ABB 的变频器控制升降机电机的方向及速度，变频器型号为 ACS510－01－03A3－

4，升降机电机速度控制的方框图如图 9－3 所示。

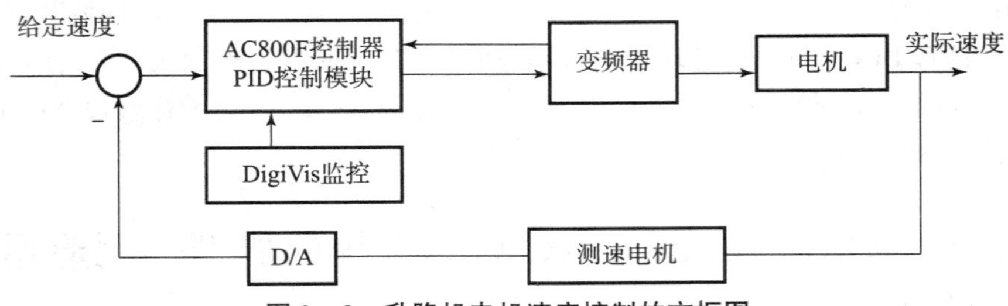

图 9－3　升降机电机速度控制的方框图

水箱液位的控制采用单回路控制，液位检测仪表采用江苏红光仪表厂的型号为 P3851S 的压力变送器。水箱液位控制的方框图如图 9－4 所示。

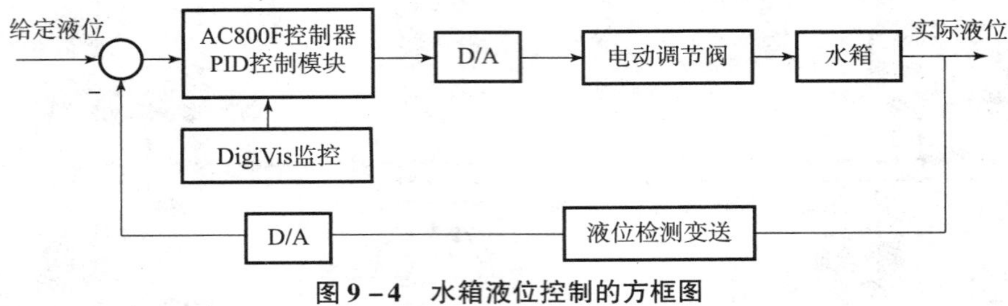

图 9－4　水箱液位控制的方框图

9.2　典型控制案例的系统结构

ABB Freelance AC800F 系统在典型控制案例的系统结构分为过程级和操作级两个层次。过程级由过程控制站和 I/O 模块构成，AC800F 系统采用了全方位的冗余，包括控制器冗余、DigiNet S 网络冗余、Profibus DP 总线冗余和操作员站冗余；操作级由操作员站和统一组态的工程师站构成，如图 9－5 所示。

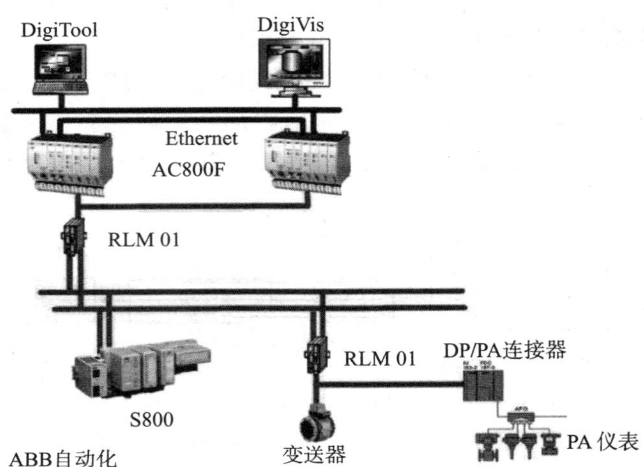

图 9－5　典型控制案例的系统结构

AC800F 过程控制站是 AC800F 系统的核心部分，一台工程师站兼作操作员站控制程序

组态，一台操作员站负责控制设备的监控、记录和参数设定；Profibus 现场总线部分为 I/O 站 S800、Profibus 总线仪表、网络分选器 RLM 01 及 Profibus - DP/PA Link 接口模件。

系统软件主要包括 IEC 61131 - 3 组态软件 CBF、人 - 机监控软件 DigiVis 以及相应的附加软件包。

系统操作员站、工程师站和 DCS 控制器之间采用具有 Ethernet 协议的 DigiNet S 总线进行通信，通信介质为 10/100 BASE T 双绞线，网络传输速率为 10 Mbps。AC800F 控制器与系统 I/O 站 S800 及检测设备之间采用 Profibus - DP 或 Profibus - PA 现场总线进行通信，通信介质采用 Profibus 总线电缆，通信速率为 1.5 Mbps。Profibus 网络上拥有 3 个节点，即 S800 I/O 站、DP/PA Link、电磁流量计 DP。

9.3 主要硬件介绍

系统中的主要硬件是 AC800F 控制器，并进行 PC 配置。

9.3.1 AC800F 控制器

AC800F 控制器的外形如图 9 - 6 所示，它支持多种标准现场总线通信，如 Profibus - DP/V1、Modbus、Freelance 2000 CAN I/O 总线、Open CAN - Bus、Foundation Fieldbus H1、HART 通信协议标准。

AC800F 控制器将“简单的工程”概念融入开放的控制系统中，为自动化控制工艺设计提供充分的灵活性。

图 9 - 6 AC800F 控制器

（1）现场智能设备的组态与系统应用程序组态完全统一。

（2）组态、调试及诊断仅需要一种工具软件。

（3）可读取现场智能设备的所有信息、周期及非周期数据。

（4）在组态、调试、试车、服务及维护等方面节省大量的费用。

（5）现场安装节省电缆及空间。

（6）系统结构灵活，具有较强伸缩性，即使是只有几个信号的应用也很经济。

AC800F 控制器还提供了控制器冗余（2 个现场控制器）、电源冗余（24 V）、以太网通信冗余（标准）、Profibus - DP 通信总线冗余（需外部设备 RLM 01）等级别的冗余设置。

AC800F 控制器有主单元 PM802F、电源模件 SA811F、网络模件 EI813F、CAN 总线通信模件 FI810、Modbus 通信模件 FI820、Profibus 现场总线通信模件 FI830F、FF 总线通信模件 FI840 等配置，其中，电源模件、网络模件和 Profibus 总线通信模件应用最为广泛。

1. 主单元 PM802F

主单元 PM802F 如图 9 - 7 所示，其特性有：①Superscalar RISC 微处理器（150 MIPS）；②16 KB内部 CPU 缓冲 RAM；③4 MB FLASH EPROM；④4 MB SRAM 具有错误校验功能；⑤后备电池保持，包括电池电压监控；⑥EEPROM，连续，16 kbit；⑦内置温度检测设备；⑧看门狗 Watchdog；⑨4 个现场总线模件槽；⑩2 个 Ethernet 通信模件槽，32 位数据总线，通信速率为 10 Mbps；⑪支持现场控制器冗余功能。

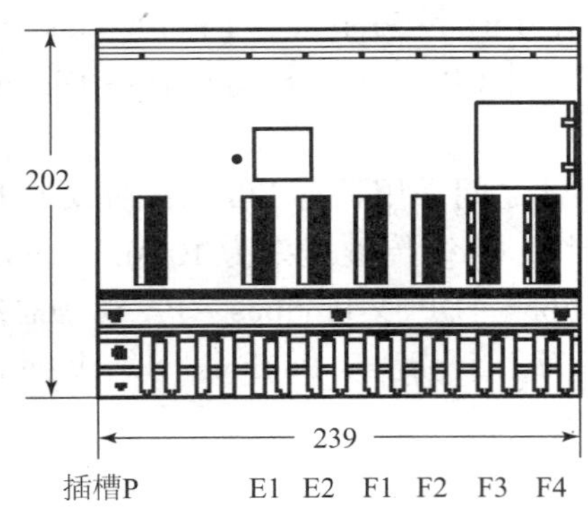

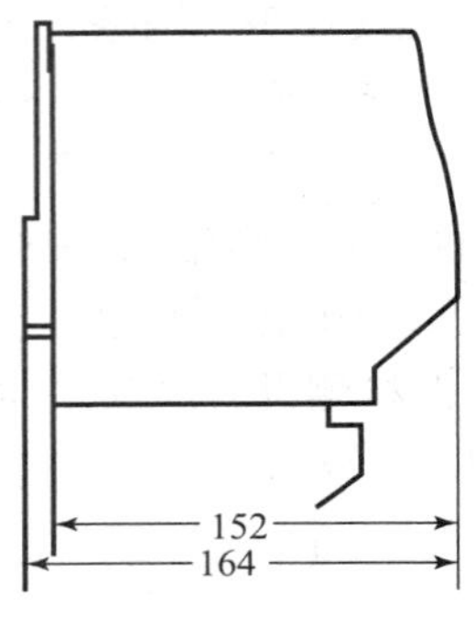

图 9-7　PM802F 外形图

PM802F 基本单元通过现场总线模件循环采集现场智能设备的信号，应用已安装的用户程序对这些信号进行处理，并将处理好的信号通过现场总线模件输出到现场。现场控制器可以使用 2 个以实现冗余，当主 AC800F 出现故障时可以平滑、快速切换到热备 AC800F，每个现场控制器可以使用一个以太网模件（DigiNet R）用于主 AC800F 与热备 AC800F 之间的通信及同步，所有输入与输出均设计为支持冗余设置。现场控制器、过程站与操作员站之间的通信采用以太网系统总线（DigiNet S），与工程师站的数据交换也通过这条数据总线时，工程师站可以将新的或修改的程序加载到过程站，同时可以远程诊断现场控制器及各模件的运行状态。当安装和更换现场总线模件时，该模件的组态信息会自动进行更新。

程序与实时过程数据存储在 RAM 中，为防止在系统停电时造成数据丢失，采用后备电池保持 RAM 信息，该电池装在每个以太网模件上及专用电池模件上。

2. 电源模件 SA811F

电源模件 SA811F 如图 9-8 所示，其特性有：①输入电源：115/230VAC（自动调压），输出电源电器隔离；②输出电压：5V DC/5A 和 3.3V DC/5A；③具有电源故障报警和保护功能；④电源状态指示和控制器操作状态指示；⑤短路保护及限流；⑥在主电源故障时，输出 20 ms 能量保持，符合 NAMUR 标准。

现场控制器使用 SA811F 提供的 5V DC/5A 和 3.3V DC/5A 的电源。电源模块具有开路、过载和短路保护的功能。电源模块中电子设备能稳定地提供低纹波的电源输出。一旦主电源掉电，电源模块可以产生一个 5 ms 宽度的电源故障信号。这个信号命令 CPU 模块进行系统切换到安全状态的操作处理。电源模块能继续维持电源输出至少 15 ms 的事件，以提供以上安全操作的能源消耗的需要。当电源恢复后，控制器会完成重新启动并重新开始执行用户程序。

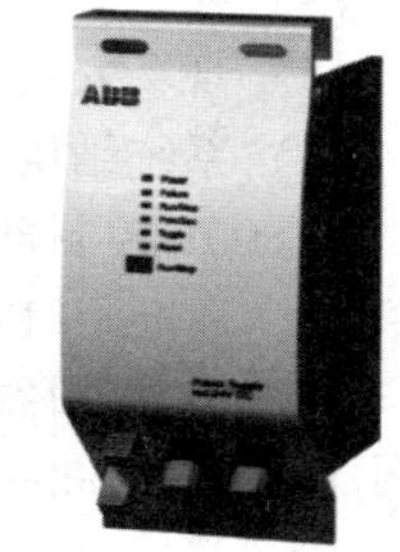

图 9-8　SA811F 外形图

3. 网络模件 EI813F

网络 EI813F 如图 9-9 所示，其特性有：①采用 IEEE 802.3 Ethernet 标准；②提供 10 Base T 通信接口（10 Mbit）；③32-bit 数据总线，100 MB/s；④直接内存存取到主存储器；⑤ <4% CPU 操作负荷；⑥冗余电池用于内存备份。

网络模件 EI813F 提供与系统总线（DigiNet S）通信的功能，通信协议符合 IEEE 802.1 标准。通信模块提供 10 Base T 接口，可连接 3、4 或 5 类屏蔽双绞线。

4. Profibus 模件 FI830F

Profibus 模件 FI830F 如图 9 – 10 所示，其特性有：①复合 Profibus – DP/V1 标准（DIN 19245）；②传输速率高达 12 MBd；③支持 126 个从站；④集成接口物理标准 RS – 485；⑤电气隔离；⑥板上共享存储器 256 KB；⑦最少占用基本单元内存；⑧模件可以在操作期间移动或插入；⑨通过现场控制器冗余实现冗余操作。

图 9 – 9 EI813F 外形图

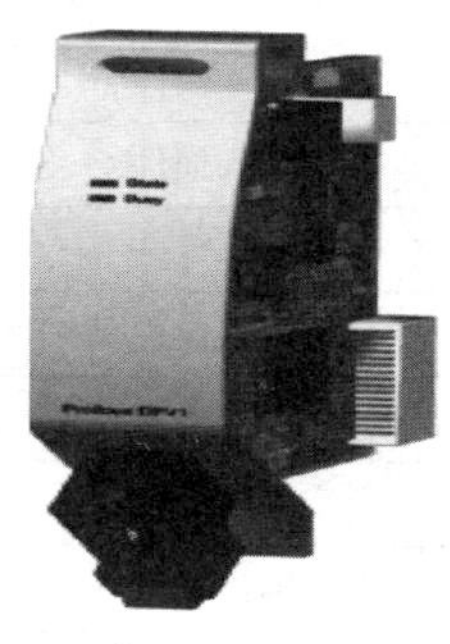

图 9 – 10 FI830F 外形图

FI830F 模件为 Profibus 现场总线接口模件，该模件与 Profibus – DP/V1 协议兼容，数据通信速率最高为 12 MBd。模件作为 Profibus 总线上主站，允许连接 126 个 Profibus 从站。组态与参数设置均使用 DigiTool 软件，无须另外附加编程软件。

总线冗余使用外部附加设备 RLM 01 实现，它可提供两条并行的 Profibus 总线，或采用 OZD Profi 12 实现光纤环形冗余结构，同样也可以使用 2 个 AC800F 控制器模件，在 2 个冗余主站之间进行冗余切换。

5. S800 I/O 站

S800 是用于过程控制站的分布式 I/O，它们通过 Profibus – DP 现场总线与其所属的控制器通信，既可以安装在控制室，也可以安装在现场以尽量接近现场变送器和执行器，从而节省电缆并减少安装费用。

S800 I/O 如图 9 – 11 所示，它具有灵活、模块化、经济、可靠的优点。

图 9 – 11 S800 I/O 站外形图

（1）灵活性：对安装数量没有限制，可小数量安装，也可大量安装，可以安装在室内，也可安装在室外，可以安装在墙上，也可安装在机柜中。

（2）模块化：可一步一步扩展，不会因自身限制而影响系统扩展。

（3）经济性：节省硬件、电缆，从而节省安装及维护费用。

（4）可靠性：因其自诊断及冗余等特性，可平滑地实现自动切换。

S800 I/O 采用模块化设计，DIN 标准导轨式安装，由于对空间以及环境要求不苛刻，S800 I/O 尤其适用于安装在分散的场合，并且对处理信号几乎没有要求，从而现场仪表和设备信号可以直接接线到 S800 I/O 站。S800 型的 I/O 模件见表 9－1。

表 9－1　S800 型的 I/O 模件

型号	名称	规格
DI 801	数字输入模件	24 V DC，16 通道，额定电压 50 V
DI 810	数字输入模件	24 V DC，16 通道，额定电压 50 V
DI 811	数字输入模件	48 V DC，16 通道，额定电压 50 V
DI 814	数字输入模件	24 V DC，16 通道，额定电压 50 V，电流源
DI 820	数字输入模件	120 V AC～110 V DC，8 通道，额定电压 250 V
DI 821	数字输入模件	230 V AC～220 V DC，8 通道，额定电压 500 V
DI 830	数字输入模件	24 V DC，16 通道，额定电压 50 V，SoE
DI 840	数字输入模件	24 V DC，16 通道，额定电压 50 V，可冗余
DO 801	数字输出模件	24 V DC，16 通道，额定电压 50 V，0.5 A 短路保护
DO 810	数字输出模件	24 V DC，16 通道，额定电压 50 V，0.5 A 短路保护
DO 815	数字输出模件	24 V DC，8 通道，额定电压 50 V，2 A 短路保护
DO 820	继电器输出模件	24～230 V AC，8 通道，额定电压 250 V
DO 840	数字输出模件	24 V DC，16 通道，额定电压 50 V，0.5 A，可冗余
DP 820	脉冲计数模件	2 通道，1.5 MHz，额定电压 50 V
AI 801	模拟输入模件	0～20 mA，4～20 mA，0～10 V，8 通道，12 位，250 Ω
AI 810	模拟输入模件	0～20 mA，4～20 mA，0～10 V，8 通道，12 位，250 Ω
AI 820	模拟输入模件	±20 mA，±10 V，4 通道，12 位，250 Ω
AI 830	模拟输入模件	8 通道，Pt100，Ni，Cu，14 位
AI 835	模拟输入模件	8 通道，热电偶，B，C，E，J，K，N，R，S，T，15 位
AI 845	模拟输入模件	8 通道，0～20 mA，4～20 mA，0～10 V，12 位，可冗余
AO 801	模拟输出模件	8 通道，0～20 mA，4～20 mA，850 Ω，14 位
AO 810	模拟输出模件	8 通道，0～20 mA，4～20 mA，850 Ω，14 位
AO 820	模拟输出模件	4 通道，±20 mA，±10 V，12 位
AO 845	模拟输出模件	8 通道，0～20 mA，4～20 mA，850 Ω，14 位，可冗余

S800 I/O 的特性有：①所有模件具备故障自诊断功能并具有 LED 故障显示丰富的 I/O 模件类型；②模拟量 I/O 精度≤0.1%，支持电源冗余，所有 I/O 均可设定安全值，具有短路保护功能；③所有模件均可带电插拔，并自动识别，支持冗余现场总线；④支持 HART 协议通信（部分 S800 I/O 卡件）；⑤具备本安特性（部分 S800 模件、EEx ia II C）。

9.3.2　PC 配置

1. 工程师站 PC 配置

工程师站 PC 的配置要求包括安装需要的硬盘空间、运行需要的硬盘空间、操作系统和以太网卡。

（1）安装需要的硬盘空间：500 MB 自由空间。

（2）运行需要的硬盘空间：10 GB 自由空间。

（3）操作系统：Microsoft Windows XP Prof. SP2；CPU 速度：≥2 GHz；RAM：1 GB。

（4）以太网卡：接口 BNC/AUI/TP。

2. 操作员站 PC 配置

操作员站 PC 的配置要求包括安装需要的硬盘空间、运行需要的硬盘空间、归档需要的硬盘空间、操作系统、CPU 速度、以太网卡和双屏显示图形卡。

（1）安装需要的硬盘空间：500 MB 自由空间。

（2）运行需要的硬盘空间：≥2 GB 自由空间。

（3）归档需要的硬盘空间：≥80 GB（取决于组态的归档大小）。

（4）操作系统：Microsoft Windows XP Prof. SP2。

（5）CPU 速度：≥2 GHz；RAM：1 GB。

（6）以太网卡：接口 BNC/AUI/TP。

（7）双屏显示图形卡：AGP MatroxG550，ATI X300；ATI FireGLV3100，Nvidia NVS280。

9.4 系统软件 Freelance

系统软件 Freelance 分为操作级和过程级，操作级包含操作、监控、归档、记录、趋势和报警等功能。过程级通过过程控制器实现开环控制和闭环控制。系统软件 Freelance 主要包括运行在工程师站的 ControlBuilder F（CBF）和运行在操作站的 DigiVis 软件。

9.4.1 工程师站工具软件 Control Builder F（CBF）软件

CBF 是 Industrial IT 系统的工程工具，它是集组态（包括硬件配置、控制策略、HIS 即人机接口等组态）、工程调试和诊断功能为一体的工具软件包。CBF 采用统一的系统全局数据库和强大的交叉参考工具，不仅能方便地完成自动化组态，而且是一个高性能的过程调试工具。Industrial IT 系统过程控制站 PS 和现场控制器 FC 所需的各种控制算法和策略都是由 CBF 来组态的，并采用图形化的组态方法（符合 IEC 1131－3 标准）。

CBF 也用于对操作站人机接口（HIS）功能的组态，还可直接对现场总线设备进行组态。

控制算法和策略组态可选用以下 IEC 1131－3 标准组态方法中的一种或几种：FBD（功能方块图）；LD（梯形图）；SFC（顺序功能图）；IL（指令表）；ST（结构化文本）。

CBF 安装在 Industrial IT 系统工程师站上，完成后的组态结果由工程师站通过系统网络下载至相应的 FC 及操作站 OS 中。组态既可在线也可离线。离线组态仅需一台装有 CBF 软件的 PC 机。

系统提供一个含有 190 多种功能模块（标准算法程序）的功能块库，除了 IEC 1131－3 标准规定的基本内容外，还扩充了许多功能强大并经过严格测试的功能块。用户还可自定义功能块和由若干功能块组成的用户宏。CBF 还提供 200 多个标准图形符号（静态和动态）及大量美观实用的立体图例可供 HIS 组态选用。

CBF 在执行组态编译时能自动查找定位错误源，交叉参考功能可帮助工程师迅速查找对应的变量位号、功能块及操作画面，大大提高了组态效率。CBF 可引入或导出 ASCII 程序、显示画面、变量位号和部分项目树。CBF 还可输出包括全部组态结果的图形化工程文档。

总体来说，CBF 具有如下特点：

（1）使用同一工程软件完成控制策略组态和 HMI 组态（即硬件配置组态、过程控制编程、操作站组态一体化）；

（2）高性能图形化组态编辑工具，符合 IEC 1131 -3 标准。

（3）功能库提供 190 多个功能（算法）模块，远超过 IEC 1131 -3 所规定的基本内容。

（4）宏库提供 200 多个可扩展和定义的图形符号及大量三维图例供画面组态；

（5）采用项目树使得程序生成灵活，程序组织清晰明了；

（6）采用统一的系统全局数据库；

（7）Windows 下的在线帮助功能；

（8）项目文件备份；

（9）口令保护。

9.4.2 DigiVis 软件

DigiVis 软件的功能包括图形显示、数据监视、系统状态显示、趋势归档、记录、过程及系统报警、报表、操作指导、下达控制指令、系统诊断等。DigiVis 具有中文版，更加便于国内用户使用。

DigiVis 软件的特性有：

（1）系统信息的层次化分布使操作清楚迅速。

（2）变量的直接快速搜索。

（3）采用统一信息概念、清晰的信息显示和操作员提示。

DigiVis 图形显示种类包括自由图形显示（工艺流程等）及大量标准显示。

1. 自由图形显示

自由图形显示是按照装置工艺和操作员的专门需要组态的用以表示工艺过程状态的显示画面，工艺流程画面是典型的自由图形显示。在自由图形中，当前的过程数据或过程状态可以数字或模拟形式进行显示（如棒图、动态填充或趋势窗口）。画面显示中的图形符号可根据过程状态进行置换、闪烁、变色以及位置变化，即进行动态显示。所选择的过程变量可通过流程画面中的面板或通过标准分组画面进行显示操作。

如果组态了画面调用热区或调用按钮，则可在自由画面中设置指定的画面调用体系，它确定彼此之间的调用关系，便于用户监视操作。另外位于屏幕顶部稍偏下处的显示菜单提供了一个标准的画面调用体系。随时可通过该菜单调用各种类型显示画面，在相应画面中可显示所需过程点的信息。操作站中可组态的自由画面数量只受硬盘容量的限制。

2. 标准显示

标准显示，与自由显示不同，标准显示的格式是固定的（系统预定义的）。对于大多数功能，都可采用系统提供的标准显示进行显示操作，而无须进一步的编程。标准显示又分为总貌显示、快选窗口显示、分组显示、面板窗口显示、设定值曲线显示、趋势显示、信息一览表及操作员提示一览表显示和系统诊断显示。

9.5 系统组态

利用工程师站 CBF 软件对 ABB AC800F 系统的软硬件构成进行配置，即为系统设定各项参数的操作。

9.5.1 AC800F IP 的 IP 地址设置

Freelance 系统各节点之间通过标准的以太网 TCP/IP 协议进行通信，所以首先要设置 AC800F 控制器和 PC 机的 IP 地址。PC 机的 IP 地址是在 Windows 操作系统软件中设置的，大家都已经很熟悉了。这里主要介绍 AC800F 控制器的 IP 地址设置。

对于 Freelance 系统，AC800F 控制器的 IP 地址设置方法有标准设置和非标准设置两种。

（1）标准设置的所有 IP 地址都设置为相同的格式：172. 16. 1. X（X 代表 IP 地址的最后一个数），并且具有相同的子网掩码 255. 255. 240. 0。

（2）非标准设置可以任意设置 AC800F 控制器的 IP 地址和子网掩码。

1. 通过硬件拨码开关设置 AC800F 控制器的 IP 地址

标准的设置方法是用一个硬件拨码开关来设置 IP 地址，用拨码开关 1 ~ F 位置设置 IP 地址的最后一个数。如果是冗余的控制器，则冗余的以太网模件的拨码开关必须拨到 F 位置。主以太网模件拨码开关的位置 0 用于非标准设置。

2. 通过诊断口设置 AC800F 控制器的 IP 地址

非标准设置是通过控制器电源模件上的 RS – 232 诊断口来设置控制器的 IP 地址。

9.5.2 冗余控制器的 IP 地址设置

两个 AC800F 控制器可以互相连接，应用于冗余模式。除在 E1 槽位插入以太网模件用于正常的网络通信外，还要在 E2 槽位插入第 2 块以太网模件，在两个 AC800F 控制器 E2 槽位的以太网模件之间，通过点到点连接建立冗余链接。

1. 冗余控制器 IP 地址标准设置

在冗余模式下，需要在 E1 和 E2 槽位都插入以太网模件。E1 槽位上的以太网模件，用于系统总线 DigiNet S 通信。第 2 块以太网模件（E2 槽位）连接到冗余的 AC800F，这块以太网模件上的 IP 地址拨码开关必须设在 F 上。

2. 冗余控制器 IP 地址特殊设置

将 E1 槽位的以太网模件的 IP 地址拨码开关拨到“0”位置，通过 RS – 232 串口设置 AC800F 的 IP 地址和子网掩码，见表 9 – 2。

表 9 – 2 过程控制应用系统的网络地址配置表

节点名称	资源 ID	IP 地址	子网掩码
AC800F 控制器	1	172. 16. 1. 3	255. 255. 240. 0
AC800F 冗余控制器	1	172. 16. 1. 4	255. 255. 240. 0

续表

节点名称	资源 ID	IP 地址	子网掩码
工程师站	21	172.16.1.30	255.255.240.0
1#操作员站	22	172.16.1.30	255.255.240.0
2#操作员站	23	172.16.1.31	255.255.240.0

在进行 AC800F 控制器 IP 地址设置时，应先在控制卡上进行拨码开关设置，再在 CBF 软件中设置，地址保持一致。操作员站的地址在 CBF 软件中设置。

9.5.3 Profibus 总线的网络地址设置

DP/PA Link 地址设置见表 9－3。

表 9－3 过程控制应用系统的 Profibus 地址配置表

站名称	类型	Profibus 地址
AC800F 控制器	PROFIBUS MASTER	1
IO 站 GC1_A_1	PROFIBUS SLAVE	2
DP/PA Link	PROFIBUS SLAVE	3
电磁流量计 DP 站	PROFIBUS SLAVE	12

9.5.4 硬件组态

打开软件并建立组态，正确安装软件后，在“开始”菜单中打开 CBF 软件，进入 CBF 后可进行操作。在菜单栏中选择“项目”→“导入”命令，导入一个“.csv”文件。

1. 新建项目文件

新建项目的步骤如下。

（1）进入组态界面，在菜单栏中选择“项目”→“新建”命令，创建一个名称为“panda_dcs”的新文件。

（2）单击“save”按钮，弹出如图 9－12 所示的对话框。在对话框中输入项目信息，如项目名称、项目管理者和项目注解等，将项目保存在文件夹 proj 下。若需要还可以加密码。

（3）单击“确认”按钮，进入组态环境。

一个完整的组态项目文件至少要有操作管理级（操作员站、网关站等）和过程控制级（现场控制器 AC800F 硬件配置）。此外，还有用户功能块、图形库等。

2. 新建项目树

在工具栏中单击“组态”按钮，显示根目录和暂存池两项，选择“panda_dcs”。

（1）单击鼠标右键，在弹出的快捷菜单中选择“组态 CONF”命令后，单击“确认”按钮。在弹出的对话框中输入要点信息名称，如图 9－13 所示。

（2）单击“确认”按钮，即可建成一个以 panda_dcs 为名称的组态文件根目录，整个组态项目下的过程站、操作员站和其他站等资源及对象的数据库都由其统一管理，数据传送也

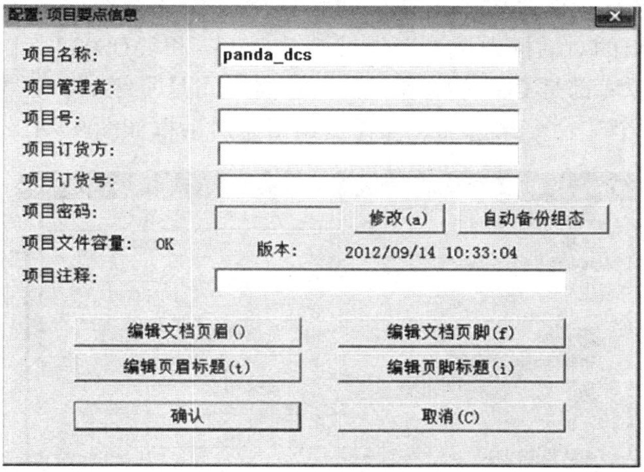

图 9－12　“配置：项目要点信息”对话框

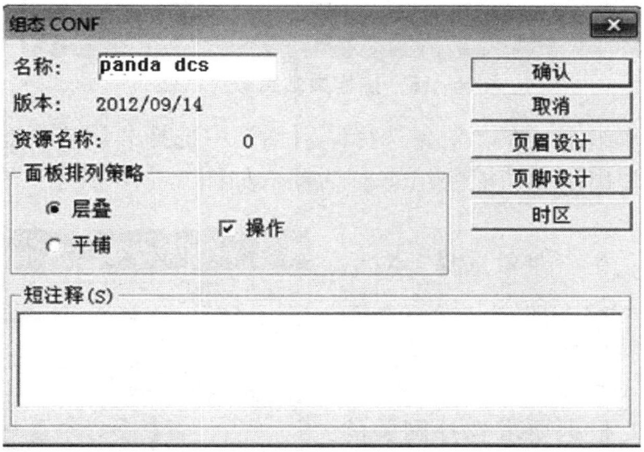

图 9－13　“组态 CONF”对话框

由其负责，时区设置由其完成。

（3）过程控制站组态。在 CONF 上单击鼠标右键，在弹出的快捷菜单中选择相应的命令，弹出“对象选择”对话框，如图 9－14 所示。在“对象选择”对话框中选择“过程站 D－PS”命令，单击“确认”按钮，在弹出的对话框中添加过程站。

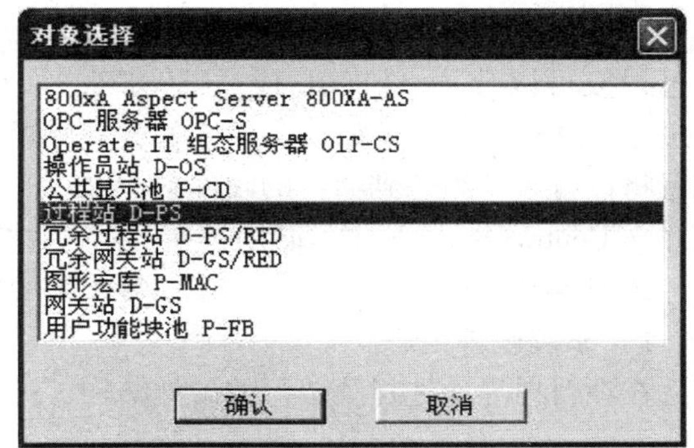

图 9－14　“对象选择”对话框

将过程站取名为“PS01”，与组态级相同，其他的参数先选择默认，不用更改。如果是冗余系统请选择“冗余过程站 D－PS/RED”项，本手册中选择的是冗余控制系统。

(4) 操作员站组态。在“对象选择”对话框中选择“操作员站 D－OS”命令，单击“确认”按钮，在弹出的对话框中添加操作员站“OS1”和“OS02”，以及用户功能块“公共图”。这些站或资源库都是 CONF 的下一级，它们之间是平级的，也可以右键单击其中一级，选择“插入下一个”命令来添加。操作员站组态对话框如图 9－15 所示。

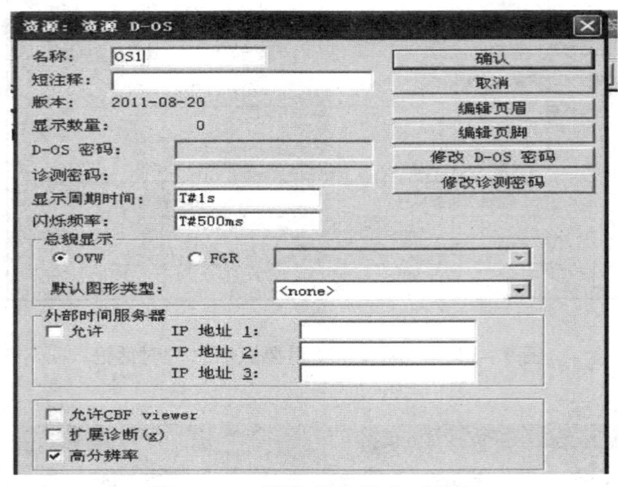

图 9－15　操作员站组态对话框

(5) 用户功能块库组态。在“对象选择”对话框中选择“用户功能块池 P－FB”命令，单击“确认”按钮，弹出用户功能块组态对话框，如图 9－16 所示。在该对话框中添加用户功能块库。

(6) 网关站组态。在“对象选择”对话框中选择“网关站 D－GS”命令，单击“确认”按钮，弹出用户功能块组态对话框，如图 9－17 所示。在该对话框中添加网关站。在添加网关站时，需要根据要求选择网关的类型。

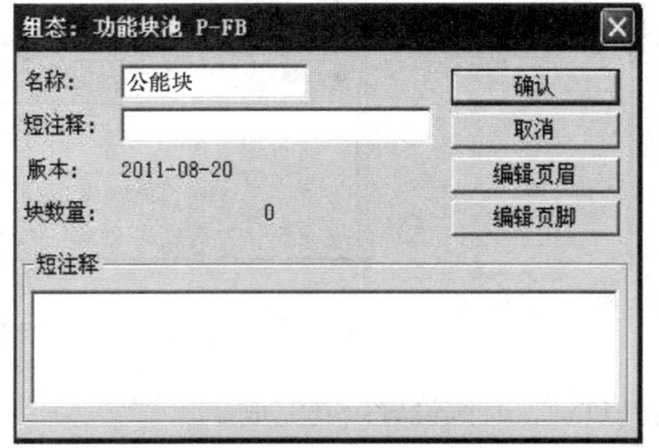

图 9－16　用户功能块组态对话框

添加好各个资源后，系统的组态基本结构如图 9－18 所示。

3. 系统硬件组态

项目树下组态的资源有对应的硬件设备，且过程级可以分为 AC800F 或 AC800FR，每种过程级中包含不同的模件，模件的放置位置及参数要求都不同，这就需要我们按照实际的配置将设备硬件组态到项目的硬件结构中。

在 Control Build F 中，必须按照实际硬件的安装，在组态软件中完成硬件配置、参数设置、通道定义、资源号的设定等。项目树中的资源必须与实际的硬件相对应。

1) 系统硬件组态

在项目树界面选择菜单行的硬件结构，进入硬件组态界面，如图 9－19 所示。

组态：网关站 D-GS

名称： OPC
短注释：
版本： 2011-08-20
类型： OPC-网关
外部时间服务器
允许
IP 地址 1：
IP 地址 2：
IP 地址 3：
致命错误时复位
短注释
确认
取消
编辑页眉
编辑页脚
存取权限...

图 9－17　网关站组态

```
01 panda_dcs
  01 panda_dcs [CONF]
    01 OPCS [OPC-S]
    02 用户功能 [P-FB]
    03 PS01 [AC800FR]
      01 PS01.USRTask [任务列表]
      02 PS01.SYSTask [任务列表]
        01 PS01.ColdSt [任务/冗余] [一次]
        02 PS01.WarmSt [任务/冗余] [一次]
        03 PS01.RedSt [任务/冗余] [一次]
        04 PS01.Run [任务/冗余] [一次]
        05 PS01.Stop [任务/冗余] [一次]
        06 PS01.Error [任务/冗余] [一次]
        07 PS01.LatCSnd [任务/冗余] [周期,T#1s]
        08 PS01.LatCRcv [任务/冗余] [周期,T#1s]
    04 公共画面 [P-CD]
    05 OS01 [VIS]
    06 OS02 [VIS]
02 暂存池
```

图 9－18　组态基本结构

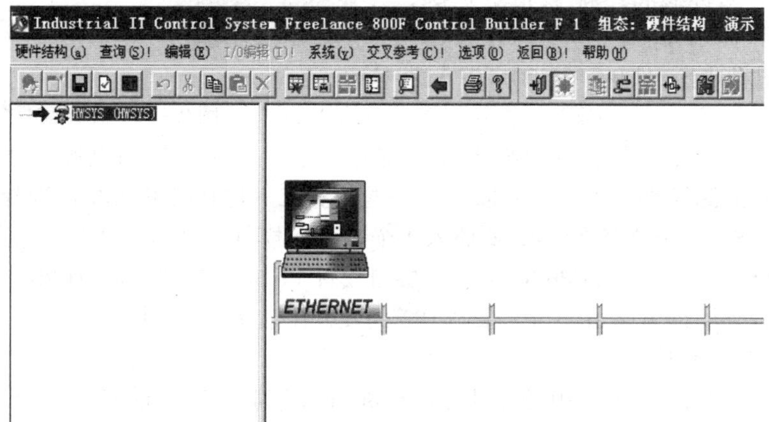

图 9－19　硬件结构显示

图9－19左边是硬件结构的树形显示，图9－19右边是图形显示。在图形显示中，以太网的上方配置操作员站和网关站，下方配置控制站。

在以太网的上方单击鼠标，会出现一个红色的框，在此框上单击鼠标右键，在弹出的快捷菜单中选择“插入”命令，添加操作员站。单击“确认”后，会在相应位置出现一个电脑图标，右键单击这个电脑图标，制定对应的组态资源。系统的操作站组态如图9－20所示。

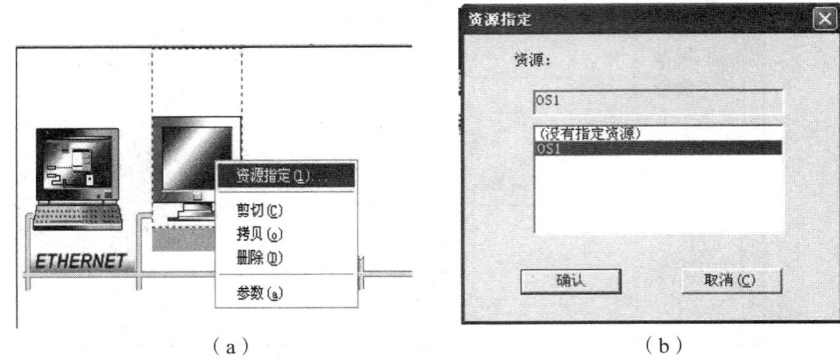

（a）　　（b）

图9－20　系统的操作站组态

（a）页面；（b）对话框

以同样的方法在以太网的上方操作员站指定资源OS02，在以太网的下方插入冗余现场控制器并指定资源为PS01，完成系统硬件组态的状态如图9－21所示。

右键单击图9－21中插入的冗余控制器，在弹出的快捷菜单中选择“参数”命令，在弹出的对话框中选择CPU类型。本例中选择“PM802F”。

在以太网中插入各种节点之后，要使其与项目树中的资源建立一一对应关系。给节点分配资源以后，该节点自动激活，即Control Builder F在进入调试状态时，系统总线将自动搜索该节点。若在项目树中没有建立相应的站，在进行硬件配置时，所插入的站标志将不能被指定资源，并显示为灰色，表示不可用。

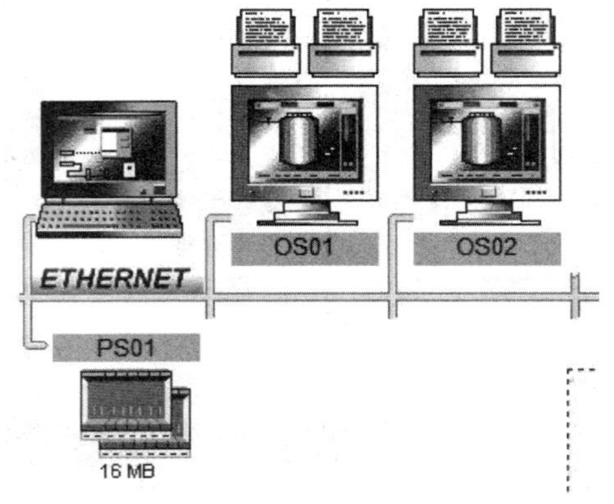

图9－21　系统硬件结构图

2）PS01过程控制站的AC800F控制器模块组态

双击“控制器”的图标，在机架上插入相应的模件。在机架的电源插槽P上，右键插入与实际对应的电源模件SA811。在以太网插槽位置E1上根据不同配置选择并插入不同以太网通信模块EI813。冗余控制器需要插入2个以太网模件，即E1、E2槽都需要配置。在F插槽位置插入与实际相对应的Profibus总线接口模件FI830。配置好的AC800F控制器的基本结构如图9－22所示，主站IP1与冗余站IP2的硬件配置完全相同。

3）Profibus现场总线组态

（1）Profibus总线主设备组态。双击AC800F控制器上的模块FI830，放置Profibus master主设备。Profibus总线主设备组态如图9－23所示。

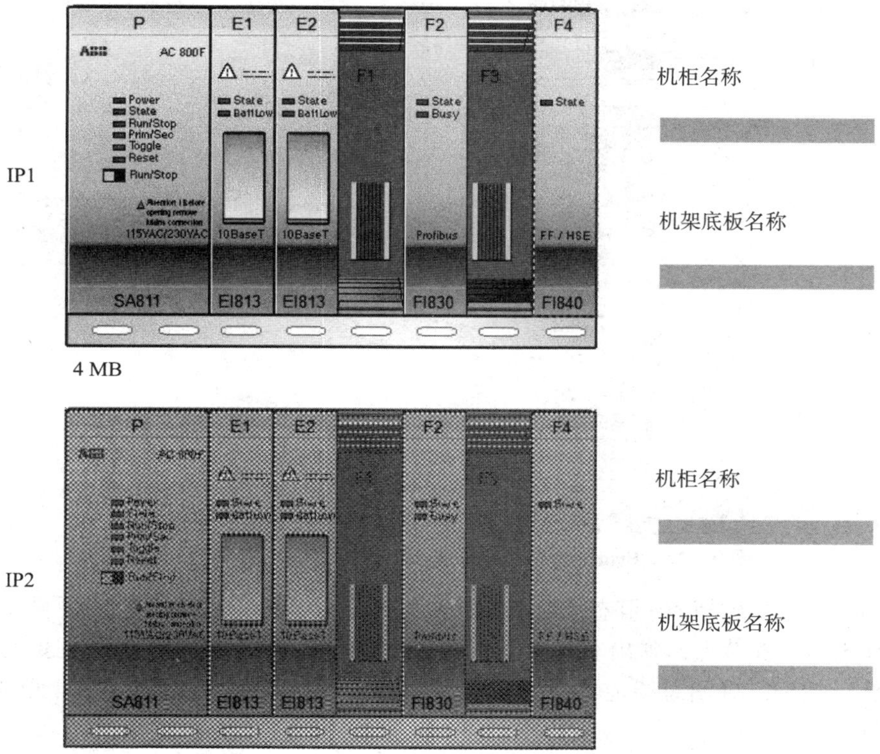

P E1 E2 F2 F4

机柜名称

机架底板名称

IP1

SA811 EI813 EI813 FI830 FI840

4 MB

机柜名称

机架底板名称

IP2

图 9－22　AC800F 控制器模块组态

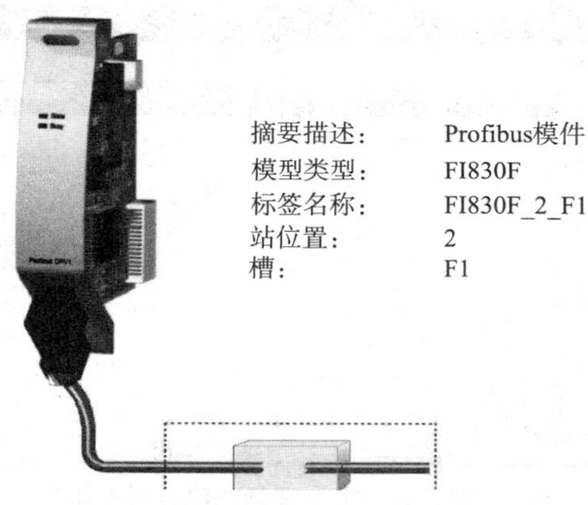

图 9－23　Profibus 总线主设备组态

双击现场总线的断开处，选择主设备 PROFI－M－DEV（Profibus master），单击“确认”按钮。在硬件结构的树形显示中双击“PROFI_M_DEV（PROF_1_F2）”命令，弹出主站参数设置对话框，如图 9－24 所示，可设置主站波特率和内存配置。建议内存配置中的每个设备 I/O 字节数量选择最大值。

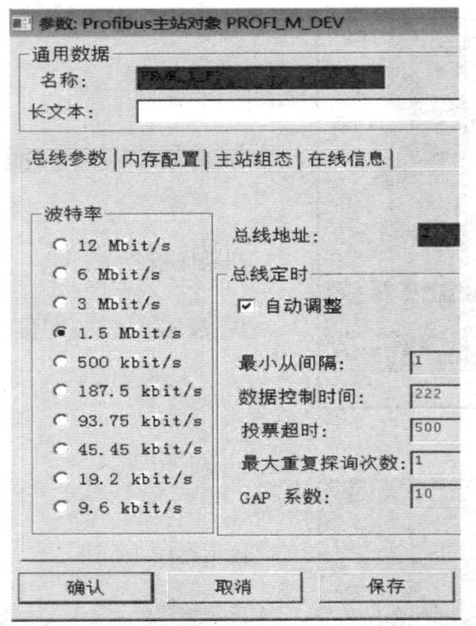

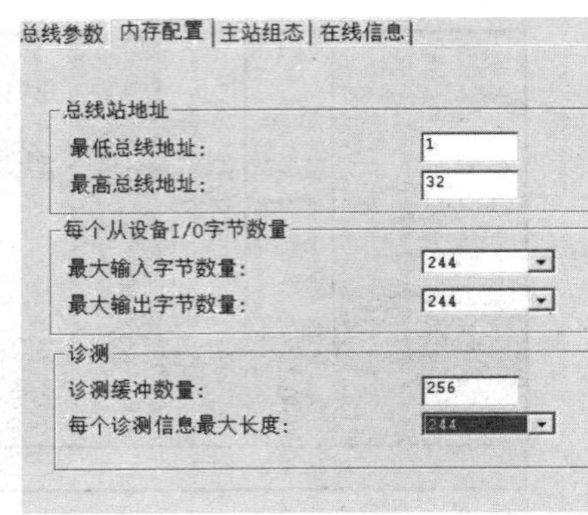

图 9－24　Profibus 总线主设备 PROFI－M－DEV 参数组态

（2）Profibus 总线从设备组态。Profibus 总线主设备组态完成后，返回硬件结构的树形显示，找到添加总线节点，弹出"插入新对象"对话框，如图 9－25 所示。选择从设备后，单击"确认"按钮，弹出总线地址对话框，根据实际情况修改总线地址后，单击"确认"按钮，如图 9－26 所示。

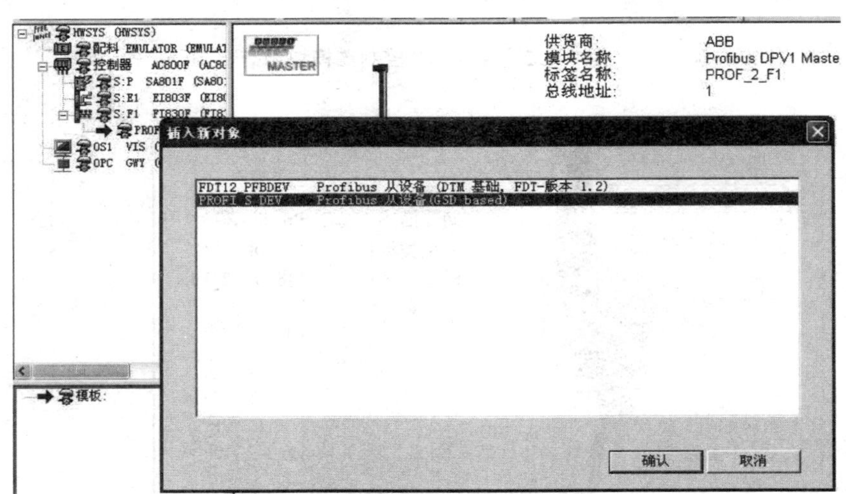

图 9－25　Profibus 现场总线从设备组态

每个 Profibus master 节点下，理论上最多允许放置 125 个从设备。

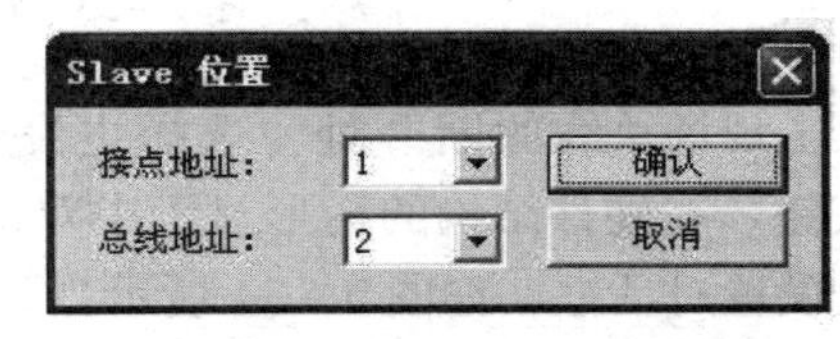

图 9－26　Profibus 现场总线从设备地址组态

选择 Profibus 现场总线从设备的设备数据库文件（GSD 文件），选择开始引入；或者从磁盘导入要添加的 GSD 文件。

双击硬件结构的树形显示节点 Node1，进

入 Profibus Slave 参数组态对话框，名称为“SL_1F2_1”，在“从设备”栏中将“总线地址”设置为“2”，勾选“无清除状态数据”复选框和“循环通信”复选框；在“Watchdog”栏中勾选“启用”复选框，“超时（＊10 ms）”设置为“150”；在“单元测试”栏中勾选“信息启用”复选框，如图 9－27 所示。

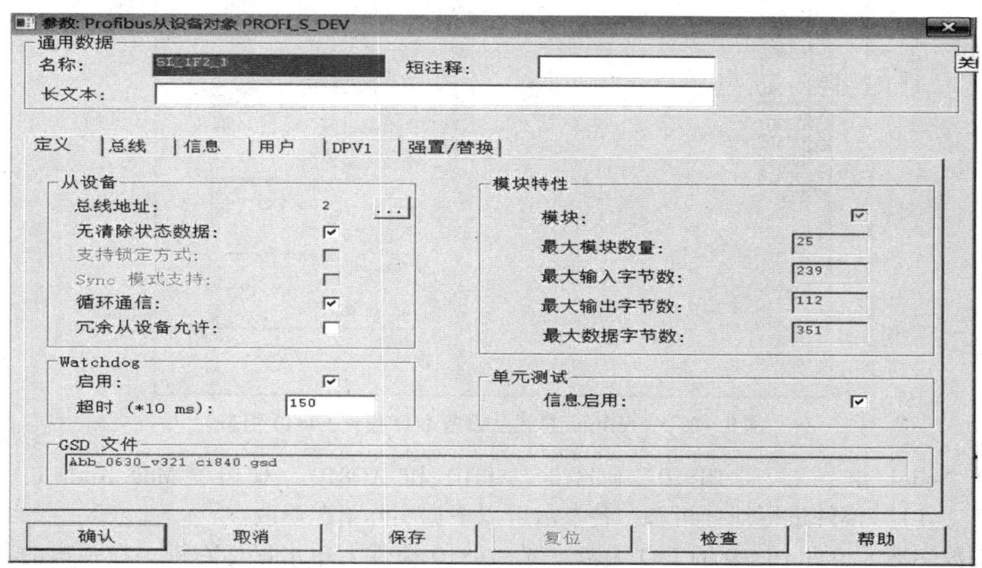

图 9－27　Profibus 现场总线从设备 Profibus Slave 参数组态

（3）Profibus 总线从设备 I/O 模件组态。选中 Node1 节点，在菜单栏中选择“编辑”→“插入”命令，在弹出的对话框中选择“CI840”项，单击“插入”按钮，插入通信模件 CI840，如图 9－28 和图 9－29 所示。

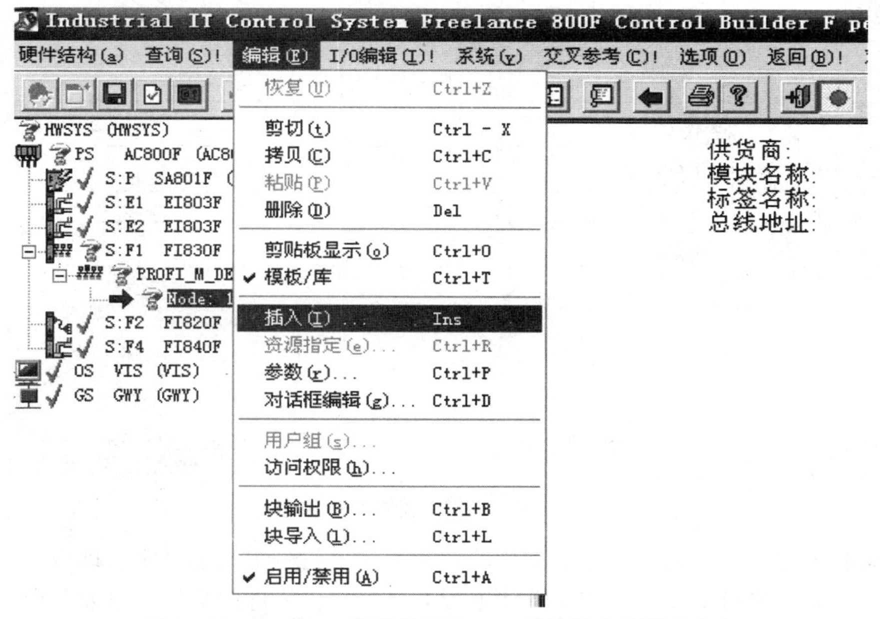

图 9－28　Profibus 总线从设备 I/O 模件组态的菜单命令

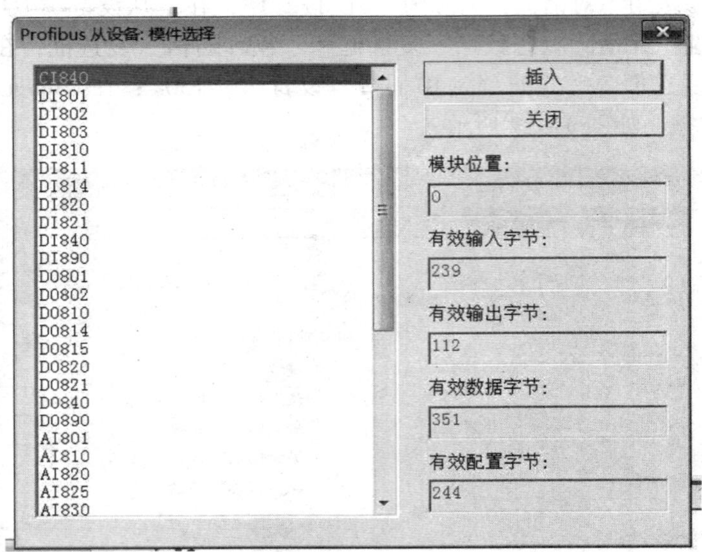

图 9－29　Profibus 总线从设备 I/O 模件 CI840 组态

在 Node1 继续插入 DI810、DO810、AI810 和 AO810。双击“Mod. Addr. 1：DI810（M1F2_1_1）”模件进行地址组态。各参数可以根据实际情况修改。

①数字输入模件 DI810 的 I/O 编辑 。在 DI810 模件上单击鼠标右键，在弹出的菜单中选择“I/O 编辑”命令，在弹出的对话框中进行 I/O 编辑，从 Byte0 开始到 Byte1 结束，数据类型为 BOOL，各自配置 0～7 共 16 个通道。编辑完成的页面如图 9－30 所示。

I/O 编辑: Mod.Addr. 1: DI810 (M1F2_1_1)

输入 | 输出 | 诊测

总长度: 4 字节

	元素	数据类型	字节	位	长度	变量	注释
	M1_IN_BOOL0_0	BOOL	0	0	1	DI1_X09	
	M1_IN_BOOL0_1	BOOL	0	1	1	DI1_X10	
	M1_IN_BOOL0_2	BOOL	0	2	1	DI1_X11	
	M1_IN_BOOL0_3	BOOL	0	3	1	DI1_X12	
	M1_IN_BOOL0_4	BOOL	0	4	1	DI1_X13	
	M1_IN_BOOL0_5	BOOL	0	5	1	DI1_X14	
	M1_IN_BOOL0_6	BOOL	0	6	1	DI1_X15	
	M1_IN_BOOL0_7	BOOL	0	7	1	DI1_X16	
	M1_IN_BOOL1_0	BOOL	1	0	1	DI1_X01	
	M1_IN_BOOL1_1	BOOL	1	1	1	DI1_X02	
	M1_IN_BOOL1_2	BOOL	1	2	1	DI1_X03	
	M1_IN_BOOL1_3	BOOL	1	3	1	DI1_X04	
	M1_IN_BOOL1_4	BOOL	1	4	1	DI1_X05	
	M1_IN_BOOL1_5	BOOL	1	5	1	DI1_X06	
	M1_IN_BOOL1_6	BOOL	1	6	1	DI1_X07	
	M1_IN_BOOL1_7	BOOL	1	7	1	DI1_X08	

检查　　确定　　取消

图 9－30　DI810 模件 I/O 组态

在相应的通道写上变量名，此变量是编程时为各个信号定义的名字，即变量名。

采用同样的方法对第 2 块 DI810 模件进行 I/O 编辑，模件的物理位置要与此选项所选择的位置相吻合。

②数字输出模件 DO810 的 I/O 编辑。双击“Mod. Addr. 1：DO810 DigOut 16 Ch. 24 VDC M1F－1－1”模件进行地址组态，各参数可以根据实际情况修改。选中 DO810 模件，单击鼠标右键，在弹出的快捷菜单中选择“I/O 编辑”命令；在输出的状态下选择插入元素即 DO810 添加通道元素时，先加高位的 Byte1，数据类型为 BOOL，配置完 0～7 共 8 个通道，然后添加低位 Byte0 的 8 个通道元素。DO810 模件 I/O 编辑完成后如图 9－31 所示。

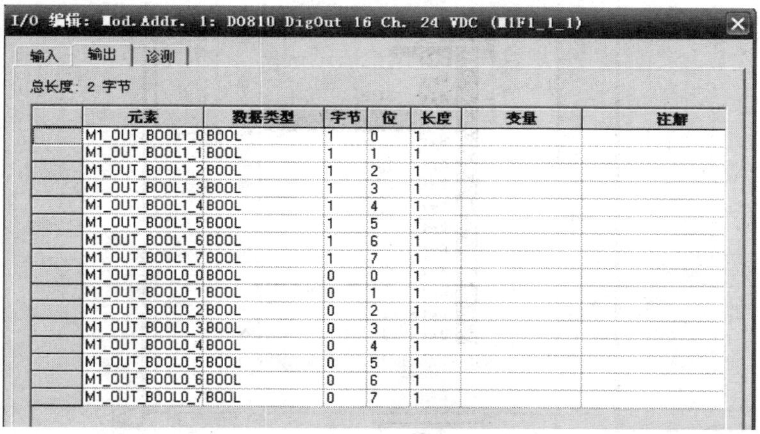

I/O 编辑: Mod. Addr. 1: DO810 DigOut 16 Ch. 24 VDC (M1F1_1_1)

输入 | 输出 | 诊测

总长度: 2 字节

元素	数据类型	字节	位	长度	变量	注解
M1_OUT_BOOL1_0	BOOL	1	0	1		
M1_OUT_BOOL1_1	BOOL	1	1	1		
M1_OUT_BOOL1_2	BOOL	1	2	1		
M1_OUT_BOOL1_3	BOOL	1	3	1		
M1_OUT_BOOL1_4	BOOL	1	4	1		
M1_OUT_BOOL1_5	BOOL	1	5	1		
M1_OUT_BOOL1_6	BOOL	1	6	1		
M1_OUT_BOOL1_7	BOOL	1	7	1		
M1_OUT_BOOL0_0	BOOL	0	0	1		
M1_OUT_BOOL0_1	BOOL	0	1	1		
M1_OUT_BOOL0_2	BOOL	0	2	1		
M1_OUT_BOOL0_3	BOOL	0	3	1		
M1_OUT_BOOL0_4	BOOL	0	4	1		
M1_OUT_BOOL0_5	BOOL	0	5	1		
M1_OUT_BOOL0_6	BOOL	0	6	1		
M1_OUT_BOOL0_7	BOOL	0	7	1		

图 9－31　DO810 模件 I/O 组态

在相应的通道元素上写上变量名，此变量是编程时为各个信号定义的名字，即变量名。

利用同样方法进行第 2 块 DO810 模件的 I/O 编辑。模件的物理位置一定要和此选项所选择的位置相吻合。

③插入模拟量输入模件 AI810 的 I/O 编辑。双击“Mod. Addr. 5：AI810（M1F2_1_5）”模件进行组态，实际位置 Position 及信号范围、每个通道选择接入的相应范围的信号类型，如图 9－32 所示。

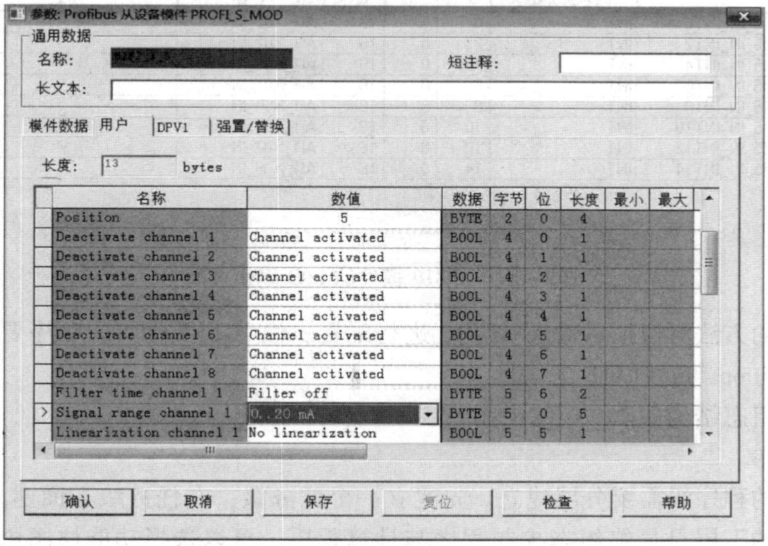

参数: Profibus 从设备模件 PROFI_S_MOD

通用数据

名称: 　短注释:

长文本:

模件数据 用户 | DPV1 | 强置/替换 |

长度: 13 bytes

名称	数值	数据	字节	位	长度	最小	最大
Position	5	BYTE	2	0	4		
Deactivate channel 1	Channel activated	BOOL	4	0	1		
Deactivate channel 2	Channel activated	BOOL	4	1	1		
Deactivate channel 3	Channel activated	BOOL	4	2	1		
Deactivate channel 4	Channel activated	BOOL	4	3	1		
Deactivate channel 5	Channel activated	BOOL	4	4	1		
Deactivate channel 6	Channel activated	BOOL	4	5	1		
Deactivate channel 7	Channel activated	BOOL	4	6	1		
Deactivate channel 8	Channel activated	BOOL	4	7	1		
Filter time channel 1	Filter off	BYTE	5	6	2		
Signal range channel 1	0...20 mA	BYTE	5	0	5		
Linearization channel 1	No linearization	BOOL	5	5	1		

确认　取消　保存　复位　检查　帮助

图 9－32　AI810 模件 I/O 组态

数据类型为 INT（见图 9－33），因为模拟量需要形成一个回路，有一正一负两个端子才形成一个通道，所以 0～15 位，添加完后为 8 通道。完成 I/O 编辑的页面如图 9－34 所示。

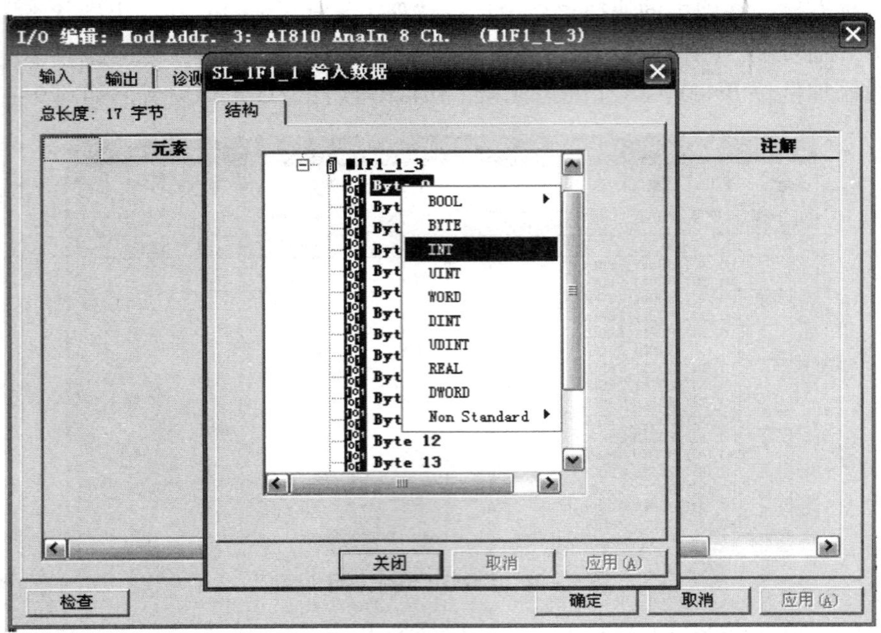

图 9－33　AI810 模件 I/O 编辑

I/O 编辑: Mod.Addr. 5: AI810 (M1F2_1_5)

输入 | 输出 | 诊测

总长度：17 字节

	元素	数据类型	字节	位	长度	变量	注释
	M5_IN_INT0	INT	0	0	16	AI1_X01_IN	
	M5_IN_INT2	INT	2	0	16	AI1_X02_IN	
	M5_IN_INT4	INT	4	0	16	AI1_X03_IN	
	M5_IN_INT6	INT	6	0	16	AI1_X04_IN	
	M5_IN_INT8	INT	8	0	16	AI1_X05_IN	
	M5_IN_INT10	INT	10	0	16	AI1_X06_IN	
	M5_IN_INT12	INT	12	0	16	AI1_X07_IN	
	M5_IN_INT14	INT	14	0	16	AI1_X08_IN	

图 9－34　AI810 模件的 I/O 编辑页面

利用同样的方法对模拟量输入 AO810 进行配置，注意 I/O 模块的顺序要与实际的模块顺序一致，Position 与实际对应。

系统硬件组态结构如图 9－35 所示。

4. 软件编程

过程站下的程序级需要分层建立。先建立一个任务级，在任务级下面建立程序列表级，在程序列表级的下层是最终组态控制程序与计算程序，可以选择功能块图语言、指令表语言、梯形图语言等完成控制与运算程序的编程。

在之前的项目树中，找到过程站 PS01，点开“＋”，显示系统自动生成的用户任务和系

```
硬件结构(S) 查询(S) 编辑(E) I/O编辑(I) 系统(Y) 交叉参考(C) 选项(O) 返回(B) 对象 帮助(H)
⊟ HWSYS (HWSYS)
  ⊟ PS01  AC 800FR (AC800FR1)
    S:P  SA 811FR (SA811F_1_P)
    S:E1  EI 813FR (EI813F_1_E1)
    S:E2  EI 813FR (EI813F_1_E2)
    ⊟ S:F2  FI 830FR (FI830F_1_F2)
      ⊟ PROFI_M_DEV (PROF_1_F2)
        ⊟ Node: 1, BusAddr. 2: PROFI_S_DEV (SL_1F2_1)
            Mod.Addr. 0: CI840 (M1F2_1_0)
            Mod.Addr. 1: DI810 (M1F2_1_1)
            Mod.Addr. 2: DI810 (M1F2_1_2)
            Mod.Addr. 3: DO810 (M1F2_1_3)
            Mod.Addr. 4: DO810 (M1F2_1_4)
            Mod.Addr. 5: AI810 (M1F2_1_5)
            Mod.Addr. 6: AI810 (M1F2_1_6)
            Mod.Addr. 7: AO810 (M1F2_1_7)
            Mod.Addr. 8: AO810 (M1F2_1_8)
        ⊟ Node: 2, BusAddr. 3: PROFI_S_DEV (SL_1F2_2)
            Mod.Addr. 0: Begin of Device_0C67 (M1F2_2_0)
            Mod.Addr. 1: == Analog Input (AI)short_0C67 (M1F2_2_1)
            Mod.Addr. 2: Begin of Device_0C67 (M1F2_2_2)
            Mod.Addr. 3: == Analog Input (AI)short_0C67 (M1F2_2_3)
            Mod.Addr. 4: Begin of Device_9740 (M1F2_2_4)
            Mod.Addr. 5: == AI_9740 (M1F2_2_5)
            Mod.Addr. 6: Begin of Device_9740 (M1F2_2_6)
            Mod.Addr. 7: == AI_9740 (M1F2_2_7)
        ⊟ Node: 3, BusAddr. 12: PROFI_S_DEV (SL_1F2_3)
            Mod.Addr. 0: XE4000 (M1F2_3_0)
    S:F4  FI 840FR (FI840F_1_F4)
  OS01  VIS (VIS1)
  OS02  VIS (VIS2)
```

图 9－35　系统硬件组态结构

统任务，其中系统任务不需要用户单独组态。在 user 任务列表下面插入冗余任务，并取名为 DCS，其他参数默认，如图 9－36 所示。

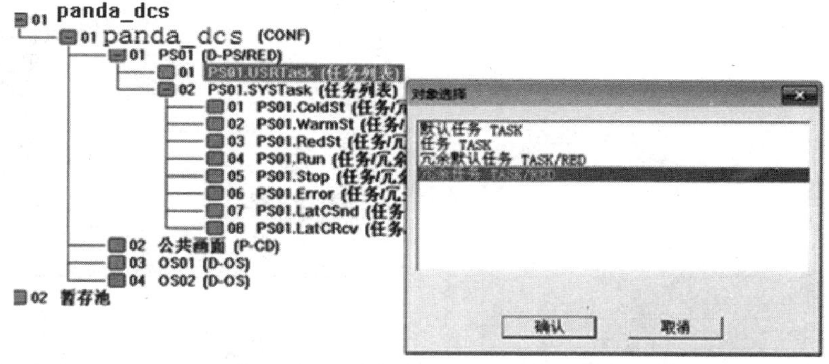

图 9－36　建立程序列表名称

单击鼠标右键，插入下一级程序列表，取名 DCS 程序。在程序列表下，插入下一级，根据编程需要选择编程语言，常用的为功能块语言 FBD 和梯形图语言 LD。

完成过程级的组态如图 9－37 所示。

这里变频器控制主要以电机双向启停为例进行介绍，还包括对变频器的给定和反馈的数据采集；流量计控制主要介绍 PA 仪表的使用监控、趋势等。

1）开关量编程

编辑电机启停除了用到四开关量，即备妥、驱动、运行和故障，还要用到其他中间变量。

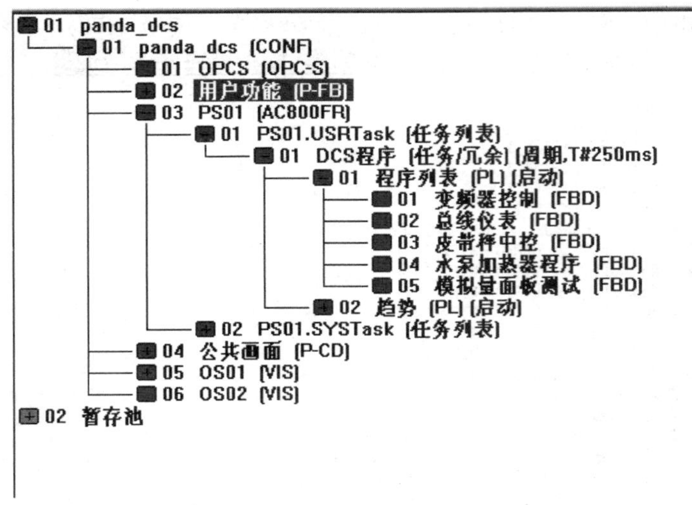

图 9-37 系统软件组态结构

打开变频器控制，在空白处单击鼠标右键，在弹出的菜单中选择“块”→“用户功能块”→“motor”命令，用鼠标把图形拖到合适的位置，单击鼠标左键后，双击该用户功能块，填写功能块名称。然后单击鼠标右键选择“变量”，添加读写变量，并命名变量名。注意输入信号选择读变量，输出信号选择写变量。

双击添加的变量，为添加的变量组态，按 F2 键到变量列表选择需要连接的变量，如图 9-38（a）和图 9-38（b）所示。

单击“确定”后，如果这个变量事先没有被定义，则会弹出如图 9-38（b）所示窗口。

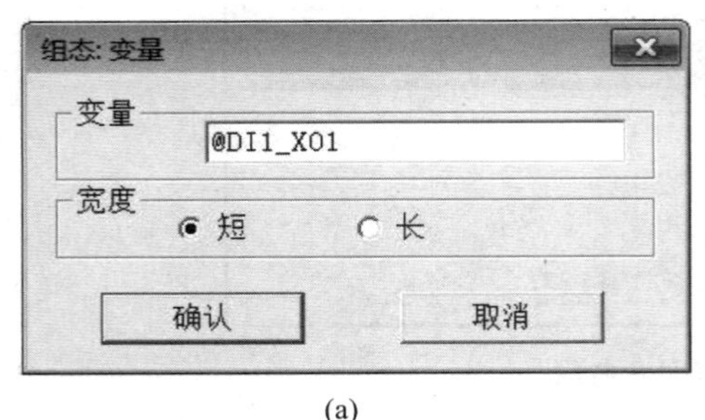

(a)

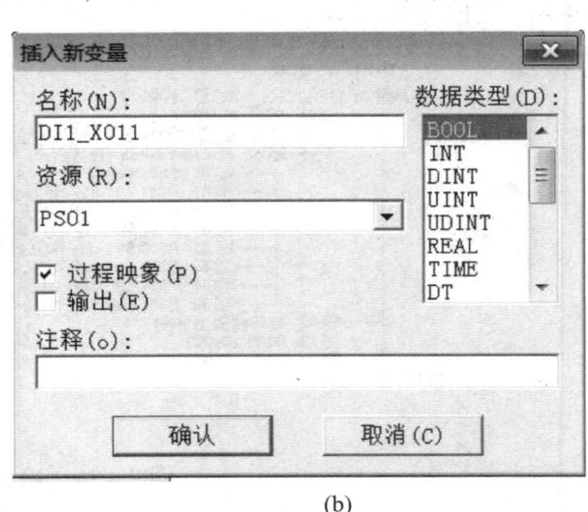

(b)

图 9-38 变量定义

（a）“组态：变量”对话框；（b）“插入新变量”对话框

资源和数据类型必须正确选择，若是冗余系统，则“过程映象”一定要勾选上。

绘制连接线时可以按住 ctrl 键的同时拖动鼠标左键来完成，也可以单击右键选择画线来完成。

一个完整的电机块程序如图 9-39 所示。

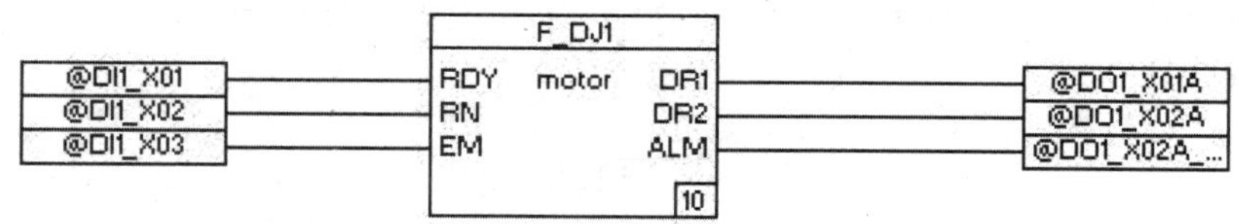

图 9-39　电机控制程序

电机模块的几个主要引角的功能如下：RDY 引角是“备妥”信号的输入引角；RN 与 EM 分别是运行信号反馈与故障信号；DR1 与 DR2 引角是变频器驱动信号和方向信号。

2）模拟量编程

模拟量的数据大部分是从现场通过变送器得来的，或是 0 ~ 20 mA或是 0 ~ 10 V 的信号。由前面硬件配置可知，模拟量经过 I/O 模件时进行了 A/D 或是 D/A 转换，转换为介于 0 ~ 28 480 之间的整型数（INT）。而整型数据还不能直接在程序中进行应用，因为项目程序中用以监视、控制和处理此类模拟量的各变量均须为实数（REAL）类型，因此还必须将整型数转换为实型数。当我们完成控制时大多数情况下要与实际的设定值进行比较、显示等，所以还要经过量程转换，把数据转换成和实际量程相对应的温度、压力、电流值。

先将通过 I/O 模块过来的模拟量信号用 FBD 块 →RE 2 转换，转换为实型变量，再调用 SCAL 功能块将经 A/D 转换后的 0 ~ 28 480 之间的数值对应为需要的量程，如图 9-40（a）所示。

SCAL 功能块的参数设置如图 9-40（b）所示，输出量程的起点和终点根据实际填写。

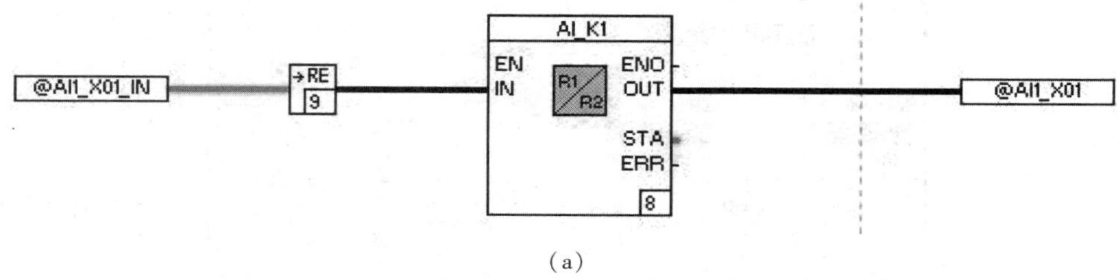

（a）

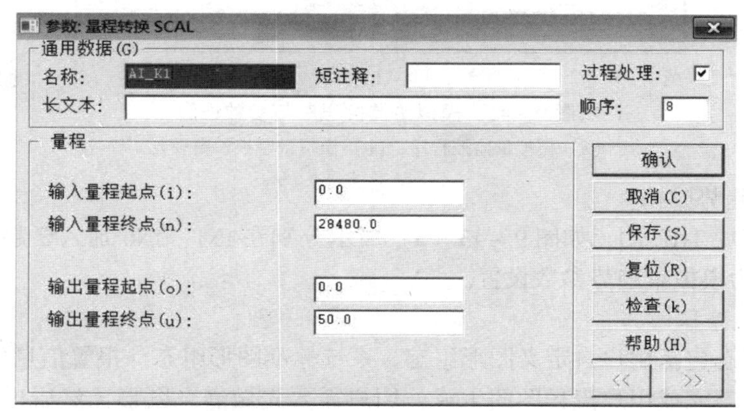

（b）

图 9-40　输入模拟量转换程序与量程转换参数设置

（a）输入模拟量转换程序；（b）输入模拟量量程转换参数设置

输出模拟量转换程序如图 9-41 所示。输出模拟量量程转换参数设置与输入模拟量量程转换参数设置相反。

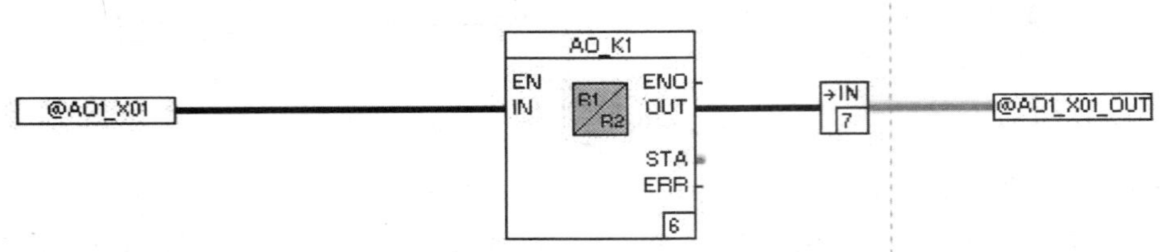

图 9-41　输出模拟量转换程序

3）模拟量监控

模拟量监控运用 M_ANA 模拟量监控模块，监控的目的就是变量所代表的值一旦超出某段范围，系统会报警。单击鼠标右键，选择“块”→“监控”→“模拟量监控”，添加 M_ANA 块，并设置参数，如图 9-42（a）和图 9-42（b）所示。

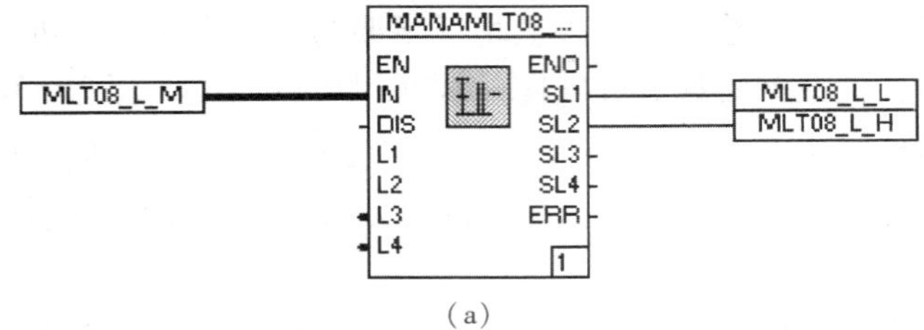

（a）

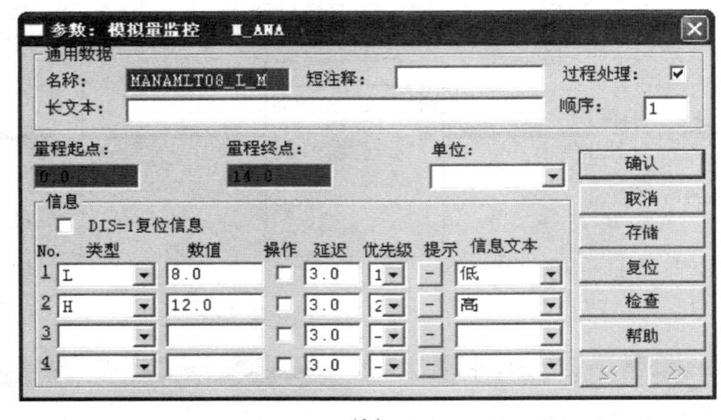

（b）

图 9-42　模拟量监控程序与参数设置

（a）模拟量监控程序；（b）模拟量监控参数设置

4）模拟量趋势归档

运用趋势模块 TREND，如图 9-43（a）所示分别在 IN1～IN6 加入要趋势显示的变量。图 9-43（b）为模拟量趋势参数设置。

5. 操作员站编程

操作员站组态包括用户自定义图形组态、系统标准图形组态、报警信息处理和记录。用户自定义图形组态完成用户流程图的生成，用户需要先做静态图形，然后再插入动态标签；系统标准图形组态包括总貌组态、趋势组态、组组态等；报警信息处理是指系统所有报警提示信息的归类及确认；记录包括事件记录和状态记录。

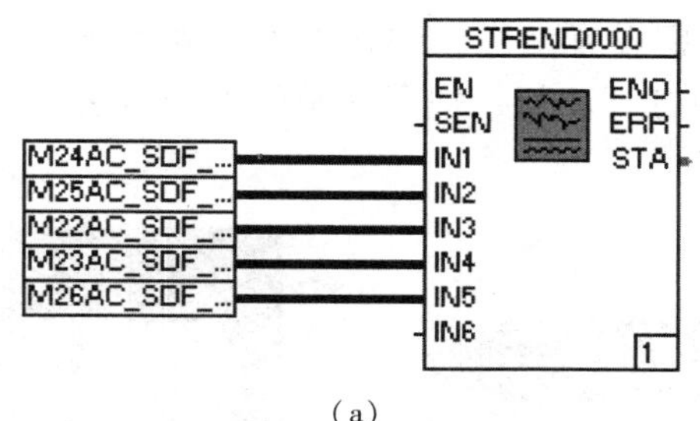

(a)

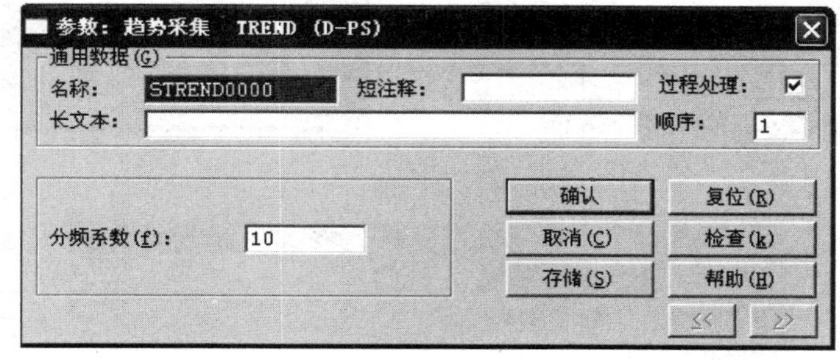

(b)

图9-43 模拟量趋势程序与参数设置

(a) 模拟量趋势程序；(b) 模拟量趋势参数设置

在项目树的“公共画面”下插入下一级，图形显示建立如图9-44所示。

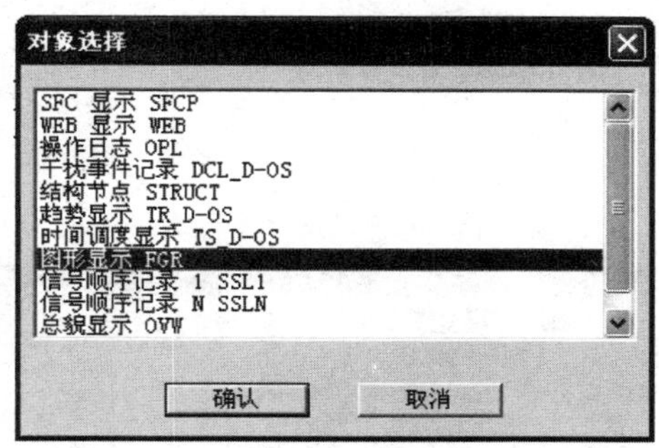

图9-44 操作员站图形显示建立对话框

在此图形显示中，可以导入变频器或电机的位图，也可以自己使用工具箱画图。下面根据过程站编好的程序在“变频器控制”中作出相应的图形显示。

1）电机图形显示

通过选项菜单，显示/关闭“工具箱”。在工具箱中选择椭圆，在画面上画出一个圆形，并给这个圆形命名，假设为L6，如图9-45（a）所示。

在工具箱中选择图形符号，在空白处单击鼠标左键，显示的画面如图9-45（b）所示。

单击“确认”按钮，弹出“参数”设置对话框，如图9-45（c）所示。

把与图形显示有关的各个变量填到各个位上。

在显示工具条下面设置，使不同位上的变量显示不同的颜色，目的是在实际监控运行时，可以通过不同的颜色显示辨别电机的运行状态。在“对象名称”处填上刚刚命名的圆形，这样这个图形显示就设置到了刚才那个圆上，如图9-45（d）所示。

用鼠标单击“通用”按钮设置动作，此处因为只为了显示电机不同运行状态，所以可以选择 无动作，也可以选择打开面板，把要显示的那个电机块的名字填到打开面板处，如图 9－45（e）所示。

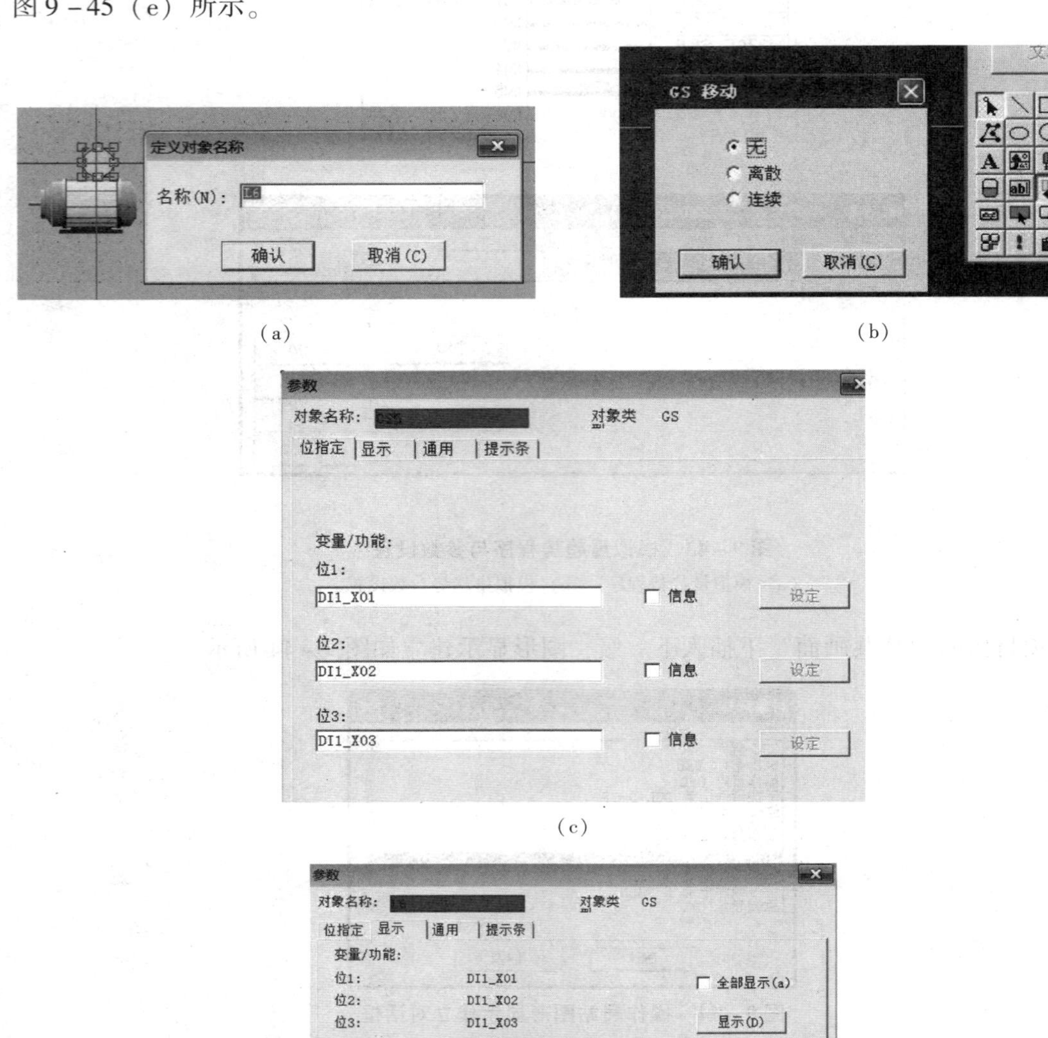

（a）　　（b）

（c）

（d）

图 9－45　电机图形显示编程过程

（a）画圆形并命名；（b）选择图形符号；
（c）参数设置；（d）显示不同颜色；

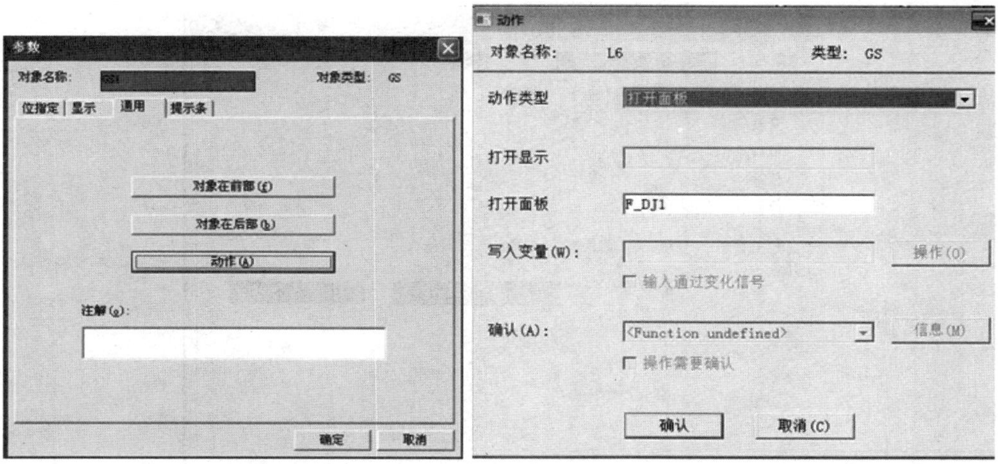

(e)

图 9－45　电机图形显示编程过程（续）

(e) 通用设置

这样一个电机的运行位图就做好了。

2）模拟量显示

在工具箱中选择文字数字显示，拖动鼠标建立一个显示框，参数设置如图 9－46（a）所示。对象名称是指这个显示在画面中的标签名，显示变量处填写的是要显示的那个变量的名字。通过菜单条显示设置数值显示时的状态，在显示格式处按下 F2 键即可选择数据显示的格式。

用鼠标单击“通用”按钮设置显示框时的动作，可以选择无动作，也可以根据实际情况选择显示这个变量所在的趋势图，如图 9－46（b）所示。

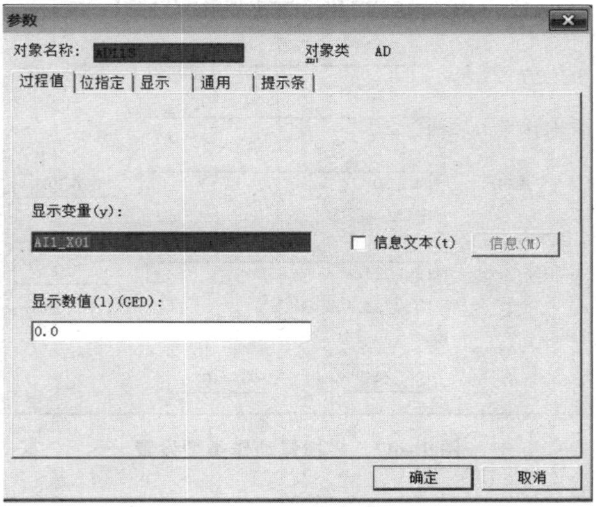

(a)

图 9－46　模拟量显示参数设置

(a) 参数设置对话框；

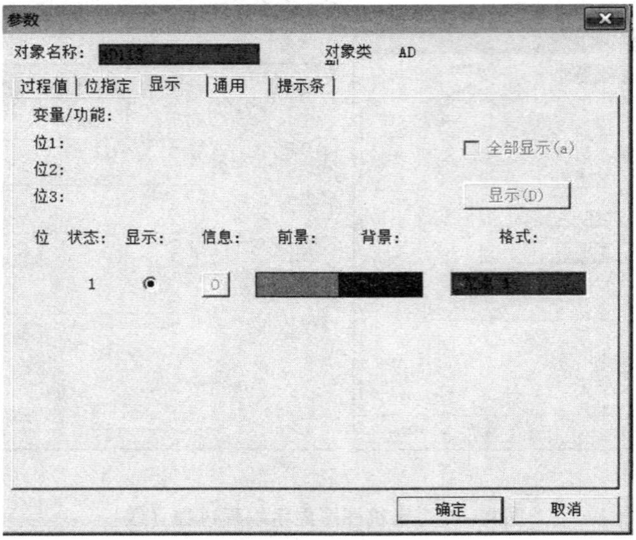

（b）

图 9－46　模拟量显示参数设置（续）

（b）选择显示动作类型

3）模拟量给定

建立方法和前面模拟量显示的建立是一样的，只是在“动作”菜单下，选择写入某个变量，如图 9－47 所示。

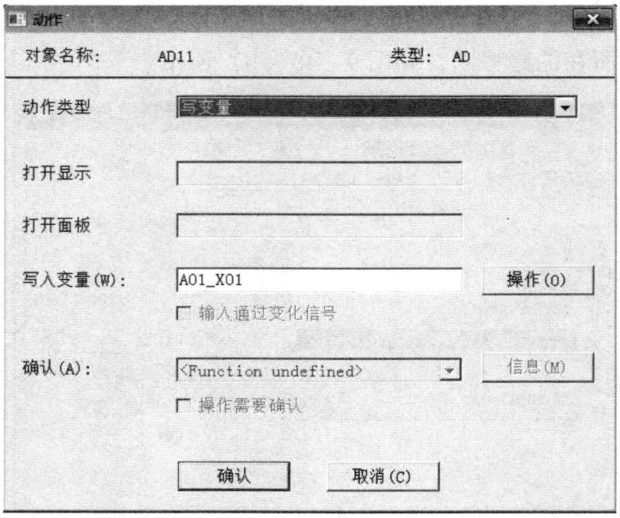

图 9－47　模拟量动作类型设置

4）模拟量监控

在文字数字显示参数设置时，在显示选项指定下，写入程序中模拟量监控 M_ANA 块的输出变量，然后设置不同的位对应不同的显示颜色，如图 9－48 所示。

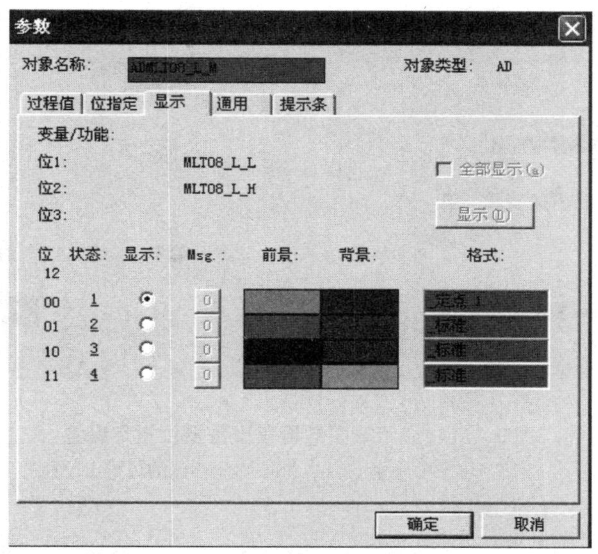

图 9－48 模拟量显示颜色参数设置

5）开关量监控

开关量监控常用来监控故障信号，所以把故障信号用监控的方式做到画面上。

在工具箱单击“文本”图标，弹出“修改文本”对话框，在“新文本”文本框中输入文字“故障”，如图 9－49 所示。单击“确认”按钮，在此文本上新建一个图形符号，如图 9－50 所示。

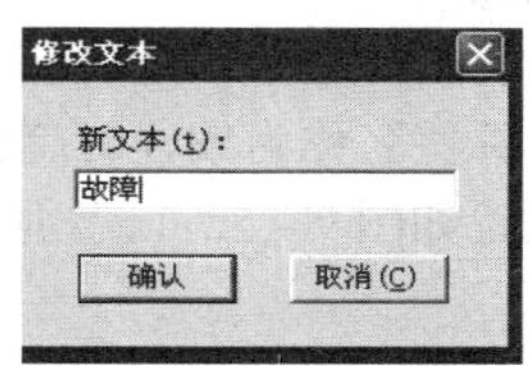

图 9－49 “修改文本”对话框

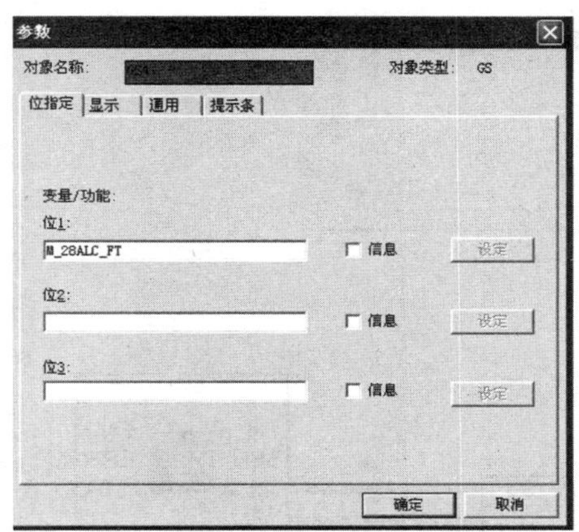

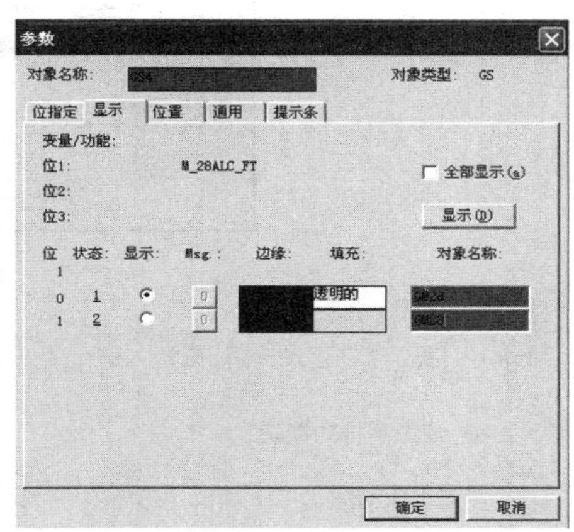

图 9－50 开关量监控参数设置

当故障信号为 0 时，画面上不显示这个图形，当故障信号为 1，即有故障传送时，故障以闪烁的形式显示。

6）显示棒图

棒图一般用来形象地表示料位、量程等。选择工具箱里的棒图，设置相应参数，如图

9－51（a）和图9－51（b）所示。

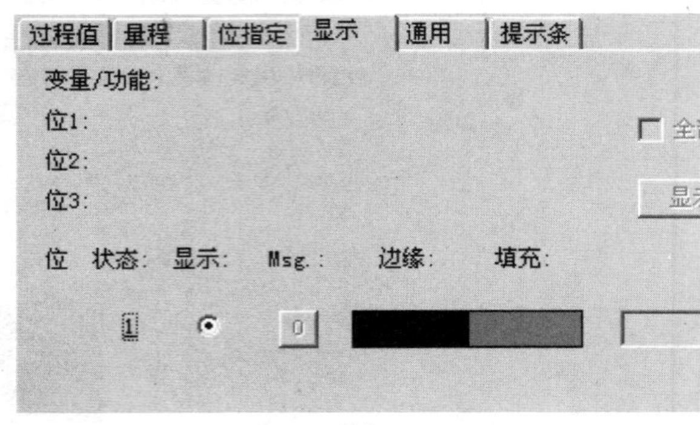

（a）　　　　　　　　　　　　（b）

图9－51　显示棒图的量程设置及位指定设置

（a）显示棒图的量程设置；（b）显示棒图的位指定设置

7）趋势显示

在操作员站项目树下插入“趋势显示”，注意趋势显示只能插入操作员站下，不能在公共画面中。图9－52（a）为趋势显示建立对话框。

双击此趋势，进行参数设置，如图9－52（b）所示。

标签名称为编程时趋势块的名字，显示变量为趋势块的输入变量。趋势显示变量颜色参数设置如图9－52（c）所示。

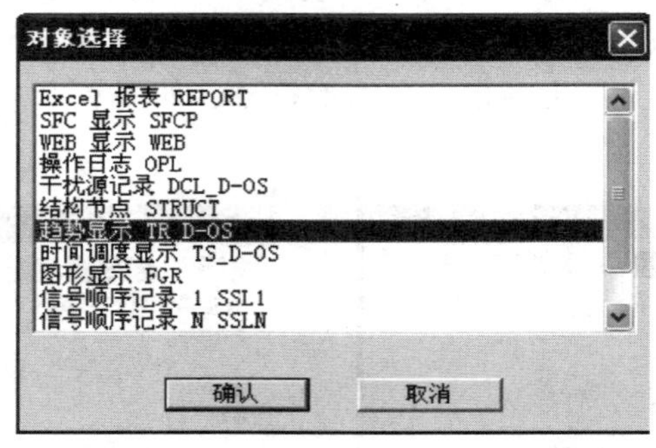

（a）

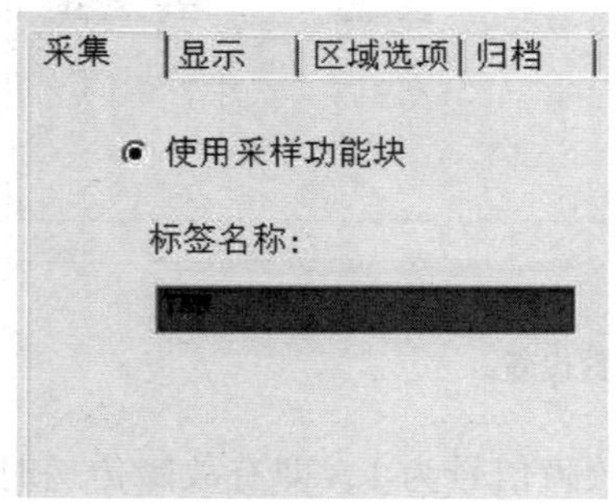

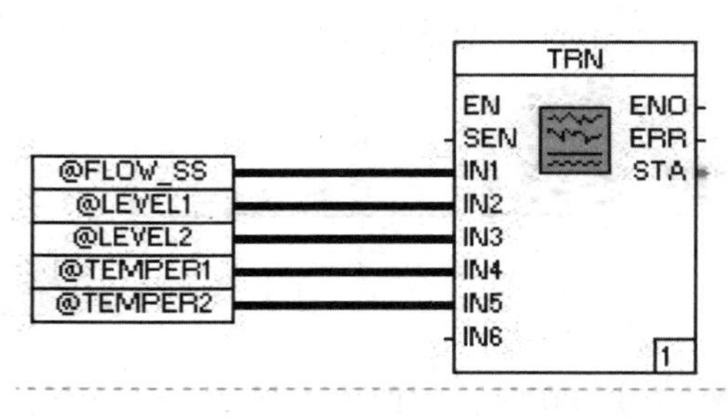

（b）

图9－52　趋势显示建立过程

（a）趋势显示建立对话框；（b）趋势显示设置；

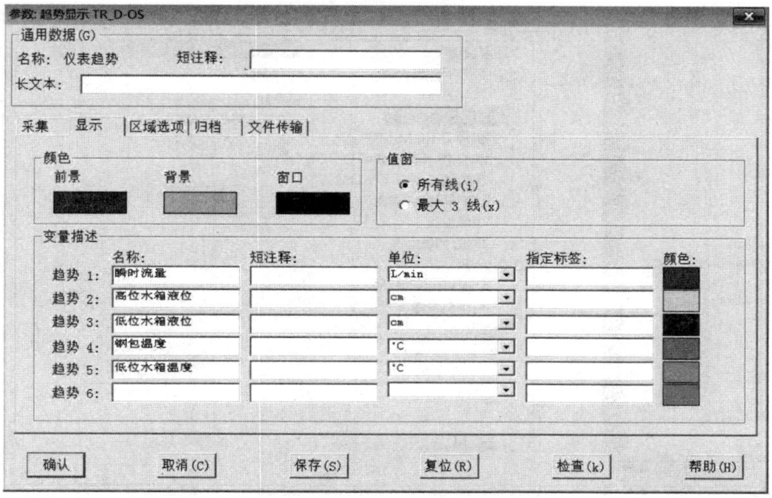

（c）

图 9－52　趋势显示建立过程（续）

（c）趋势显示变量颜色参数设置

9.5.5　程序下载

1. 网络和通信组态

用鼠标单击项目树下的网络，对系统中的过程控制站、操作员站及工程师站按表 9－2 进行资源 ID 及 IP 地址设定。需要修改以太网地址或资源 ID 时，鼠标右键单击“IP 地址”，出现“编辑”按钮，单击“编辑”按钮可进行修改，如图 9－53（a）所示。

控制器的 IP 地址要与网络模件上的拨码地址一致，由于工程师站和第一台操作员站是同一台电脑，所以它们的 IP 地址是一样的，但是资源 ID 必须不同。工程师站和操作员站的资源 ID 必须跟 Control Builder F 所设置的一样，如图 9－53（b）所示。

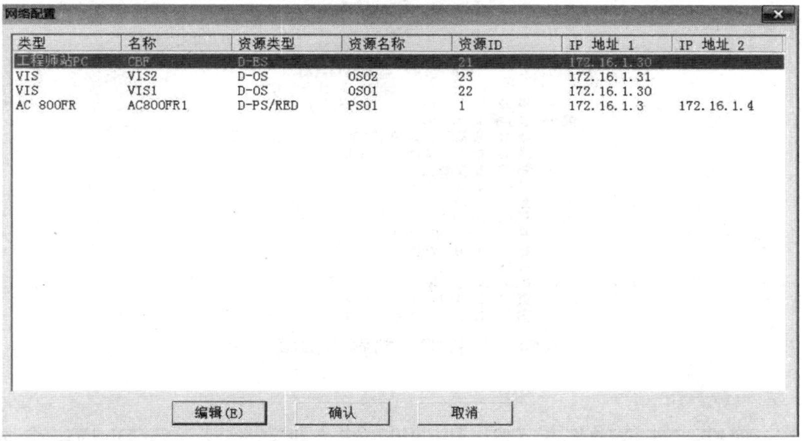

类型	名称	资源类型	资源名称	资源ID	IP 地址 1	IP 地址 2
工程师站PC	CBF	D-ES		21	172.16.1.30	
VIS	VIS2	D-OS	OS02	23	172.16.1.31	
VIS	VIS1	D-OS	OS01	22	172.16.1.30	
AC 800FR	AC800FR1	D-PS/RED	PS01	1	172.16.1.3	172.16.1.4

（a）

图 9－53　系统网络和通信组态及工程师站和操作员站的资源 ID 设置

（a）系统网络和通信组态；

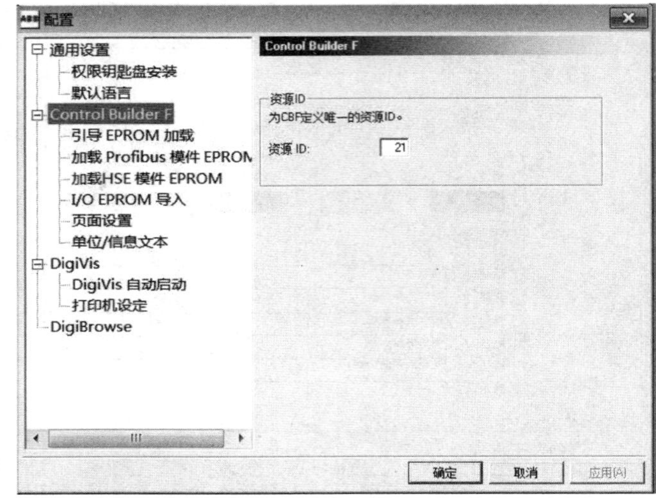

(b)

图 9－53　系统网络和通信组态及工程师站和操作员站的资源 ID 设置（续）

（b）工程师站和操作员站的资源 ID 设置

2. 程序加载

编程完成后，单击工具栏的 ，对项目文件进行全部检查，在确认没有错误时才可进入联机调试状态。单击 进入联机调试状态。如果连接了硬件则可以选择加载程序。程序加载可分为加载修改对象、加载选择对象、加载整个站三种。第一次加载时要加载整个站，如图 9－54 所示。

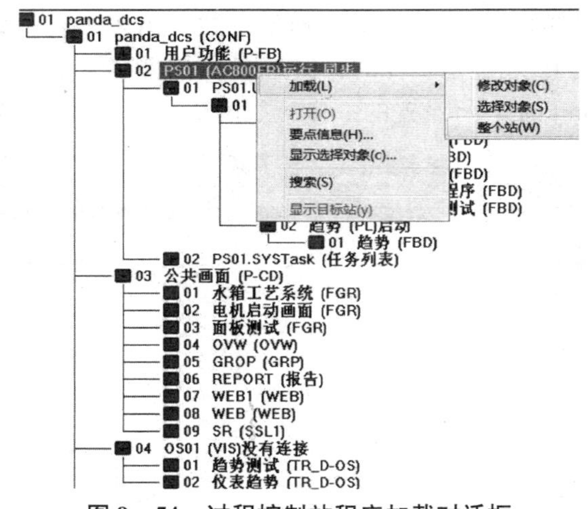

图 9－54　过程控制站程序加载对话框

3. 操作员站加载

运行 DigiVis 软件，加载操作员 OS1 和 OS02 站，加载完毕后，DigiVis 会显示操作员站运行情况。

本章小结

本章介绍了ABB Freelance AC800F系统的结构组成、功能和主要特点以及系统组态等内容，并针对应用案例重点介绍了它们的操作实施步骤和方法。读者通过实训可掌握ABB Freelance AC800F的基本应用。

习　题

1. 简述ABB Freelance AC800F的基本硬件组成及其作用。
2. 简述ABB Freelance AC800F组态软件包各软件的功能。
3. 简述ABB Freelance AC800F系统通信网络的构成及各部分的基本特性。
4. ABB Freelance AC800F控制站由哪几部分构成？其中核心部件是什么？它的主要功能是什么？
5. 什么叫组态？常用的组态软件有哪些？ABB Freelance AC800F的基本组态软件是什么？

第 10 章

JX－300XP 系统

学习目标

☞ 了解 JX－300XP 系统的整体结构和主要特点

☞ 了解 JX－300XP 系统的网络体系结构

☞ 熟悉 JX－300XP 系统的基本硬件组成和各部分的作用

☞ 了解 JX－300XP 系统软件包的组成

☞ 掌握组态的概念，熟悉 JX－300XP 系统组态软件的基本用法

☞ 熟悉 JX－300XP 系统实时监控软件的特点和使用

10.1 JX－300XP系统硬件

10.1.1 概述

JX－300XP是SUPCON WebField系列吸收了近年来快速发展的通信技术和微电子技术，充分应用最新信号处理技术、高速网络通信技术、可靠的软件平台及软件设计技术和现场总线技术，采用高性能的微处理器和成熟的先进控制算法，以适应更广泛更复杂的应用要求。

JX－300XP是中控在市场销售最多的一套DCS，适用于中小规模场合，广泛应用于石化、冶金、化工、电力、炼油等流程工业。系统基本硬件有操作站（包括工程师站（ES））、操作员站（OS）、控制站（CS）和通信网络。

1. 通信网络

JX－300XP系统的通信网络由信息管理网、过程信息网、过程控制网和控制总线等构成，用于实现控制站、操作站及控制站内部等数据的交换，其网络结构如图10－1所示。

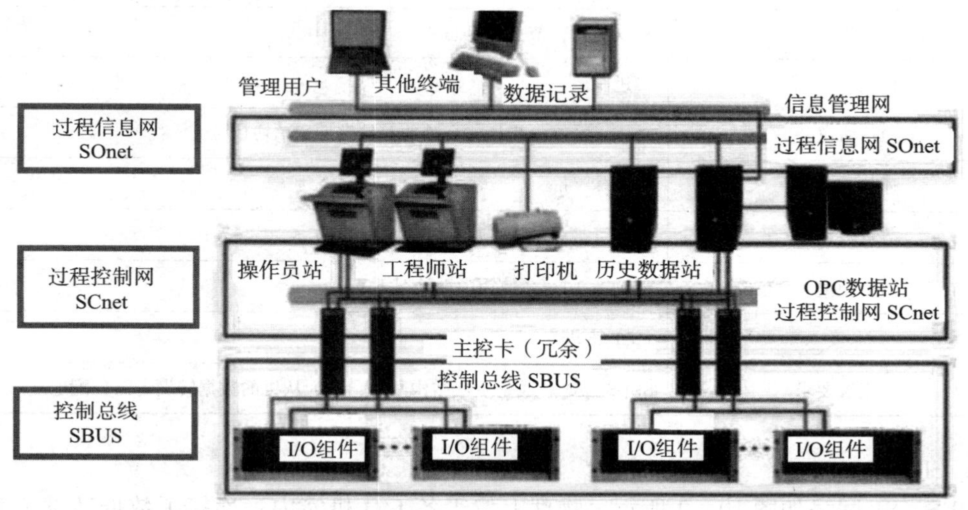

图10－1 JX－300XP系统的通信网络结构

2. 信息管理网

采用以太网络，用于工厂级的信息传送和管理，是实现全厂综合管理的信息通道。该网络通过在服务器上安装双重网络接口转换的方法，实现企业信息管理网与SCnet过程控制网络之间的网间桥接，以获取系统中过程参数和运行信息，同时也向下传送上层管理计算机的调度指令和生产指导信息。它通过曼彻斯特编码方式，支持TCP/IP和IEEE 802.3标准协议。速率可以达到1 Gbps，最常用的拓扑结构是星形和总线结构。

3. 过程信息网

过程信息网实现操作站节点间的实时数据、实时报警、历史趋势、历史报警、操作日志等的实时数据通信和历史数据查询。

4. 过程控制网

过程控制网是直接连接工程师站、操作员站与控制站等的双重化通信网络，用于过程实时数据、组态信息、诊断信息等所有现场控制层信息的高速可靠传输。通过挂接网桥转接，可与高层管理网络或其他厂家设备连接。

5. 控制总线

SBUS 总线是控制站内部 I/O 控制总线，主控制卡、数据转发卡、I/O 卡通过 SBUS 进行信息交换，SBUS 分为双重化总线 SBUS－S2 和 SBUS－S1 网络两层。

1）双重化总线 SBUS－S2

SBUS－S2 总线是系统的现场总线，物理上位于控制站所管辖的 I/O 机笼之间，连接了主控制卡和数据转发卡，用于主控制卡与数据转发卡间的信息交换。

SBUS－S2 总线的主要性能指标见表 10－1。

表 10－1　SBUS－S2 总线的主要性能指标

主要性能	指标
用途	主控制卡与数据转发卡之间进行信息交换的通道
电气标准	EIA 的 RS－485 标准
通信介质	特性阻抗为 120 Ω 的八芯屏蔽双绞线
拓扑规范	总线结构，节点可组态
传输方式	二进制码
通信协议	采用主控制卡指挥式令牌的存储转发通信协议
通信速率	1 Mbps（max）
节点数目	最多可带载 16 块（8 对）数据转发卡
通信距离	最远 1.2 km（使用中继情况下）
冗余度	1：1 热冗余
地址设置要求	SBUS－S2 总线是主从结构网络，作为从机的数据转发卡需分配地址

2）SBUS－S1 网络

SBUS－S1 网络如图 10－2 所示，物理上位于各 I/O 机笼内，连接了数据转发卡和各块 I/O 卡件，用于数据转发卡与各块 I/O 卡件间的信息交换。

SBUS－S1 总线的主要性能指标见表 10－2。

SBUS－S1 和 SBUS－S2 合起来称为 SBUS 总线，主控制卡通过它们来管理分散于各个机笼内的 I/O 卡件。SBUS－S2 级和 SBUS－S1 级之间为数据存储转发关系，按 SBUS 总线的 S2 级和 S1 级进行分层寻址。

10.1.2　控制站硬件

1. 机柜

机柜是控制站各部件的承载主体，散热风扇、电源、机笼、交换机、配电箱等都放置在机柜中，通过风扇散热，安装时由外部焊接或螺栓固定，内部架装。

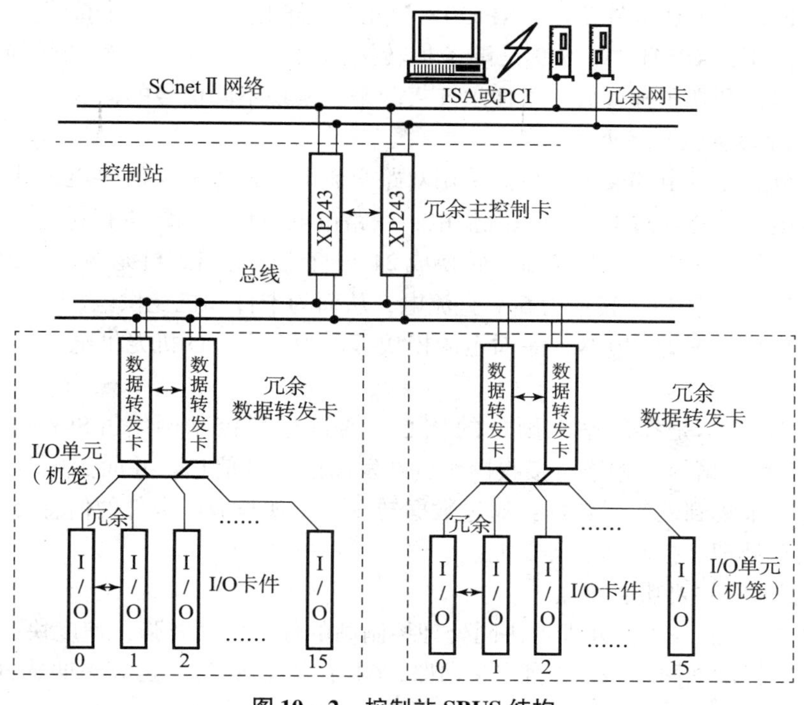

图 10－2　控制站 SBUS 结构

表 10－2　SBUS－S1 总线的主要性能指标

主要性能	指标
通信控制	采用数据转发卡指挥式的存储转发通信协议
传输速率	156 kbps
电气标准	TTL 标准
通信介质	印制电路板连线
网上节点数目	最多可带载 16 块智能 I/O 卡件
冗余度	SBUS－S1 属于系统内局部总线，采用非冗余的循环寻址（I/O 卡件）方式
地址设置要求	SBUS－S1 网络是主从结构网络，作为从机的 I/O 卡需分配地址，节点的地址都是从“0”起始设置，且应是唯一的。互为冗余配置的卡件地址设置应为 ADD、ADD＋1（ADD 为偶数）。所有的 I/O 卡件在 SBUS－S1 网络上的地址应与机笼的槽位相对应。若 I/O 卡件是冗余配置，则冗余工作方式的两块卡须插在互为冗余的槽位中

2. 机笼

一个机柜最多可放置 6 个机笼，机笼用于放置各类卡件，一个卡件机笼有 20 个槽位，根据机笼中是否放置主控制卡，卡件排布有两种形式，带主控制卡的机笼装 14 个 I/O 卡件，不带主控制卡的机笼装 16 个 I/O 卡件。

3. 端子板

现场信号通过端子板把信号输送到对应的 I/O 卡件内部，在 JX－300XP 系统中端子板的主要类型有 XP520、XP520R、XP521、XP529 等。XP520 为不冗余端子板，提供 32 个接线点，供相邻的两块 I/O 卡件使用；XP520R 为冗余端子板，提供 16 个接线点，供两块互为冗余 I/O 卡件使用；XP521、XP529 是端子板转接模块，用于实现信号的转换，通过 DB25 连接线将 I/O 卡件和端子板或底板方便地连接起来，实现不同信号的输入。

4. 系统电源的类型和供电方式

系统供电分直流供电和交流供电。采用双路交流电，推荐的交流供电方式是两路 220 V 交流电冗余配电，一路通过 UPS 给系统供电，一路市电直接给系统进行供电。

电源模块的作用是将 220 V 交流电转换成 24 V 直流电输出到机笼端，该 24 V 直流电再经机笼的 XP528 电源转换卡转换为 5 V 直流电，从而为卡件和机笼供电。

单个电源模块功率为 240 W。一对电源模块可以为 3 个 I/O 机笼供电。

5. 主控制卡

XP243X 主控制卡是控制站软硬件的核心。通过过程控制网络（SCnet）与操作节点（操作员站、工程师站等）相连，接收操作员站发出的管理信息，并向操作节点传递工艺装置的特性数据和采集到的实时数据；通过数据转发卡实现与 I/O 卡件的信息交换；自动完成数据采集、信息处理、控制运算等功能。

1）主控制卡的主要功能特点

采用三个 32 位嵌入式微处理器协同处理控制站的任务，功能强，速度快，单站容量大；

提供 192 个控制回路（128 个自定义回路，64 个常规回路），运算周期从 50 ms 到 5 s 可选，典型运算周期为 500 ms。

支持冗余和不冗余的工作模式；支持整体在线下载，下载过程中，主控制卡按原有组态正常工作，不停止用户程序；具有支持现场总线的接口单元；具有掉电保护功能，在系统断电的情况下，组态、过程数据均不会丢失。

2）主控制卡的面板介绍

主控制卡由底板和背板组成，为了保护系统在断电的情况下，主控制卡中的组态和过程数据不丢失，板上安装有纽扣电池；主控制卡的面板上有两个互为冗余的 SCnet Ⅱ 网络端口，分别标志为 A 和 B，并分别与 SCnet Ⅱ A 和 SCnet Ⅱ B 网络相连，主控制卡背板上有地址拨码开关。SW1 拨码开关共有 8 位，分别用 S1 ~ S8 表示，目前 S1 为保留位，且必须设置成 OFF 状态；实际使用地址用 S2 ~ S8 表示，其中 S2 为高位，S8 为低位，开关拨成 ON 状态时表示该位二进制码为 1。

主控制卡地址拨号范围为 2 ~ 127；当冗余工作时，地址设置为 I 和 $I+1$，I 为偶数；单卡工作时，地址设置为 I。

3）数据转发卡

数据转发卡 XP233 是主控制卡连接 I/O 卡件的中间环节，一方面驱动 SBUS 总线，另一方面管理本机笼的 I/O 卡件，通过数据转发卡，一块主控制卡 XP243X 可扩展 1 到 8 个卡件机笼，即可以扩展 1 到 126 块不同功能的 I/O 卡件，数据转发卡上的 SW102 为地址设置拨码开关，采用二进制，数据转发卡地址范围为 0 ~ 15。

单卡工作时，地址设置为 1；冗余工作时，地址设置为 I、$I+1$，I 为偶数；SW102 地址设置拨码开关中的 SW102 - 1 ~ SW102 - 4 为系统保留资源，必须设置成 OFF 状态。SW102 - 5 ~ SW102 - 8 为系统使用，SW102 - 5 为高位，SW102 - 8 为低位，拨码开关拨上表示 ON，即该位二进制码为 1，拨码开关拨下表示 OFF，即该位二进制码为 0。XP233 地址在同一控制站内统一编址，不可重复。

4）常用 I/O 卡件

JX－300XP 系统的 I/O 卡件采用全智能化设计，实现控制站内部数据传递的数字化，并采用智能调理和先进信号前端处理技术，降低信号调理的复杂性，减轻主控制卡上 CPU 的负荷，从而加快系统的信号处理速度，提高整个系统的可靠性。

卡件内部采用微控制器，负责该卡件的控制、检测、运算、处理、传输以及故障诊断等工作。常用的 I/O 卡件见表 10－3。

表 10－3 常用 I/O 卡件

型号	卡件名称	性能及输入/输出点数
XP313	电流信号输入卡	6 路输入，可配电，分组隔离，可冗余
XP313I	电流信号输入卡	6 路输入，可配电，点点隔离，可冗余
XP314	电压信号输入卡	6 路输入，分组隔离，可冗余
XP314I	电压信号输入卡	6 路输入，点点隔离，可冗余
XP316	热电阻信号输入卡	4 路输入，分组隔离，可冗余
XP316I	热电阻信号输入卡	4 路输入，点点隔离，可冗余
XP322	模拟信号输出卡	4 路输出，点点隔离，可冗余
XP362	晶闸管触点开关输出卡	8 路输入，统一隔离
XP363	触点开关输入卡	8 路输出，统一隔离
XP366	触点开关输入卡	16 路输入，统一隔离，可冗余
XP367	无源晶闸管触点开关输出卡	16 路输出，统一隔离，可冗余
XP258	电源转换卡	将 24 V 直流电转换为 5 V 直流电
XP00	空卡	I/O 槽位保护板

10.1.3 操作站硬件

操作站负责显示控制站采集的信号点，并下达操作员的命令到控制站，同时对一些实时或历史数据进行保存，它是 DCS 中不可缺少的硬件组成部分。操作站的硬件组成：工控 PC 机（计算机主机、显示器、操作员键盘等），操作台（立式操作台、平面式操作台等），打印机，软件狗。其中工程师站配置工程师站软件狗；操作员站配置操作员站软件狗。

网络硬件包括网卡、通信线以及其他网络辅助配件等，通信网络负责控制站和操作站之间或操作站之间等不同设备的信息传输，并实现系统规模的扩展。

10.2 JX－300XP 系统甲醛生产工艺及控制要求

10.2.1 甲醛生产工艺

甲醛是重要的有机化工原料，广泛应用于树脂合成、工程塑料聚甲醛、农药、医药、染料等行业。目前工业上生产甲醛，一般采用甲醇氧化制甲醛的方法。由于使用金属银催化剂和氧化铁、氧化钼催化剂的不同而分为银法和铁钼法。目前，国内主要采用银法，大多采用电解银作为催化剂，在爆炸范围上限以外（甲醛浓度大于36.5%）进行生产，催化剂寿命为2~8个月；此外还要求甲醛纯度较高，由于甲醛过量，脱氢过程生成的氢不能完全氧化，尾气中常含20%的H_2。另外还有一些副反应产物，如CO、CO_2、甲醛、甲烷等。甲醇氧化法生产，反应式如下：

$$CH_3OH = HCHO + H_2 - 84\ kJ/mol$$

$$H_2 + 1/2O_2 = H_2O + 243\ kJ/mol$$

$$CH_3OH + 1/2O_2 = HCHO + H_2O + 159\ kJ/mol$$

1. 甲醛的生产过程

原料甲醇由高位槽进入蒸发器加热水洗后经过加热到蒸发器的甲醇层（约50 ℃），为甲醛蒸气所饱和，并与水蒸气混合；然后通过加热器加热到100~200 ℃，经阻火器和加热器进入氧化反应器；反应器的温度一般控制在600~650 ℃，在催化剂的作用下，大部分甲醇转化为甲醛。为控制副反应产生并防止甲酸分解，转化后气体要冷却到100~120 ℃，然后进入吸收塔，先用37%左右的甲醛水溶液吸收，再用稀甲醛或水溶液吸收，未被吸收的气体从塔顶排除，送到尾气锅炉燃烧，提供热能。

甲醛生产过程主要由压缩、反应、蒸汽发生、吸收等过程组成。

（1）压缩。新鲜空气通过消音器和空气过滤器进入增压分机升压，风机出口气与吸收二塔顶部循环尾气混合进入1#循环风机，再进入2#循环风机连续加压到一定的操作压力后送到反应工序。

（2）反应。从罐区来的原料先送到甲醇储罐，再通过甲醇泵进入甲醇预蒸发器，在此与甲醇循环泵送来的吸收二塔的甲醛循环溶液进行热交换，甲醇吸热而汽化，同时与风机来的气体相混合形成原料气体。原料气体在经过甲醇蒸发器过热后，进入主反应器。

（3）蒸气产生。反应器的开车有一个导热油加热系统，主要由导热油储槽、导热油泵、导热油电加热器等组成。开车达到温度后，反应器需由导热油汽化制热，同时产生蒸气。在向反应器投入原料气之前，先启动导热油泵，用泵将导热油经导热油电加热器、反应器和导热油冷凝器进行循环，借助导热油电加热器将导热油升温，并经上述循环过程，将反应器及其催化剂床层升温达到反应启动所需温度。反应一旦开始，就将释放出反应产生的热量。导热油在反应器管间吸热而汽化，气态的导热油进入导热油冷凝器，与锅炉给水换热而产生水蒸气，它自身冷凝而流回反应器管间。控制气态导热油的压力，可以方便地改变导热油温度，从而改变反应热的散出条件，借此可有效控制反应温度。

（4）吸收。来自甲醛蒸发器被冷凝的气体进入一塔，吸收一塔顶部出来的未被吸收气体进入吸收二塔。吸收二塔底部出来的液体由甲醛循环泵经甲醛预热器和甲醛循环冷却器冷却后进入吸收一塔上端及中段，该甲醛液与甲醇蒸发器换热冷却后的甲醛反应气逆流接触得到甲醛溶液，并用甲醛循环泵在该塔下段循环，同时从甲醛循环泵采出一股甲醛溶液经冷却后作为产品送至甲醛装置的中间罐区甲醛溶液贮槽。

2. 甲醛生产控制要求

甲醛生产时，对用户管理和组态的要求如下：

（1）用户管理时，要根据操作习惯和甲醛工艺项目操作的权限等级要求，建立不同的等级用户名。

（2）组态要求。对全厂工艺过程的统计，该甲醛工艺控制项目中有测点和控制点共 80 余个和单回路控制方案 10 个，具体测点的信息和控制回路要求见表 10－4。

表 10－4　控制回路

序号	回路位号	控制方案	回路注释	测量反馈位号	调节器输出位号
00	FIC_201	单回路	甲醛气流量调节	FI_201	FV_201
01	FIC_204	单回路	配料蒸气气流量调节	FI_204	FV_204
02	LIC_201	单回路	蒸发器液位调节	LI_201	LV_201
03	LIC_202	单回路	废锅液位调节	LI_202	LV_202
04	LIC_203	单回路	一塔底液位调节	LI_203	LV_203
05	LIC_204	单回路	二塔加水液位调节	LI_204	LV_204
06	LIC_206	单回路	气泡液位调节	LI_206	LV_206
07	SIC_201	单回路	空气风机变频调节	SI_201	SV_201
08	SIC_202	单回路	尾气风机变频调节	SI_202	SV_202
09	PIC_204	单回路	气泡压力调节	PI_204	PV_204

其中，00 号甲醇气流量调节的控制框图：回路名为 FIC_201，测量反馈位号是 FI_201，调节器输出位号是 FV_201。其他单回路控制类似图 10－3。

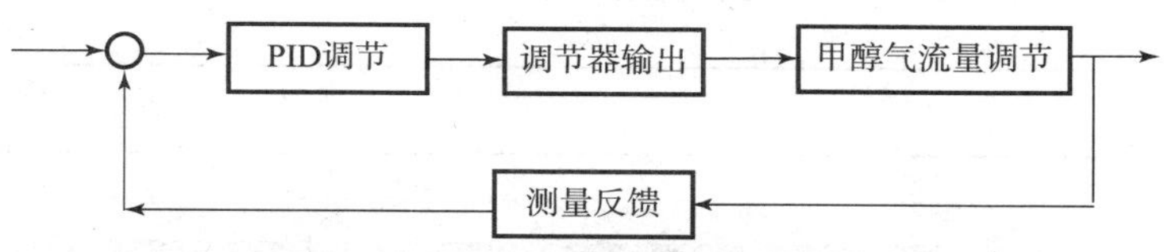

图 10－3　甲醇气流量调节的控制框图

该项目中控制系统由一个控制站、一个工程师站、两个操作员站组成，要求主控制卡和数据转发卡均冗余配置。

10. 2. 2　硬件选型及配置

1. 控制站硬件选型

1）卡件选择

根据项目要求中的测点清单将统计出的同类信号点数进行分类，查出该信号类型所对应的接收卡件和每块卡件对该类信号的最大接收量（即一块最多可带多少个点），然后求出这些信号点需要多少卡件数，根据卡件数，统计端子板数量。统计卡件的时候注意是否冗余，如果冗余，则卡件数翻一倍。

本项目中，电流信号 19 点，考虑以后扩展，预备备用通道 5 个，共 24 点；选择电流信号输入卡 XP313，由于 XP313 卡是 6 路通道信号输入卡，则卡件需求为 4 块（24/6）；选用端子板 XP520，一块端子板可供 2 块卡件使用，故端子板数量为 2 块（4/2）。见表 10－5。

本项目没有冗余配置，如果冗余配置，则需要 XP313 卡件数量为 8 块，端子板数量为 4 块。

表 10 -5　卡件选择及卡件数量统计

信号类型		点数/个	备用点/个	卡件型号	卡件数目/块	配套端子板	端子板数目/块
模拟量信号	电流信号	19	5	XP313	4	XP520	2
	热电偶信号	6	6	XP314	2	XP520	1
	热电阻信号	10	6	XP316	4	XP520	2
	模拟输出信号	15	1	XP322	4	XP520	2
开关量信号	开关量输入信号	14	18	XP363（B）	4	XP520	2
	开关量输出信号	17	15	XP362（B）	4	XP520	2
总计		81	51		22		11

根据上面的卡件选择及卡件数量统计，本项目需要配置 2 个机笼，一个控制站，其中主控制卡和数据转发卡设置冗余，见表 10 -6，卡件布置如图 10 -4 所示。

表 10 -6　系统规模配置表

项目	主控制卡	数据转发卡
型号	XP243X	XP233
数量	2	4
配置	冗余	冗余

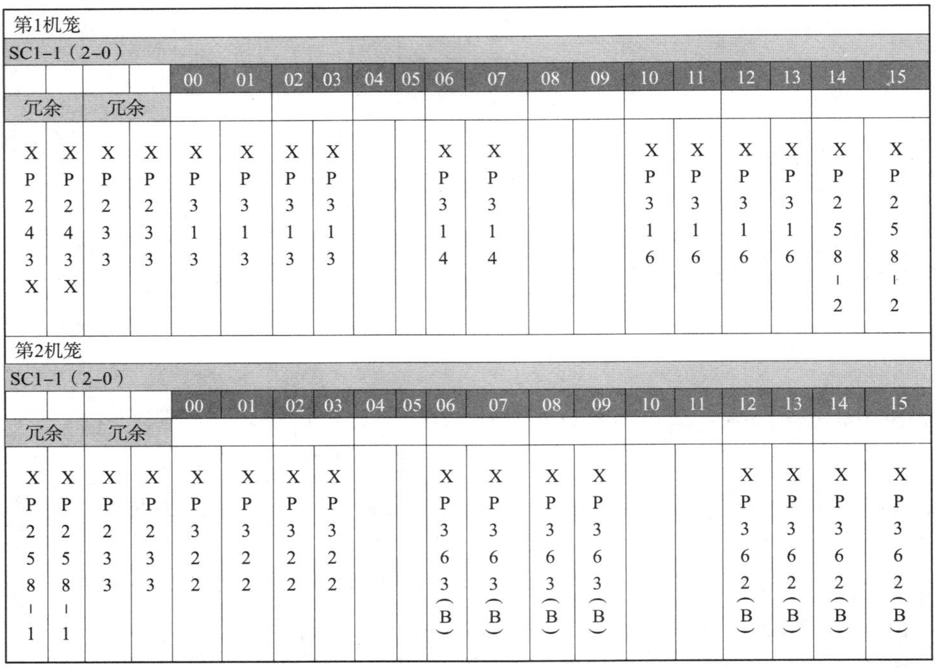

第1机笼

SC1-1（2-0）

冗余		冗余		00	01	02	03	04	05	06	07	08	09	10	11	12	13	14	15
XP243X	XP243X	XP233	XP233	XP313	XP313	XP313	XP313			XP314	XP314			XP316	XP316	XP316	XP316	XP258-2	XP258-2

第2机笼

SC1-1（2-0）

冗余		冗余		00	01	02	03	04	05	06	07	08	09	10	11	12	13	14	15
XP258-1	XP258-1	XP233	XP233	XP322	XP322	XP322	XP322			XP363(B)	XP363(B)	XP363(B)	XP363(B)			XP362(B)	XP362(B)	XP362(B)	XP362(B)

图 10 -4　卡件布置

2）卡件设置

主控制卡地址范围为 2 ~ 127，本项目设置为 2 和 3，具体设置见表 10 -7；数据转发卡地址范围是 0 ~ 15，且必须从 0 开始，依次设置，所以第一个机笼地址是 0 和 1，第二个机笼地址是 2 和 3。

表 10 -7　主控制卡拨号设置

卡件地址（XX）	拨号开关状态（ON/OFF）							
	S1	S2	S3	S4	S5	S6	S7	S8
02	OFF	OFF	OFF	OFF	OFF	OFF	ON	OFF
03	OFF	OFF	OFF	OFF	OFF	OFF	ON	ON

I/O 卡的地址设置时，主控制卡用拨号来设置地址，数据转发卡用跳线设置地址，I/O 卡件的地址由槽位决定，即放置哪个槽位，地址就是多少。

2. 操作站硬件选型

根据项目要求，结合监控软件对操作站的配置要求，本项目中选用联想的服务器作为操作站，其中 1 台工程师站，2 台操作员站。计算机的基本配置为：主频 2.0 GHz，内存1 GB，硬盘 160 GB，独立声卡、集成显卡、网卡等。操作台选择立式操作台，键盘则选专用键盘。其他硬件的选型如下：

（1）UPS（不间断电源）：通电时稳压，电异常时将电池电能逆变为交流电对负载继续供电。UPS 选型要根据带负载能力和可靠性（常见品牌：APC、山特等）。

（2）继电器：将信号隔离或放大，以一定的输入信号实现自动切换电路的开关。重要参数是触点容量。

（3）安全栅：对于有防爆要求的场所与无防爆要求的场所进行信号传递时，要用安全栅进行隔离，用以限制危险场所电能量，实现危险场所设备的防爆作用。

10.2.3　系统软件组态

利用 JX -300XP 系统组态软件 SCkey 对系统的软硬件构成进行配置，也即用户为系统设定各项参数的操作。完整的项目组态包含：控制站、操作站等硬件设备在软件中的配置，操作画面设计，控制方案编写，报表制作等。组态主要内容：控制站组态和操作站组态。

控制站组态流程如图 10 -5 所示。

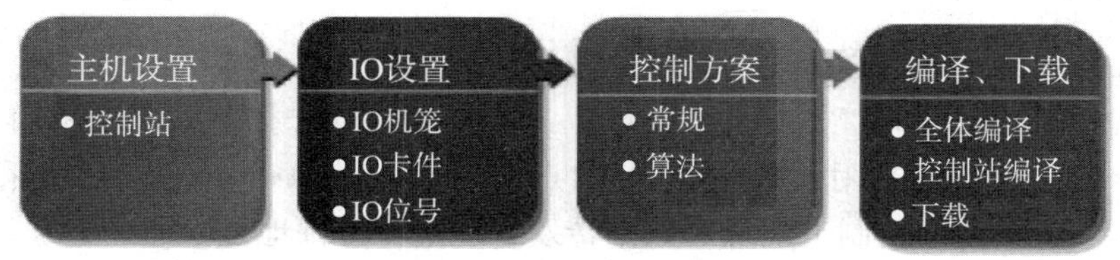

图 10 -5　控制站组态流程

1. 系统的总体设置

指对系统控制站（主控制卡）、操作员站以及工程师站的相关信息进行配置，包括各个控制站的地址、控制周期、通信、冗余情况以及各个操作员站或工程师站的地址、冗余情况、关联策略表、控制站诊断屏蔽等一系列的设置工作。根据项目要求，控制系统由一个控制站、一个工程师站、两个操作员站组成。

1）主控制卡设置

（1）型号、地址、冗余、周期、冷端。软件组态填写的地址要与硬件设置一致。

（2）断电保持、阀位设定值跟踪：保留默认设置。

2）操作站的设置

操作站设置内容包括：IP 地址、类型、冗余、关联策略表、注释、控制站诊断屏蔽等。

按照项目要求，需要增加一个工程师站和两个操作员站，设置相应的 IP 地址。并在注释处把工程师站注释为 ES130，操作员站注释为 OS131、OS132。

3）I/O 设置

I/O 组态设置内容包括数据转发卡设置、I/O 卡件设置、I/O 信号点属性设置，数据转发卡有型号、地址、冗余和注释，IO 卡件有型号、地址、冗余和注释，I/O 点有位号名、注释、地址、参数、趋势、报警、语音和重要位号。

2. 系统组态规范

系统组态规范包括控制站部件注释（JX－300XP）、位号命名和备用通道。

1）控制站部件注释（JX－300XP）

控制站部件注释有主控制卡、数据转发卡、I/O 卡件和 I/O 位号，数据转发卡 SC 机柜编号—机笼编号（机笼编号为 1～6 的数字），I/O 卡件未使用 XP562－GPR、XP563－110V/220V/GPR 时可注释卡件型号或信号类型，使用 XP562－GPR、XP563－110V/220V/GPR 时可注释为端子板类型/SC 机柜编号—端子板标识/DB25 接口编号，I/O 位号可注释是否配电、三线制或四线制信号、是否经安全栅或隔离器等信息。

例如，SC1 表示第一个控制站，“SC1－1”表示数据转发卡安装在第一个机柜的第一个机笼，XP562－GPR/SC1－A1/1 表示使用 XP562－GPR 端子板，卡件使用 1#DB25 接口，这块端子板的标识为 A1，放在第一个控制机柜（SC1）。

2）位号命名

位号命名应符合行业规范要求，位号名宜遵循字母代号的含义，如 F—流量、P—压力、T—温度、L—液位、I—指示、Q—积分、V—阀门；由字母、下画线和数字组合，以字母、下画线开头，如 FI_101、PI_101、TI_101、FV_101；长度不超过 10 个字符；不能为空、不能重复。

3）备用通道

所有卡件的未使用通道必须注上备用位号，备用位号命名原则为：模入点采用“AI********”，描述采用“备用”；模出点采用“AO********”，描述采用“备用”；开入点采用“DI********”，描述采用“备用”；开出点采用“DO********”，描述采用“备用”。其中，**+**+**+**为主控制卡地址+数据转发卡地址+卡件地址+通道地址。

3. 常规控制方案组态

完成 I/O 组态后，需要对系统甲醇流量的信号进行控制方案组态来实现控制，单回路如图 10－6 所示，回路设置如下。

（1）回路位号：填入该回路的位号名称。

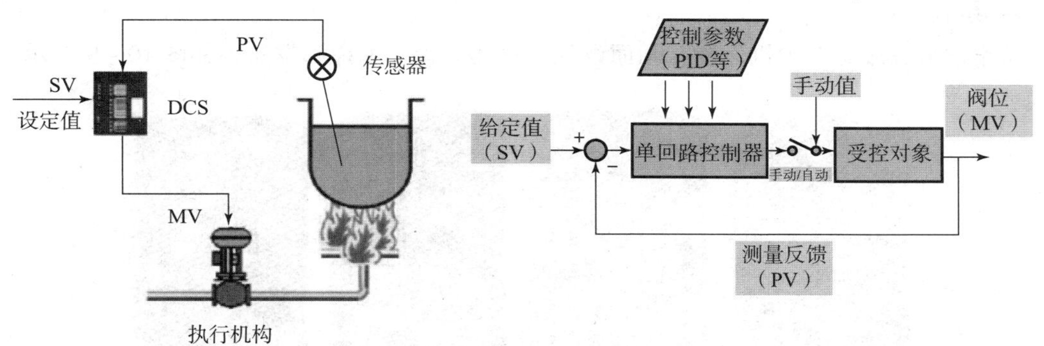

图 10－6　甲醇流量控制方案——单回路

（2）回路注释：填入该回路的说明描述。

（3）回路输入：填入回路反馈量的位号，只允许选择模拟量的输入信号（PV 测量反馈）。

（4）输出位号：填入回路的输出位号，只允许选择模拟量的输出信号（MV 阀位）。

（5）跟踪位号：回路外接硬手操器时，为了实现从外部硬手动到自动的无扰动切换，必须将硬手动阀位输出值作为计算机控制的输入值，跟踪位号就用来记录此硬手动阀位值。

1）组态编译

组态编译有快速编译、全体编译和控制站编译，快速编译编译除了未进行修改的流程图外的所有组态信息，全体编译编译所有组态信息，控制站编译编译选中的控制站组态信息。

组态文件必须通过系统编译正确，才能进行下载、发布操作。

2）组态备份

组态进行过程中或组态维护修改前，建议及时备份组态。组态备份如图 10－7 所示。

3）组态下载

组态下载是在工程师站上将组态内容编译正确后下载到主控制卡，如图 10－8 所示。

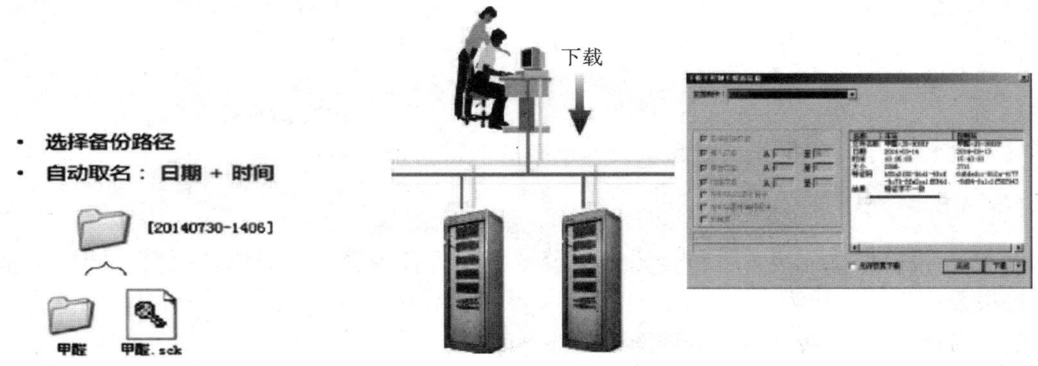

图 10－7　组态备份　　　图 10－8　组态下载

组态下载有仿真下载和在线下载，仿真下载仅适用于仿真器 XP＼FW246。系统支持在线下载，实际生产过程中的下载须严格管理、遵循规范、谨慎操作。

4. 操作站组态

操作站组态流程有主机设置、画面设置、总体设置、编译和发布，如图 10－9 所示。

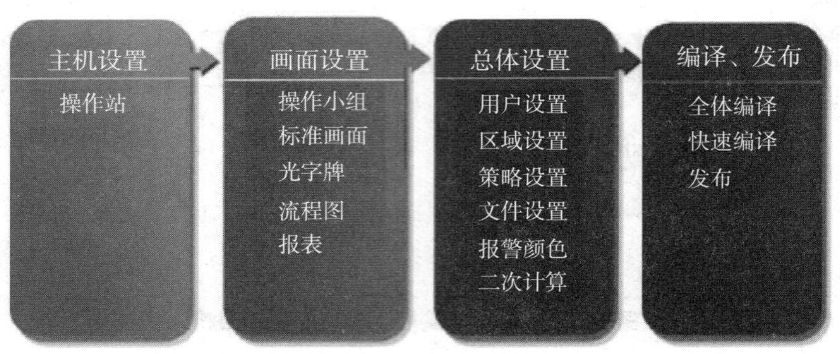

图 10－9　操作站组态流程

1）主机设置

操作站的基本参数有地址、类型、冗余和注释，可选参数有策略表、控制站诊断屏蔽。

工程师站的操作站注释及命名为 ES＋地址，如 ES130；操作员站的操作站注释及命名为 OS＋地址，如 OS131。ES 为 Engineer Station 的缩写，OS 为 Operator Station 的缩写。

2）画面设置

（1）画面设置的组成。

操作站的画面设置包括操作小组、标准画面和光字牌。

①操作小组可以在不同的操作组观察、设置、修改不同的标准画面、流程图、报表等，当需要建立多个操作小组时，建议设置一个总的操作小组，其包含其他操作小组下的所有内容。

②标准画面的界面标准，风格统一，直接添加相应位号即可，编译后可以自动生成画面。

③光字牌行为 0～3，列为 1～32，单个操作小组下最多设置 32 个光字牌，设置时尽量让行数小，避免占用过多的报警信息栏，每个光字牌只能关联同一数据组下的分区。

A. 自定义键有翻页和按键，翻页（PAGE）用于画面切换，格式为：

```
(PAGE)(页面类型代码)[页码],
```

如翻到流程图第一页，为：

```
PAGE GR 1;
```

按键（KEY）用于替代操作员键盘上其他已有的按键，格式为：

```
(键名)。
```

B. 语音报警的优先级为：位号语音报警 > 分区语音报警 > 等级语音报警，同一类型的报警按报警产生次序排列。

C. 画面跳转：跳转到对应流程图或趋势画面。

（2）画面组态流程，如图 10－10 所示。

选择对应的操作小组，增加画面，命名并保存到组态文件的 Flow 文件内。画面的基本属性设置见表 10－8。流程图的宽度为显示器横向分辨率 ×24，高度为显示器纵向分辨率 ×158。

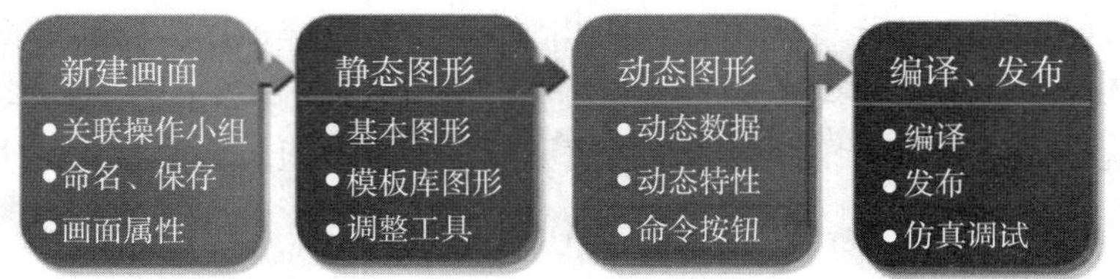

图 10－10　画面组态流程

表 10－8　画面属性设置

显示器	分辨率	窗口尺寸
17 英寸标准屏（4∶3）	1 024×768	1 000×610
19 英寸标准屏（5∶4）	128×1 024	1 256×866
19 英寸宽屏（16∶10）	1 440×900	1 416×742
22 英寸宽屏（16∶10）	1 920×1 200	1 896×1 042

①静态图形包括基本图形、模板库图形和调整工具，基本图形有直线、折线、曲线、弧线、矩形、椭圆、多边形等，调整工具有颜色、层次、对齐、旋转、组合等，实例如图10－11所示。

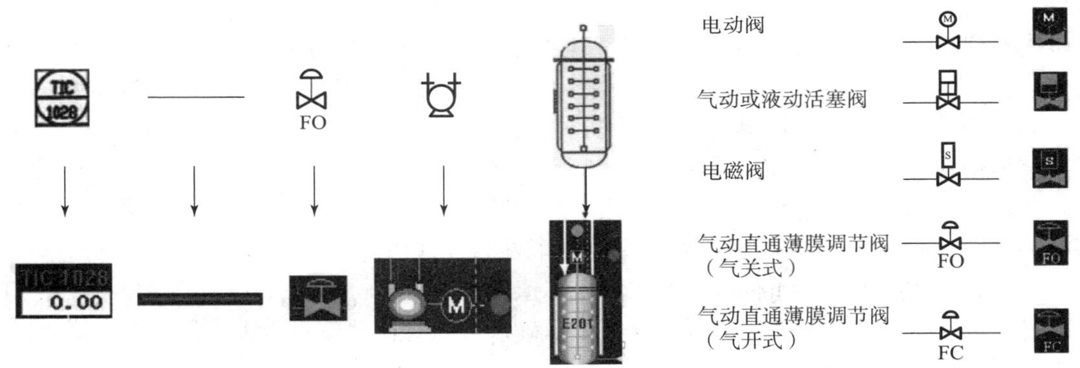

图 10－11　静态图形参考实例

绘制静态图形时，先绘制主设备，然后绘制管道，再绘制动态数据，最后进行画面整体处理。完成设计院图纸到工艺流程图的转换。

②动态图形包括动态数据、动态特性和命令按钮，动态数据有设计院图纸、数据显示和开关显示，动态特性有比例填充、显示/隐藏、前/背景色、闪烁、旋转、渐变换色、水平移动、垂直移动。

命令按钮包括普通命令按钮和特殊翻页，普通命令按钮有翻页、赋值和打开弹出式流程图，弹出式流程图组态流程如图 10－12 所示。

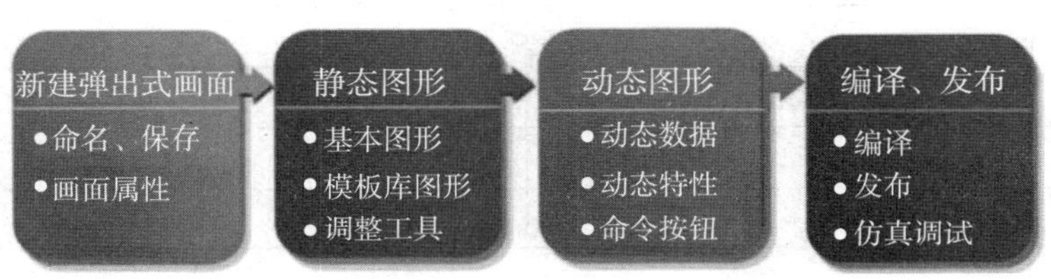

图 10－12　弹出式流程图组态流程

弹出式流程图的绘制方法与常规流程图相同，但保存路径不同，另外，弹出式流程图的浮动窗口可以作为自定义操作面板。

弹出式流程图调用可以采用普通命令按钮和特殊翻页按钮，普通命令按钮有打开：

```
OPENSCG X 坐标  Y 坐标  文件名
```

精灵替代小流程图，流程图里关联设备数据，在流程图中当作模板使用（不关联数据）。

（3）报表组态流程（Report），如图 10－13 所示。

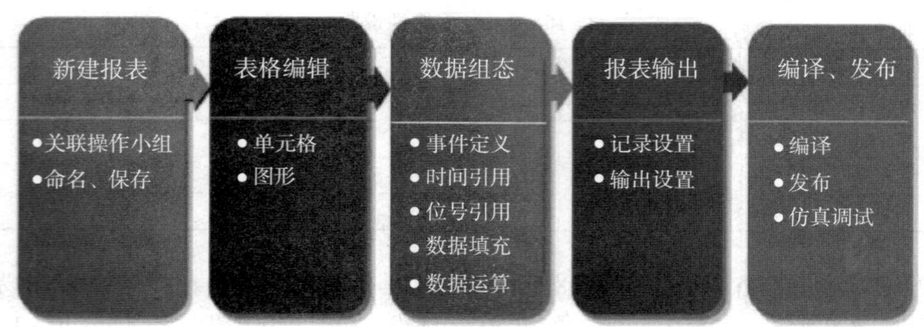

图 10－13 报表组态流程

①新建报表。选择对应的操作小组，增加报表，命名并保存到组态文件的 Report 文件夹内。

②表格编辑。可以进行单元格合并/拆分、插入/删除/追加、行列尺寸调整、单元格格式、字体格式、颜色、对齐、页面设置（打印）的操作。

③数据组态。事件定义：事件定义用于设置数据记录、报表产生的条件，用Event [1]、Event [2]、Event [3] ……表示事件序号，事件表达式由操作符、函数、数据等标识符合法组成，表达式所表达的事件结果必须为布尔值。

事件定义时，输入时间后必须回车，表示确认，同时自动检测语法，常用操作符和常用函数分别见表 10－9 和表 10－10。

表 10－9 常用操作符

操作符	功能说明
+	加
-	减
*	乘
/	除
>	大于
=	等于
<	小于
>=	大于或等于
<>	不等于
<=	小于或等于

续表

操作符	功能说明
Mod	取余
Not	非
And	与
Or	或
Xor	异或

表 10-10　常用函数

函数名	功能
Sqrt	开方
Pow	求幂
Log	对数
GETCURTIME	当前时间
GETCURHOUR	当前小时
GETCURMIN	当前分
GETCURSEC	当前秒
GETCURDATE	当前日期
GETCURDAYOFWEEK	当前星期
ISJMPH	位号是否为高跳变
ISJMPL	位号是否为低跳变

时间引用：设置事件的时间格式。

位号引用：事件发生时，记录的对应位号的数值或状态。

数据填充：在表格中记录相应的位号数据、时间数据。

数据运算：运算表达式为:= 计算式，表格运算为单元格数据引用 R 行号 C 列号，统计函数有 SUM、AVE、MAX、MIN，例如

:= R2C1 * R2C5 + {PI-102}[2]

:= SUM(R1C4,R2C5) Mod 2

:= AVE(R4C3,R15C3)

④报表输出。报表自动打印，报表离线查看。

3）总体设置

总体设置包括用户设置、区域设置、文件设置和报警颜色。

(1) 用户设置。如图 10-14 所示，角色是各类人员在组织中的岗位及承担的职责、权利，如操作人员、仪控人员、管理人员等。

图 10-14　用户设置角色

用户功能权限（推荐规范）如图 10－15 所示。

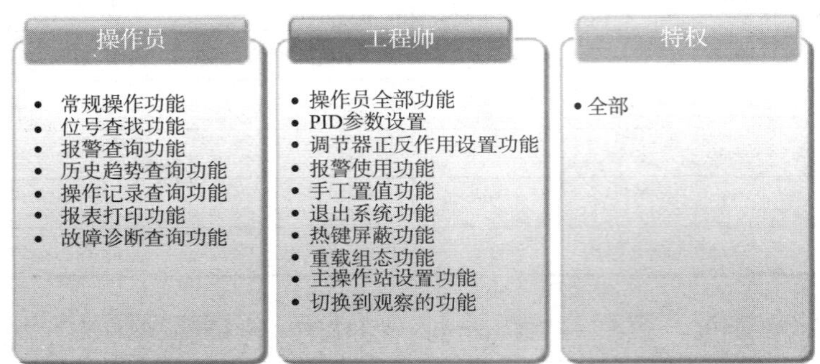

图 10－15　用户功能权限

（2）区域设置。数据组主要将数据分流过滤，使操作站只关心相关数据，减少负荷；数据组的划分可实现服务器/客户端的模式；数据分区包含一部分相关数据的共有特性，包括报警和可操可见；公共组 0 组和其他数据组的 0 区不能删除，一般也不修改。

区域设置涉及光字牌、报警监控、二次计算、策略设置和用户授权等。

（3）文件设置。包括历史报警、历史趋势和操作记录。

（4）报警颜色。包括报警级别颜色（实时）、瞌睡报警（消除未确认）、历史报警和背景颜色。

4）编译和发布

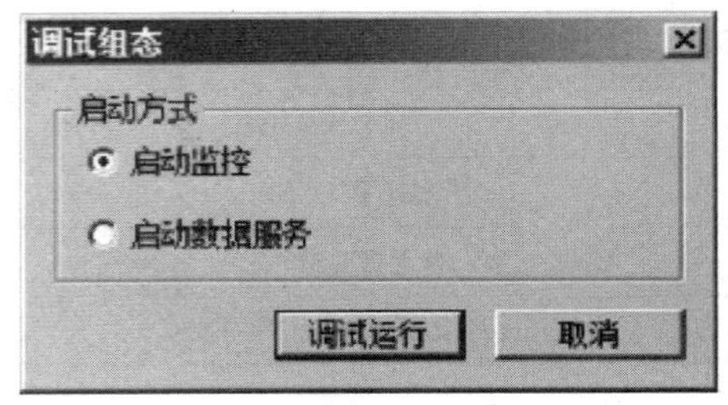

图 10－16　“调试组态”对话框

组态调试和发布对话框分别如图 10－16 和图 10－17 所示，“调试组态”对话框中的“启动监控”单选按钮为本地监控运行模式，历史数据记录在组态文件 RUN 文件下；“启动数据服务”在不启动监控的情况下直接启动数据服务功能。

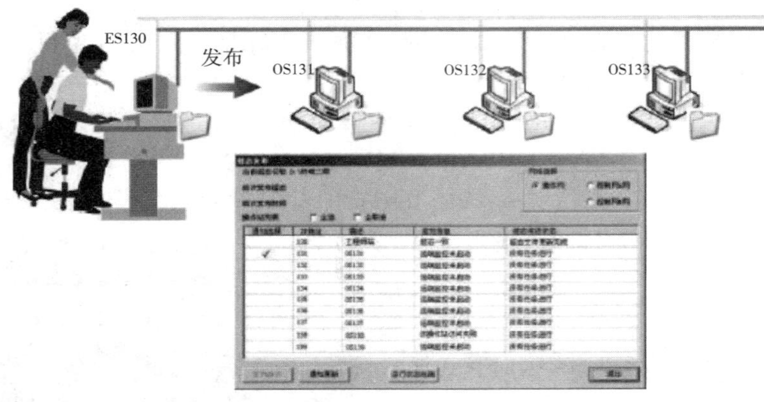

图 10－17　组态发布对话框

为保证操作站组态的一致性，操作站组态由工程师站统一发布。

本章小结

本章介绍了 JX－300XP 系统的结构、软硬件组成、功能和主要特点等内容，并针对具体应用案例重点介绍了它们的操作实施步骤和方法。读者通过实训可掌握 JX－300XP 系统的基本应用。

习　题

1. 简述 JX－300XP DCS 的基本硬件组成及其作用。
2. 简述 JX－300XP DCS 组态软件包各软件的功能。
3. 简述 JX－300XP DCS 系统通信网络的构成及各部分的基本特性。
4. JX－300XP DCS 控制站由哪几部分构成？主要功能是什么？
5. JX－300XP DCS 控制站 I/O 卡件有哪些类型？

参考文献

[1] 王常力，罗安．分布式控制系统（DCS）设计与应用实例［M］．北京：电子工业出版社，2004.

[2] 张新微，陈旭东．集散系统及系统开放［M］．北京：机械工业出版社，2005.

[3] 吴锡祺，何镇湖．多级分布式控制与集散系统［M］．北京：中国计量出版社，2000.

[4] 施保华，杨三青．计算机控制技术［M］．武汉：华中科技大学出版社，2007.

[5] 刘翠玲，黄建兵．集散控制系统［M］．北京：中国林业出版社、北京大学出版社，2006.

[6] 冯丽辉，李琨．工业计算机控制技术与应用［M］．昆明：云南科技出版社，2001.

[7] 袁任光．集散控制系统应用技术与实例［M］．北京：机械工业出版社，2003.

[8] 刘焕彬．制浆造纸过程自动测量与控制［M］．北京：中国轻工业出版社，2003.

[9] 阳宪惠．工业数据通信与控制网络［M］．北京：清华大学出版社，2003.

[10] 张浩，谭克勤．现场总线与工业以太网络应用技术手册［M］．上海：上海科学出版社，2004.

[11] 夏继强，邢春香．现场总线工业控制网络技术［M］．北京：北京航空航天大学出版社，2005.

[12] 杨宁，赵玉刚．集散控制系统及现场总线［M］．北京：北京航空航天大学出版社，2003.

[13] 张学申，叶西宁．集散控制系统及其应用［M］．北京：机械工业出版社，2006.

[14] 王锦标．计算机控制系统［M］．北京：清华大学出版社，2004.

[15] 林敏，薛红．计算机控制技术与系统［M］．北京：中国轻工业出版社，1999.

[16] 王锦标，方崇智．过程计算机控制［M］．北京：清华大学出版社，1992.

[17] 谢剑英，贾青．微型计算机控制技术［M］．北京：国防工业出版社，2007.

[18] 张凤登．现场总线技术与应用［M］．北京：科学出版社，2008.

[19] 邬宽明．现场总线技术应用选编 3［M］．北京：北京航空航天大学出版社，2005.

[20] 张新薇．集散系统基础及其应用［M］．北京：冶金工业出版社，1990.

[21] 王建华，黄河清．计算机控制技术［M］．北京：高等教育出版社，2003.

[22] 徐爱钧．智能化测量控制仪表原理与设计［M］．北京：北京航空航天大学出版社，2004.

[23] 杨宁．集散控制系统及现场总线［M］．北京：北京航空航天大学出版社，2003.

[24] 何衍庆．集散控制系统原理及其应用［M］．重庆：重庆大学出版社，2002.